音响师自学指南

和青广 编著

人民邮电出版社
北京

图书在版编目（CIP）数据

音响师自学指南 / 和青广编著. -- 北京 : 人民邮电出版社, 2022.3
ISBN 978-7-115-57798-6

Ⅰ. ①音… Ⅱ. ①和… Ⅲ. ①音频设备－技术培训－自学参考资料 Ⅳ. ①TN912.2

中国版本图书馆CIP数据核字(2022)第024384号

内 容 提 要

本书是一本实用性较强的音响技术书籍，是作者二十余年音响从业经验和十余年培训精华的总结。

本书以“把复杂的技术简单化”为宗旨，以自学为指导思路，用通俗的语言、由浅入深地讲述音响师需要掌握的音响系统知识。本书主要内容包括：电声知识、音箱系统、增益结构、仪表与刻度、系统调试、动态效果器、数字调音台、返听系统、现场拾音、无线系统与音响师的工具箱。

本书适合作为刚刚进入音响行业的新手音响师快速提升用书，也可供音响行业中的租赁工作者和音响工程技术人员作为参考资料使用。

◆ 编　　著　和青广
　责任编辑　黄汉兵
　责任印制　陈　犇

◆ 人民邮电出版社出版发行　　北京市丰台区成寿寺路 11 号
　邮编　100164　　电子邮件　315@ptpress.com.cn
　网址　https://www.ptpress.com.cn
　北京捷迅佳彩印刷有限公司印刷

◆ 开本：787×1092　1/16
　印张：15.25　　　　　　2022 年 3 月第 1 版
　字数：387 千字　　　　　2025 年 5 月北京第 17 次印刷

定价：99.80 元

读者服务热线：(010)53913866　印装质量热线：(010)81055316
反盗版热线：(010)81055315

序言

随着科技的进步和社会的发展，我国音响行业的规模不断壮大，产品种类不断丰富，应用领域不断拓宽。

本人从业 20 余年，经历并见证了我国音响行业日新月异的发展，深刻体会到不断学习的重要性。记得刚从学校出来进入音响行业之后，在从业过程中我深深感到实用型的音响书籍对从业人员是多么重要。由于当时的条件有限，时常会为了购买一本好的实用性技术书籍而四处奔波，一本好的实用的参考书籍真的很难得。通过拜读国内外诸多前辈们的著作，我受益匪浅，可以说一本好书就是一把通向成功之门的钥匙。

认识青广十年之久，我们之间亦师亦友。他跟随我做了很多场音响技术培训和现场演出，他是一个善于学习和勤于思考的人，一直在默默地总结、反思，一直在探索理论和实操的结合体系。

我近水楼台提前阅读了这本著作，这是一本难得的好书，不仅是一本音响专业技术的实用性较强的教材，更是他多年以来对音响行业独特的感悟和理解。他将理论和实操融会贯通，把一些原本枯燥的技术点讲解得通俗易懂，实属难得。

本书不仅对刚入行的音响师有很大的帮助和指导，其他音响从业者也可以从此书中有所收获。本书对很多疑难问题进行了详细的解答，是一本理论与实践相结合的绝好的参考资料，易于读者理解和接受。相信此书能够帮助业内同行提升专业高度。“青出于蓝而胜于蓝”，希望青广再接再厉，继续为我国音响行业发展增砖添瓦！

吴晓东

2021 年 11 月 19 日

自序

从接触音响行业至今20余年的时光里，我担任过音响公司的系统工程师，也曾作为随行调音师跟随艺人巡演；还曾来回奔波于小型的商业演出活动，以及为专业的音乐活动调音。不过令我最有收获的还是担任国内音响企业的技术培训讲师，近十年来参与的大大小小的培训活动已经接近百场，在培训过程中认识许多良师益友，自己也受益匪浅，同时也更加深入了解了这个行业的发展和需求。

在多年的实践中，我把自己的一些心得、经验、观点整理成册，以“把复杂的技术简单化”为主导思想完成了本书的内容编写，真诚希望能够帮助到行业内需要的人，就像我也在学习中曾被那么多前辈帮助一样。在这本书里，我试图用最通俗的语言来描述音响系统中那些复杂的物理和数学知识。本书的写作方向是针对于音响设备的“使用者”而非研发者，核心点在于对音响系统“能懂、会用、用得好”，因此本书的着重点是“实用性”。

音响技术博大精深，受篇幅所限，本书所讲述的知识仅是沧海一粟，书中个人所提出的观点也不一定就是最佳方案，所有内容旨在开拓读者思路，帮助读者提高动手操作能力。但受个人能力所限，内容之中的错漏之处在所难免，欢迎各位同行老师批评指正。

和青广

2021年11月18日于宁波

目录

目录

目录

目录

01

第1章

电声知识小词典

1.1 声学基础问答

1.1.1 声音是怎样产生的？声速是多少？

一颗石子扔进水里，会产生水波纹并沿水平面向外扩散。声音的特征与此相似。物体的机械振动会产生声音，不过声音的传播不是沿一个平面进行的，而是向四面八方传播（球形）。

振动引起的空气疏密波纹以一定周期往返进行，常用正弦波来表示，如图 1-1 所示。

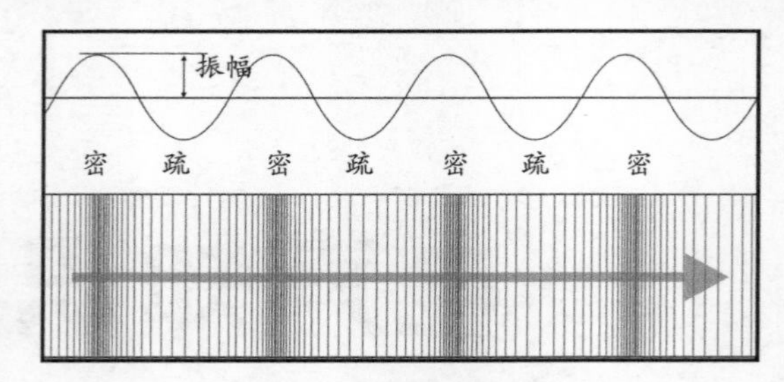

图 1-1 声音的特性

声波在空气中的传播速度一般按 340m/s 计算，严格来讲，声速与温度、湿度有关，不同介质内的声速也不相同，为了计算方便，本书中声速一律取 340m/s。

声波在空气中的传播速度，可以用下式近似表示。式中，t 为空气中的温度（℃）。

$$C=331.4+0.61\,t\ (\mathrm{m/s})$$

在实际应用中，当多只音箱同时使用在某声场时，经常会算出时间差进行延时处理，距离和时差的计算公式如下：

$$距离 \div 声速 \times 1000=时间差（ms）$$

例如，声速为 340m/s，两只相差 12m 的音箱的时间差是多少？

$$12 \div 340 \times 1000=35.29\ (\mathrm{ms})$$

音响系统中 1ms 的时间差也是要被重视的，因为相差 1ms 的时间，就会带来约 34cm 的距离差。例如有些音响师在底鼓拾音时在底鼓内与底鼓外摆放拾音话筒，两支话筒的距离约 34cm，然后在数字调音台给底鼓内话筒延时 1ms，就是考虑了声速和时间差。

1.1.2 什么是波的频率？

波的频率是指单位时间内在某点通过的波的个数，用 f 表示。换句话说，频率是单位时间内介质振动的次数，每秒钟振动 20 次则频率为 20Hz，每秒钟振动 1000 次则频率为 1000Hz。

20~20000Hz 就是所谓的可听声范围，频率高于 20000Hz 的声波是超声波，低于 20Hz 的声波是次声波。

虽然理论上人耳可以听到 20000Hz，但是实质上大多数人并不能听到这么高的频率。笔者在教学中曾调查了近千人，发现能够听到 18000Hz 的人不超过半数，尤其是随着年龄的增加，人们的听力会慢慢退化，对高频的响应也受到很大的影响。

1.1.3 什么是波长？什么是周期？

波长——声音在一个振动周期内所传播的距离，即：波长 = 声速 / 频率（$\lambda = C/f$），如图 1-2 所示。其中：C 代表声速，f 代表频率，λ 代表波长。

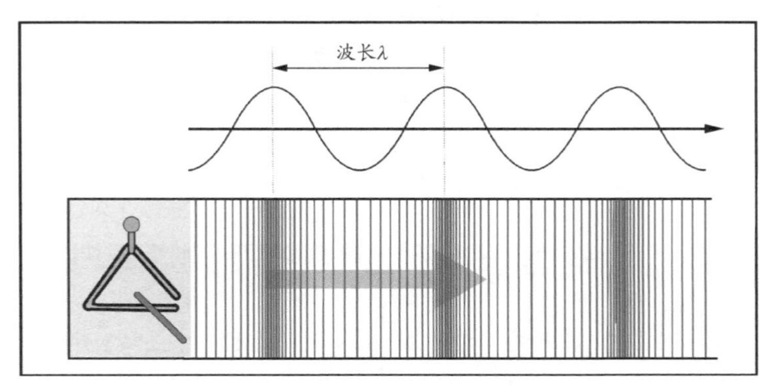

图 1-2 波长

周期——指波形循环一周所需要的时间，用 T 表示，即 $T = 1/f$。

例如：频率为 100Hz，周期为 $T = 1/100 = 0.01$(s)，波长为 $\lambda = 340/100 = 3.4$(m)。

100Hz 的波波长为 3.4m，1000Hz 的波波长为 0.34m，10000Hz 的波波长为 0.034m，音响师对这些应能不假思索地说出来，以便现场快速计算。

可听声的频率范围为 20~20000Hz，可计算出频率最低的可听声的波长为 17m，频率最高的可听声的波长为 1.7cm。

1.1.4 什么是声音的相位？

相位（phase）是对于波在某时间点是否在波峰、波谷或它们之间的某点的标度。通常以度（角度，°）作为单位，也称作相位角。当信号波形以周期性的方式变化时，波形循环一周即为 360°，如图 1-3 所示。

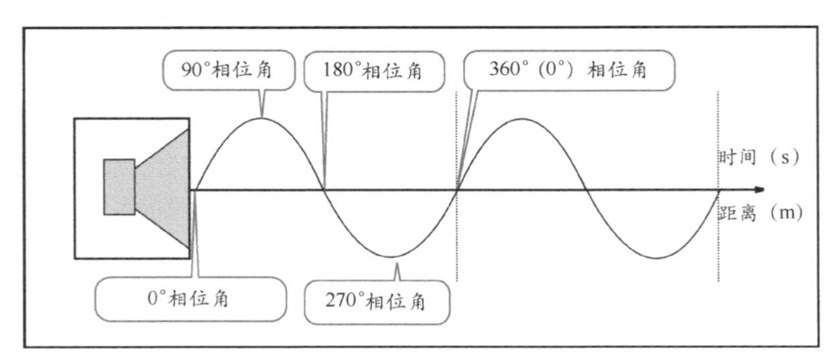

图 1-3 正弦波的相位角

在某个聆听点，将指定的频率段每一个频率的相位连接起来用一条曲线表示，这条曲线就叫作**相位曲线**。

不同频率信号在单位时间内的振动次数是不同的——如200Hz的波每秒钟振动200次，而20Hz的波每秒钟振动20次，换句话说，20Hz的波完成一次振动的同时，200Hz的波已经完成了10次振动，因此，除了发声原点，不同频率的波在同一个时间节点上相位是不同的。

由于在发声原点上各频率相位起点均匀0°，因此测量时通过在“发声”和“收声”之间插入延时值而得到的相位曲线应该是一条直线（发声原点线）。

测试软件中的相位曲线描述了被测试设备的相位响应情况（见图1-4）。而事实上，因为工艺的原因，许多音箱对各个频率的响应存在误差，多数情况下音箱对高频响应快而对低频响应较慢，不同频率存在一定的时间差。也就是说一些音箱播放同一个声波信号时会先发出这个信号的高频，再发出低频，并不能完全同时发出这个信号的不同频率。人耳对相位问题是非常敏感的，当音箱相位曲线存在问题的时候，人们在主观上会感受到声音发虚、无力、发声不准确。

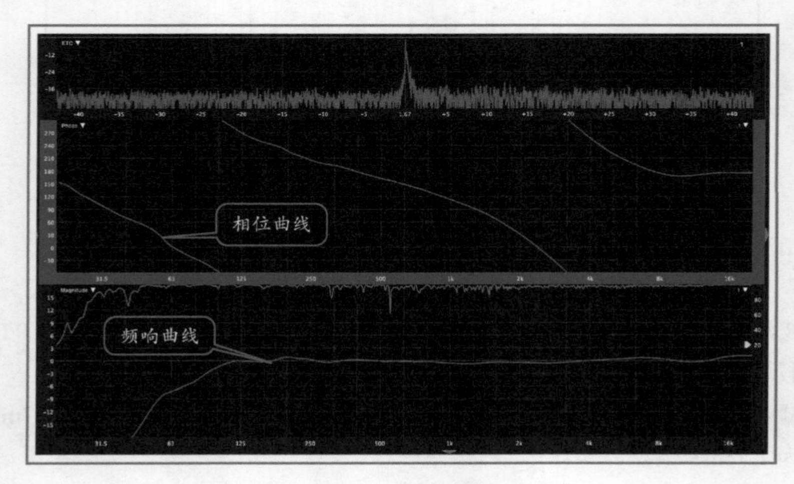

图1-4　Smaart中显示的相位曲线

随着科技的发展，人们可以用更多的手段来修整相位曲线，改善音箱质量。图1-4是某品牌8寸全频音箱的测试曲线，可以看到该扬声器的频响曲线良好，相位响应较好但并非直线。图中相位响应部分横轴代表信号的频率，纵轴表示在当前时间点该频率的相位角。如果被测设备各个频率的发声时间不一致，曲线将会呈现有规律或无规律的混乱状态。

1.1.5 声波在空间中相遇会发生什么？

几个波源产生不具有相干性的波，同时在同一介质中传播，如果这几个波在空间某点处相遇，那么相遇处质点的振动将是各个波所引起的分振动的合成，每个波都独立地保持自己原来的特性（频率、波长、振动方向等），就像在各自的路程中并没有遇到其他波一样，这种波动传播的独立性称为波的叠加。

1.1.6 正弦波在电路中相遇会发生什么？

声音的三要素指声音的强度、音调（高低）和音色。纯音是正弦波，复杂的声音是不同频率的波叠加而成的，图1-5所示为基波和9倍的高次谐波叠加，不同的波形构成不同的音色。

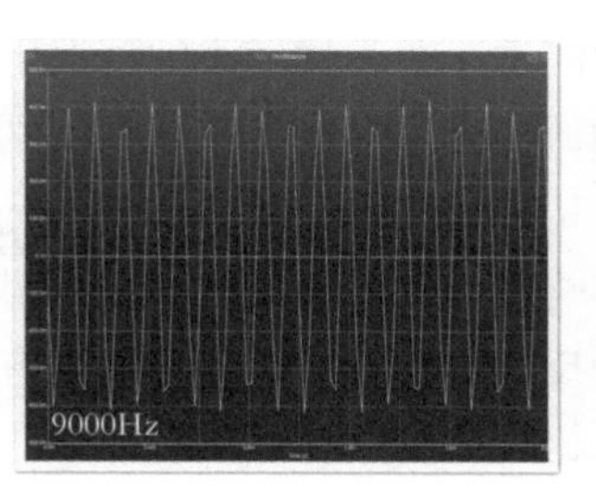

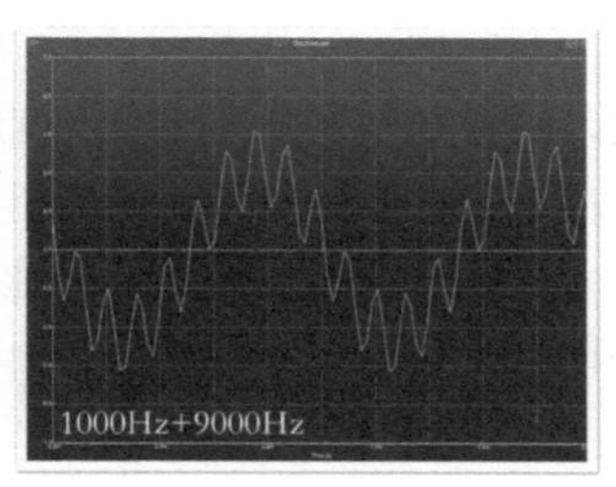

图 1-5　不同频率波的叠加

1.1.7 什么是相干性？

如果波与波的振动频率相同、相位差值恒定的波相遇会产生明显的干涉现象，这种两列波或多列波的振动频率相同与相位差值定的特性就是波的相干性，产生干涉现象的波叫作相干波，相应的波源叫作相干波源。

这句话不太容易明白，下面来举例说明。

张三和李四在一起唱同一首歌，唱的音调虽然一样，但是其音色包络、声波相位特点完全不同，故而没有相干性。

而张三拿着话筒唱歌，左右两只音箱里都发出了他自己的歌声，两只音箱发出的歌声振动频率一致、相位曲线一致，若聆听者离两只音箱的距离不相等，两只音箱发出的波到人耳中因为存在时间差而导致有相位差，但是这个相位差值是固定的，所以两只音箱发出的张三的歌声是相干的。

再举一个例子。讲桌上摆放的两支鹅颈话筒收取了同一个人的声音信号，这两支话筒所输出的音频信号是相干的。

当两个具有相干性的声源混合在一起的时候，假如它们到达聆听点的时间不完全一致，便极易造成声干涉。

在测试软件 Smaart 中，相干性用一条曲线（默认为红色）表示，称为“相干性曲线”，如图 1-6 所示。这条曲线反映了测试话筒所拾获的声音信号与信号发生器发出的信号是否一致。因为原始信号经过音箱输出后可能会受到环境的影响而被改变特性，若音箱输出的声波与原始信号差距太大就表现为相干性较低。

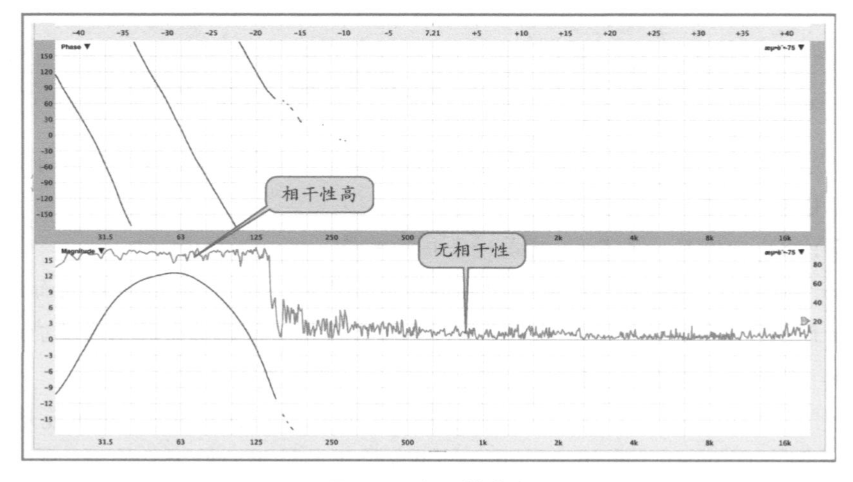

图 1-6　相干性曲线

图 1-6 中用一只超低音音箱做测试，在干扰较小的情况下，测试话筒收到了超低音音箱发出的声波，经过与信号发生器发出的原信号进行对比，软件识别出它们是同一个信号源，且被干扰的因素很小，因此软件显示相干性高。

在实际现场演出的测量中，影响相干性的主要因素是反射声以及环境噪声。相干性较低的时候软件所显示的频率曲线不一定能反映设备的实际状态，也有可能是其他声学原因造成了频率的误差。

1.1.8 什么是倍频程？

拨动一条 50cm 长的琴弦会发出清脆悦耳的声音。在同样的张力下，将它一分为二，分成两条 25cm 长的琴弦，这时 25cm 的琴弦所发出的声音比 50cm 长的琴弦高一个倍频程。

倍频程也称**八度音**，它是声学中声音频率的一个相对尺度。

100~200Hz 为一个倍频程，200~400Hz 又是一个倍频程。所谓高一个倍频程或低一个倍频程就是频率高一倍或低一半。我们使用的均衡器以 1/3 倍频程最为普遍，也就是在每一个倍频程设计 3 个推子控制频率，如图 1-7 所示。

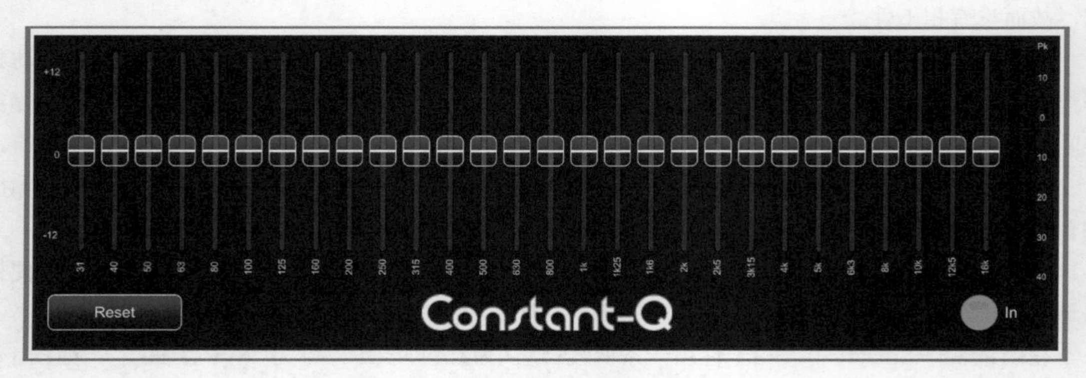

图 1-7　数字调音台中的 1/3 倍频程均衡器

查看实时频率响应的 RTA 设备一般会提供 1Oct（倍频程）、1/3Oct（倍频程）和 1/6Oct（倍频程）的精度选择，高精度设备还可能提供 1/12Oct 供选择，精度越高对频率的表现就越精确。

1.1.9 什么叫分贝？什么叫声压级？

小明家的房子高 15m，小何家的房子高 10m，小明说：我家房子比小何家房子高，这种说法正确么？我们用这个问题来简单说说分贝（dB）。

小明家房子比小何家房子高 5m，这是一个相对差值。

小明家房子高 15m，指的是从他家院子地面算起来的高度为 15m，这是以地面作为参考点。

小明家房子的绝对高度需要用海拔来衡量，从海平面算起他家房子的高度可能是海拔 500m，这个是绝对值，参考点为海平面，将海平面定义为“0”并作为基准值。

音箱系统中的 dB 可能是一个差值，比如音箱 1 音量比音箱 2 大 3dB；也可能是一个相对值，比如说 1V 的电压等于 0dBV，也等于 2.2dBu，出现这样的结果的原因是他们的参考点不同。如果大家纷纷用不同的参考点来描述 dB 的话不就混乱了吗？故此 dB 还有绝对值，这个绝对值是全世界统一的，这些标准的参考点统一都被称为“0”点，就像海平面的意义一样。

当振动产生声音时，空气中的大气压会受到影响，大气压被影响后产生的变化称为“声压”，单位是 Pa。人耳能听到的 1kHz 声音的最小声压为 0.00002Pa，人们将其称为“0”点（基准声压，定义为“0dB SPL”，有时候也被写为“0dB LP”），就如同海平面一样。由于人耳对声音的感知呈对数关系，所以从声压到声压级的换算也是用对数来计算。

已知 0.00002Pa 是 0dB SPL，那么 1Pa 是多少 dB SPL 呢？计算公式如下：

$$L_P = 20\lg\frac{P}{P_0} = 20\lg\frac{P}{P_0}(\text{dB})$$

式中：P 为需要计算的声压；P_0 是基准声压，为 0.00002 Pa。

当声压为 1Pa 时：

$$L_P = 20\lg\frac{1}{2\times10^{-5}} = 94(\text{dB SPL})$$

1Pa 是个常用的声压值，用声压级表示是 94dB SPL。

用声级计测试声压级时，为了保证测试的准确性，一般要对其进行校准，用声校准仪发出 1Pa 的信号对准声级计，将声级计刻度调整为 94dB 后，就可以通过声级计获得准确的声压级读数了。

1.1.10 什么是声波的平方反比定律？

将一个点燃的爆竹抛投到空中，其爆炸所发出的声音会辐射到四面八方，这种点声源所产生的波称作球面波。当半径增大一倍时，球的表面积成为原面积的 4 倍，单位面积上的能量就减少为原先的 1/4，也就是单位面积上的能量与半径的平方成反比。通过计算可知，离开声源的距离每扩大一倍，直达声的声压级就减少 6dB，如图 1-8 所示。

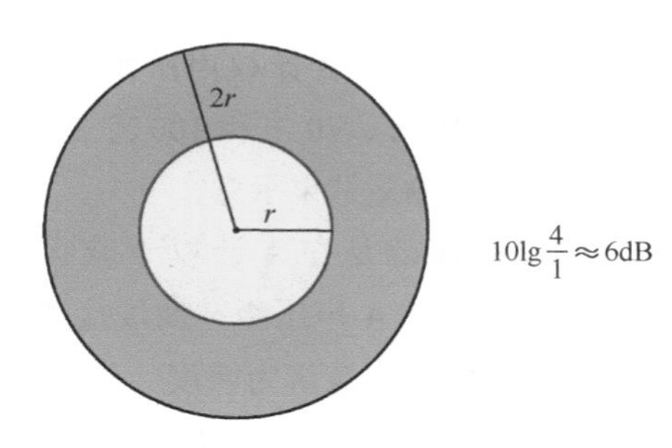

图 1-8　半径增大一倍时，球的表面积为原面积的 4 倍

在拾音时，如果某人讲话时而离话筒 5cm、时而离话筒 10cm，这个微小的距离差会导致 6dB 声压级误差，影响是非常大的。同样，若有人站在音响前面 1m 处，另一个人站在音响前面 2m 处，两人所处位置的声压级理论上相差 6dB，但是在 15m 处和 16m 处的声压级理论上差别不是太大。耳机的声音很微小，可是当它靠近耳膜时，就可以让聆听者听到很大的声音，除了耳道作为音腔的因素外，这就是距离与声压级关系的最好体现。

1.1.11 什么叫等响曲线？

在初期的声学测量中，人们发现仪器所测试的数据和人们对声音的强弱主观感知并不相符，这主要是因为人的耳朵对不同频率的声音信号的判断并不是平直的。例如仪器显示 100Hz 已经 85dB 了，但我们听了之后感觉才 80dB，对于人耳的响度感受和实际仪器测量的客观数据的研究结果便是等响度曲线，其实就是主观响度级与客观声压级与频率的关系，如图 1-9 所示。

声音的响度感觉用“方”（phon）来表示，声压级用分贝（dB）表示。

从图 1-9 可知，响度 60 方时，40Hz 的声音要达到 84dB 时才可以让人觉得与 1000Hz/60dB 的响度一致（图中红色标记）。

在 40 方的等响曲线上，40Hz 相对于 1000Hz 来说声压级之差为 30dB（图中绿色标记），而大约在 90 方时，40Hz 与 1000Hz 的声压级之差为 15dB（图中蓝色标记），因此，现场演出时主音箱大约在 90dB 时，超低音一般在 100dB 到 105dB，这样人们觉得超低音与全频的响度是恰当的。

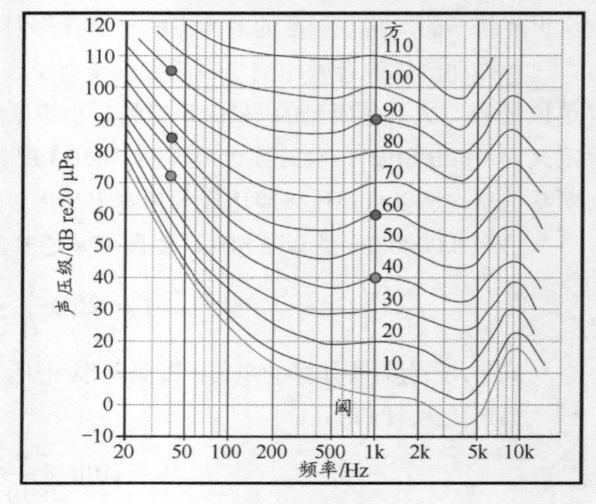

图 1-9 等响曲线

1.1.12 什么叫作 dBA、dBB、dBC？

每次都去查看等响曲线才能知道实际演出中感知响度与客观声压级和频率之间的关系，实在太麻烦了，于是人们干脆把一些等响曲线的数据加载到声级计里，这样就可以直接读出与人们主观听感一致的读数，这就是计权网络。

声级计的频率计权通常有 A、B、C、D 之分，通过计权网络测得的声压级叫作计权声压级，不通过计权网络的称为线性声压级，用 Z 计权声压级表示。A、B、C 计权分别近似地模拟 40 方、70 方和 100 方 3 条等响曲线。图 1-10 为 Smaart 声级计测量结果示意。

图 1-10 Smaart 的声级计

所谓 dBA 就是在 A 计权下获得的数据，被称为 A 计权声压级，也称 A 声压级。曲线接近于 40 方的等响曲线，在这条曲线上，50Hz 的声音至少比 1000Hz 大 30dB 才被认为响度一致，因为在测量时低频不可能有这么高的响度，所以 A 计权对低频段没什么反应，所测的数据都是中高频的响度。

在现场演出中测量时，可以用 A 计权作为参考查看全频音箱的声压级，而用 C 计权作为参考查看超低音音箱的声压级。一般流行音乐性质的演出现场查看的 C 计权声压级会比 A 计权大 10~15dB。

1.2 电声基础问答

1.2.1 电压如何测量？

电压（voltage）指的是电源内部推动电荷在电路中流动的势能。电压的国际单位制为伏特（V，简称伏），常用的单位还有毫伏（mV）、微伏（μV）、千伏（kV）等。

在测量电压时我们需要区分直流和交流，如果选择错误，极有可能烧毁万用表或引起其他事故。使用指针式万用表测量电压时，必须要先估算其电压大致范围，如果不确定就要先采用较大的量程来进行测量。例如，不确定主电源线过来的交流电压是380V还是220V时，可首先采用万用表上的1000V量程试测，以免烧坏万用表。若确认电压为220V，为了准确读数，可采用250V量程再次测量（切勿带电换挡）。

小型演出一般采用220V交流供电，而大型的演出现场通常采用三火一零一接地的供电方式，火线之间电压为380V，它们对零线的电压分别为220V。

电源的接线安全关乎整个系统的安全，笔者目睹过多次因为电源导致设备损害，触目惊心，尤其是演出中零线脱落，简直成为“设备的爆破现场”。

用于现场演出的配电柜供电必须要防水、稳定且便携。在空气开关接线时，应当采用符合国标的线材，并要规范地固定。在大型演出中，为了保证电源安全，建议派专人守在电源主线接线处，以免发生意外。

图1-11为演出中使用的流动配电箱。

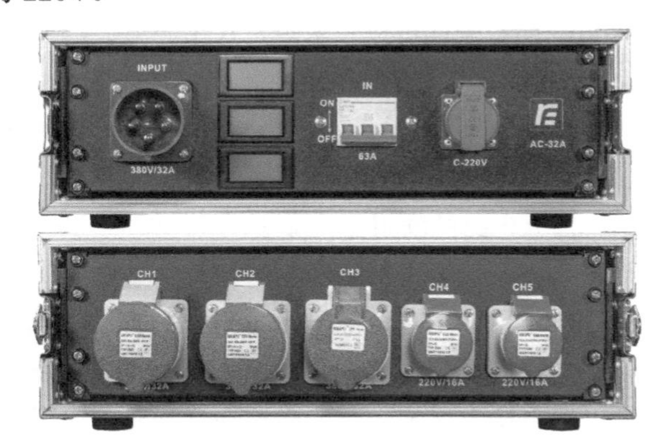

图1-11 锐丰智能的AC32A流动配电箱

1.2.2 什么是电流？

单位时间内在导体中通过的电量称作电流强度，简称电流。电流符号为I，电流的单位为安培，用A表示。

电流又分为直流和交流。

直流用“DC”表示，表示电荷单向流动且电压大小保持不变的一种供电方式，例如电池所输出的电流就为直流电。

交流用“AC”表示，指电流随着时间有规律地改变流动方向的供电方式，我国采用50Hz交流电作为供电标准。

1.2.3 如何估算音响系统的总功率（W）？

功率是指物体在单位时间内所做的功的多少。功率的单位是瓦特（W）。

1W（瓦特）=1V（伏特）×1A（安培）

毫瓦（mW）也是我们常用的单位，1W=1000mW。

在演出现场，主办方通常需要询问我们的音响系统总功率是多少，严格来说这牵涉复杂的运算过程，下面给出一个快速估算方法，可用于粗略估计，若需要精确的功率数据这个方法是不可取的。

音响系统中耗电最大的设备通常是功放或者有源音箱，所有音箱的峰值功率相加除以功放效率即为满功率状态下功放设备的最大耗电功率。

例如，某系统超低音音箱每只峰值功率2000W，共2只，合计4000W；

主音箱每只峰值功率1000W，共2只，合计2000W；

返听音箱每只峰值功率800W，共4只，合计3200W。

以上系统最大扬声器功率（峰值）为4000+2000+3200=9200（W），用这个数字除以功放的效率（通常AB类功放的效率约为70%~85%，D类可达90%，即为功放音箱设备潜在的最大耗电功率），但实际音乐信号并不是恒定的电压信号，而是不断变化的声音功率信号，故实际使用中功率要比计算得出的结果少。一般计算会减去6dB的峰值余量，也就是说估值就是总功率除以4得到的数值。9200÷80%÷4=2875（W），加上调音台、话筒与其他周边设备的耗电功率，3800W的电源就可以基本满足这场演出。

1.2.4 欧姆定律是什么？

部分电路的欧姆定律如下：

电压（U）=电流（I）×电阻（R），即$U=IR$。

当我们把调音台的推子推上3dB时，信号功率会增加一倍，功放端的输出功率亦会增加一倍，当我们推上6dB时，功率会增加为原来的4倍。实际上当推子推上6dB时，功率放大器的输出端电压会增加一倍，电流亦增加一倍。假如功放输出电压为16V，阻抗为8Ω，此时电路中的电流约为16÷8=2A（忽略频率因素），如果调音台上推6dB，此时加在扬声器两端的电压为32V，电流为4A。

功率P（W）、电阻R（Ω）、电压U（V）、电流的I（A）之间的关系如下：

$U=I\times R$ $U=P\div I$ $U=\sqrt{P\times R}$	$P=U^2\div R$ $P=I^2\times R$ $P=U\times I$	$R=U\div I$ $R=P\div I^2$ $R=U^2\div P$	$I=P\div U$ $I=U\div R$ $I=\sqrt{\frac{P}{R}}$

在音响系统中，音箱线材对系统的输出功率影响很大，因为扬声器系统的阻抗一般是8Ω或者4Ω的，非常小。

假设扬声器连接线有2Ω的电阻，接上4Ω的扬声器，我们来计算下影响。

加载在扬声器的功率为200W，扬声器阻抗为4Ω，此时电路中电流为7.07A，电路中电压为28.3V左右。这时候如果连接上一根2Ω的导线，此时电路中电流为5.77A，扬声器上的功率为133.17W。一根2Ω的导线让扬声器功率从200W变为133.17W，线阻损耗了67W左右的功率，因此扬声器的导线非常重要。在同样材质的情况下，越粗的导线阻抗越小，因此扬声器要使用尽量粗、尽量短的导线以提高传输效率。一般情况下导线的阻抗可以忽略不计，但在大型演出现场如果导线过长，还是需要计算在内的。

所有的功率放大器的输出负载阻抗都有额定值和最低值，一般功放的额定阻抗都是8Ω的，最小驱动的阻抗值大多数都是4Ω，一些高端的功放可以稳定驱动2Ω的扬声器。千万不能将小于负载阻抗的扬声器接入功放，如果把几个扬声器并联为阻抗2Ω的扬声器，连接在只能够负载4Ω的功放上，势必会引起电流过大，可能会引起功放过热甚至引起火灾。

1.2.5 扬声器的并联和串联指的是什么?

扬声器的并联是指将所有的扬声器正极端口连接一起、负极端口连接一起，这种接法会导致整体回路的阻抗降低：两只 8Ω 的扬声器并联后阻抗为 4Ω。

其次，在并联电路中所有扬声器两端的电压相等，阻抗小的扬声器流过的电流大于阻抗大的扬声器，若两只扬声器阻抗相等，则流过的电流相同。换句话说，若阻抗相等的扬声器并联，则两只扬声器将做功一致，而若阻抗不等，则阻抗值小的扬声器做功大于阻抗大的扬声器。因此在系统中一般情况下我们只允许同型号的扬声器并联（同功率、同阻抗、同灵敏度），如图 1-12 所示。

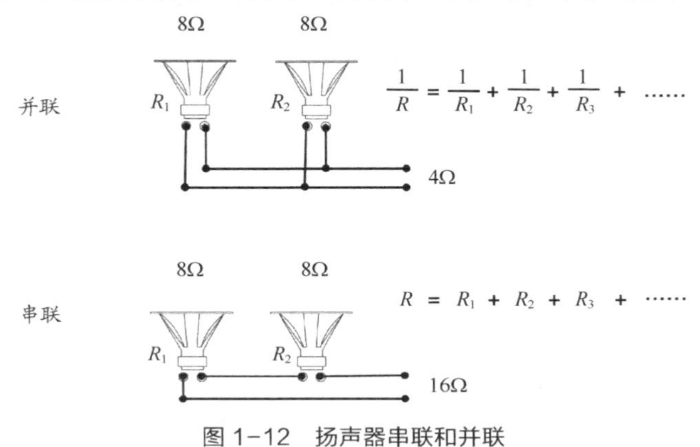

图 1-12　扬声器串联和并联

扬声器的串联是指扬声器的正负端口依次相连接，即第一个扬声器的正极端口连接到第二个扬声器的负极端口，这种电路会导致整体回路阻抗增加，其阻抗值为两只扬声器或多只扬声器的阻抗值的和。这种电路中流过所有扬声器的电流是一致的，若串联中阻抗不一致，那么阻抗高的扬声器两端的电压高于低阻抗扬声器两端的电压，因此阻抗越高做功越多。不过，除非特殊需要，这种电路一般不会出现。

1.2.6 阻抗匹配的基本原理

电阻与阻抗

导体对电流的阻碍作用就叫该导体的电阻。电阻和阻抗常常被混淆，实质上它们不尽相同。电阻阻值一般被认为是固定的（不考虑温度等因素），而阻抗存在于交流电路中，随着交流频率的不同，其阻抗值也会发生变化，因此扬声器一般都有自己的阻抗曲线，指出它在不同频率下的阻值。

基础原理

在音响系统中，前级的输出设备与后级的输入设备相连接时，前级设备输出端的内部阻抗称为输出阻抗，后级的内部输入端的阻抗称为输入阻抗。

设备接通后其工作原理等同于一个串联电路。因为在串联电路中，流过各个电阻的电流是一致的，而阻值高的电阻两端将获得更高的电压，因此阻值高的电阻将做功更多。为了让后级能够获得更大的功率，我们必须将后级设备的内阻做得比较大，从而获得更高的信号增益。

图 1-13 简要说明了阻抗匹配的基本原理：R_1 是输出设备的阻抗值，R_2 是输入设备的阻抗值。由图可见，R_1 与 R_2 形成了一个串联电路。在串联电路中，各电阻流过的电流值一样，电阻的阻值越大，电阻两端的电压就越高。为了让后级设备在输入端获得更高的电压，就需要 R_2 的阻抗值要更大。

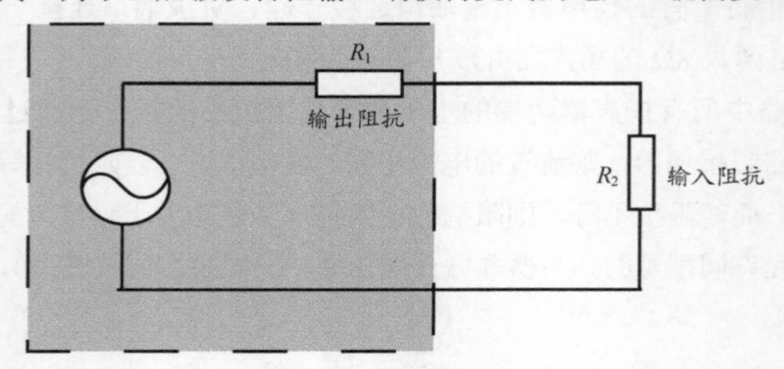

图 1-13　输入与输出阻抗

一般认为，阻抗匹配的最低限度是输出阻抗与输入阻抗值之比为 1∶5，常见值为 1∶10 到 1∶20 或更低。

阻抗匹配

一些调音台的输入阻抗为 3~10kΩ，对一般的话筒来说完全没问题，例如舒尔的 SM58 输出阻抗为 600Ω，连接至输入阻抗 6kΩ 的调音台时，调音台阻抗是话筒阻抗的 10 倍，调音台可以获得正常的输入电压。但是如果连接一件高阻抗乐器，例如电贝斯，电贝斯的输出阻抗值通常高于调音台的输入阻抗，因此在调音台的输入端口无法获得正常的输入电压，从而降低了信噪比，所以要将高阻抗转换为低阻抗才可以将信号顺利传输。

针对不同的需求，商家设计了不同的种类的 DI BOX，专门为高阻抗乐器设计的 DI BOX 可以让电贝斯信号获得最佳的传输效果。

事实上，DI BOX 不仅仅是一个阻抗转换设备，许多 DI BOX 还具有隔离、放大、衰减、对地开关等功能。

关于 DI BOX 的内容，可参考第 9 章“现场拾音”。

设备并联

调音台的输出接口可以并联多少台功放？下面以调音台输出端与功放连接为例，来说明设备并联所需要的一些基础知识。

例如某功放的输入阻抗为 2kΩ，某调音台的输出阻抗为 75Ω（见图 1-14），该调音台可以驱动 10 台并联的功放吗？

输出 1-12 (SQ-5) 和 1-14(SQ-6)	平衡式，XLR
输出 A 和 B	平衡式 1/4"TRS 接口
音源	可跳线
输出阻抗	<75Ω
标称输出	+4dBu=0dB 电平读数
最大输出电平	+22dBu
残余输出噪声	−90dBu=(静音，20Hz～20kHz)

图 1-14　ALLEN & HEATH SQ6 调音台输出参数

可以计算出 10 台功放并联后阻抗为 200Ω，200÷75=2.7（倍），此时功放输入阻抗是调音台输出阻抗的 2.7 倍，因此不符合阻抗匹配的基本条件（一般最低不低于 5 倍），连接的功放越多，每台功放所获的信号电压就越低，系统信噪比也就越低。

1.2.7 什么叫单点接地?

在全部的电路回路中只有一个接地点的叫作单点接地。这种接地方式不存在对地环路，可以避免一些因为地环路导致的噪声，单点接地是音响系统中必要的接地模式。

多点接地时，音响系统中容易不定期、无规律地出现交流声，主要是接地点之间其他因素所带来的地环路电压造成的（见图 1-15），而单点接地就可以避免设备间由于地环路电压带来的隐患（见图 1-16）。

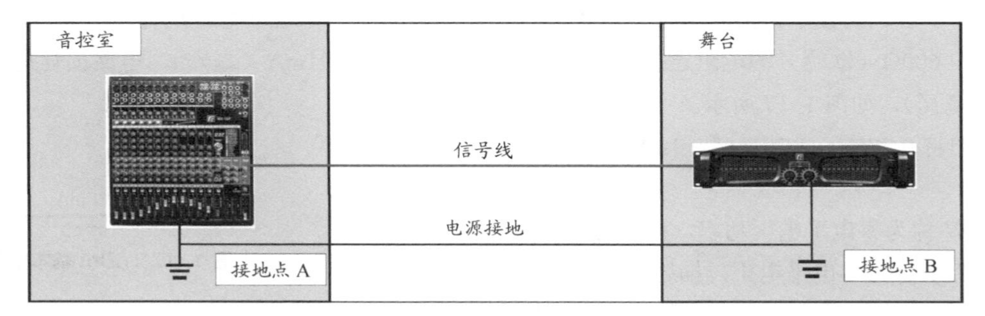

图 1-15　多点接地会造成系统中出现噪声

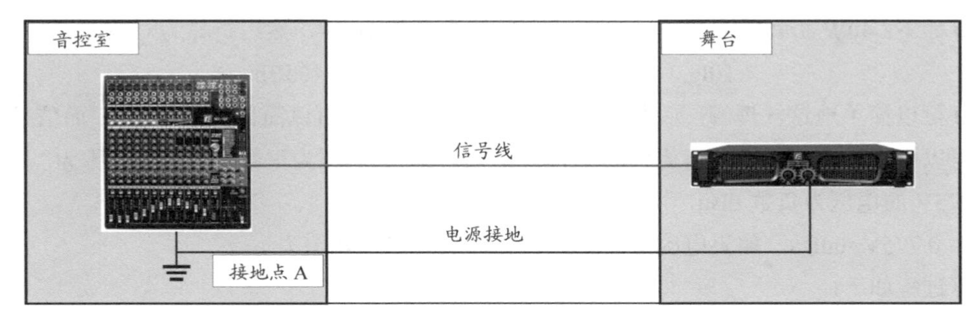

图 1-16　单点接地是音响系统的最佳选择

在音响系统工程中，若采用了金属机柜安放功放等设备，要确认机柜与地面分离绝缘，否则机柜有可能成为一个接地点，在某些时候为音响系统带来电流干扰。

当无法避免多点接地时，需要在设备之间使用隔离变压器将设备隔离，以避免交流噪声。例如，某公司为多个厂房安装了独立的音响设备，甲方需要将这些设备连接在一起，由于不同厂房中的电源一般都有自己的接地，故设备与设备之间信号传输时需使用隔离变压器。

1.2.8 常用的隔离变压器是怎样的？在哪些场景需要使用它?

在音响系统中，我们常常需要用隔离变压器隔离两套设备对地的电压，其中 600Ω 1 ∶ 1 隔离变压器最为常见。下面列举几个需要使用隔离变压器的场景。

*当音响系统与投影或者 LED 大屏幕系统连接时，播放视频的计算机如果需要同时播放音频，与调音台连接时需要使用隔离变压器；

*当音响系统需要与录像系统连接时（例如需要将音频信号送给摄像机时），需要用隔离变压器将摄像机和调音台隔离；

*当音响系统存在于多个房间，每个房间有独立的电源接地，且各房间需要音频信号共享时，需要将各个房间之间连接的音频信号线使用 600Ω 1 ∶ 1 隔离变压器进行隔离。

劣质的隔离变压器会导致音频信号动态变小、失真、频响劣化等诸多问题，所以需要在系统中采用优质的隔离变压器。

1.2.9 dBu、dBm 是怎么来的？

电声学者们为便于定义基准值，设置了一个最基础的电路，这个电路是将一个 0.775V（伏）的电源和 600Ω（欧姆）的电阻连接，这时所流过的电流为 1.291mA（毫安），电路损耗总功率为 1mW（毫瓦），如图 1-17 所示。

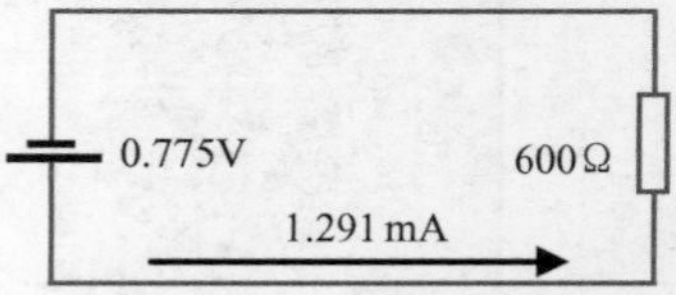

0.775V
600Ω
1.291 mA

图 1-17 dBm 基本电路

他们将 0.775V、1.291mA、1mW 全部定义为一些指标的参考值：

1mW 称为零电平电压功率，标记为 0dBm；

0.775V 称为零电平电压，描述为 0dBu（或 0dBv）；

1.291mA 称为零电平电流，但我们国家不采用电流电平的基准。

已知 1mW 功率为 0dBm，如果功率为 40W，折算为 dBm 等于多少？

计算如下：40W 折算为 mW：40000mW，除以参考值 1mW，然后折算为对数即可。

$$10\lg（40W/1mw）=10\lg（40000）=46dBm$$

dBu 可以简单地这样理解：海拔的高度是基于海平面的，可以简称为“海平”；而信号的高低我们不再以电压描述，而是描述为“电平”，高于 0.775V 的电压为正数 dBu，也可称为“高电平”，低于 0.775V 的电压为负数 dBu，可称为“低电平”。

已知 0.775V=0dBu，如果电压为 1.228V，折算后为多少 dBu？

计算过程如下：

$$20\lg(1.228/0.775)=20\lg1.585=20\times0.2=+4dBu$$

1.2.10 dBV 是什么？

因为 dBu 是以电压 0.775V 为参考计算的，而随着时代的发展这种规范对某些设备的计算不够方便了，于是人们另外定义了一个参考值，这个参考值就是 1V，定义 1V 为 0dBV，那么 2V 为 20lg(2/1)=6dBV。

1.2.11 dBFS 是什么？

dBFS 的全称是“Decibels Full Scale”（分贝满刻度）是一种为数字设备设计的指示单位，最大的记录编码电平量就是 0dBFS，也就是说 0dBFS 是数字设备能够到达的最高电平，除此以外所有的值都是负数。

我国广电规定 0dBFS=+24dBu（GY/T192-2003），然而我们实际使用的很多设备并不一定采用这个标准，这些设备一般有 3 种对应方法。

-18dBFS 对应 +4dBu，满刻度为 0dBFS，实际最大显示电平为 +22dBu。

-18dBFS 对应 0dBu，满刻度为 0dBFS，实际最大显示电平为 +18dBu（EBU R68）。

-18dBFS 对应 +6dBu，满刻度为 0dBFS，实际最大显示电平为 +24dBu（SMPTE RP155）。

1.2.12 梳状滤波器效应是什么？

当两个有固定时间（相位）差且频率相同的波混合时，会发生干涉现象，同相位信号频率点叠加，反相位抵消，相位差 120° 的不叠加也不抵消，信号干涉的结果是其呈现的频率响应在频谱上就像一把梳子，故这种效应称作梳状滤波器效应。它既可能发生在声学领域，也可以发生在电子电路中。

周期的影响。除非信号的持续时间已经超出，否则 0° 与 360°（下一个周期的 0°）的叠加效果是一样的，例如敲击一下三角铁，它的声音会持续直至完全停止，只要在这个持续的时间内负责扩声的两只音箱的声波在某点重叠了，只要它们存在固定时间差，哪怕相隔 4 个周期，仍然会发生声干涉现象，也就是说即使不在同一周期内，两相干声源仍然会发生干涉。

图 1-18 所示是将两个相干且相同的信号叠加，叠加时将其中一个信号延时所导致的梳状滤波器效应。

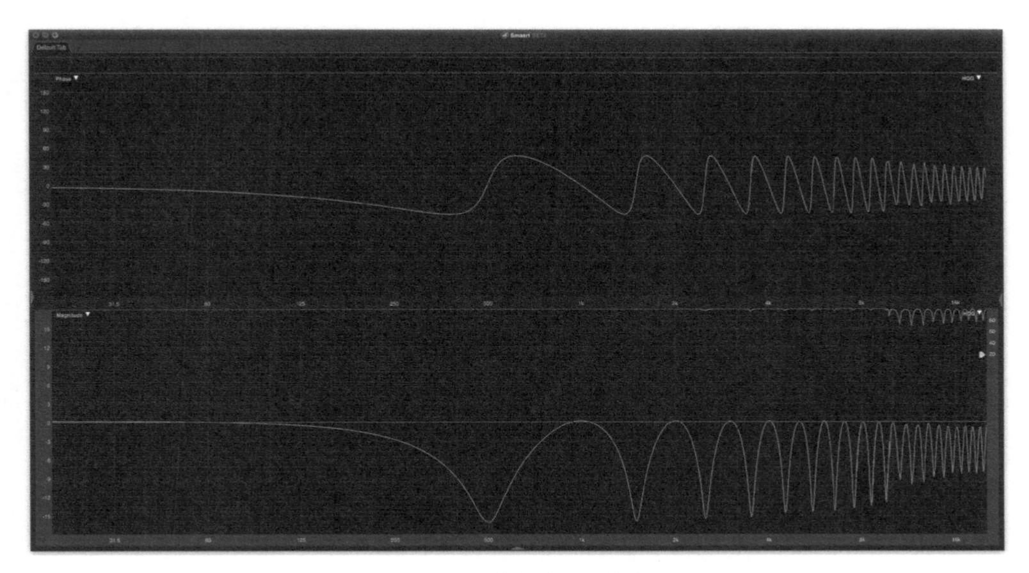

图 1-18　梳状滤波器效应

当两个完全不相干信号叠加时，不会产生任何的干涉现象，合成信号的有效值可通过将两信号的有效值相加计算得出。如将两个独立的噪声信号发生器的输出组合，输出有效值都为 1V，测得的有效电压值为 1.414 V，折算为 dBu 则为增加 3dBu。这就是日常所说的两个大小相等的声音相加时，声压级增加 3 分贝的说法，实质上它的前提条件是声音不相干。

02

第2章 音箱系统

2.1 超低音音箱的指向性

2.1.1 低音的指向性特征

一般来讲频率越低，音箱辐射越不具有指向性，如图 2-1 所示。

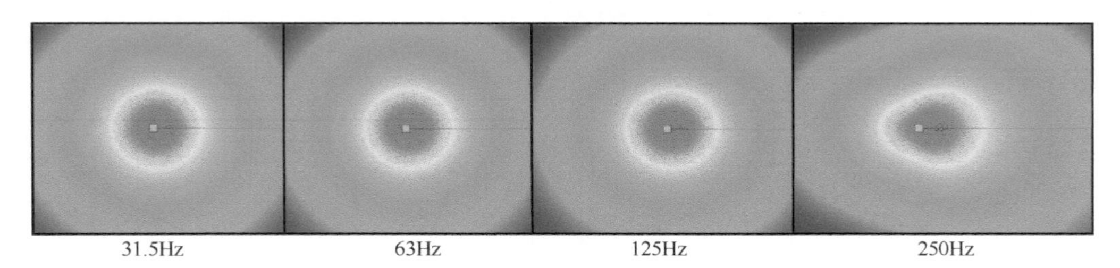

图 2-1　某低音音箱的指向性特征

将一只单 18 寸的超低音音箱放置在一个自由声场，其低频能量辐射将呈点声源的特征。图 2-1 以色谱形式描述了某单 18 寸超低音音箱在 4 个不同频率情况下的指向特性。图中红色区域表示声压级最大、深蓝色表示声压级最小，可以看到其辐射规律是：在 31.5 ～ 63Hz 的范围内，声辐射角度接近圆形，而随着频率的增高，声能趋于向音箱的前方辐射。

实质上全频音箱也是如此，随着频率的升高，音箱的指向性会逐渐明显，图 2-2 来自世界著名的监听音箱制造商真力 Genelec，在其提供给用户的说明书中描述了产品的指向性特点。

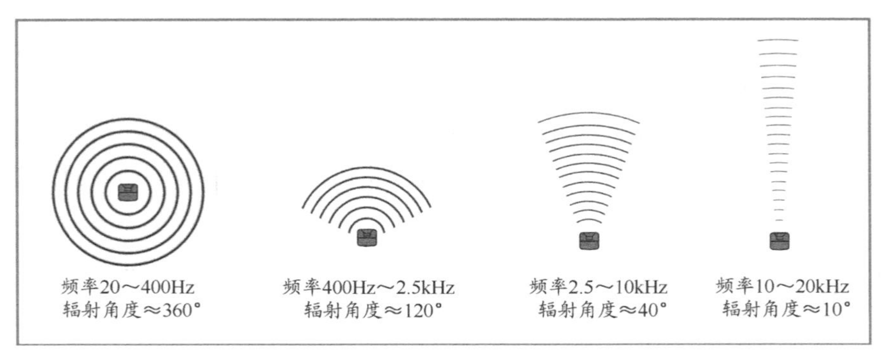

图 2-2　真力音箱给出的指向性参考

一般在同等声功率的情况下，具有指向性的波能够传播得更远。而一般的单 18 寸或 15 寸的超低音音箱的辐射角度接近球形，所以可将其视为一个点声源，声音的衰减规律符合声压级平方反比定律：距离增加一倍，声压级衰减 6dB。

2.1.2 两只超低音音箱组合

在一定距离内，将超低音音箱并列摆放在一起时，声压级会增加，其规律为音箱数量增加一倍，声压级增加 6dB。但超过一定的距离后，它们之间会发生干涉，一些能量会彼此抵消。图 2-3 是使用 EASE Focus 模拟两只超低音音箱相距 1m、2m、6m、10m 处 80Hz 的声场内分布情况，可以看出，摆放距离远了以后，两音箱声音开始互相干涉，波瓣效应出现了。

当两只超低音音箱有间隔地摆开时，若想知道某观众位置是否为波瓣的波谷，可由下式计算：

$$抵消频率=\frac{1}{(d_{SP_1}-d_{SP_2})\times 2\div C}$$

式中：C 为声速、d_{SP_1} 为音箱 1 到听音者的距离、d_{SP_2} 为音箱 2 到听音者的距离，且 d_{SP_1} 大于 d_{SP_2}。

根据上面的公式，求图 2-4 观众站立位置的抵消频率。

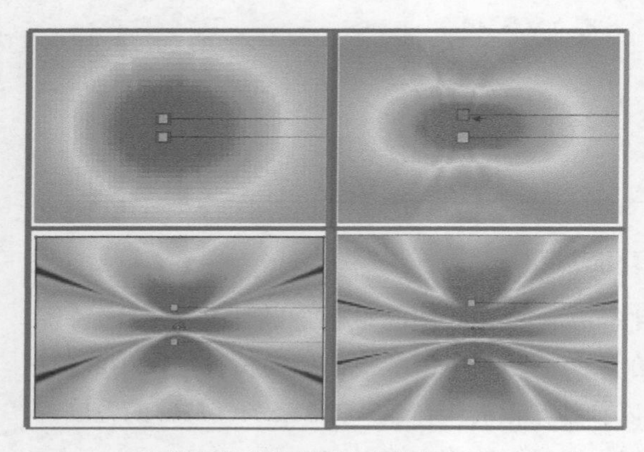

图 2-3　不同间距摆放的超低音音箱在 80Hz 发生的干涉

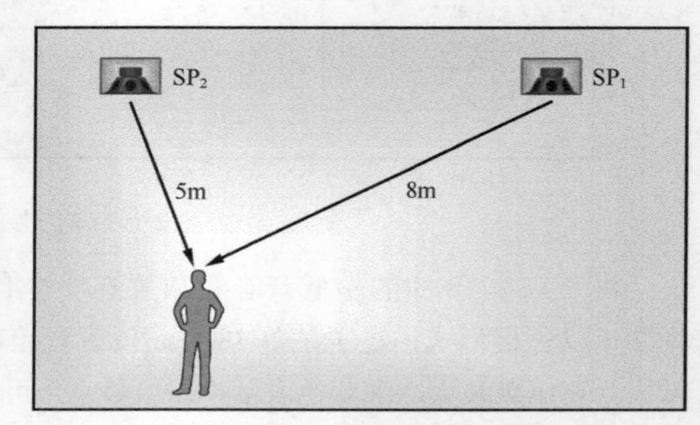

图 2-4　听音点频率抵消

$$\frac{1}{\left(d_{SP_1}-d_{SP_2}\right)\times 2\div C}=\frac{1}{(8-5)\times 2\div 340}=56.66\text{Hz}$$

观众站立点的抵消频率为 56.66Hz。但这个抵消量跟两声压级之差有关系，若两路声音到达观众处声压级之差超过 10dB，可以认为无抵消。

摆设音箱时，对于一些重要区域要考虑到抵消问题，例如鼓手的位置刚好在底鼓力度所在频率的抵消点上，鼓手打鼓时会感觉力度不足，可以通过改变鼓手位置来解决，而不是通过均衡器来解决。

2.1.3 墙面增益与抵消

墙面增益

对于点声源来说，当靠近反射面时，反射声与声源直达声叠加可使声压级有规律地增加，如图 2-5 所示。

音箱的“指向性因数”是说明音箱指向特性的一个参数：它表明一个具有辐射角度的音箱与一个理想的全指向点声源相比较，当两者的辐射功率相等且在同样的辐射距离上，音箱与无方向性声源声强级之差，标记为 Q。

声强表示单位面积上的声功率，由于不同频率会有不同的辐射角度，所以 Q 与辐射的频率有关。

声源位置	指向性因数 Q	指向性指数 DI (dB)	声压级增强情况
自由场	1	0	$L=L_p$
平面上	2	3	$L=L_p+3\text{dB}$
两平面结合位置	4	6	$L=L_p+6\text{dB}$
三平面结合位置	8	9	$L=L_p+9\text{dB}$

图 2-5 墙面增益

指向性因数一般由厂家提供，倘若厂家未提供可通过下列公式计算得到一个近似值。

$$Q=\frac{180^\circ}{\sin^{-1}\left(\sin\frac{V}{2}\times\sin\frac{H}{2}\right)}$$

式中：V 为音箱的垂直覆盖角度（Vertical），H 为水平覆盖角度（Horizontal）。

例如某音箱垂直角度为 50°，水平角度为 80°，指向性因数为多少？答案是约为 11.42。

$$Q=\frac{180^\circ}{\sin^{-1}\left(\sin\frac{50^\circ}{2}\times\sin\frac{80^\circ}{2}\right)}\approx 11.42$$

“指向性指数（DI）”是指用分贝表示的指向性因数。它等于指向性因数以 10 为底的对数乘以 10。

对于音响系统来说，因为低频没有指向性，若靠墙放置能量会辐射到墙壁而产生墙面增益，而高音号角即使靠墙也是背对着墙面，能量向前方传播，故而不存在墙面增益。

墙面抵消

音箱离开障碍物一定的距离后也有可能发生抵消现象，如图 2-6 所示。

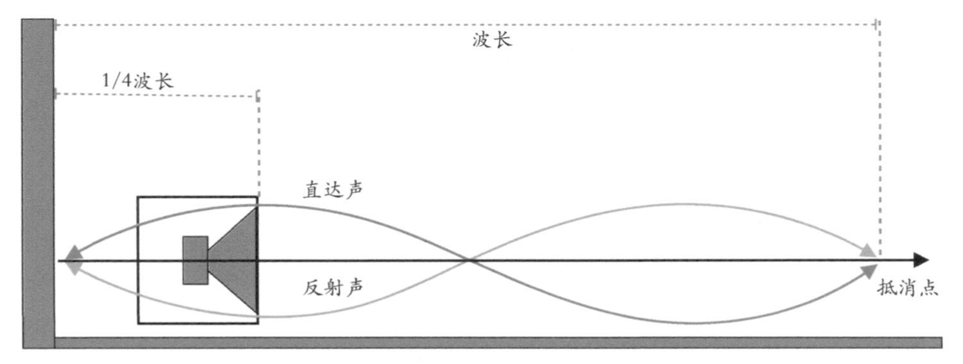

图 2-6 墙面抵消

当音箱与音箱背后的墙面有一定距离时，声波会垂直辐射到墙面，然后沿原路线被反射回来。假如某一频率波长的 1/4 恰好等于音箱前面板到后墙的距离，那么后墙的反射声将与音箱辐射的直达声相位相反，部分直达声将会在音箱前方被反射声抵消，导致这一频率出现衰减。衰减量取决于音箱到后墙的距离以及墙面反射的声能大小。

音箱发生墙面抵消时前方衰减频率计算公式如下：

$$衰减频率=声速\div距离\div4$$

例如，若某超低音扬声器振膜距离墙 1.2m，那么在音箱前方被衰减的频率是多少？

$$340\div1.2\div4=70.83\text{Hz}$$

若想低音扬声器摆放时距离墙壁 1.2m，若墙壁发生声反射，将抵消部分以 70.83Hz 为中心频率的频段的能量。

在工程安装中，线阵列配备次低音或超低音音箱吊挂在空中时，需要注意墙面抵消对低频的影响，如果离墙面 1.2m 左右，70Hz 将会无力，而且是无法通过均衡来增加能量的，因为当 70Hz 被提升时，墙面的反相能量也会增加，这点在音箱定位时需要注意。

2.1.4 室内摆放

减少声反射，使脉冲响应更佳

摆放超低音或者次低音音箱时，应尽可能减少后部或者左右两侧墙面的不利影响，并设法利用墙面增加音箱的效率。

图 2-7 中，a 比 b 低音更清晰，因为 b 会比 a 多一个反射面。另外，由于 a 中超低音音箱靠近混凝土砌成的舞台，因而会较 b 增加 3dB 的墙面增益，低音效率更高。

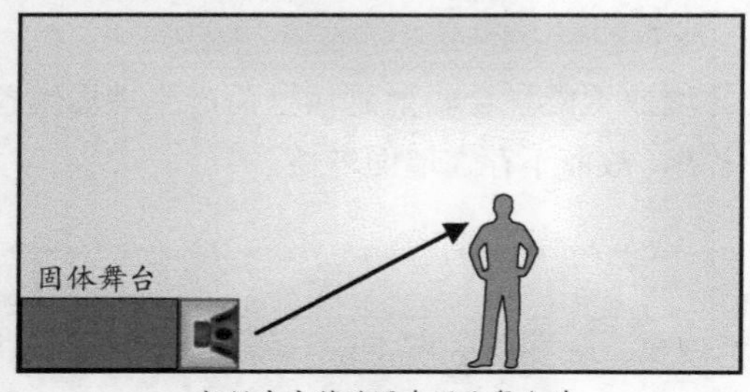

a. 超低音音箱放置在固体舞台前

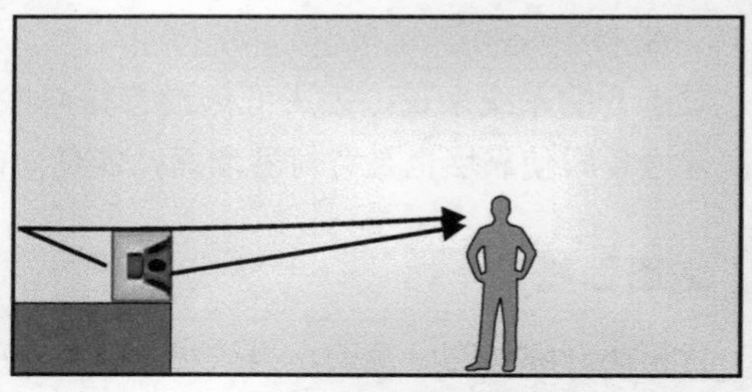

b. 超低音音箱放置在固体舞台上

图 2-7　超低音音箱位置的影响示意图

若舞台是临时搭建的，低音音箱放在地面上仍然是最佳选择，放置在舞台上的低音音箱与地面会形成一定的距离从而有产生“地面抵消”的可能。

减少共振，使脉冲响应更佳

在一些音响工程的施工中，甲方会要求扬声器暗装，如果处理不当，也会导致低音脉冲响应变差，如图 2-8 所示。

将超低音音箱放置在一个空腔中时，音箱中的某些频率将会激励空腔产生共振，使低音听起来“拖泥带水”。另外，扬声器干声与共振也可能会形成干涉，导致梳状滤波器效应的发生。将空腔部分用吸声材料填充可有效抑制共振，因此图 2-8 中 a 效果更佳。

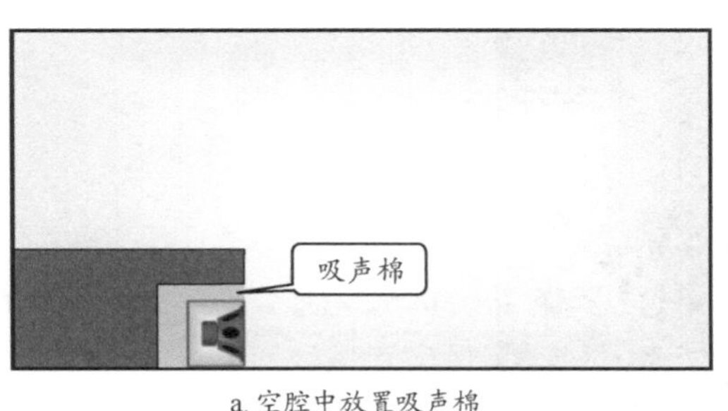

a. 空腔中放置吸声棉

b. 空腔中未放置吸声棉

图 2-8　空腔共振导致低音混浊

控制声场混响时间，使脉冲响应更佳

在音响工程的设计过程中，控制室内反射声可使音箱发出的声音较少被影响，而无声学处理或者不科学的声学处理，会导致房间混响过大，引起声音发虚、语音可懂度降低，如图 2-9 所示。

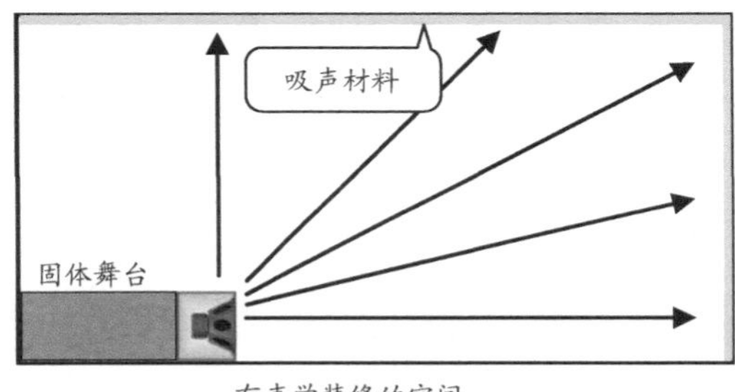

a. 有声学装修的空间

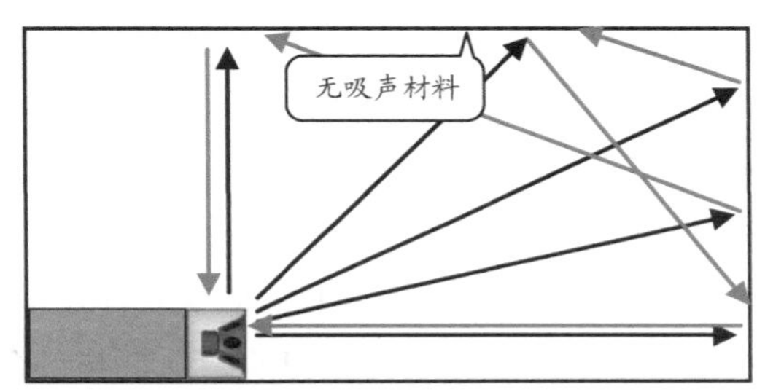

b. 无声学装修的空间

图 2-9　声学控制使低音更干净

小建议：在与甲方签订音响工程安装协议时，建议添加如下条款："音响设备的最终效果与建筑的声学装修有着密不可分的关系，如果因为房间内声学装修达不到国家标准（例如混响时间过长，有乒乓延时等问题）导致音质劣化的，甲方应当积极改善，由此引发的音质问题乙方不承担责任"。

避开驻波易发区，使音频再现精度更佳

超低音音箱在室内使用时，与房间几何形状相关的"驻波"会成为影响超低系统声音精度的因素。

"驻波"是指频率相同、传输方向相反的两种波（其中的一个波一般是另一个波的反射波），沿传输线形成的一种能量分布状态。在两者能量相加点会出现波腹，在两者能量相减的点形成波节。在波形上，波节和波腹的位置始终是不变的，给人"驻立不动"的印象，因而称为驻波。

音箱发声时，若在某反射体之间形成了驻波，这时音箱继续产生新的声波，其能量与驻波相结合后，会形成一个声波叠加的恶性循环，从而导致房间内驻波区域产生声学"热点"：在这里某个低频的能量过大；相反也会在一些区域出现"安静点"：该频率在这里则几乎听不见。此"热点"和"安静点"随频率而变化，并且每个房间都有所不同。

图 2-10 描述了在一般的室内超低音音箱位置与驻波的关系：红色区域摆放音箱时易发生驻波；绿色区域是比较理想的避开驻波的摆放区域，灰色区域为不建议摆放的区域。

图 2-10 可知，虽然墙角处能够获得最大的低音能量，但是也是驻波较为严重的区域，一般建议不要为了墙面增益而牺牲声音的精度。

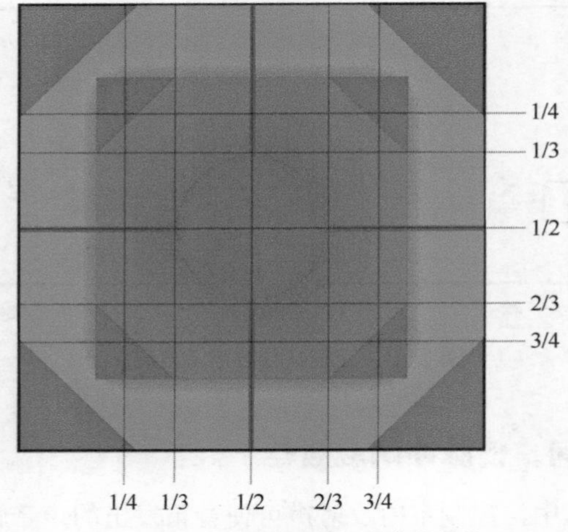

图 2-10　房间驻波与超低音箱摆放

集中摆放

多只超低音音箱摆放在一起称为“集中摆放”，在一定的摆放距离或摆放高度内，集中摆放可呈现最佳的脉冲响应，摆放的音箱数量可以是2只、4只、8只甚至更多只，如图2-11所示。

图 2-11　4 只超低音音箱集中摆放

集中摆放时，超低音音箱的指向与其组合尺寸有关。组合在一起的水平音箱越多，水平辐射的角度就越小，垂直组合的音箱越多则垂直辐射的角度越小。通俗来说就是音箱摆得越宽辐射角反而越窄，音箱堆得越高，辐射角反而越低，如图2-12所示。

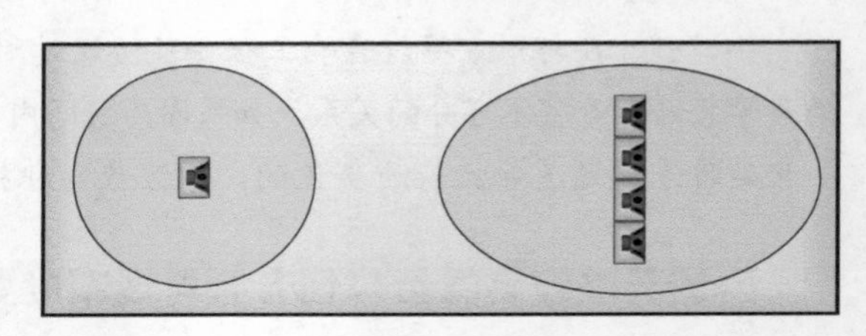

图 2-12　音箱组合宽度与辐射角度（Top view）

图2-13所示是笔者在EASE Focus上分别模拟的1只、2只、4只、8只超低音音箱组成的水平阵列，在63Hz辐射模拟状态下，可以验证超低音音箱摆放越宽，其辐射角度越窄。

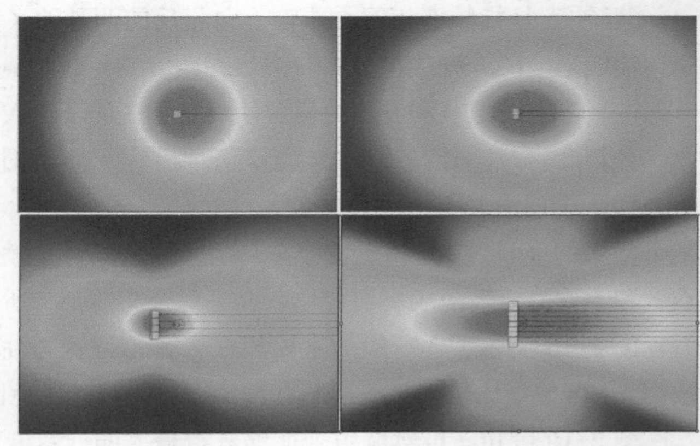

图 2-13　1 只、2 只、4 只、8 只超低音音箱 63Hz 指向图（Top view）

集中摆放方式在排练厅、音乐吧以及乐队小型室外演出是很常见的。在一些场地中，如果想要控制波束变得更窄，可尝试将超低音音箱间隔摆放，通过EASE Focus软件可以模拟出这些指向性数据，如图2-14所示。

但是集中摆放的问题是比较难以将低频的能量平均分配到较宽的演出场地，因此在大型的演出场馆也常常会采用分散式的低音音箱摆放方式。

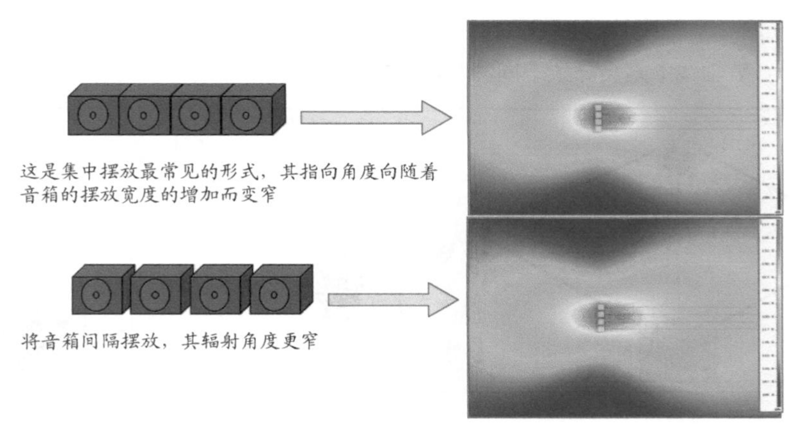

图 2-14　集中摆放和间隔摆放

对称分散摆放

分散摆放可以弥补集中摆放的声压级不均匀的问题，在大型的演出现场较为实用。

波瓣问题

分散摆放是把超低音音箱分开摆放，通常对称摆放在舞台两侧，如图 2-15 所示。但对称摆放带来了新的问题，首先就是波瓣效应的形成。当两组超低音音箱组合以对称的形式摆放在两侧时，位于舞台中心的轴线上的能量总是最强最清晰的，我们把这个区域称为“功率轴线”，这个位置往往是调音师所在的调音位，因此在这条轴线上调音师感觉非常好，除此之外在不同位置的观众席却对低音有着不同的体验，处于一些波瓣波谷的观众会感觉非常糟糕，如图 2-16 所示。

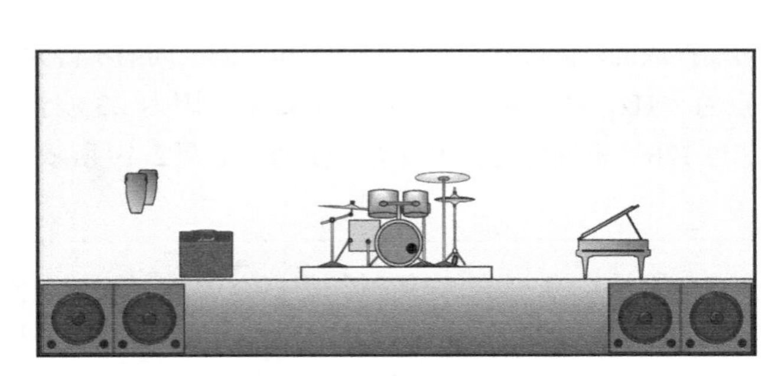

图 2-15　对称分散摆放

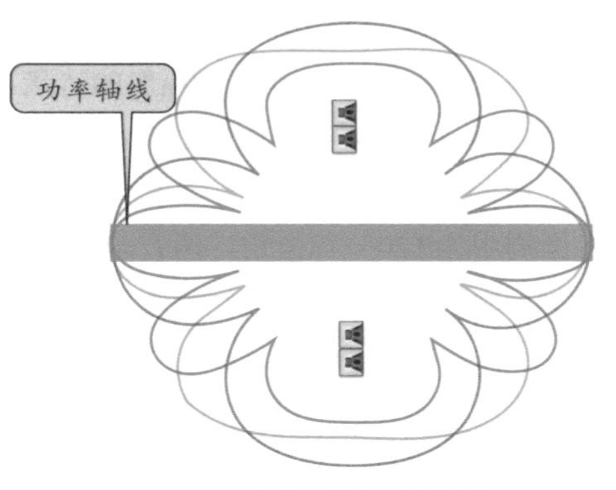

图 2-16　对称摆放与波瓣效应

将两组超低音音箱摆放在 10m 宽舞台的两侧，即发生图 2-16 的干涉现象。可以看出：40Hz（红色）、70Hz（蓝色）、100Hz（绿色）3 个频率在不同位置存在波瓣效应，因而不同位置的听众将听到不同的低音效果。但是在功率轴线上，可以看到 3 个频率重叠。

一些音乐性的小活动会把中间留出一条通道来，这样恰恰把低频辐射最好的中间区域给浪费了，建议在不影响消防规则的情况下，将功率轴线位置留给观众。

当采用左右对称式堆叠摆放时，要通过摆位、延时、相位等调整手段来降低波瓣效应的影响，目的就是将左右两组超低音音箱的共同覆盖的范围内的波瓣效应降到最低。

时间误差

由于超低音音箱最终需要和主音箱（全频音箱）进行时间校准，对称摆放时如果能够将超低音音箱和全频音箱摆在同一 Y 轴线上，可以让全频音箱与超低音音箱在全场时间误差最小（如图 2-17a 所示），而如果没有在同一 Y 轴线上则会导致不同聆听地点的时间差变得不同，从而影响整场听感的统一性。

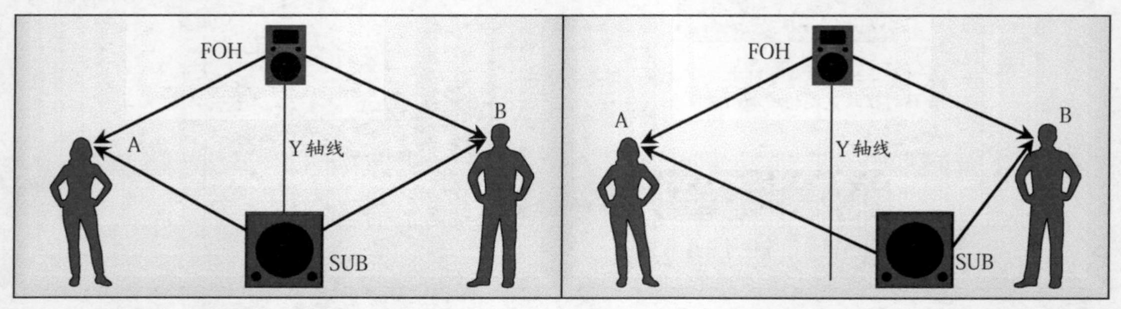

a. 超低音音箱与主音箱在同一Y轴线　　b. 超低音音箱与主音箱不在同一 Y 轴线

图 2-17　超低音音箱与主音箱造成的时间差

在图 2-17 中可以看出这两种摆放对于不同位置观众的影响。图 2-17a 中只要把 A 点时间对齐，B 点就可以获得相似的结果，因此整场时间误差最小；而图 2-17b 中左侧观众先听到主音箱的声音，右侧先听到超低音音箱的声音，如果按照左侧校准超低音音箱与全频音箱的时间，右侧时间差更大，故图 2-17a 总体效果更理想。

2.2　弧形低音阵列

当音箱数量够多时，弧形阵列能够较好地解决波瓣效应的问题。弧形阵列的原理是用摆放模仿一只超低音音箱声波向外辐射的情景，如图 2-18 所示。

弧形阵列可以是靠近摆放的，亦可以是间隔摆放的。间隔摆放时，两只音箱之间的间隔不得大于音箱分频点低通频率的 1/3 波长（如分频点为 80Hz，两音箱间距要小于 1.42m），因为 1/3 波长在圆周中为 120° 相位角，两音箱声波叠加超过 120° 相位角就会出现能量抵消，如图 2-19 所示。

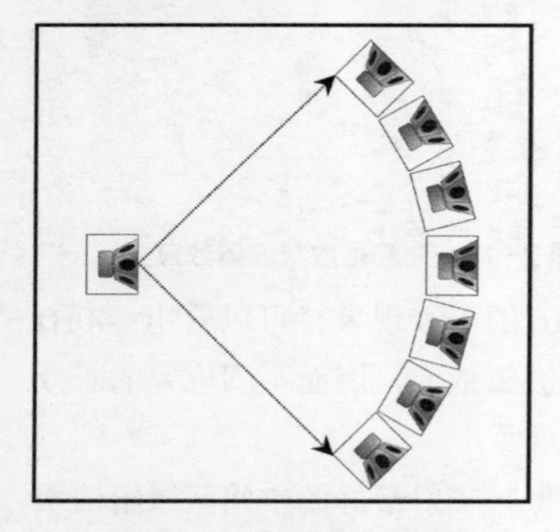

图 2-18　弧形阵列的原理

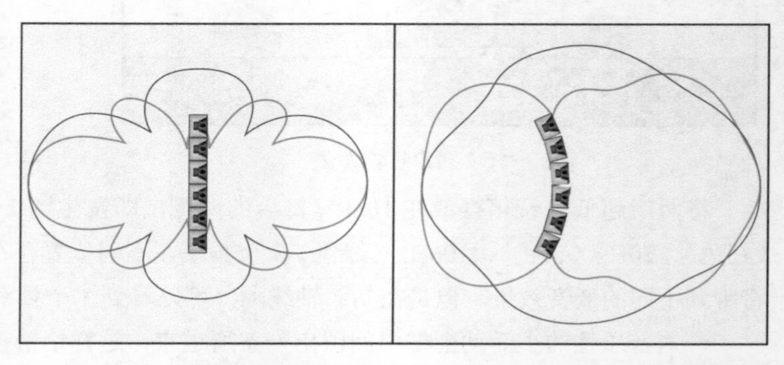

图 2-19　直线阵列和弧形阵列 60Hz（蓝）与 90Hz（红）辐射图

超低音音箱阵列摆放距离过长将导致自身声波发生干涉。图 2-18 中将 6 只双 18 寸超低音音箱并排摆列，每只超低音音箱宽度约 1.2m，6 只宽度约 7.2m，阵列会导致自身声波相互干涉。可以看到 60Hz（蓝色）和 90Hz（红色）形成了严重的波瓣效应（图 2-19 左）。将超低音音箱前部分开 10° 摆放，并沿着角度将音箱摆成弧形，可看到自身声波干涉变小了（图 2-19 右），而且辐射范围主要在观众区域。

上述弧形阵列是依靠物理摆放实现优化辐射的，然而实际的演出场合不见得有合适的摆放空间，所以通过处理器使用电子延时是常见的手法，如图 2-20 所示。

对于轴线上的测试点来说，越是靠边的音箱，声波到达测试话筒的时间就越长（如图 2-20 所示），延时就越大。按照这个原理，将摆放为一条直线的超低音音箱阵列以中间为“0”延时，依次向外设置各个音箱的延时即可形成一个虚拟的弧形阵列。

弧形阵列延时的算法比较复杂，国内外很多的音响师都做出过很多相关计算的表格和软件，其原理我们不去深入探讨，下面借助 EASE Focus 软件来进行虚拟弧形阵列的模拟实验。

在软件上首先建立一个场地，例如设定一个 30m 长、20m 宽的场景，然后插入一组音箱，注意此处要插入超低音音箱阵列“Subwoofer Array”，如图 2-21 所示。

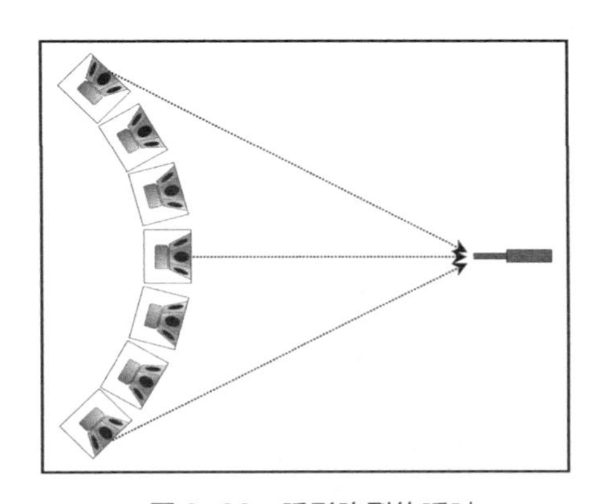

图 2-20　弧形阵列的延时

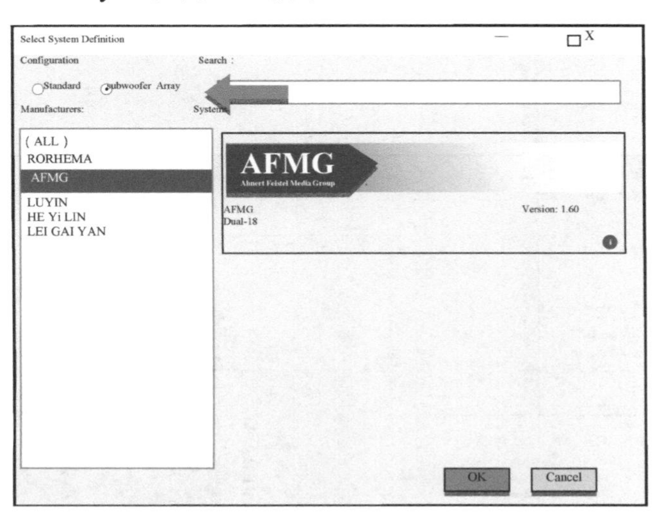

图 2-21　EASE Focus 的插入选择以及所选择音箱

将音箱摆放在预期的位置，点击所选音箱，软件右侧会出现如图 2-22 所示的界面。

System parameters
Model: DUAL-18
Label: DUAL-18
Setup: ⊙ Symmetric ○ Asymmetric
Position & orientation of center
X(m) 10.00　Hor(°) 0.00
Y(m) 0.00
Z(m) 0.00
Configuration
Box count: 12
Stacked boxes: 1
Array width (m): 11
Coverage Angle(°): 90
Spacing (m): 1.0
Approxfrequencylimit(Hz): 170

Label: 用来设定音箱的标签；
Setup: 设置，用来设置超低音音箱是否是对称状态，Symmetric 是对称的，Asymmetric是不对称的（可选择音箱数量为单数）；
Position & orientation of center：指音箱在场地上的相对坐标方位；
X、Y: 指左右与前后的坐标点，单位m；
Z：音箱的摆放高度，单位m；
Hor: 音箱在场地内向左或右的倾斜角度；
Configuration: 音箱的参数配置；
Box count: 音箱的数量；
Stacked boxes: 音箱堆叠的层数；
Array width：线阵列的宽度，可以是毗邻阵列也可以是间隔阵列；
Coverage Angle: 期待的覆盖角度；
Spacing: 音箱的间距，改变了Array width 参数后此处自动计算；
Approx frequency limit：音箱的频率上限。

图 2-22　低音阵列的设置

Box locations & delays

#	X(m)	Y(m)	Z(m)	Delay(ms)	Total delay(ms)
1	0.00	−5.50	0.00	7.3	7.3
2	0.00	−4.50	0.00	4.0	4.0
3	0.00	−3.50	0.00	1.9	1.9
4	0.00	−2.50	0.00	0.7	0.7
5	0.00	−1.50	0.00	0.1	0.1
6	0.00	−0.50	0.00	0.0	0.0
7	0.00	0.50	0.00	0.0	0.0
8	0.00	1.50	0.00	0.1	0.1
9	0.00	2.50	0.00	0.7	0.7
10	0.00	3.50	0.00	1.9	1.9
11	0.00	4.50	0.00	4.0	4.0
12	0.00	5.50	0.00	7.3	7.3

根据场地选择好画列的宽度，选择宽度时要注意音箱之间的间隔不能大于音箱分频点低通值的 1/3 波长，否则有可能产生新的干扰。设置好以后查看声波覆盖渲染，确认辐射有没有被优化。

所有参数填写好以后，软件会自动计算出每只音箱的延时量，可以看到最中间的 2 只音箱延时量为 0，而越远离轴心的音箱延时量就越大。

将软件计算的延时数值填写至处理器，在下场即可获得接近图 2-23 中所示的覆盖角度。

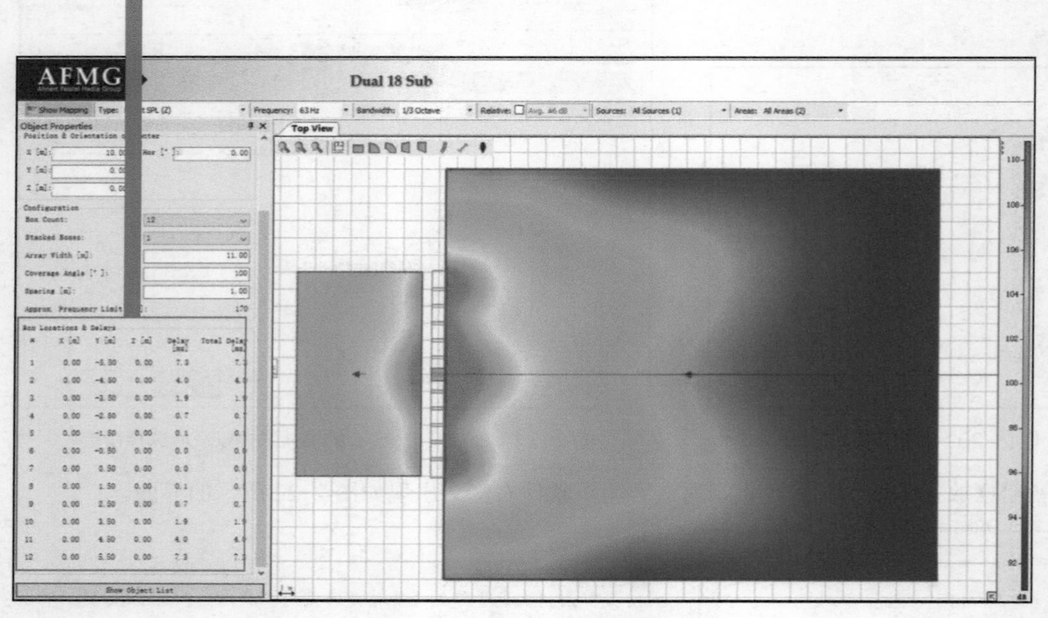

图 2-23　软件自动计算的延时值

EASE Focus 提供了非常方便的计算方式，但是并不能支持市面上所有的音箱。著名的音响系统工程师 Merlijn van Veen 开发了一款基于 Microsoft Excel 的超低音音箱陈列计算表格“S.A.D.(Subwoofer Array Designer)”，见图 2-24。它提供了在数学层面对低音阵列的计算方法，这个算法可以在超低音音箱上通用，并不针对具体的音箱品牌和型号。它提供了 4 种超低音音箱的摆放方式，分别是：

Physical hor. array——表示物理摆放的弧形阵列；

Delayed hor. array——将音箱物理摆放为直线，通过数字延时形成虚拟的弧形阵列；

End Fire——将音箱前后摆放并延时前音箱的一种超低音音箱摆放方式；

Gradient——将音箱前后摆放，延时并反相后音箱的一种超低音音箱摆放方式。

表格为上述 4 种摆放方式分别提供了全指向、心形指向、超心形指向、“8”字指向 4 种算法。

表格中还包括：高低通滤波设置、7 支测试话筒的频率和相位响应图、极坐标图、声压级分布图等多项专业性指标的显示；它还可以将数据导出到 Meyer Sound MAPP 软件进行进一步分析，感兴趣的读者可以自行下载（版权为 Merlijn van Veen 所有）。

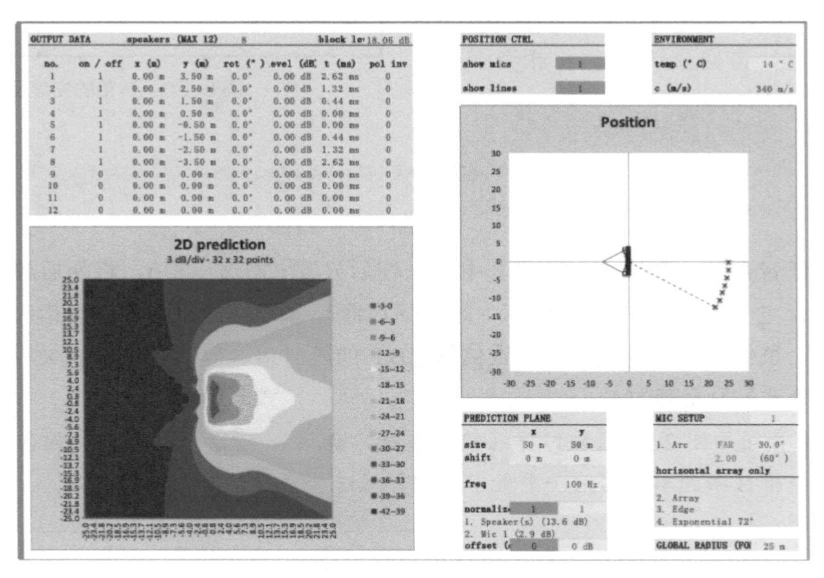

图 2-24 Merlijn van Veen 设计的 S.A.D(截图)

2.3 心形低音阵列

为了达到控制音箱系统指向性的目的，人们利用电子延时 + 反极性 + 物理延时 + 物理反相等手段，来控制超低音音箱的指向性。这种控制手段虽不能使低频能量增加更多，但是可以有效控制辐射范围，降低超低音的一些潜在干扰，因而被广泛地运用。

电子延时：指在处理器或调音台上调整延时数据。

反极性：指在处理器或调音台上反转极性，它能使扬声器的输出相位反转 180°，这个做法跟将扬声器连接线的“+”“-”调换连接是一样的道理，将平衡卡侬连接的“2 脚”与“3 脚”对换也是同样的道理，如图 2-25 所示。

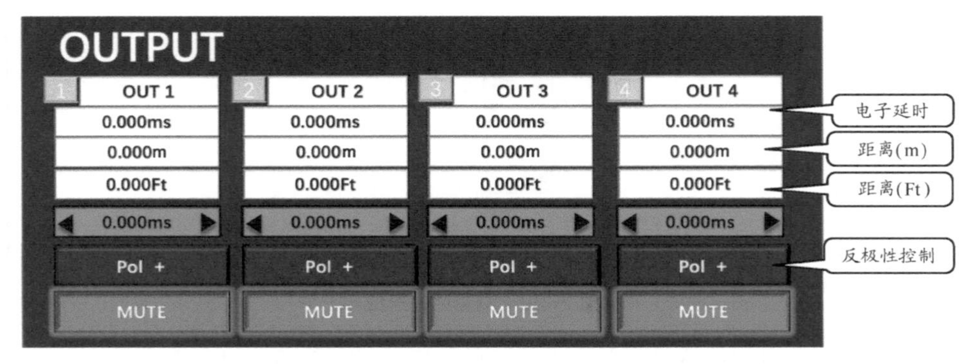

图 2-25 一种处理器的输出部分

物理延时：指通过调整音箱位置达到延时的目的，对于听众而言，扬声器向后移动 34cm，约延时 1ms。

物理反相：本指通过调整音箱的摆放方向，达到反相的目的，方向反转 180°，相当于相位相反，如图 2-26 所示。

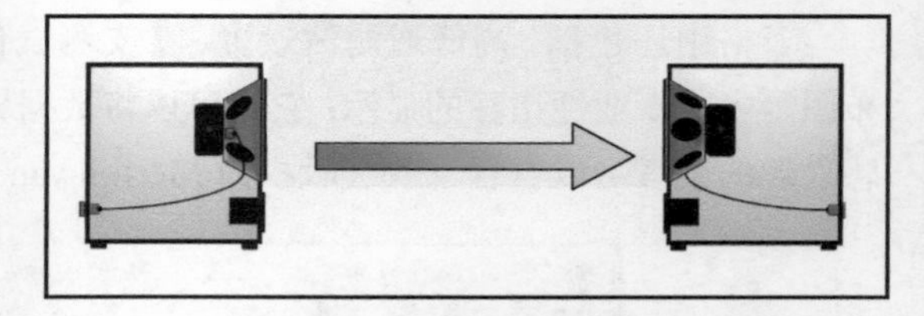

图 2-26 音箱的物理反相

2.3.1 F.B.F（FRONT/BACK CARDIOID）

将 3 只超低音音箱一起摆放，并将其中一只朝后放置（物理反相），将朝后放置的扬声器做电子延时并进行电子反相（图 2-27 所示中间的扬声器），即可获得 F.B.F 心形指向。下面介绍这种设置的步骤，虽然用尺子测量可以大致估算 F.B.F 的延时值，但笔者仍建议采用测试的方式来进行设置，因为这是最精确的。

第 1 步：将音箱按图 2-27 摆放好并连接好系统，音箱 A 与音箱 C 可以共同占用一个数字处理器的通道，音箱 B 必须单独占用一个数字处理器通道。声能辐射图见图 2-28。

图 2-27 F.B.F 音箱的典型摆放

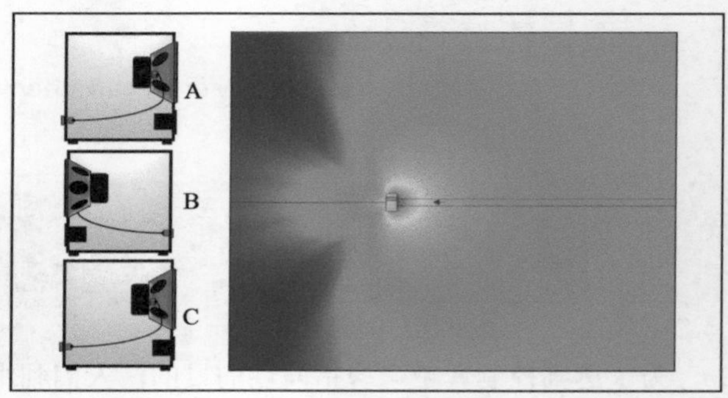

图 2-28 F.B.F 声能辐射图

第 2 步：设置好 Smaart 软件（或其他测试软件），准备好声卡与测试话筒，将声卡各端连接完成。

第 3 步：用界面法将测试话筒放置在 F.B.F 后方 1.5~3m 处，开启 A 音箱与 C 音箱，如图 2-29 所示。

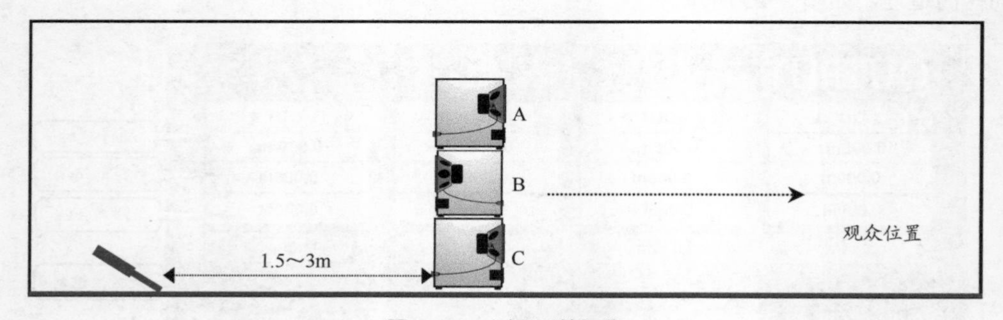

图 2-29 测量话筒摆位

第 4 步：首先估算出测试话筒到扬声器的延时时间，假如测试话筒距离音箱 1.5m，1.5 ÷ 340

（声速）× 1000=4.4ms（但低频响应一般稍慢，可能延时为 4.4~9ms）。

将这个时间（4.4~9ms）填写到 Smaart 的延时窗口（见图 2-30），填写完后若发现相位与图 2-30 有较大差异，可通过“+/-”来微调延时时间，直到相位与图 2-30 接近为止，按空格键拍照，将数据储存。

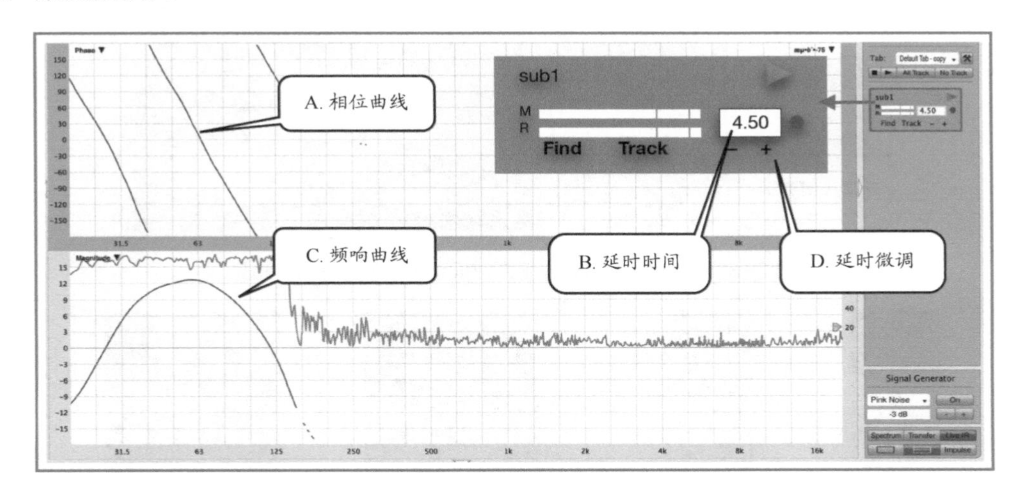

图 2-30 Smaart 延时调整

第 5 步：关闭 A、C 音箱并打开 B 音箱，观察相位曲线，这时候会发现 B 音箱声音比 A、C 先到达测试话筒，在处理器中调整 B 音箱延时，使 B 的相位曲线与 A、C 完全重合，此时在测试话筒的位置，3 只音箱声音完全叠加，能量最大。

第 6 步：在处理器里将 B 音箱反极性（反相），同时打开 3 只音箱，这时由于音箱 B 与 A、C 相位相差 180°，故可以在测试话筒位置获得最大抵消，而对于前方（观众位置）来说音箱 A、B、C 的能量则可以最大限度地叠加。

在一些固定安装的场合，舞台下面是个巨大的空腔，当低频辐射到空腔后会形成很大的共振以及驻波，采用 F.B.F 可以控制低频指向，从而避免低频进入空腔内部，使低频听起来更干净、有力。在一些电声乐队演出的现场，当很多超低音音箱堆叠在一起时，台上的乐手与歌手会因为低频干扰而影响演奏与演唱，通过低频的指向性控制就可以完美解决这个问题。

一些资料中有关于 F.B.F 的运算公式，可以根据音箱尺寸计算出反相音箱的延时时间，经过大量的尝试，发现这些公式只适用于部分产品，并非所有产品通用，故此处不再赘述。

当低频不多的时候，两只超低音音箱经过正反摆放也可以组合起来控制低频指向，这种做法在现场经常使用。

若能量不足，可以采用堆叠的方式，将音箱成倍地增加，比如在图 2-27 所示的音箱上面再摆放一层，摆放方法与下层音箱一致，组成 6 只音箱的阵列，可将声压级增加 6dB。

当反相音箱摆放位置改变后，群组的低音指向性也会改变。若反相音箱放置在 3 只音箱的最下方，将导致低频的辐射趋于向上，如图 2-31 所示。

图 2-32 提供了多种摆放参考，可用于不同的情景。

F.B.F 有多种组合方式，其辐射趋势为：

反相音箱在下侧的声音辐射倾向于上侧；

反相音箱在上侧的声音辐射倾向于下侧；

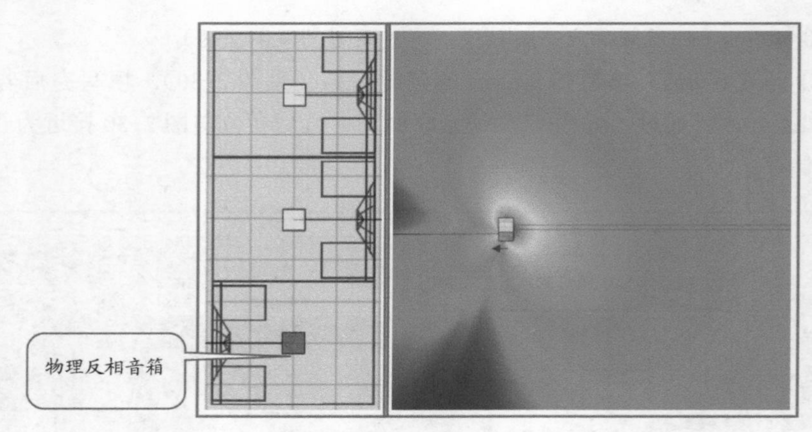

图 2-31　反相低音音箱在下方时低频辐射指向有向上趋势

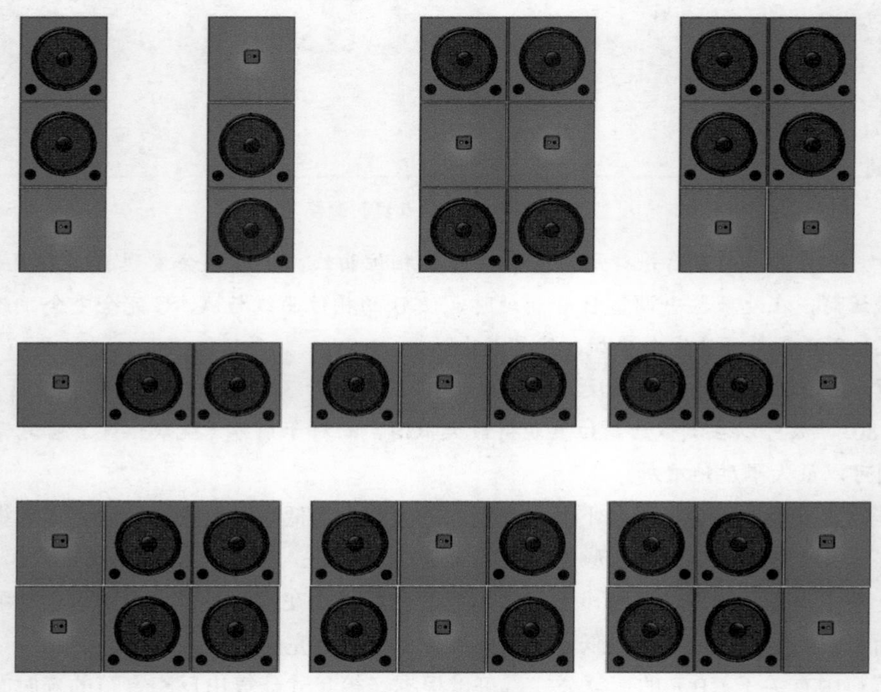

图 2-32　F.B.F 的多种组合方式

反相音箱在中间的声音辐射倾向于前方；
反相音箱在左侧的声音辐射倾向于右侧；
反相音箱在右侧的声音辐射倾向于左侧。
可根据自己所需要覆盖的区域灵活调整摆放方式。

2.3.2 End Fire

基本原理

End Fire 是常见的控制低音指向的做法，首先规划一个低频的抵消中心频率，计算出其波长

λ 后，按照其波长的 1/4 来前后摆放音箱（见图 2-33 和图 2-34），并将前音箱（图 2-33 中 A 音箱）插入 ($\lambda \div 4 \div 340$) × 1000 的延时（ms），就可以做成 End Fire 的心形指向组合。

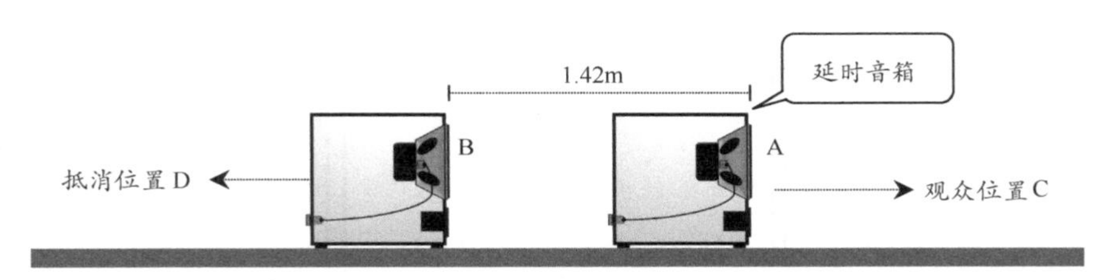

图 2-33　End Fire 的基本设置

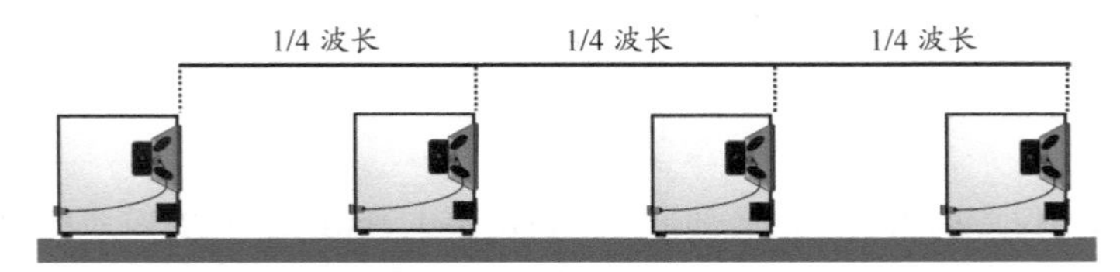

图 2-34　End Fire 的基本原理

例如，我们计划抵消频率为 60Hz，其波长为 340÷60=5.67m，1/4 波长为 1.42m。将前后音箱距离摆放 1.42m，并将前音箱在处理器里调整延时为 4.17ms 即可：

$$5.67 \div 4 \div 340 \times 1000 = 4.17\text{ms}$$

由图 2-33 可知，在观众位置 C，图中音箱 A 经过延时后可以与后部音箱 B 声波完美叠加，故观众位置 C 声压级最大。而对抵消位置 D，A 音箱声波到达 B 时经过了 1.42m（60Hz、1/4 波长）的物理距离，同时由于 A 音箱又电子延时了 4.18ms（60Hz、1/4 波长），所以 A 音箱声波到达 B 音箱时刚好是 60Hz 1/2 波长的距离，因此声音刚好可以抵消。

在 End Fire Sub Array 排列上可以排列多组音箱，以获得更窄的指向，但问题是在演出场地常常不允许这么做。在实际的应用中，以前后 2 组音箱组合为多，有时候也会用到 3 组，这都要根据现场的实际需求确定。

由于这种摆位所抵消的频率是以某个频率为中心频率，因此其他频率并不能被完整地抵消，但这并不影响它成为最受欢迎的心形阵列组合之一。图 2-35 所示是两种典型组合。

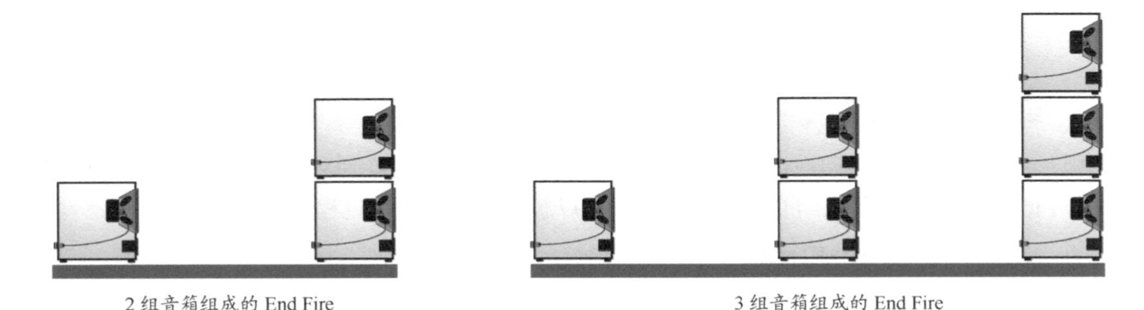

图 2-35　End Fire 的典型组合

由图 2-36 可知，当采用前后 2 组音箱的组合时，对目标频率抵消最干净，前方辐射范围略宽；当采用前后 4 组音箱的组合时，前方辐射较窄，但后方会有波瓣形成。

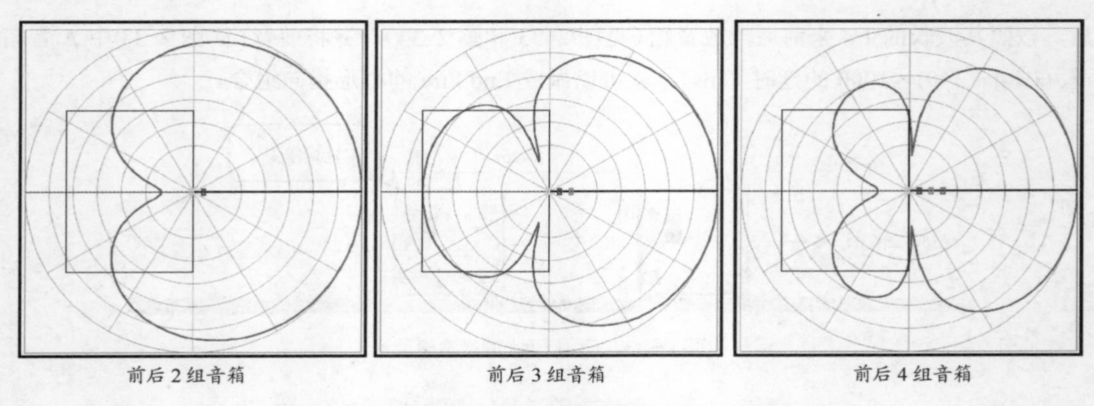

图 2-36　各种组成方式中心频率的指向性特点（60Hz）

其他应用

End Fire的做法不仅可以用于超低音部分，亦可用于主音箱或其他音响系统中某些频率的抵消。例如，某次演出主音箱的 80Hz 在舞台形成了干扰，影响了舞台上返听的清晰度，如果通过均衡降低 80Hz，则观众席会受到影响。若超低音的低通分频点在 70~80Hz，利用 End Fire 的原理，可以算出 80Hz 的波长为 4.25m，其 1/4 波长为 1.06m，可将超低音音箱吊挂于主音箱后方 1.06m，并将主音箱延时 3.12ms，这时舞台上 80Hz 即很大程度被抵消，而观众席则不受影响（见图 2-37a）。

在流动演出常用的“8+4”线阵列中，End Fire 的使用也是非常方便的（见图 2-37b）。

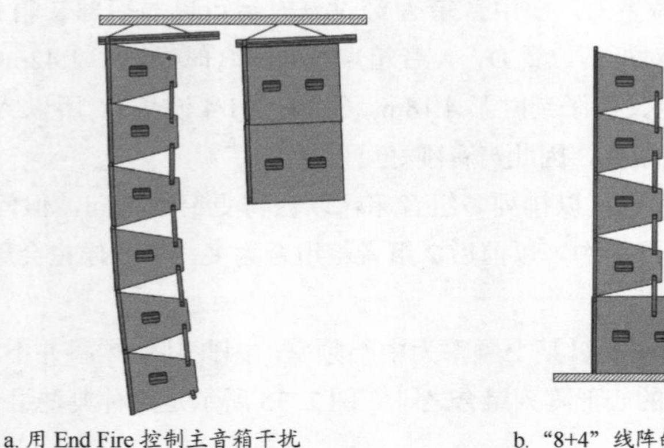

图 2-37　End Fire 的应用

与弧形阵列配合

弧形阵列可以控制指向性，但其有一个致命性的缺点，就是阵列对舞台的干扰太大。而如果用 End Fire 与弧形阵列相互结合使用的话，就可以解决干扰问题，过程如下。

第 1 步：按照弧形阵列的摆放方法摆好第一排。

第 2 步：按照第一排的摆放方式摆放第二排，其前后间距为欲抵消频率的 1/4 波长。

第 3 步：用模拟软件算出弧形阵列的延时值，将数值写入第二排（靠近舞台的）音箱群组。

第 4 步：在第一排（靠近观众的）每只音箱里加上的延时如下。

弧形阵列延时（模拟软件计算得到的）+ 第一排到第二排距离所产生的延时之和。

弧形阵列的 End Fire 完成。

2.3.3 Gradient

两只超低音音箱一前一后摆放（建议靠近摆放），距离为某频率波长的 1/4，将后音箱 B 插入 λ÷4÷340×1000 的延时，那么 A、B 两只音箱的声波就会在舞台区域完美叠加，而将 B 音箱反极性，利用前面所说的相位抵消原理，所选择的中心频点附近的低频就会随之被抵消，消除了舞台区域的低频干扰，如图 2-38 所示。

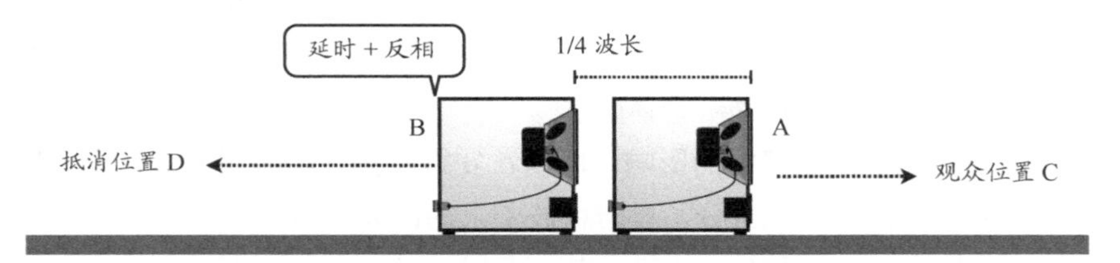

图 2-38　Gradient 的设置

这种做法对后部低频抵消的效果优于前面所讲的 End Fire（见图 2-39），但两只超低音音箱的声波在观众席中不在一个信号周期内叠加，因而脉冲响应不如前者。

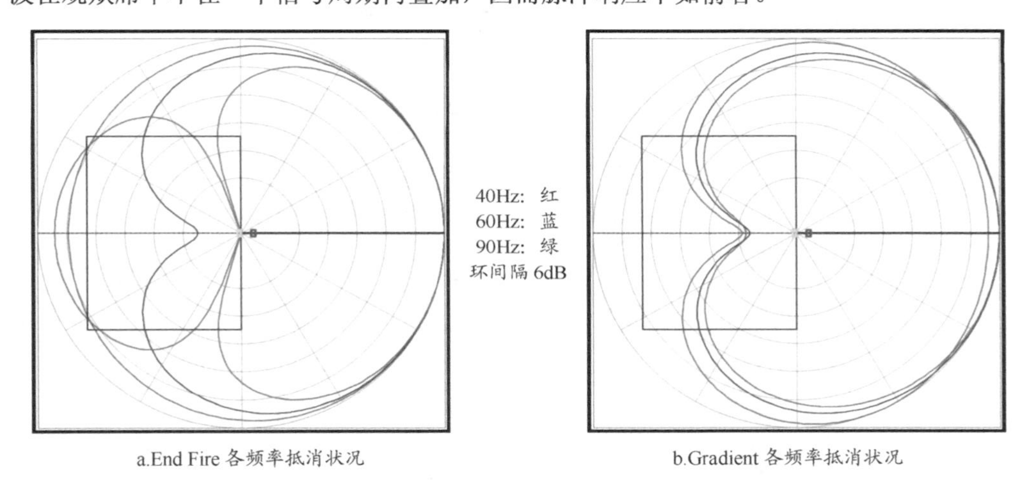

a.End Fire 各频率抵消状况　　b.Gradient 各频率抵消状况

图 2-39　End Fire 与 Gradient 抵消情况对比（抵消中心频率为 60Hz）

2.4　相干信号叠加分析

演出活动常用多只音箱共同覆盖，它们之间的叠加、抵消、干涉是非常复杂的物理问题，著名的美国系统工程师鲍伯·麦卡锡（Bob McCarthy）的著作《SOUND SYSTEMS DESIGN AND OPTIMIZATION》（中文版《音响系统设计与优化（第 2 版）》，人民邮电出版社出版）是公认的经典著作之一。书中对相干信号叠加的分析能够使读者从理论上了解信号幅度对于叠加、抵消的基本状态。现引用其中部分内容，供大家参考。表 2-1 描述的是完全相干电信号在不同电平差下所产生的最大叠加与最大抵消的比较，可用于梳状滤波器效应的预测、叠加状态的预测、抵消状态的预测等。

Bob McCarthy 先生将受幅度影响干涉的区域分为：耦合区、抵消区、梳波区、混合区、隔离区。

耦合区——指两声源相位差为 0°~120°的区域，声压级变化在 0~6dB。现场中两只全频音箱很难保证所有频率相位差都为 0°~120°，故这个区域一般用于低音设备。

抵消区——指两声源相位差为 120°~180°的区域，此区域两声音叠加后信号增加量为 0dB~-∞。现场常使用这个原理将超低音的后部信号抵消以达到控制低音指向的目的。

梳波区——我们将电平差为 4dB 以内的范围称为梳波区，这个区域的波纹差为大于 ±6dB。现以动态范围 -60dBu~+6dBu 电平信号为例来说明问题。电平信号 A 为 0dBu，而电平信号 B 为 -0.01dBu，两信号若相位完全相同，叠加后为 +6dBu，这是信号的最大增量。当两信号相位差为 180°，两信号叠加后为 -60dBu（完全抵消）。它们所产生的叠加与抵消范围从 +6dBu 至 -60dBu，有 66dBu 的差距。从 66dBu 的中间算起，也可以称为它们的波纹变化范围为 ±33dBu，如此大的幅度变化会在声场内造成极不平均的听音体验。

鉴于这个区域对听感会造成严重的影响，所以在安排两只音箱共同覆盖一个区域时要尽量避开此区域，或者将两音箱从频率上区分，以防梳波带来的巨大影响。

声混合区——将电平差 5dB 至 10dB 的范围称为混合区，这个区域的波纹范围从 ±6dB 至 ±3dB。这个区域内一般被认为是可以接受的声混合区域，此区域内所产生的声干扰被认为是可以接受的。

声隔离区——我们将电平差大于 10dB 的范围称为隔离区，这个区域内两声源的梳波影响几乎可以忽略不计，在这样的区域摆放音箱不必担心梳波的影响。

表 2-1　两完全相干且存在电平差的信号叠加分析

<table>
<tr><td colspan="7">本表来自：音响系统设计与优化（第 2 版）Bob McCarthy 著</td></tr>
<tr><td>电平差 /dB</td><td>电平 A/dBu</td><td>电平 B/dBu</td><td>相差 0° 叠加后 dBu 值</td><td>相差 180° 叠加后 dBu 值</td><td>± 波纹范围 /dB</td><td></td></tr>
<tr><td>0.01</td><td>0</td><td>-0.01</td><td>6.0</td><td>-60.00</td><td>33.0</td><td rowspan="9">梳波区
电平差：0dB 至 4dB
信号叠加：+6dB 至 -60dB
波纹范围：大于 ±6dB</td></tr>
<tr><td>0.1</td><td>0</td><td>-0.1</td><td>6.0</td><td>-38.40</td><td>22.2</td></tr>
<tr><td>0.25</td><td>0</td><td>-0.25</td><td>5.9</td><td>-30.50</td><td>18.2</td></tr>
<tr><td>0.5</td><td>0</td><td>-0.5</td><td>5.8</td><td>-25.00</td><td>15.4</td></tr>
<tr><td>0.75</td><td>0</td><td>-0.75</td><td>5.7</td><td>-21.70</td><td>13.7</td></tr>
<tr><td>1</td><td>0</td><td>-1</td><td>5.5</td><td>-19.20</td><td>12.4</td></tr>
<tr><td>2</td><td>0</td><td>-2</td><td>5.1</td><td>-13.70</td><td>9.4</td></tr>
<tr><td>3</td><td>0</td><td>-3</td><td>4.6</td><td>-10.70</td><td>7.7</td></tr>
<tr><td>4</td><td>0</td><td>-4</td><td>4.2</td><td>-8.70</td><td>6.5</td></tr>
<tr><td>5</td><td>0</td><td>-5</td><td>3.9</td><td>-7.20</td><td>5.5</td><td rowspan="6">声混合区
电平差：5dB 至 10dB
叠加范围：+4dB 至 -8dB
波纹范围：±6dB 至 ±3dB</td></tr>
<tr><td>6</td><td>0</td><td>-6</td><td>3.5</td><td>-6.00</td><td>4.8</td></tr>
<tr><td>7</td><td>0</td><td>-7</td><td>3.2</td><td>-5.20</td><td>4.2</td></tr>
<tr><td>8</td><td>0</td><td>-8</td><td>2.9</td><td>-4.40</td><td>3.7</td></tr>
<tr><td>9</td><td>0</td><td>-9</td><td>2.6</td><td>-3.80</td><td>3.2</td></tr>
<tr><td>10</td><td>0</td><td>-10</td><td>2.4</td><td>-3.30</td><td>2.8</td></tr>
<tr><td>11</td><td>0</td><td>-11</td><td>2.2</td><td>-2.90</td><td>2.5</td><td rowspan="10">声隔离区
电平差：大于 10dB
叠加范围：+2dB 至 -3dB
波纹范围：小于 ±3dB</td></tr>
<tr><td>12</td><td>0</td><td>-12</td><td>1.9</td><td>-2.50</td><td>2.2</td></tr>
<tr><td>13</td><td>0</td><td>-13</td><td>1.8</td><td>-2.20</td><td>2.0</td></tr>
<tr><td>14</td><td>0</td><td>-14</td><td>1.6</td><td>-1.90</td><td>1.7</td></tr>
<tr><td>15</td><td>0</td><td>-15</td><td>1.4</td><td>-1.70</td><td>1.6</td></tr>
<tr><td>16</td><td>0</td><td>-16</td><td>1.3</td><td>-1.50</td><td>1.4</td></tr>
<tr><td>17</td><td>0</td><td>-17</td><td>1.1</td><td>-1.40</td><td>1.3</td></tr>
<tr><td>18</td><td>0</td><td>-18</td><td>1.0</td><td>-1.20</td><td>1.1</td></tr>
<tr><td>19</td><td>0</td><td>-19</td><td>0.9</td><td>-1.10</td><td>1.0</td></tr>
<tr><td>20</td><td>0</td><td>-20</td><td>0.8</td><td>-0.90</td><td>0.9</td></tr>
<tr><td colspan="4">耦合区
电平差：无要求
相位差：0° ～ 120°
信号叠加：+6dB ～ 0dB
波纹范围：±3dB</td><td colspan="3">抵消区
电平差：无要求
相位差：120° ～ 180°
信号叠加：0dB ～ -60dB
波纹范围：小于 ±30dB</td></tr>
</table>

2.5 全频音箱的指向性

2.5.1 音箱覆盖角度的定义

所谓音箱的覆盖角度是指声压级相对于中轴线衰减 6dB 的辐射范围，也就是离轴衰减 6dB 的范围，被称为 -6dB 角。

因为不同频率波长不同，频率指向性也有差异，所以在不同的离轴测试角度，将会获得不同的频响曲线，也可以说站在不同位置聆听音箱的感觉是不一样的，即使聆听点都在音箱的辐射范围内。

图 2-40 给出了一只音箱的水平指向曲线图，图中纵轴表示辐射角度，横轴表示频率，可以看到不同频率的辐射角度特征。图中显示，该音箱在 250Hz 频率以下指向约为 360°，大约到 500Hz 左右其指向性开始稳定于 100° 左右，这种描述指向的方法也被称为“波束图”，一般会提供垂直指向与水平指向两项内容。

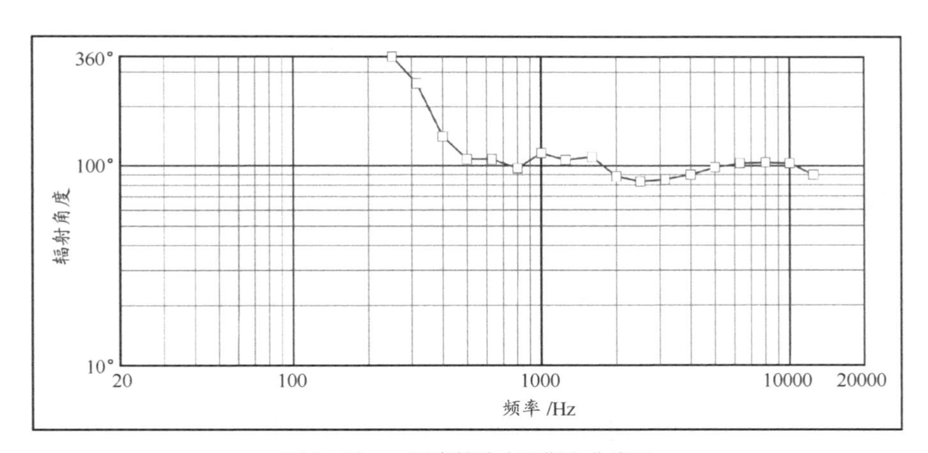

图 2-40　一只音箱的水平指向曲线图

除此之外，音箱指向性的描述方式还有“极坐标图”和“等压分布图”两种。其中极坐标图与话筒的图相似，但由于极坐标图查看所有频率组合时极不方便，故而较少使用。

使用更多的指向图是“等压分布图”。这类图的纵轴是角度，轴心为 0°，通过“水平等压分布图”和“垂直等压分布图”配合，可以查看离轴偏左偏右或偏上偏下的测试角度的频率特征，非常详细。这类图的旁边会提供色卡，色卡描述了各种颜色所代表的分贝值。

图 2-41 为 Genelec 8331A 监听音箱的垂直指向特性图，可以看出 2000Hz 的 -6dB 辐射范围约为 136°（离轴上约为 67°，离轴下约为 69°）。

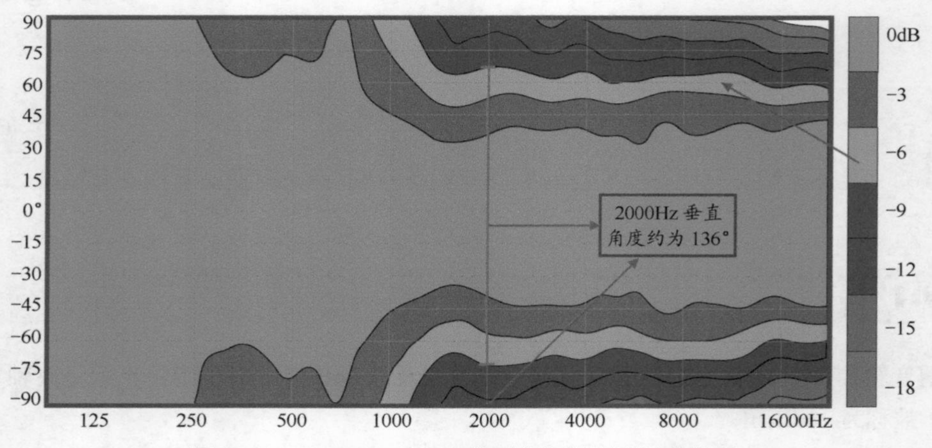

图 2-41　Genelec 8331A 监听音箱的垂直指向特性图

音箱的指向性特点可以帮助我们更精确地考虑辐射和摆放，所以是很重要的音箱参数。这种参数有时候也被简化为一组数字，例如被写为：

辐射角度（*H*×*V*）：80°×50°

H 为水平角度（Horizontal），*V* 为垂直角度（Vertical）。这样的描述实际上是笼统地描述了 -6dB 边界线，也就是离轴声压级衰减 6dB 的角度，并不能完全体现其特性。

2.5.2 覆盖角度与波束远射

指向性因数较高的音箱更适合于距离相对较远的声音辐射，换句话来说就是指向性越强所能够辐射的距离就越远。

常规音箱

目前专业领域使用的音箱主要是常规音箱与线阵列音箱。常规音箱的声音辐射基本上遵循声压级平方反比定律规则，也就是距离增加一倍声压级衰减 6dB。由于随着距离增加声压级急速衰减，因此这类音箱一般不用于将声音远送的场合。常规音箱的扩散角度也有大有小，有的适合于较宽的场合，有的则适合于较窄的场合。

图 2-42 是锐丰智能（RF）公司旗下 L6 和 L8 音柱的 -6dB 角，可以看出在相对较宽的扩声环境中，选择 L8 可以获得良好均匀的覆盖，然而在狭窄的环境中选择 L8，有可能导致墙面反射增加，L6 会更合适。

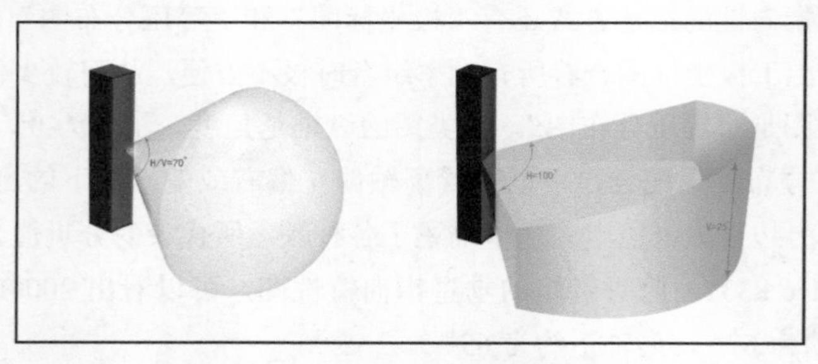

图 2-42　RF L6/L8 的 -6dB 角范围图

通过进一步控制声音的扩散角度，人们还制造出辐射角度更小的远程音箱，如图 2-43 所示就是一款辐射角度为 70°×40°的远程音箱，在体育场馆、公园、户外广场、中远距离的扩声场合尤为适用。

图 2-43 RF MQ-15CP

线阵列音箱

为了解决声音远送问题，工程师们将若干个音箱科学合理地组合成为线性声源，称为“线性阵列音箱”，这种音箱的显著特点是符合线性声源的辐射规律：在其临界距离内，距离增加一倍，声压级衰减 3dB。因此在较大的扩声场合，线阵列音箱可以更好地满足扩声需求。

例如，最远处观众距离音箱 50m，在用传统音箱时，直达声声压级比 1m 处要降低 34dB，若某组线阵列音箱的临界距离大于 50m，采用这组音箱时 50m 处直达声声压级比 1m 处仅降低 17dB，通过调整线阵列各音箱之间的角度和输入功率，还可以将最远观众席 50m 处的声压级进一步提高。如果线阵列音箱中有两只音箱物理辐射角度差为 0°，辐射区声压级理论上会提高 6dB，即将两只线阵音箱同时都辐射向 50m 处，可以将 50m 处的声压级与 1m 处声压级差值从 17dB 降低为 11dB。

但并不是简单地将几个常规音箱叠放在一起就能构成线阵列音箱。常规音箱叠放在一起时，各音箱辐射的声波相互之间会产生严重的声干涉，不仅不能把声音送得更远，反而让音箱发出的声音品质也被破坏了。

线阵列音箱的临界距离一般是由阵列长度、指向性因数、频率等综合因素所决定的，它描述了线阵列音箱从线性声源性质过渡到点声源性质的距离。在临界距离内，线阵列的声音辐射规律为距离增加一倍，声压级衰减 3dB；超过临界距离后，其声压级遵循平方反比定律，距离增加一倍声压级衰减 6dB。

2.5.3 覆盖角与等响线

由于覆盖角度的定义是离轴 -6dB，所以在等距的情况下，轴线比辐射边界处声压级大 6dB，但这主要体现在相对高频区（如图 2-44 所示），对于低频的影响没有那么大。

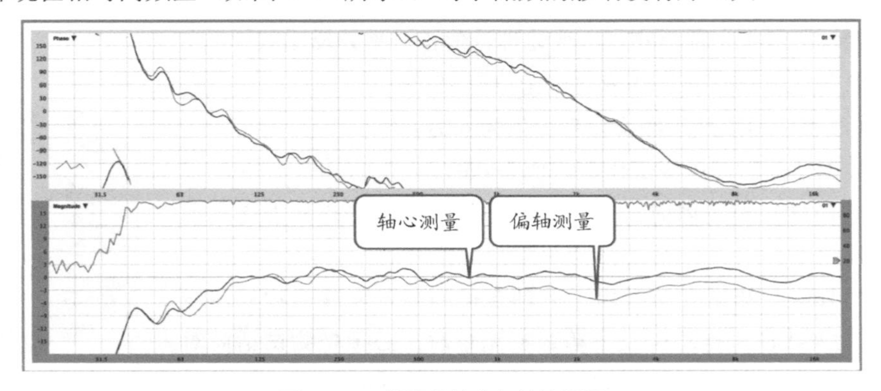

图 2-44 等距的轴心与偏轴测量

当辐射边界某点到达音箱的距离为 x 时，在 $2x$ 距离的轴心处将获得同样的声压级。将两点连接起来可以获得一条理论上的“等响线”，这条线的声压级变化可视为在 ±3dB 的范围内，如图 2-45 所示。

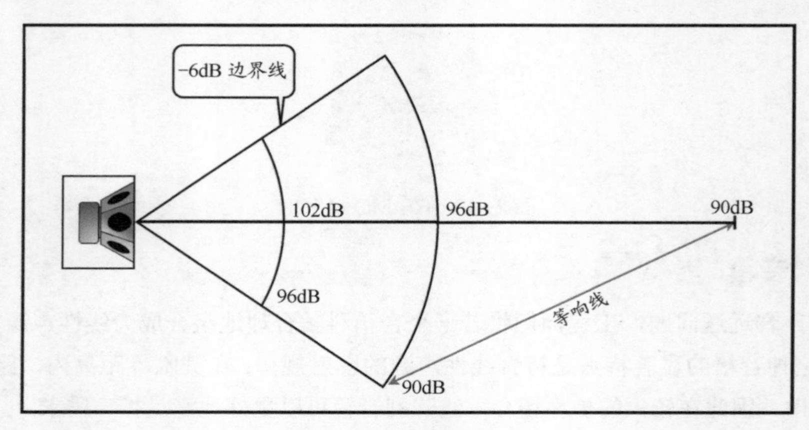

图 2-45　等响线

当人耳与音箱系统在同一水平高度时，辐射规律遵循点声源或线声源的基本规律。而当音箱被吊挂在一定高度，声音轴心与人耳不在同一水平高度时，其声压级与距离的关系不一定是遵循声压级的平方反比定律的，图 2-46 以点声源为例简单阐述了辐射角度内的一些基本辐射规律，线声源可以举一反三。

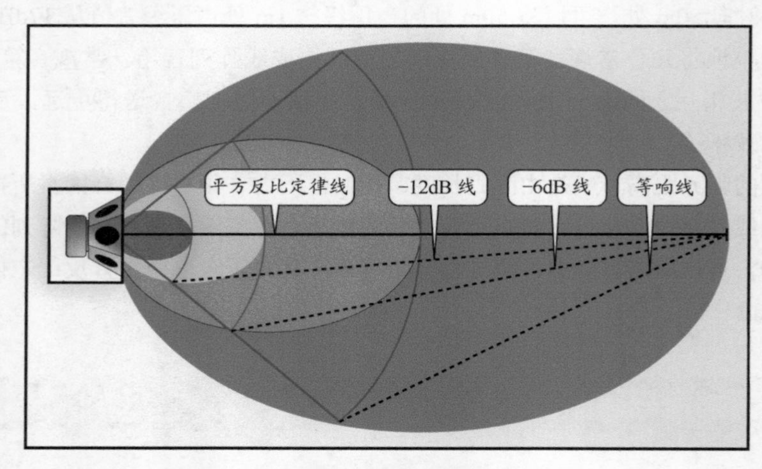

图 2-46　音箱高频覆盖能量图解（点声源）

其规律如下：

在点声源轴心线上，前后声压级变化理论值符合平方反比定律；

在 -12dB 线上，前后声压级变化理论值为 12dB；

在 -6dB 线上，前后声压级变化理论值为 6dB；

在等响线上，前后声压级变化理论值为 0dB。

当音箱被吊挂在声场内时，充分理解这些数值，将有利于提高现场声音辐射的精度。

声轴。另外，在测试音箱时由于偏轴会得到高音衰减的频响曲线（见图 2-44），因此在进行均衡及音箱数据测量时，必须把测试话筒对准音箱的声轴，才可以获得正确的数据，如图 2-47 所示。

图 2-47　音箱的声轴

二分频音箱的声轴位于高、低音单元中间；同轴音箱声轴位于单元的正中间；线阵列音箱的声轴有可能在箱体正中间，也有可能偏向箱体一侧，具体要看音箱的结构。

2.5.4 波束控制

可旋转号角

一些音箱的高音号角是可以旋转的，例如锐丰智能生产的 HS15 单 15 寸音箱，覆盖角度($H \times V$)：80° ×50°（可旋转，高强度压铸铝号筒），在必要的时候高音单元可以拆下来旋转 90° 以后再装上去，可以实现由“覆盖角度（$H \times V$)：80° ×50°”到“覆盖角度（$H \times V$)：50° ×80°”的转换，如图 2-48 所示。

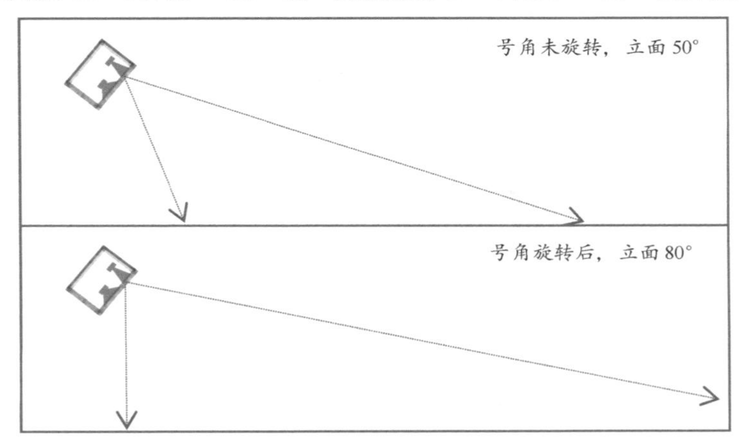

图 2-48 可旋转高音号角

可旋转号角可以解决一些音箱与场地之间的辐射问题，也能避免因为将音箱物理旋转带来的离轴梳波干涉。音箱的摆放方式跟设计结构有很大关系，将音箱垂直放置和水平放置会有不同的听音效果，然而同轴音箱要另当别论，如图 2-49 所示。

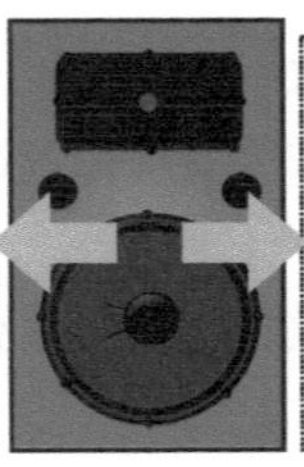

图 2-49 听音位置移动与音箱放置方式

波束可控音箱

为了更好地控制辐射角度，人们开发了一些角度可变的音箱系统，如 JBL 的 CBT1000，即可通过内部电路在 16 种垂直辐射模式间切换。

一些大型的音响公司也开发了一些可以通过计算机编程调整覆盖范围的线阵列音箱，用于现场演出，这会大大提高效率并节约人力。随着科学技术的进步，相信未来通过编程调整角度的音箱会越来越多。

2.6 全频音箱辐射角度控制

在音响工程施工过程中，常常是到现场之后才知道场地的具体情况，因此临时去绘制 CAD 图纸测算会来不及，故本节主要讲述在现场快速计算音箱吊挂角度和覆盖角度并检验角度合理与否的方法，从而实现快速而规范的安装。

2.6.1 计算所需要的工具

首先需要一台可以测量距离并进行角度测量的激光测距仪；另外需要一款四面带有磁铁的数显水平角度仪，用来实时测量音箱的倾斜角度；还需要“三角形计算器”或者“三角函数计算器”软件配合计算，如图 2-50 所示。

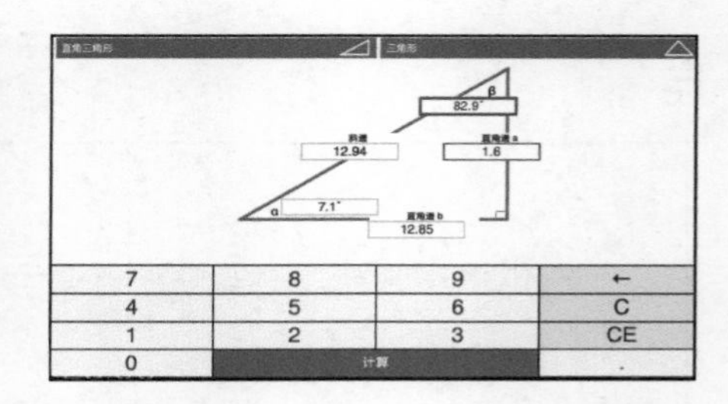

图 2-50　数显水平角度仪与 Trigonometry Master 三角函数软件

2.6.2 垂放角三角函数速算法

在计算音箱垂直覆盖角度时，脑海中始终要有等响线、音箱的 -6dB 角、声叠加干涉等基础知识，避免出现基本性错误。在这些知识的基础上，再来具体考虑音箱角度的设定。

在音响工程中，尤其多人配合施工时，只要把经过计算的数据告诉施工人员，并给他一个数显水平角度仪作为辅助，就可以让哪怕是外行的人也能准确地按照要求把音箱的角度控制好，并能避免施工的不统一性。

为了便于记忆，将计算方法分为“后排边界法”“前排边界法”“中间边界法”与“反平方定律法”来计算音箱的垂放角度。

在施工现场，将带有磁铁的数显水平角度仪吸附在音箱的表面，便可以大概看出其垂放角度为多少，如图 2-51 所示。

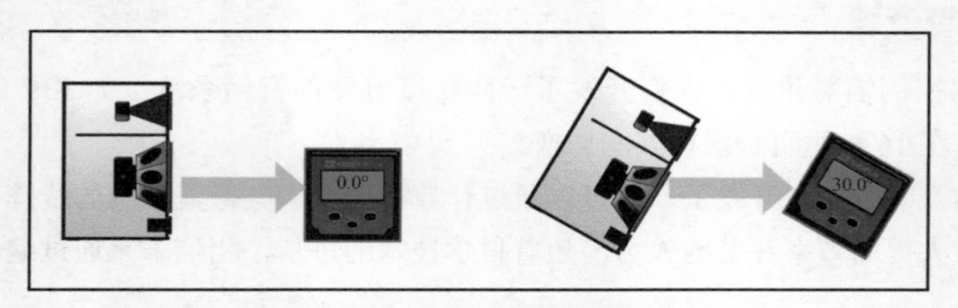

图 2-51　数显水平角度仪测量音箱垂放角度

前排边界法

角度速算

所谓“前排边界法”是指将第一排观众的位置作为音箱 -6dB 角的边界线，用以控制波束在前排的辐射角度。

已知该声场是一个 12m 长、5m 高的空间，第一排观众距离音箱壁挂的柱子为 2m，该音箱垂直辐射角度为 50°，音箱垂放角度是多少最理想？如图 2-52 左图所示。

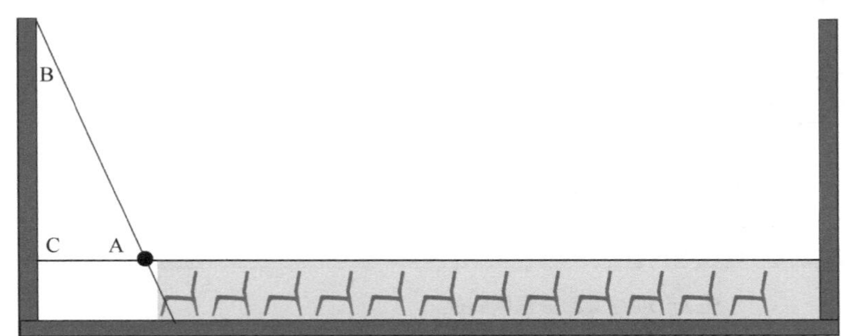

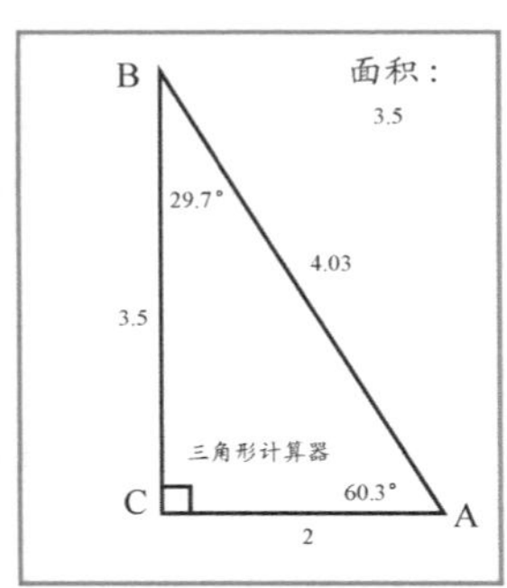

图 2-52　计算音箱倾斜角度

思路是将图 2-52 左图分解为三角形，利用三角函数软件计算角度。由于人坐在凳子上的高度为 1.1~1.5m，本案例中在测量时采用地面以上 1.5m 这个高度为基础测量点。

用激光测距仪分别测出 A 点到 B 点和 A 点到 C 点的距离，在三角函数软件里输入 AB 与 AC 的长度得出∠ B 角度为 29.7°。

音箱垂放角度=90°-∠B（29.7°）-（音箱辐射角度÷2）

90°-29.7°-（50°÷2）= 35.3°

找到了倾斜度，现在我们要看着此音箱能否覆盖全场。已知此音箱可以覆盖的垂直角度为 50°。

图 2-53 中淡红色区域是一个直角三角形，已知∠ B 为 29.7°，音箱角度∠ E 为 50°，两角度之和为 79.7°。

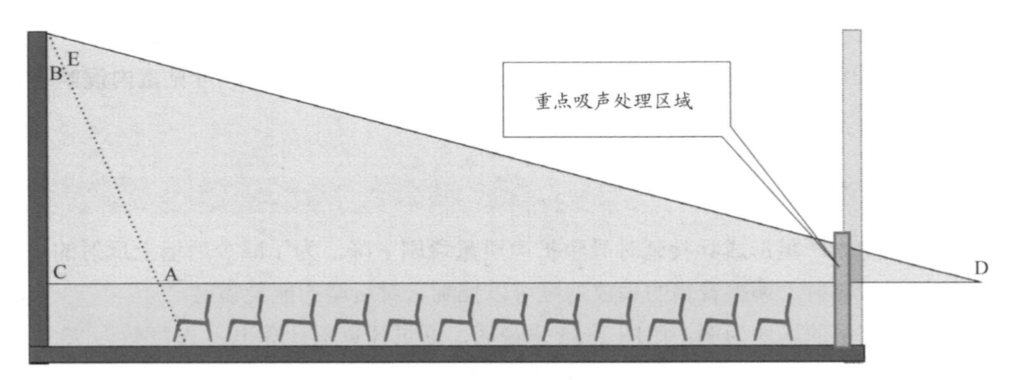

图 2-53　音箱可辐射距离计算

在三角函数软件中输入 79.7° 和音箱的高度（BC）3.5m，即可求出 CD 的长度为 19.26m，同时也求出∠ D 为 10.3°。也就是说，如此吊挂音箱最远可辐射到 19.26m。

当然也可以求出音箱辐射到后墙上的高度，计算过程如下。

19.26-12=7.26（m）

7.26m是音箱超出聆听区域的长度，在三角函数软件的直角三角形计算中输入7.26m与10.3°，可得出音箱辐射到后墙的高度为1.32m，加上地面到人耳的高度1.5m，辐射到墙面的总高度为2.82m，因此如果安排吸声材料的话，后墙安装吸音材料的高度必须高于2.82m。设计工作完成后，将音箱交予安装人员安装完后，用数显水平角度仪在音箱表面或后面检测倾斜度是否正确，如图2-54所示。

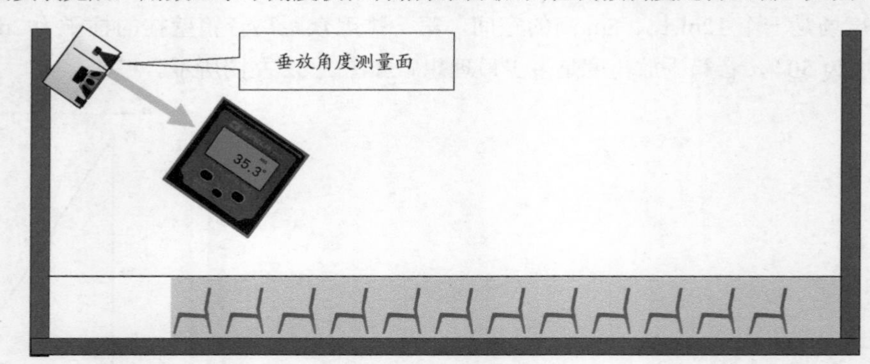

图2-54 检测音箱倾斜度

混响与声压级

声压级。角度速算方法只适用于安装角度计算，并不能保证声压级的均匀度，有时候虽然角度可以覆盖，但前后声压级之差太大，应该考虑补声。

在扩声设计中采用“前排边界法”时，前排观众所在区域的声压级变化为±3dB，受-6dB角的影响，声轴之后的声压级衰减量会大于根据平方反比定律计算的衰减量。

房间混响。声音在室内多次反射，其叠加后声压级增加5~12dB。混响在声场内各处被认为声压级是一致的，也就是说在某种情况下如果混响达到了85dB，那么无论在第一排还是在最后一排，所获得的混响都是85dB，假如恰好后排的干声也是85dB，那么二者相加总声压级为88dB。如果前排声压级是94dB，加上混响85dB后声压级为94.51dB，计算公式如下：

$$L_p=10\lg(10^{0.1L_{p1}}+10^{0.1L_{p2}})$$

式中：L_{p1}为声压级1，L_{p2}为声压级2，L_p为总声压级，L_{p1}与L_{p2}为不相干声源。

可以看出，在不考虑混响因素的时候，前后声压级之差为：94dB-85dB=9dB。

考虑混响的影响因素，前后声压级之差为：94.51dB-88dB=6.51dB，可见**室内混响可以提高声均匀度**。

后排边界法

若后墙的反射太严重形成乒乓延时导致扩声质量急剧下降，为了减少后墙上反射的声能，可以控制音箱的后排辐射，调整音箱的垂放角度可以控制它对后墙的能量辐射。

下面仍以上例中的场地为例，用图2-55来说明。通过计算器计算出∠A度数为73.7°。

90°-73.7°=16.3°（∠B）

通过计算可得到音箱的垂放角度。计算方法如下

∠B+∠C=音箱倾斜度

即：90°-∠A+音箱角度÷2=音箱的倾斜角度

90°-73.7°+50°÷2=41.3°

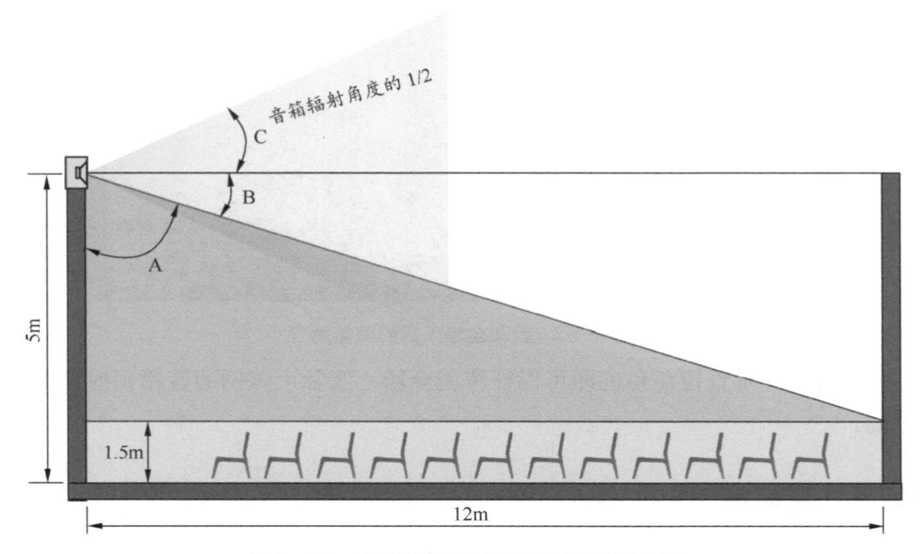

图 2-55 控制音箱角度使后墙辐射为最小值

此案例中，当音箱倾斜度为 41.3° 时，辐射到后墙的声能为最小值，可以作为安装的参考数据。

中心计算法

以观众席中心位置为音箱辐射的声轴线的算法如下。

以图 2-56 为例，C 点位于观众席总长度正中间位置，在 C 位置分别测出 CA 和 CB 的距离，通过三角函数软件求出角 A 的角度。

音箱垂放角度 = 90° − ∠A

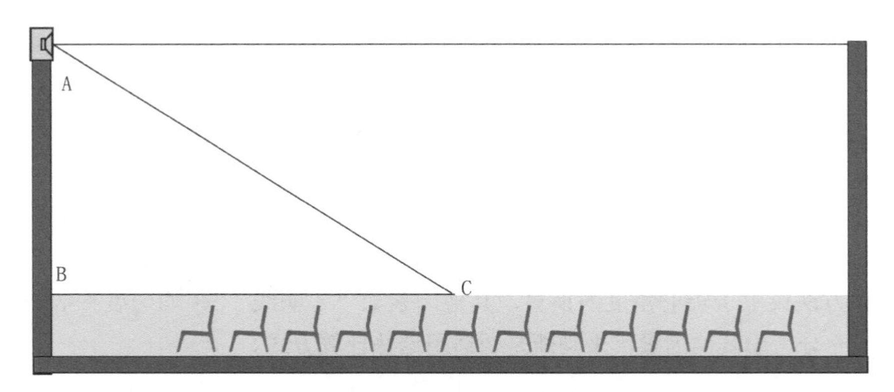

图 2-56 以场地中间为音箱辐射角度的中心

辐射角估算法

有了场地尺寸的数据，也可以预先估算场地需要多大角度的音箱。图 2-57 中淡红色区域是一个直角三角形，用三角函数软件算出∠ D 的角度。

90° −∠D−∠B =∠C，观众区所需的辐射角度

本案例通过软件计算得∠ D 为 16.3°，因此观众区域所需辐射角度∠ C 为：

90° −16.3° −29.7° =44°

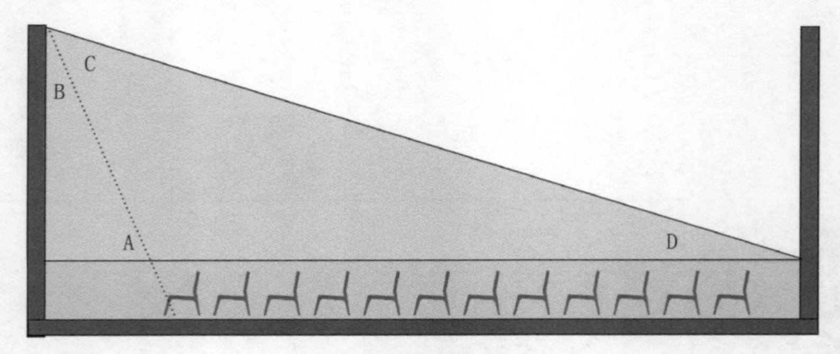

图 2-57　计算全场所需的覆盖角度

只要音箱有 44° 的垂直覆盖角度即可保证覆盖全场，实际上该例的音箱辐射角度是 50°，即可以覆盖全场。

平方反比定律法

若计算中发现三角函数所得数字为负数，表示三角形不成立，这时音箱无法通过调整角度在 -6dB 线内合理控制辐射范围。如图 2-58 所示。

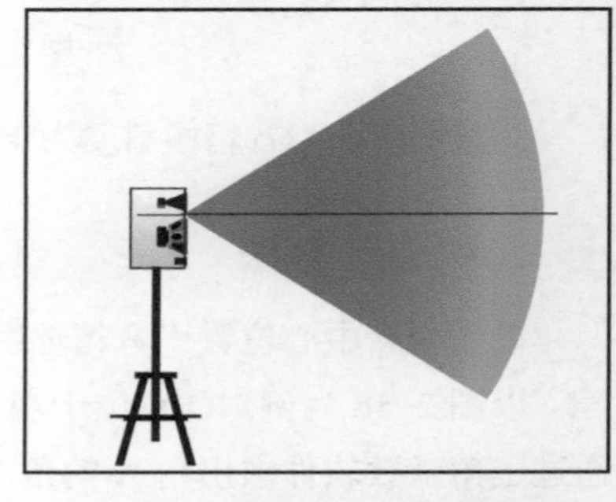

图 2-58　三角函数显为负数的情形

例如，在支架上放置的音箱的声轴是朝向正前方的，能量会向上、向前、向下辐射，这时不存在 -6dB 角上边界与地面交汇的可能，这种情况下，辐射可认为是自由距离，在自由声场中声能的衰减规律符合点声源的平方反比定律（或线声源）的衰减规律。

2.6.3 三角函数计算法与实际情况

本节所述的算法仅供安装人员参考，导致误差的因素很多，误差部分请读者自行考量。

此种计算一般以高音单元的轴心为角度的起点或尾点。

有些音箱上下辐射角度并不是对称的，例如 50° 的辐射角度，当音箱垂直放置时，以高音单元为轴心，向下辐射角度 30°，向上辐射角度 20°，此种情形计算时应当考虑在内。

此种计算方法仅限于辐射角度的换算，其他因素如“等响线”“声均匀度”等一概没有考虑在内，读者应充分考虑其他因素，来判断是否适用这些计算方式。

单凭本节内容无法科学规范地安装音箱，还要结合最大声压级指标、声均匀度指标、承重安全指标、传声增益指标等其他多个指标综合分析。

2.6.4 音箱吊挂模拟软件

EASE Focus 是一款用于模拟音箱系统摆放的软件，通过它可计算多个品牌的线阵列、低音等音箱的摆放角度，关于此软件的教程很多，此处不再赘述。如图 2-59 所示。

一些厂家也针对自家产品开发了软件，如 EAW 公司的 EAW Mosaic，是一款智能化设计、调试一体的音箱软件。通过该软件可以计算音箱的角度、查看声压级分布，生成施工图纸，给现场安装人员提供参考，还可以将在办公室模拟好的程序在现场直接导入，快速地对音箱系统进行预设，如图 2-60 所示。

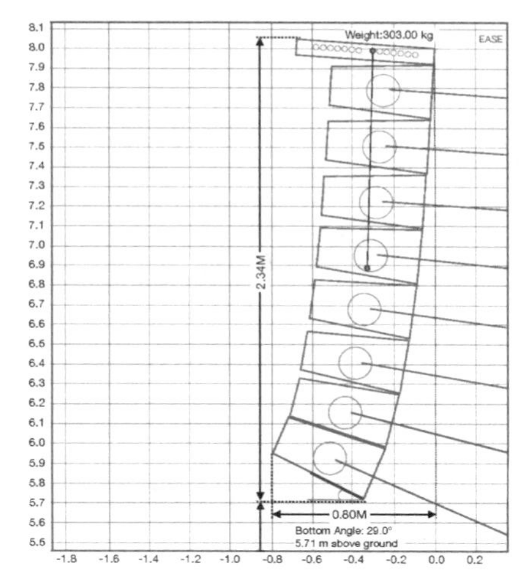

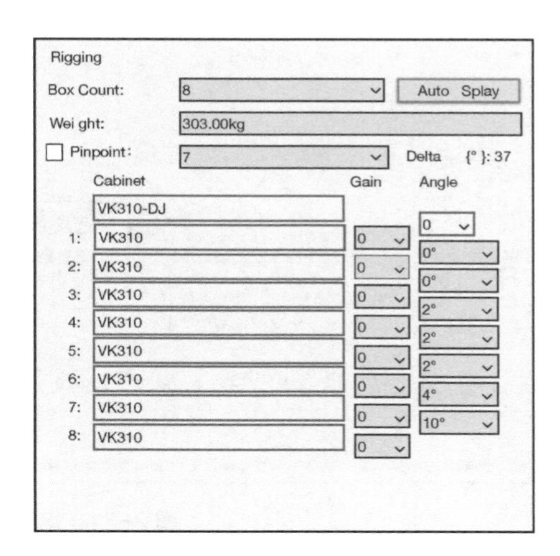

图 2-59　EASE Focus 计算出 RF 线阵列音箱的吊挂角度

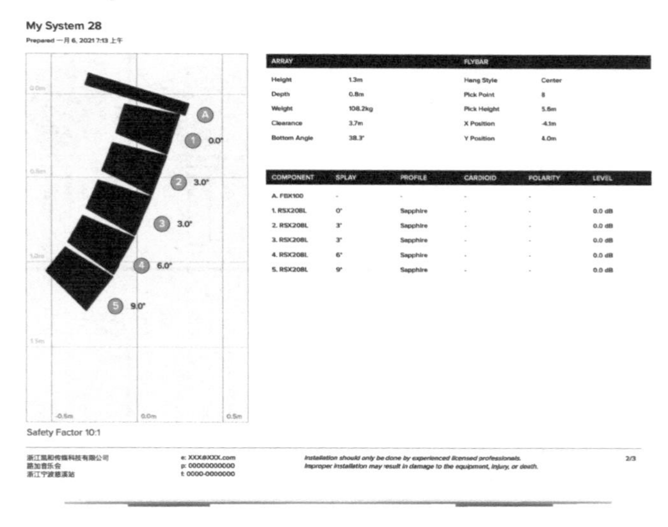

ARRAY		FLYBAR	
Height	1.3m	Hang Style	Center
Depth	0.8m	Pick Point	8
Weight	108.2kg	Pick Height	5.6m
Clearance	3.7m	X Position	-4.1m
Bottom Angle	38.3°	Y Position	4.0m

COMPONENT	SPLAY	PROFILE	CARDIOID	POLARITY	LEVEL
A. FBX100	-	-	-	-	-
1. RSX208L	0°	Sapphire	-	-	0.0 dB
2. RSX208L	3°	Sapphire	-	-	0.0 dB
3. RSX208L	3°	Sapphire	-	-	0.0 dB
4. RSX208L	6°	Sapphire	-	-	0.0 dB
5. RSX208L	9°	Sapphire	-	-	0.0 dB

浙江凯和传媒科技有限公司
路加音乐会
浙江宁波慈溪站
e: XXX@XXX.com
p: 00000000000
t: 0000-0000000
Installation should only be done by experienced licensed professionals.
Improper installation may result in damage to the equipment, injury, or death.
2/3

图 2-60　EAW Mosaic

2.6.5 覆盖角度的常规考量

在确定音箱位置时还要考虑一些细节性问题。

音箱的覆盖角是否能够覆盖全场？

从第一排到最后一排，要确保每个位置都在音箱的覆盖角度内，当这个要求无法完成时，也必须确保音箱最大限度地覆盖有效区域。

音箱辐射是否可以避开反射面或减少反射的影响？

在室内，音箱主要有 6 个反射面，音箱左右、正前方、上方（天花）、地面、后部反射面等。左右反射常常来自于壁装的情形，音箱顺着墙壁摆放使之受到墙面反射的干扰，形成梳状滤波器效应，从而影响频率响应曲线，如图 2-61 所示。当音箱与墙壁距离接近时，可将音箱视为一个手电筒，将墙壁视为一面镜子，反射规律如图 2-62 所示。

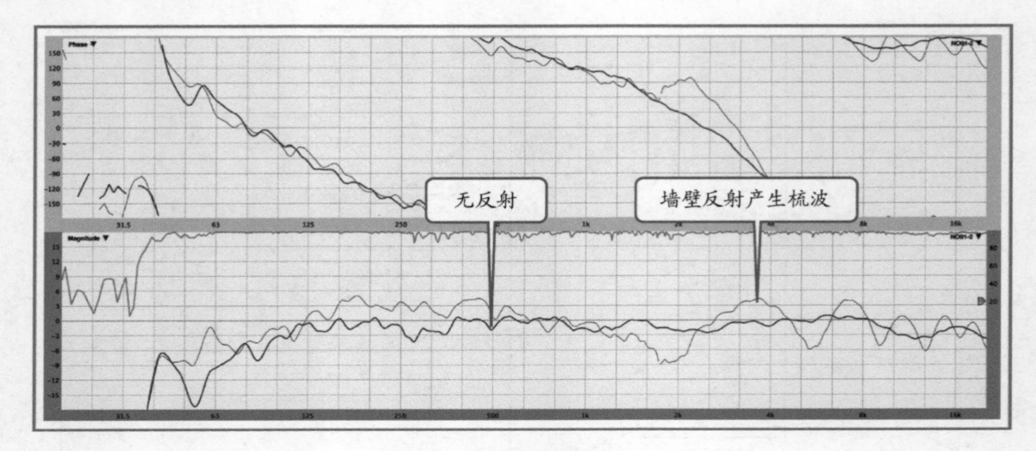

图 2-61　墙壁反射产生梳波

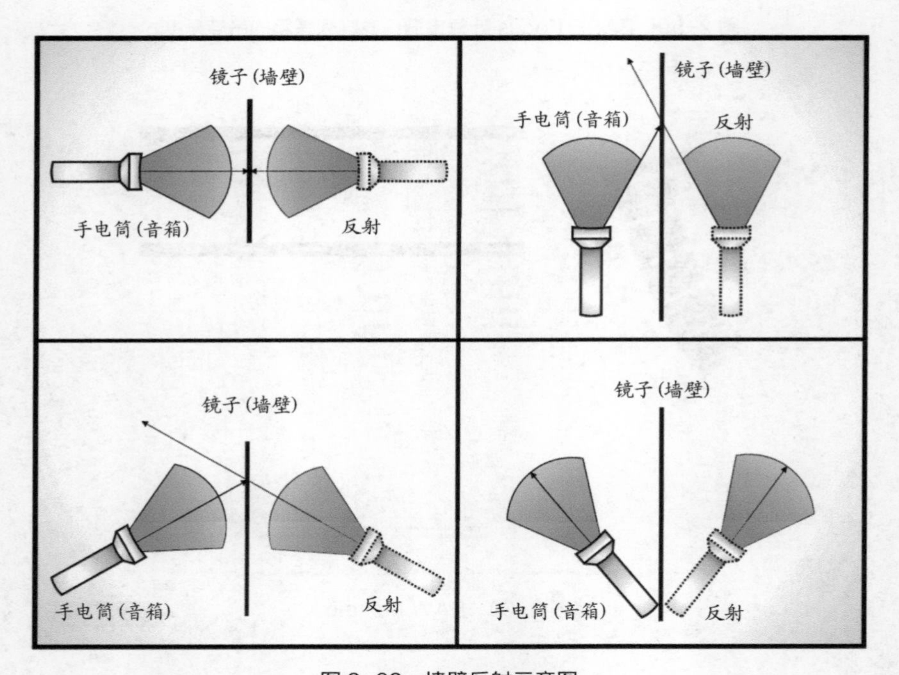

图 2-62　墙壁反射示意图

前后反射对于清晰度来说是非常具有破坏性的。当音箱正对着室内后墙壁时，后墙壁也会正对着前方反射，其结果就是造成较大的乒乓延时，如果后墙壁没有做强吸声处理，应避免在扩音中将音箱对准后墙。

音箱的位置是否有利于提高传声增益？

当音箱发出的声波又被系统中的话筒拾取并再次放大，从音箱发出后又再次被话筒拾取，达到正反馈条件后即会形成声反馈，就是我们通常所说的啸叫。产生啸叫的原因有很多，其中首先应当避免的就是音箱摆位不当形成啸叫，如图 2-63 所示。

音箱的覆盖角度若可以避开话筒的拾音角度范围则传声增益高，反之则降低。图 2-63 中左图音箱位置会很容易产生啸叫，而右图相对来说好很多。

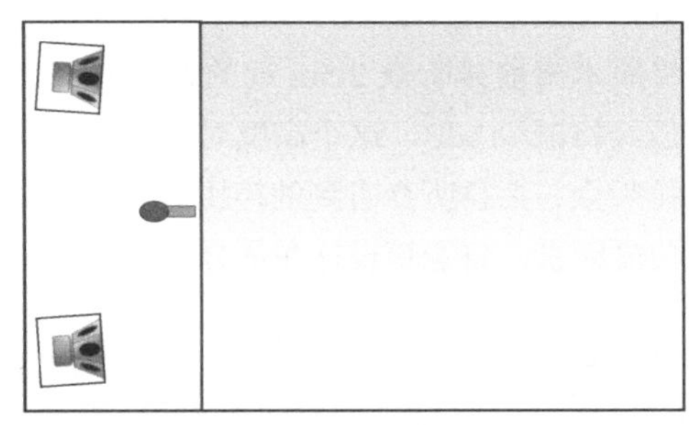

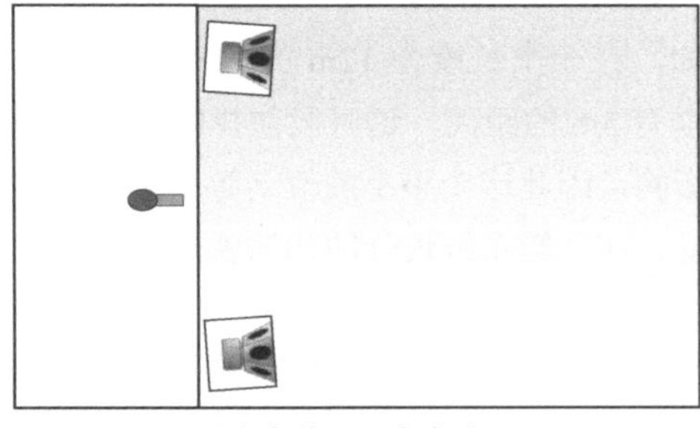

图 2-63 正确摆放音箱与话筒

音箱的辐射范围应尽量避开话筒的收音范围，若实在无法避免，则应该尽可能让音箱辐射范围避开话筒灵敏度高的区域。超心形指向的话筒尾部也有一定的灵敏度，因此在摆放音箱时应避开其收音区域，图 2-64 是舒尔 BETA58A 的指向图，可以看出在话筒约 120° 处是话筒灵敏度最低处，因此将返听音箱摆在此处可获得大的传声增益。

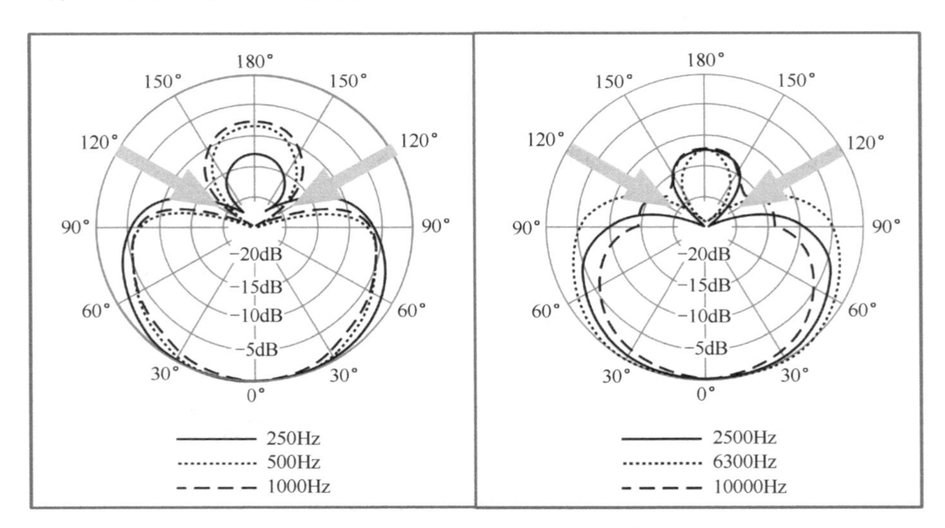

图 2-64 舒尔 BETA58A 指向图

音箱位置是否有利于提高声均匀度？

下面是中华人民共和国文化行业标准《WH-T 18-2003 演出场所扩声系统的声学特性指标》中的指标（部分）：

音乐、歌剧扩声室内一级标准声场不均匀度指标:

80Hz ≤10dB

500Hz、1000Hz、2000Hz、4000Hz、8000Hz ≤ 6dB

16000Hz ≤8dB

现代音乐、摇滚乐室内一级标准声场不均匀度指标:

80Hz ≤10dB

500Hz、1000 Hz、2000Hz、4000Hz、8000Hz ≤ 6dB

不同用途的场馆有着不同的要求，不同的频率对声场均匀度的要求也不同。我们以室内现代音乐、摇滚音乐为例，其一级标准要求整个观众区域内 80Hz 在各处声压级之差不得大于 10dB，500Hz、1000Hz、2000Hz、4000Hz、8000Hz 在各处声压级之差不得大于 6dB。

例如，在一个长度为 12m 的教室里，若可以将原本离前排听众 2.5m 远的音箱升高，使其离前排听众有 5m 的距离，这时候前排听众听到的声压级将减少 6dB，这个高度对于后排观众来说几乎没有影响，因此这个小小的改动等于是减少了前排听众与后排听众听到的声压级之差，提高了声场均匀度。在音箱系统设计的初期就需要考虑声均匀度因素，将音箱设计在最合适的高度和位置。

2.7 补声音箱

当主音箱覆盖范围不足以满足全场需求时，常常通过补声来实现扩声场合内的均匀覆盖。补声形式主要分为前补声、下补声、侧补声、后补声等几种。

2.7.1 前补声

英文名称：Front Fill，通常标注为“F.F”或“F.Fill”。

中大型演出时线阵列音箱常挂在舞台两侧，位于前排的观众常常会不在线阵列音箱的覆盖范围内，为前排观众设置补声音箱被称为前补声，如图 2-65 所示。

图 2-65　4 只前补声音箱均匀摆放

根据音箱辐射角度的原理，若选择的音箱水平覆盖角度较宽，补声音箱之间的距离可以适当放宽，覆盖角度较窄的音箱之间的距离应该较近。同时要考虑到 -6dB 线的影响，并对音箱覆盖角度、音箱到观众的距离、音箱之间的距离等因素进行调整，以求达到均匀覆盖前排的目的，如图 2-66 和图 2-67 所示。

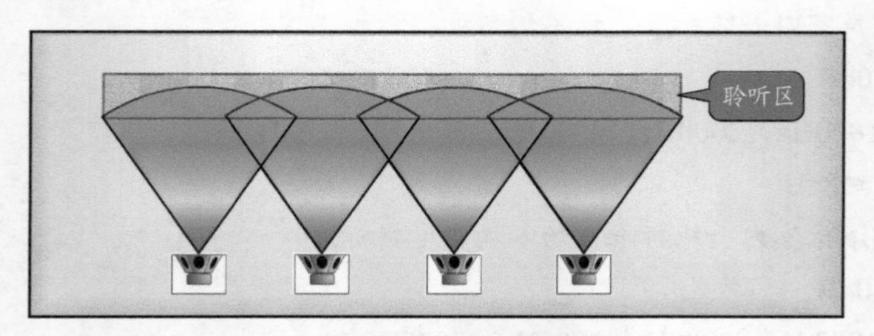

图 2-66　多只小辐射角度补声音箱可获得均匀的覆盖

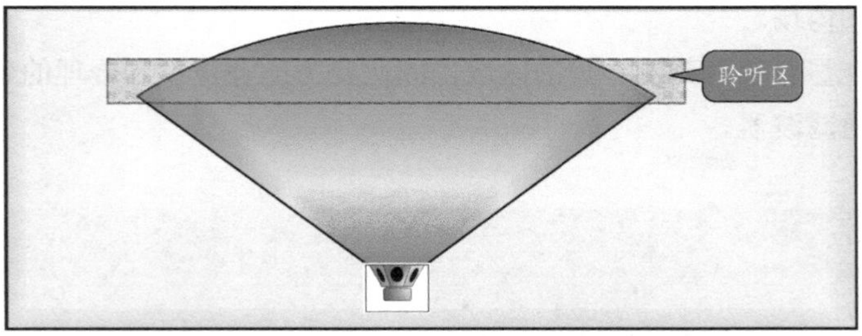

图 2-67　一只大辐射角度的补声音箱不能获得均匀的覆盖

若采用水平覆盖角度较大的音箱覆盖前排，虽然覆盖角度可以满足要求，但却有可能发生声压级不均匀的情形，因而一般前补声音箱选用多只角度适中的音箱（例如 60°）均匀放置，可获得较好的补声效果。

前补声既可以是立体声的也可以是单声道的。另外，每只前补声音箱都应该可以独立调整延时时间，以纠正与主音箱距离产生的时间差。

2.7.2 下补声

英文名称：Down Fill，通常标注为“D.F”或“D.Fill”。

与前补声音箱性质相似，下补声主要用于补充主音箱下方的辐射。主音箱因为覆盖角度局限性使正前方覆盖不足时，可采用下补声，如图 2-68 所示。

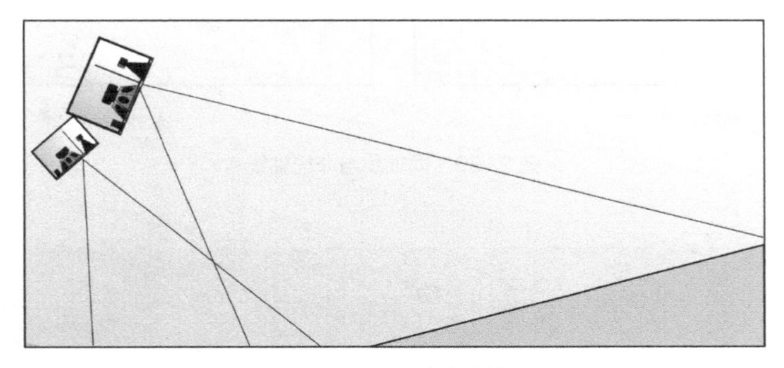

图 2-68　下补声音箱

根据下补声音箱所安装的高度，应考虑为其设置延时。由于主音箱的低频能量会较大地影响前排区域，故而建议为下补声音箱设置合适的高通滤波器。

2.7.3 侧补声

英文名称：Side Fill，通常标注为“S.F”或“S.Fill”。

当左右两侧的观众不能位于主音箱的覆盖范围时，需要增加侧面的补声音箱，称为侧补声。侧补声这一概念不仅可用于观众，还可以用于舞台，为增加舞台上的环境感而在左右两侧增加一对或多对音箱系统也可称为 Side Fill 系统。为了区分用于舞台或者观众席的侧补声，有时候会把用于观众席的称为“OUT S.Fill”，把用于舞台的称为“IN S.Fill”，不过这种标注是相对的，也可以用于相对的外场和内场。

主音箱的低频能量会辐射到侧补声的区域，因此要为侧补声设置合理的延时量，并考虑为侧补声设置合理的高通滤波器。

2.7.4 延时音箱

英文名称：Delay tower，通常标注为“DLY.TWR”。

若观众席区域长120m，而主音箱的有效辐射距离只有80m，需要在后区增加音箱，并通过延时与主音箱声音同步，以解决观众席后部声压级不足的问题。

在设计延时音箱时，若能让其声轴与主音箱的声轴在同一直线上，在两组音箱重复覆盖的时间差效果最好（见图2-69左图），若偏离主音箱声轴，在共同覆盖区域因为主音箱与延时音箱的时间差会随着聆听位置不同而发生变化，因而导致声场内听感的一致性变差，某些区域可能会因为时间差问题严重影响清晰度（见图2-69右图）。

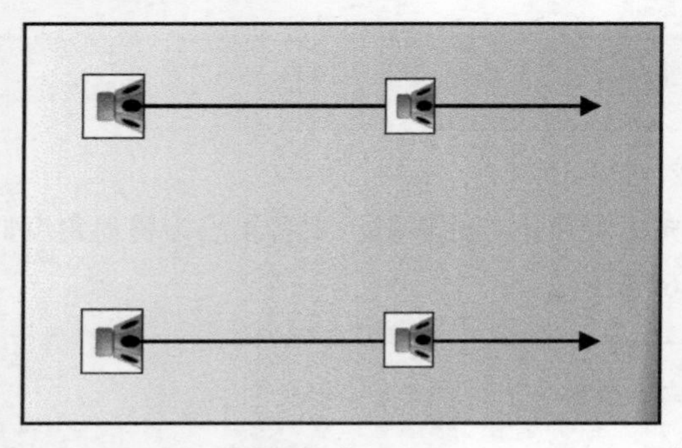

同轴线补声

非同轴线补声

图2-69　同轴线与非同轴线

2.8　相关术语解释

灵敏度

灵敏度是指加给音箱一个1W的测试信号，然后在1m处测得的声压级值。灵敏度表征了音箱的效率，灵敏度高效率就高。

一只AES功率为200W，灵敏度为101dB的音箱和一只AES功率为400W、灵敏度为94dB的音箱，谁的最大声压级最大？答案是200W的音箱。音箱的最大声压级从来不是仅仅由功率决定的，灵敏度是非常重要的。

最大声压级

最大声压级是指音箱所能发出最大的声压级。计算方法为：

音箱灵敏度+10lg（音箱功率）=音箱最大声压级

例如，某音箱灵敏度为98dB，AES功率450W，那么其最大声压级为124.5dB：

98+10lg（450）=124.5dB（连续）

因为扬声器AES功率的测试信号采用峰值因数为6dB的粉红噪声，故该音箱峰值声压级为130.5dB。

频率响应

音箱“电—声”转换过程中声压对信号频率的响应情况称作频率响应。

一般把不均匀度±10dB之内的频响宽度称为有效频率范围，把不均匀度±3dB之内的频响宽度称为频率响应。

扬声器阻抗

扬声器的阻抗值，单位是欧姆（Ω）。阻抗是随着频率变化而变化的。

当扬声器被放置在箱体里时，其阻抗曲线会发生变化，倒相孔式的音箱的显著特征是阻抗曲线有两个峰。并不是随便将一只扬声器放到一个箱子里就可以成为一个合格的音箱，其中扬声器阻抗和箱体之间有着紧密的联系，若两者配比不合理，则有可能易发生失真或扬声器易被烧毁。

额定功率

单位是瓦（W），指音箱可以连续安全工作的功率，常见的RMS功率是采用额定带通的粉红噪声信号测试而得，属于音箱可承受的平均值功率，其中AES标准被广泛应用。

AES标准（AES2-1984）是由美国音频工程师协会颁布的测试方法，采用10倍频带宽、6dB峰值因数的粉红噪声作为测试信号，测试时间为2小时，测试后扬声器在声学、电学的性能指标上不应有大于10%的永久性损害。

一些音箱也会标注节目功率，它是平均功率的两倍，峰值功率是平均功率的四倍。若某音箱的RMS功率为200W，那么节目功率就是400W，峰值功率就是800W。因此如果音箱标明了功率数字，却未说明功率的性质，这个参数是没有任何意义的。

传声增益

传声增益是扩声系统在最大可用增益状态时，厅堂内测量点稳态声压级平均值与扩声系统心形传声器处稳态声压级的差值，单位：dB。

测试传声增益时，将声源放在系统中某心形指向的话筒前方，并将声级计与话筒平行摆放在同一位置，测得稳定的声压级值。然后在观众席多点测量声压级，求得平均值。用观众席所得的声压级平均值减去话筒处的声压级即为传声增益值，话筒与音箱在同一声场时，传声增益值为负数。

传输频率特性

传输频率特性是扩声系统在稳定工作状态下，厅堂内测量点稳态声压级的平均值相对于扩声设备输入端的电平的幅频响应。

按照《GB/T 4959-2011 厅堂扩声特性测量方法》的规定，传输频率特性的测点数宜选全场座席的5‰，且不少于8点（无楼座场所不少于5点），测试点的分布应当合理并有代表性。因此，传输频率特性曲线的获得是声场中多个空间点测量结果的平均值，而不是某一个测量点的测量结果。

03

第3章 系统的增益结构

3.1 增益结构相关术语

3.1.1 增益

放大器输出与输入的比值叫放大倍数，单位是“倍”，取对数转换为分贝，就成为放大器的增益单位，所以可以说增益就是放大倍数的另一种说法。

一只 SM58 的话筒输出被放大到 100V 的电压时，大约放大了十万倍，这不仅不利于给人直观的概念，同时也不利于计算，用对数算出增益为 100dB（20lg100000），计算时会方便很多。

在系统中控制放大量的旋钮或者推子中，主要有两种控制增益（放大倍数）的电路。

第一种是在电路中引入负反馈。负反馈的量越大，其放大倍数就越小，系统噪声也越小。调音台的“GAIN”旋钮通常采用这种电路，早期的一些功放也曾采用这个原理进行音量控制。采用负反馈可以减小电路中的非线性失真，扩展频带，还可以改变放大器的输入阻抗和输出阻抗。

第二种是通过电位器调节输入信号的对地电阻来实现放大量的控制。对地电阻为零时，信号无法馈入后级设备；信号对地电阻越大，后级设备所获取的信号就越强。调音台的音量推子、功放的音量旋钮通常是根据这个原理设计的。

“TRIM”是数字调音台的数字增益，就像相机的数字变焦一样，可以控制信号大小，但当 TRIM 为正值时，是以牺牲声音品质为代价放大信号的。

3.1.2 本底噪声

在信号处理过程中电子设备会自行产生一些信号，这些信号与输入信号无关，称作本底噪声。任何放大设备都会产生一定的噪声，即使在静态的时候，如图 3-1 所示。

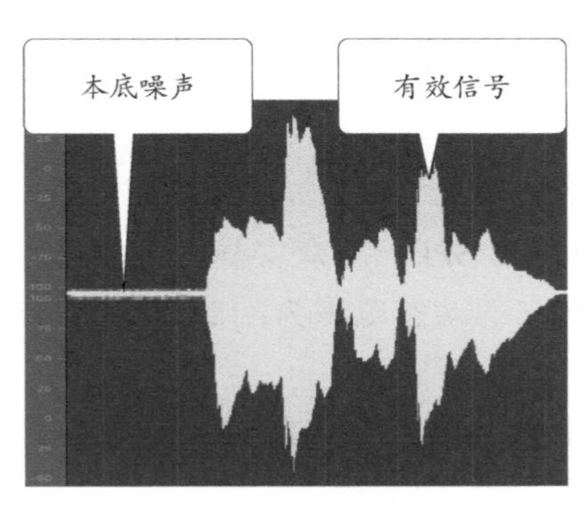

图 3-1　本底噪声

3.1.3 信噪比（S/N）

信噪比（SNR 或 S/N，Signal-Noise Ratio），用 dB 表示，是指设备或系统中信号与噪声的比值。

S/N=10lg（信号有效功率÷噪声有效功率）

$$S/N=10\lg(P_S \div P_N)$$

图 3-2 为两种设备信噪比示意图。

用电压计算信噪比

S/N=20lg（信号有效电压÷噪声有效电压）

$$S/N=20\lg(V_S/V_N)$$

在音频放大电路中，我们希望的是该放大器除了放大信号外，不应该添加任何其他额外的噪声，信噪比越高越好。

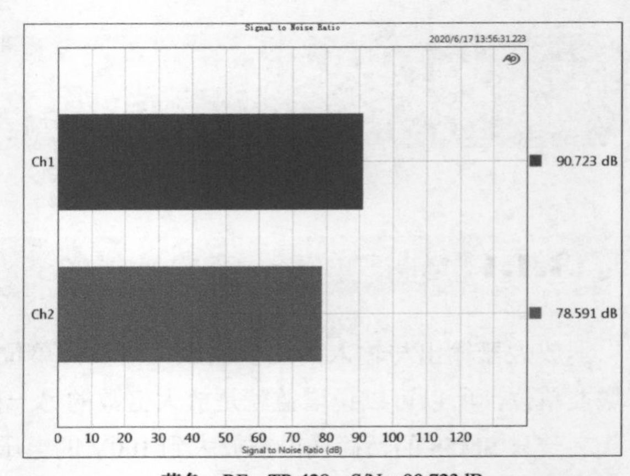

蓝色：RF　TP-428　S/N：90.723dB

红色：某国产品牌　S/N：78.591dB

图 3-2　两种处理器信噪比测试

3.1.4 动态范围

音响系统重放时最大不失真输出电平与静态时系统噪声输出电平之差，称为“动态范围”，单位为分贝（dB）。性能较好的音响系统的动态范围在 100（dB）以上，如图 3-3 所示。

模拟设备

对于模拟放大设备而言，所有的设备对信号的放大都有上限值，信号过大就会发生削波失真。同样，所有的设备也有信号的下限值，即本底噪声，有效信号若低于本底噪声则会被噪声淹没。信号放大设备的削波之前（最强）与底噪以上（最弱）的范围是可以被使用的范围，也称为设备的“动态范围”。

数字设备

数字设备采样的位深（bit）会决定设备的动态。1bit 约为 6dB 的动态值，16bit 最大动态为 16×6=96dB，而 24bit 的设备可以拥有 24×6=144dB 的动态。采样位深数字越大，设备动态范围就越大。

节目评价

“动态范围”也可以用来评价节目。例如一个乐队演出时，到达舞台话筒的最大声压级为 128dB SPL，观众安静时到达舞台话筒的声压级为 45dB SPL，那么它的动态范围为：128dB SPL-45dB SPL=83dB SPL。

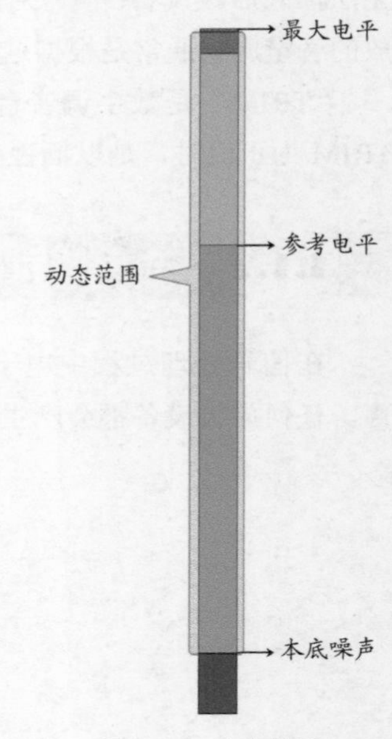

图 3-3　动态范围

电影节目的动态可达 120dB SPL 以上，所以在影院会感受到细微的声音细节和震撼的爆炸声。最大声减去底噪以上的最小声就是它的动态范围。

3.1.5 削波失真

假如输入信号电平超过了设备的动态范围，设备会发生削波失真的现象。如某设备的输入动态电平为 -60 ～ -20dBu，如果给它输入一个 0dBu 的信号，若不将信号衰减 20dB，将会导致它产生削波失真，而信号削波是音箱里高频单元烧毁的重要原因，削波所产生的直流对扬声器的线圈有致命性的摧毁作用。

图 3-4 所示是锐丰智能（RF）品牌 TP-428 处理器的测试情况，该处理器最大输入电平为 +23dBu，当信号为 +24dBu 时可以看到发生了削波失真。

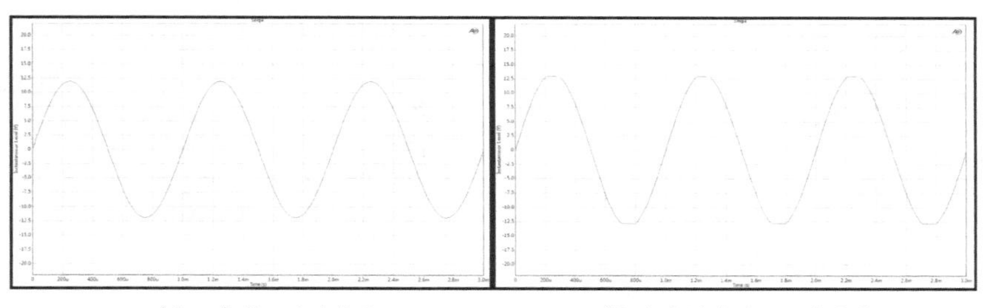

(a) 正常的正弦波信号　　(b) 发生削波的正弦波信号

(c) RF TP-428处理器

图 3-4　削波失真

3.1.6 提高动态

在声学层面，音响系统若要增大动态范围，要么降低环境噪声，要么提高最大声压级，即降低下限或提高上限。比如若想让观众听清楚乐队演奏的更小的声音，要想办法让厅堂内的噪声减少，座椅的噪声、空调的噪声、空间混响等都要控制。对于标准的音乐厅来说，国家有关标准规定了座椅、空调、舞台机械的噪声限值，目的就是保证系统的动态范围。

但一些流动性的演出无法控制环境噪声，就要通过提升最大声压级的方式来提高动态范围，但这里面有两个问题：第一是人耳长期在大声压级的状态下会产生心理的不适感，甚至引发听力问题；第二是大型音响系统提高声压级的成本是非常高的——如果要提升 3dB，就需要功率提高一倍，其成本可想而知。事实上，很多高品质音响系统并不是靠着最大声压级取胜的，在一些声学装修特别棒的空间里，峰值声压级为 120dB SPL 的音响系统照样表现卓越。

3.2 3 个基本控制点

3.2.1 增益、推子与功放音量

调音台上的增益俗称“口子”，用来控制输入信号的放大倍数。调音台会连接各种信号源，如各种灵敏度的话筒、计算机、各种电声乐器等，这些设备的输出信号电平是参差不齐的，通过调音台的增益和电路上的衰减（PAD）可以将低电平提高而将高电平降低至合适的水平。

图 3-5 所示系统中可以影响系统增益结构的是调音台与功放两台设备。其中调音台上的增益旋钮、通道推子、总音量推子、功放音量旋钮影响了整个系统的增益结构。在设计调音台时，厂家将调音台

推子的“0”位定义为参考位置，调试合理时，推子位于“0”位置上可以获得最佳的信噪比，因此将推子推到“0”位以后，影响增益结构的就只有调音台的增益与功放的音量旋钮，如图 3-6 所示。

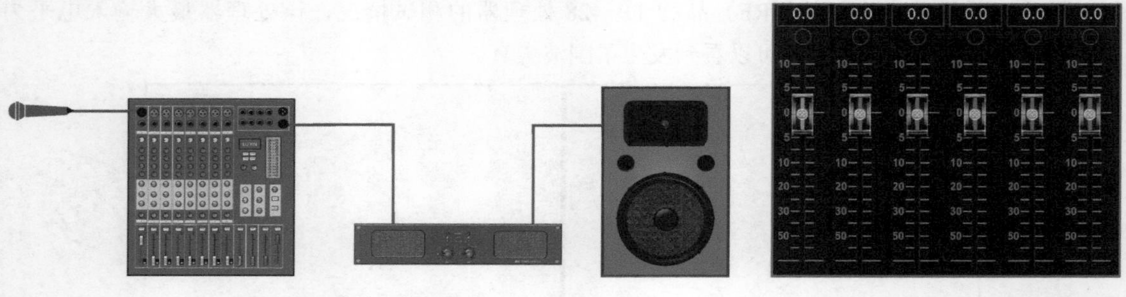

图 3-5 简单的音响系统　　图 3-6 推子“0”位标准化

3.2.2 系统设定

很多人在现场习惯于把功放的音量开到最大，但是这样无法获得最佳的信噪比。图 3-5 中的系统有两种方法可以实现合理的增益结构调整：一种是通过调音台与话筒的关系来确定功放音量；另一种是通过功放与音箱的关系来确定话筒与调音台，下面逐一说明。

先确定话筒的增益，后确定功放音量

增益设定。首先，将总音量关闭，将话筒打开，按照图 3-7 所示的步骤将话筒通道的增益调整好，这样可以保证输入进调音台的信号是合适的，信号电平不会太高亦不会太低。

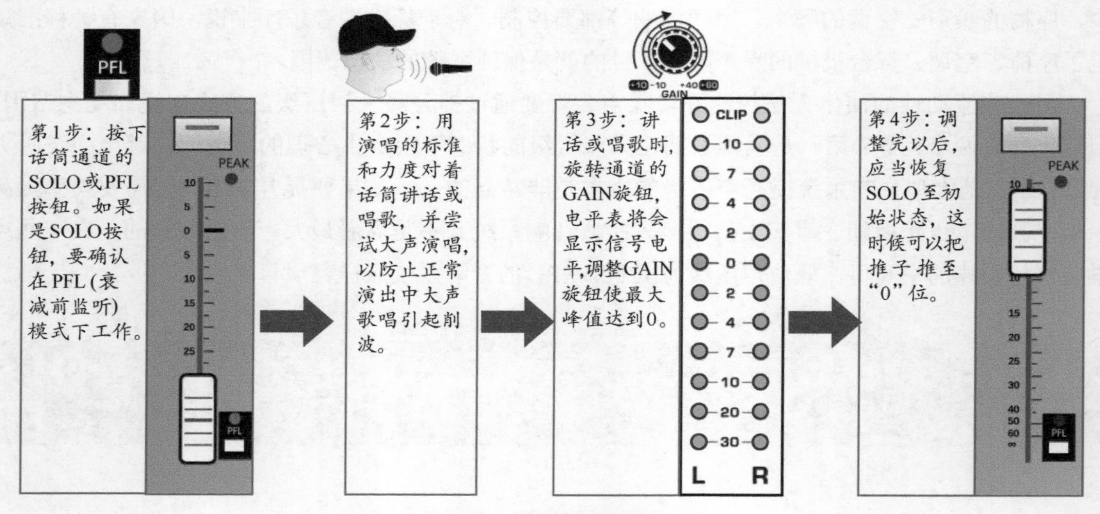

图 3-7 话筒增益的调整

功放设定。当话筒的增益在调音台上调整好以后，将通道推子推到“0”位，将调音台的总音量也推到“0”位。这时对着话筒以标准力度讲话，慢慢旋转功放的音量电位器，边旋转边留心听，直到认为音箱的音量达到了预期值，功放的音量电位器就停留在这个位置，这样就完成了音量控制的调试操作，如图 3-8 所示。

在会议室里，对着话筒用一般性力度讲话时，观众席大约有 80~85dB 的声压级即可；而对于有演唱的小场合，应该有 90~96dB 的声压级。扩声要求不同，功放音量旋钮的位置亦不同；场地大小不同，功放音量旋钮的位置也不同。

这种方法非常简单，但其问题是每个人讲话的力度不一，没有经验的人对着话筒讲话力度太小，会导致调音台增益开得太大。讲话声音的大小，主要影响调音台的增益，大多数情况下功放的音量还是相对合理的。

先确定功放音量，再确定话筒的增益

这种方法几乎适用于所有的场合，且对初学者来说容易掌握和理解。

第 1 步：将调音台与功放连接好，关闭功放音量。如图 3-9 所示。

图 3-8 功放音量调整

图 3-9 先关闭功放音量

第 2 步：将计算机连接至调音台并播放粉红噪声，将当前通道推子推到“0”并将总输出推子推到“0”。关闭所有的 PFL、SOLO 等监听旋钮，确认电平表显示的是当前通道的信号电平，如图 3-10 所示。

第 3 步：调整计算机通道的增益旋钮，观测电平表，使信号电平表至参考点“Reference”，模拟表头一般是“0dB”，数字表头一般为“–18dBFS”。

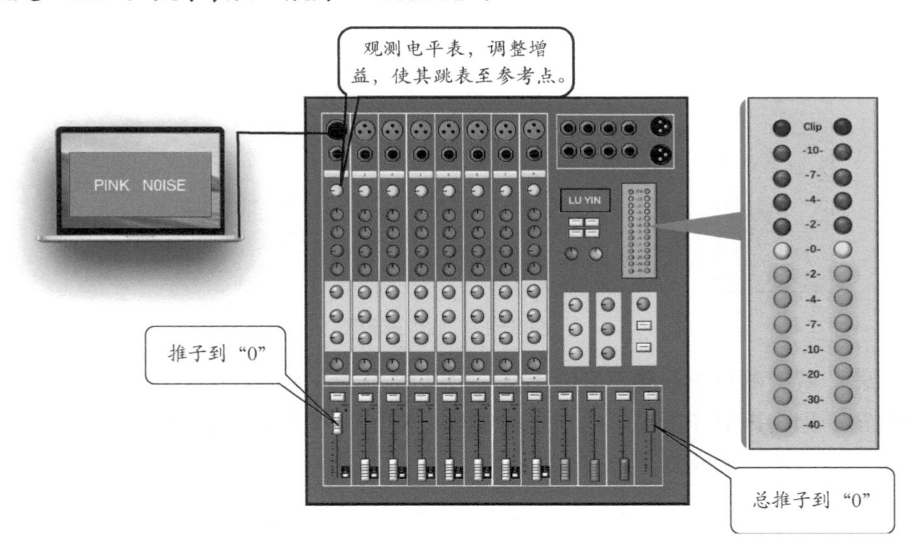

图 3-10 “三点三零”校准

由于此时当前通道推子为零，总输出通道推子为零，电平表跳表至零，三个点均为零，这种调法又被称为“三点三零”。

第 4 步：使用声级计到观测点观察。所谓观测点一般是具有代表性的位置，比如整场 1/2 处位置，或者某音箱系统覆盖范围的 1/2 处。慢慢调整功放旋钮，使观测点的声压级达到合适的声压级，如图 3-11 所示。

图 3-11 用声级计测试

究竟多少是合适的声压级呢？我们可以参考《GB/T 28049-2011 厅堂、体育场馆扩声系统设计规范》中所提出的参考标准：

多功能厅系统最大声压级指标

一级标准：额定通带内 ≥ 103dB

二级标准：额定通带内≥98dB

会议室系统最大声压级指标

一级标准：额定通带内≥98dB

二级标准：额定通带内≥95dB

文艺演出系统最大声压级指标

一级标准：额定通带内≥106dB

二级标准：额定通带内≥103dB

由于各个调音台的电平表表头不同，为了简化过程，我们以dBFS表头作为参考，表头相关内容会在后面的章节介绍。

参照一级会议室的标准，最大声压级为大于等于98dB，为了保证达到效果，加6dB作为余量，因此拟将最大声压级校准为98+6=104dB SPL。也就是说当调音台满刻度时音响系统需要能发出104dB的声压级。由于会议室对低音的要求并不高，故而可以采用dBA测量。若以-18dBFS为校准点，则应该校准为104dB SPL-18dB=86dB SPL，如图3-12所示。

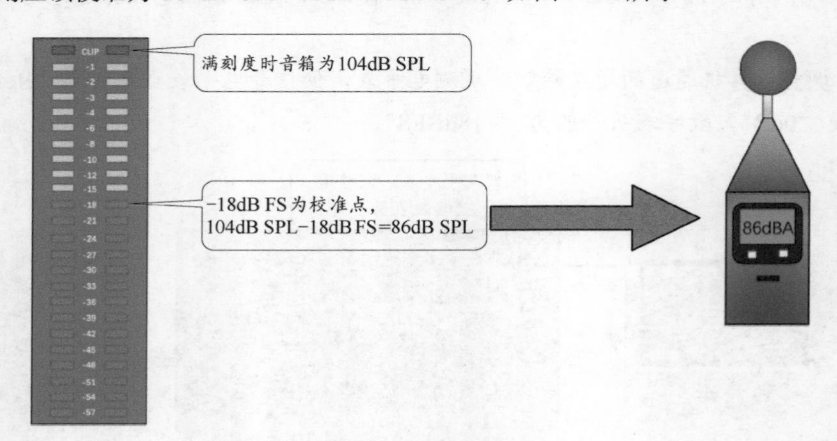

图3-12　会议室校准

校准误差。若音响系统的频率响应不佳，会导致误差产生，以至于发生实际使用时现场声压级不够的情形。因为声级计所显示的声压级参数会受到信号中频率最大值的影响，因此系统的频响曲线越平坦校准就会越准确，如图3-13所示。

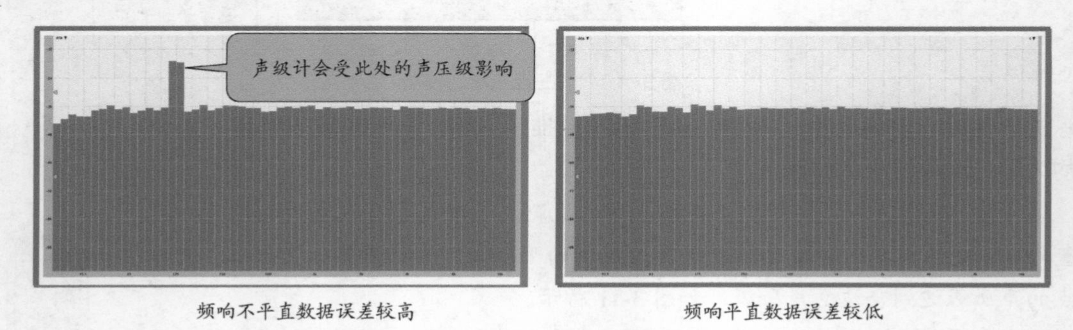

图3-13　声级计显示的误差来源

功放增益开关

在一些情况下，用功放的音量旋钮来控制音量并不容易，比如说具有电子分频的音响系统。

如某个功放 CH1 驱动音箱高音单元，CH2 驱动音箱低音单元，这时候校准声压级会非常不方便，调整音量旋钮很容易造成分频及高低频音量比例问题。因此一些厂家的功放提供了增益拨码开关，这样可以在分频时将功放音量开到最大，现场校准声压级时使用增益拨码开关，可避免误操作导致的分频问题和高低频的音量比例问题。

图 3-14 所示是锐丰智能（RF）DT15.4 功放增益拨码开关，显示了 3 个开关在不同位置时功放的增益（放大倍数）。

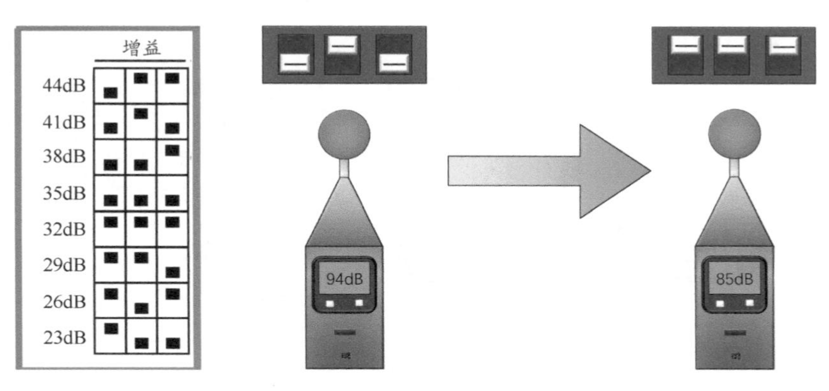

图 3-14 增益拨码开关

例如声压级校准参考值为 85dB，功放音量开至最大时实测当前声压级为 94dB，比预期大了 9dB，这时候检查功放增益拨码开关位于 41dB，将其拨到 32dB 处，这时测试点声压级为 85dB，完成了校准（见图 3-14 右图）。

增益拨码开关的工作原理与功放音量旋钮通常是不一样的，增益拨码开关常常控制功放负反馈的量，因而通过调整这种开关往往能够获得更好的信噪比。

3.3 两种结构性思路

请牢记以下两条内容，这是理解增益架构的钥匙。

原则 1：在系统中，当设备 A 将信号输出给设备 B 时，若阻抗匹配合理且设备 A 的输出信号在设备 B 的输入动态范围内，通常设备 A 输出的有效信号电平越高，系统**信噪比**越高。

原则 2：虽然设备 A 输出给设备 B 的有效信号电平越高信噪比越高，但是设备 B 乃至整个系统的**动态余量**是有限的。

实际上所谓的增益架构所谈论的内容主要围绕“信噪比”与“动态余量”两点。在一些场合中信噪比特别重要，例如在录音室录制就要优先考虑信噪比；而在一些场合动态余量就很重要，例如为交响乐现场扩声，若余量不够则可能导致削波失真，甚至引起设备损坏。信噪比与动态余量是一件事的两个面，若信噪比高则动态余量会相对小，若动态余量大则信噪比会相对小，所以学习增益架构就是在这二者之间寻求平衡的过程。

3.3.1 增益架构原则 1：前端信号电平尽可能高

设备连接

在扩声系统中，当某音源设备将信号输入给调音台时，若音源设备输出的信号电平低，就需要调音台增益旋钮开得更大，这时候信噪比较低。当这个音源设备输出电平较高时，调音台的增益就不需要开得很大，这时候信噪比较高，因此，为了提高信噪比，图 3-15 中电钢琴的音量旋钮要开大，建议至少在 70% 的位置。

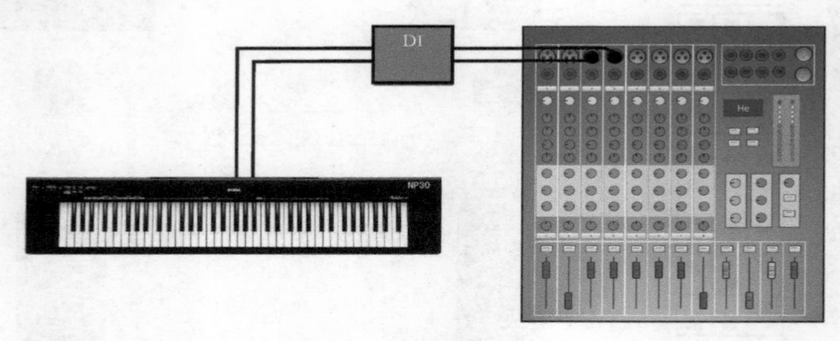

图 3-15　音源与调音台

设备内部

我们从一个实际问题入手来探讨这个问题：在一次演出排练中，小明将鼓组经过 Group（编组），但鼓整体声音不够大，于是把 Group（编组）的推子推到最大，把鼓组的每一轨推子都推到最大，能否获得较高的信噪比？如图 3-16 所示。

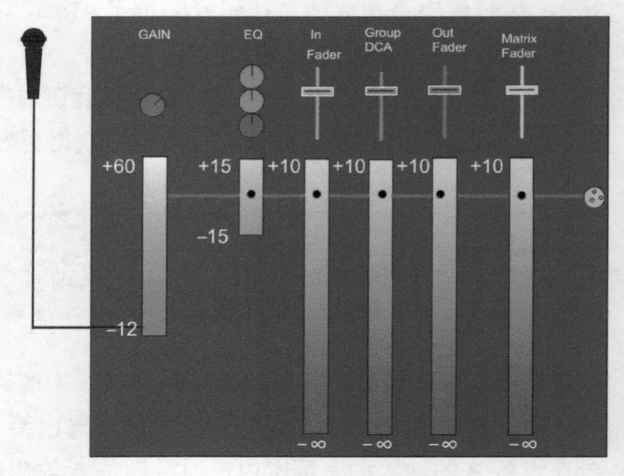

图 3-16　调音台内部信号流程

答案是不能，因为这违背了增益架构原则 1“前端信号应该尽可能大”。在调音台内部，最前端的放大调整就是增益旋钮，因此当输入信号电平小的时候，首先应该调整增益。其他的推子又被称为“衰减器”，它们的重要作用是衰减信号，当然它们也会临时被用于信号电平的提高，但这并不会是一个常态。

在演出之前设定好增益非常重要，在现场演出中，如监听等各系统都调好后再去调整增益，会引起返听、耳返或者其他部分的信号比例变化，所以一旦演出开始，增益调整必须要慎重。

推子归零的利与弊

“推子归零”是现场演出的概念，这与录音棚里的操作有较大区别。所谓“推子归零”是指演出前将所有通道的推子理想位置设定为“零位”，在音响系统架设的初期，所有通道声音大小均有增益调整，以保持推子在“零位”。这是目前常见的系统设置方法，当然演出中不可能将推子时刻保持在“零位”，这只是系统预置时的做法，演出中要根据节目需要来及时调整推子，而非增益，如图 3-17 所示。

这种操作是非常便于现场演出的各种设置的，例如监听、返听、信号发送、音乐播放都会非常方便，但是这种做法并不能获得最好的信噪比。在以录音为主的场合，不建议采用这种设置方式。

图 3-17 推子归零

例如在电声乐队的演出中，某歌曲中弦乐是衬底音色，现场只要能够略微听见即可，这时候推子在“零位”，而增益势必要调整到很小，该通道增益就无法达到最佳状态，这就违背了增益架构原则 1。

数字灵敏度

在现场演出的过程中，推子归零的做法是非常方便的，但在需要录音的时候，录出来部分通道的信噪比会太低，有可能在后期混音时影响整部音乐作品的质量。一些数字调音台还设置了“Trim”数字灵敏度的调整，既可以使现场保持推子归零的做法，又可以获得具有最好的信噪比的录音。具体做法是：首先将增益调整至最大安全电平值，若现场音量太大可利用“Trim”进行修剪，并将多轨录音输出设置为“Gain”以后“Trim”以前。“Trim”的设计原理类似于数码相机的数字变焦，可以将信号放大，但并不是建立在信噪比提高的基础上，如图 3-18 所示。

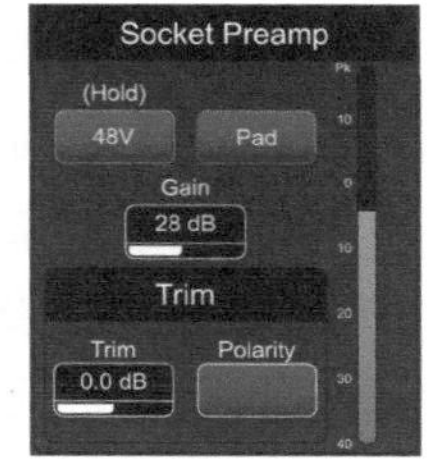

图 3-18 Trim 与 Gain

在 Allen & Heath 的数字调音台中，可以通过 SLink 接口用网线在多个调音台之间共享信号，由于其信号在“Gain”以后共享，故而“Trim”数字增益可以用来在共享信号的调音台作为通道的输入控制，如图 3-19 所示。

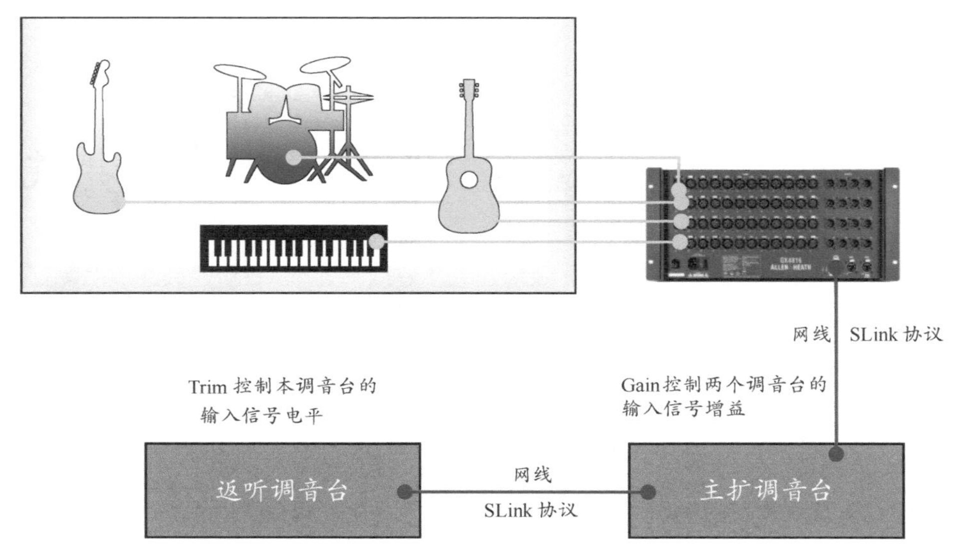

图 3-19 Trim 与 Gain 应用示例

在图 3-19 所示的系统中，若想提高信噪比，则必须在增益端（主扩）调音台上获得较高的信号电平，因为那是整个系统的前端。

3.3.2 增益架构原则 2：信噪比受制于动态范围

动态余量的概念

在设备中标称值（参考点）与最大值之间的范围称为动态余量（Headroom），例如某调音台的参考点为 +4dBu，最高输出为 +22dBu，那么它的动态余量为 18dB。

在现场扩声中盲目地追求信噪比可能会导致动态余量的不足，而预留的动态余量太大又会导致信噪比降低，这是考虑增益架构时需要同时考虑的因素，如图 3-20 所示。

音响器材都会留有动态余量空间，只是不同厂家预留的范围会有所不同，在系统设定时，要充分考虑现场的需求和设备情况来设定合适的动态余量。

K-system 的概念

首先简要介绍下 K-system 在混音棚里的一些应用，以供读者参考。

根据《杜比立体声剧院技术指南》的技术要求，在混音室校准监听音箱时，采用粉红噪声在参考电平时前方每个声道在调音师位置单独产生的监听声压级为 83 ～ 85dB（C 计权）。这是监听音箱和参考点（Reference）电平与声压级的基本对应关系，本节中以下内容均以此为基础展开论述。

由于设备厂家给出的参考点大多数为 +4dBu，但是这同时也限制了动态余量的空间，为了更加精确地做到信噪比与动态余量的完美组合，抛开电路设计的因素，著名的母带大师 Bob Katz 提出了一种余量预留的理念“K-system”，给 dBFS 数字表指定出明确的标准的动态余量。K-system 给出了 3 种动态余量的系统设定方式，如图 3-21 所示。

K-12：动态余量预留 12dB，适合广播、语音播报；

K-14：动态余量预留 14dB，适合流行类音乐；

K-20：动态余量预留 20dB，适合古典原声类音乐等大动态节目。

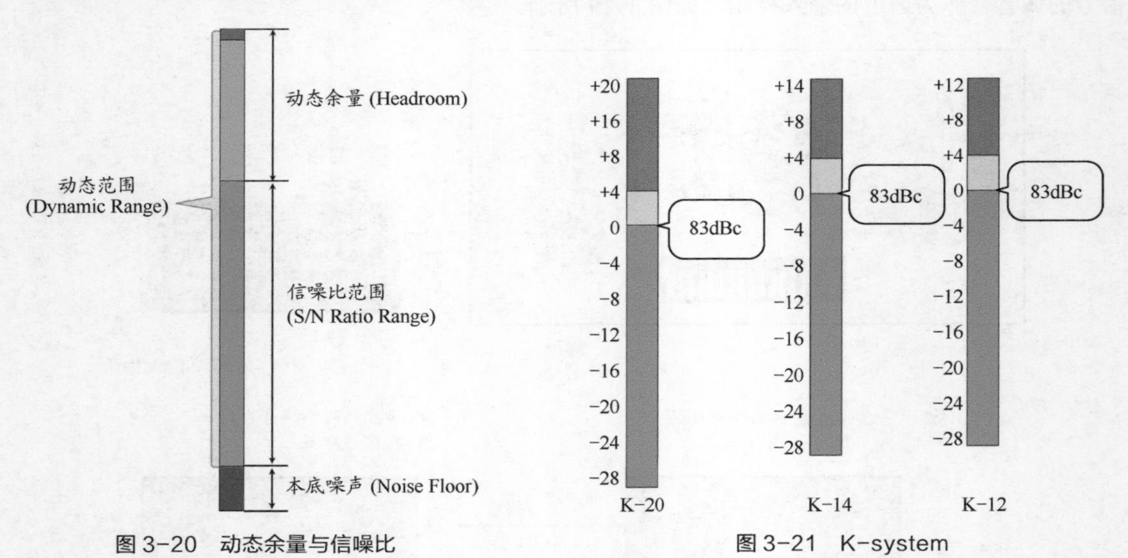

图 3-20　动态余量与信噪比　　图 3-21　K-system

通过图 3-22 所示表头可以看出：使用 K-20 时，由于预留了 20dB 的动态余量，参照参考点“0”

混音时，调音台输出的平均电平会比较低，而 K-12 参照参考点“0”混音时，平均输出电平会比较高。这也正是为什么我们听节目时感觉语音的声音比较大，而播放交响乐时觉得声音小，只有在交响乐高潮时才感觉和一般流行音乐的响度相近的原因。

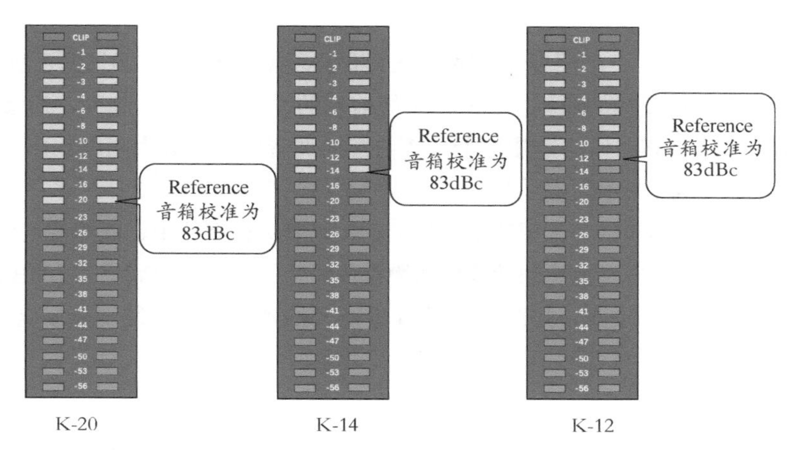

图 3-22 dBFS 表头的 K-system 示意

当使用 dBFS 表头时，亦可以想象成 K-system 的表头。

这里的 83dBc 仅仅是在混音棚里的校准数值，在现场不一定按照这个标准。不过可以看出的是，K-20 的表头要求音箱的音量开得最大，因为需要在 -20dBFS 时，音箱音量达到 83dBc；而 K-12 的表头要求音箱的音量开得最小，需要在 -12dBFS 时音箱音量达到 83dBc，较 K-20 而言，音箱音量要减小 8dB。

将同一节目信号接入 K-20、K-14 、K-12 三个系统中，若期待观众席获得同样的响度，K-20 信噪比最低，K-12 信噪比最高。

演出现场与动态余量

现场一：会议室

调音师小明接到一项为某单位开会调音的工作，小明考虑到会议室很安静，与会者不喜欢听到音箱里有噪声，他决定把信噪比尽可能提高。

由于开会人声动态不会太大，于是小明将校准点设置为 -12dBFS，他的做法是：播放粉红噪声，把接入粉红噪声的通道推子推到“0”，将调音台总输出推子推到“0”，调整粉红噪声通道增益，观察电平表使其输出电平值达到 -12dBFS，也就是说他预留了 12dB 的动态余量，然后调整功放旋钮，直到听音位置平均声压级在 85dB 左右，他发现系统中噪声很小，几乎不能被识别，整个会议流程特别顺利。

第二天客户要求为讲台上的演讲者加返听音箱，于是他拿来一只有源监听音箱，将频率曲线通过均衡调整后，小明将话筒信号送给返听音箱，并打开话筒。他将返听通道的总音量推到“+6”刻度，然后缓缓打开有源音箱的音量控制，直到其达到啸叫的临界点，这时候将调音台上的返听通道总音量从“+6”调回“0”刻度，返听音箱的校准完成。

现场二：室外小型乐队演出

小明考虑到乐队的动态比较大，他决定把动态余量预留 18dB，为了让系统信噪比尽可能高，他决定还是采用上次会议室的增益结构设置方法 。

到了现场他发现这次的演出采用的是三分频三驱动的线阵列音箱，他决定先把所有功放的音量打到最大，在调音台上使用 MATRIX1（矩阵）作为总输出。

紧接着播放粉红噪声，把接入粉红噪声的通道推子推到“0”，将调音台总输出推子推到“0”，观测电平表，调整噪声通道增益使其电平值达到 -18dBFS，而后把 MAIN（总线）的信号发给了 MATRIX1（矩阵），然后将 MATRIX1 输出音量推子缓缓推上，使音乐会现场中心位置平均声压级达到约 97dB，停止推音量推子 。

由于功放音量开得较大，小明发现 MATRIX1 推子只需要推到“-10”刻度就可以满足现场要求了。他想起来了增益架构的原则 1：位于系统前端的设备输出电平越高，后级的放大倍数就可以越小，系统信噪比越高。他决定让处于系统前端的调音台电平最大限度输出，通过功放增益来控制现场音量，以提高信噪比。

小明发现功放都是四通道的，如果改变音量的话，很容易把高、中、低的音量比例破坏，这样就会影响设备的频率特性。于是他拨动功放后部增益拨码开关，将功放减少了 10dB 的放大增益。

小明回到调音台将 MATRIX（矩阵）的总音量推子推到“0”，他发现外场响度达到了预期，而且信噪比也很不错。

动态余量与压缩效果器

做过乐队调音的音响师都知道，一些乐队的声波信号动态非常大，若增益结构设置不合理，非常容易产生削波失真。在没有压缩介入的系统里，信号输入变化和输出变化是对等的，例如输入信号有 3dB 的变化，输出信号也会变化 3dB。但是介入压缩以后，可以让输入信号变化 2dB，输出信号变化却只有 1.5dB，这不仅可以节省出动态余量，而且还可以在同样的动态范围里，做出更大声压级的扩声效果。压缩的阈值（Threshold）设置应该充分考虑到节目的性质和动态余量的预留情况，这也是压缩器设置的最基本的思路框架。

关于动态类效果器的相关内容，可参阅本书第 6 章“动态效果器”。

3.4 影院与监听系统

3.4.1 多声道影院

家庭影院的片源以 5.1 声道最为普遍，5.1 声道的设备也是影院系统中最基础的系统。图 3-23 是 ITU-R.775-1 中建议的音箱摆位示意图，在这个系统中，低音音箱没有指定位置，可根据声学环境来实际考虑其位置。

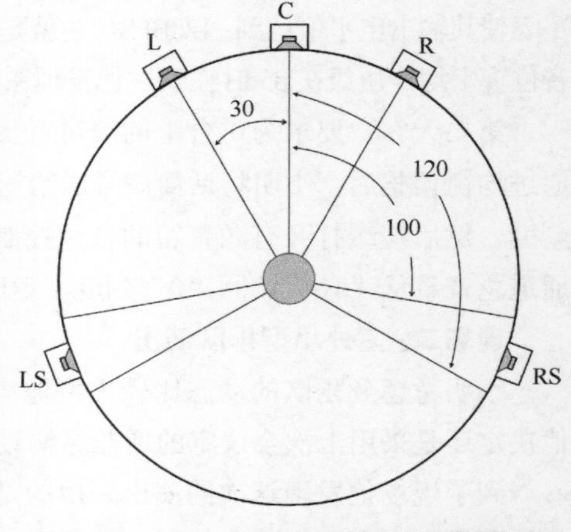

图 3-23 ITU-R.775-1 中建议的音箱摆位

电影音频在制作的过程中是在被校准过的系统中完成的，为了在用户端准确再现声音，且保证系统动态够用，也必须按照节目制作方的校准思路来校准用户系统。

在专业影院系统中，使用 -20dBFS 的粉红噪声测试信号(实质上是预留了 20dB 的动态余量)，L、C、R，3 个声道分别达到 85dBc 的声压级。校准环绕声道时，要把该组所有的音箱全部打开。例如，校准 LS 通道时，要把 LS 中连接的所有音箱同时打开。左右环绕两侧声压级分别需达到 82dBc，这样当左右环绕全部打开时总声压级为 85dBc，该系统中，超低音的声压级需校准为 88dBc，如图 3-24 所示。

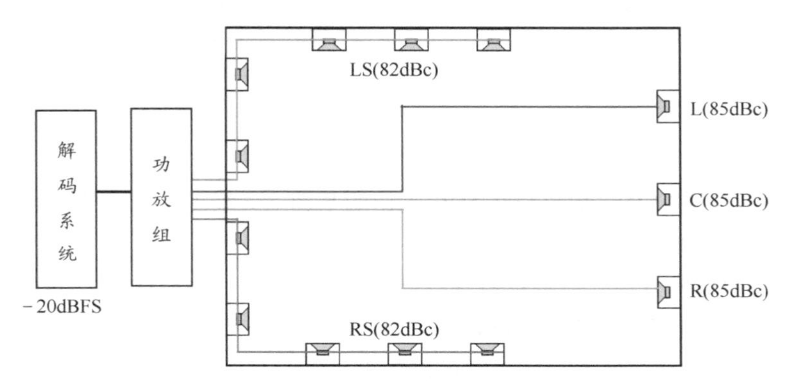

图 3-24　专业影院声压级校准示意图

专业影院以 -20dBFS 作为参考电平，在普通家庭的 AV 功放和解码器中，校准声道电平的粉红测试噪声是 -30dBFS 的，所以声压级要校准在 75dBc。

3.4.2　立体声监听

在混音室，等边三角形的摆法是常见的摆放方式（但这并不是唯一的摆放方法），如图 3-25 所示。响度校准时测试信号为粉红噪声，在参考电平（通常为 +4dBu）时前方每个声道在听音位置单独产生的监听声压级为 79~85dB（C 计权）。

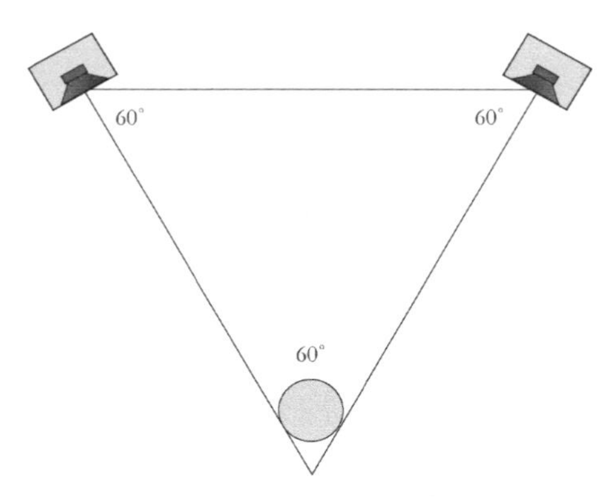

图 3-25　监听校准系统摆放示意图

3.5　电平匹配与优化

3.5.1　传声器与调音台

一些无线话筒的接收机提供 MIC 和 LINE 输出功能，如舒尔 QLXD4 接收机，MIC 最大输出

电平为 -10dBu，LINE 最大输出电平为 +20dBu，两者相差 30dB，如图 3-26 所示。

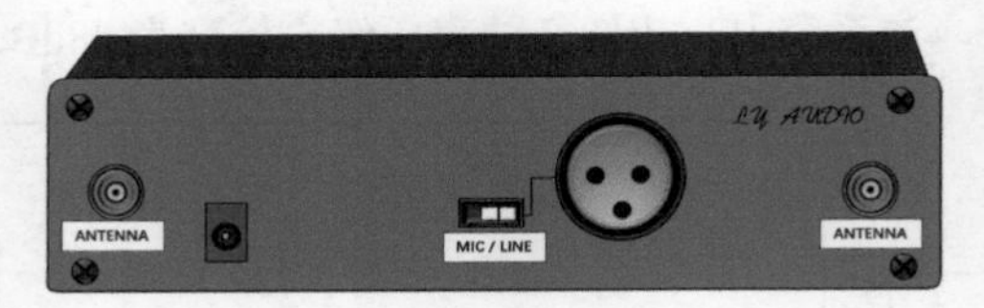

图 3-26　无线话筒接收器

通常来讲，接收机的 LINE 输出是在 MIC 输出的基础上又增加了一级放大电路。那么，究竟使用哪种输出方式更合理呢？

要选择接收机的输出方式，必须先知道调音台的输入电路。目前市面上的模拟调音台电路前级放大部分主要有两种电路，一种是 LINE 信号通过话放，一种是 LINE 信号不通过话放。

在图 3-27 所示的雅马哈调音台的电路中，如果接入 MIC 信号，信号直接进入话放部分；如果接入 LINE 信号，信号通过 PAD 衰减电路衰减 26dB 之后进入话放，故而 MIC 信号与 LINE 信号都经过话放部分，因而在这种电路中无线话筒的输出可以直接切换至 MIC 输出，避免因为在整体电路中多一次放大和衰减的过程造成信噪比的降低。

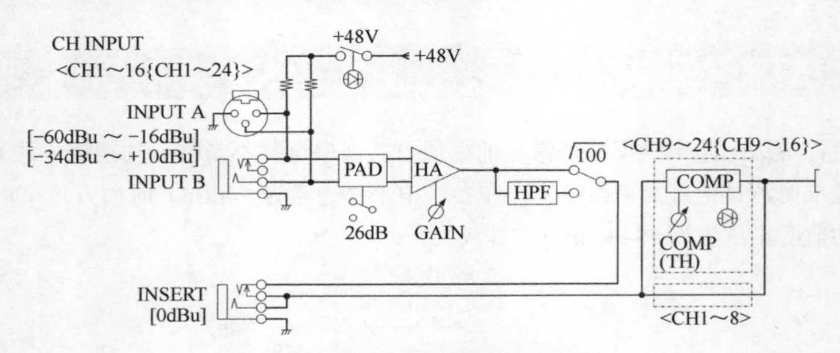

图 3-27　雅马哈 MGP 调音台通道电路

但是当远距离传输时，LINE 输出抗干扰能力会更强，所以在话筒距离调音台较远的时候要考虑到这点，如图 3-28 和图 3-29 所示。

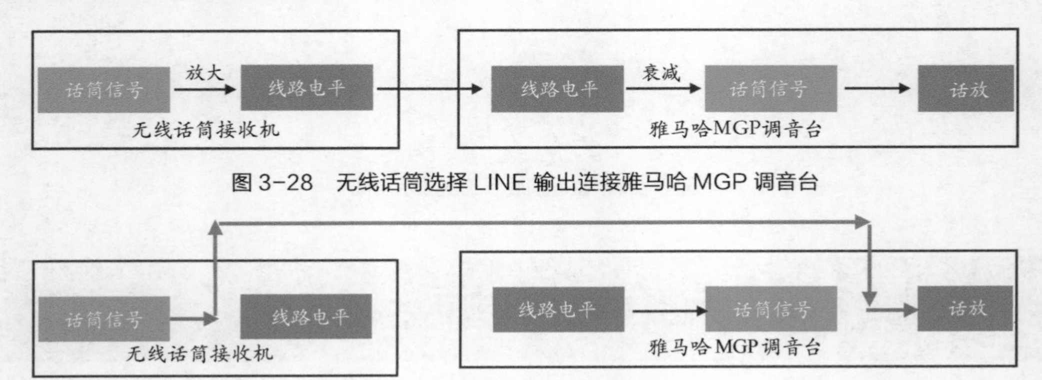

图 3-28　无线话筒选择 LINE 输出连接雅马哈 MGP 调音台

图 3-29　无线话筒选择 MIC 输出连接雅马哈 MGP 调音台

一些调音台采用另一种电路，其中 LINE 信号并不经过话放部分，这些台子通常没有 PAD 功能。这种情况下选择话筒 LINE 输出直接进入调音台 LINE 输入接口，通常系统信噪比会更好，但是缺点是失去了增益控制的功能，控制输入信号电平不方便，如图 3-30 所示。

关于调音台的 PAD 这里再提醒一下：如果某话筒输出灵敏度较高，则调音台通道输入端发生了削波，不要先急于去按下调音台的 PAD，因为 PAD 的衰减值一般是 20~26dB，而话筒输出超出的电平部分一般不会那么大，要先尝试使用话筒的衰减开关（图 3-31 中为 -15dB），如果电平仍然过高再使用 PAD 衰减。若话筒电平实际超过了 10dB，而在调音台上衰减了 26dB，这样就需要把多衰减的 16dB 通过增益调整补偿回来，但是这样会降低信噪比。

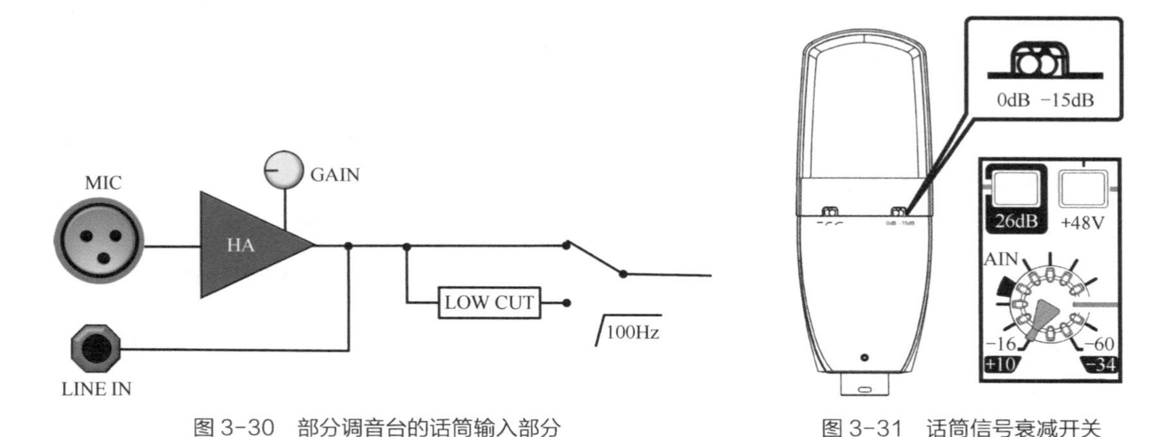

图 3-30　部分调音台的话筒输入部分　　图 3-31　话筒信号衰减开关

3.5.2 调音台与周边

先来看一个工程中常见的实际情况，用雅马哈调音台连接 dbx231 均衡器时。两台设备的主要参数如图 3-32 所示。

雅马哈调音台

输出端子	实际源阻抗	标准阻抗	输出电平	
			标准	削波前最大
立体声输出（L, R）	75Ω	600Ω Lines	+4dBu	+24dBu
整体输出1-4	75Ω	10kΩ Lines	+4dBu	+24dBu
监听输出（L, R）	75Ω	10kΩ Lines	+4dBu	+24dBu

dbx 231 均衡器输入参数

接口：1/4 TRS，卡侬母头（2针接热端）

类型：（平衡与非平衡）

阻抗：平衡 40kΩ，非平衡 20kΩ

最大输入电平：+21dBu（平衡与非平衡）

图 3-32　雅马哈调音台与 dbx231

当雅马哈调音台连接 dbx231 均衡器时，调音台的最大输出电平是 +24dBu，而 dbx231 均衡器的最高输入为 21dBu，如果这两台设备连接在一起不经过校准的话，调音台满刻度输出时在均衡部分会发生削波失真。

上述这种情况可以采用“上限对齐”方式进行电平对齐。具体的做法是以调音台的输出电平上限作为基准，其他周边设备的输入电平向其靠拢。通过每台设备增益旋钮的调整，统一电平上限，要求当系统中一台设备发现输出削波时，其他所有设备也都应该同时出现削波状态（除了功放）。

这种做法可以消除潜在的动态范围的威胁，若各个设备之间输入输出电平不对等，实质上会把系统的动态范围损耗一部分。不仅如此，由于设备信号的不对等，调音师在调音过程中还需要关心其他周边设备的信号状态，这是非常麻烦的，而且系统也不安全。若将电平对齐，通过调音台的电平表就可以了解到其他周边设备的工作状态，既方便又安全。

下面以调音台和均衡器为例，将所有设备连接好以后，按照以下步骤校准电平。

第 1 步：关闭功放音量，避免因为信号过大烧毁设备。

第 2 步：播放粉红噪声信号，并将信号送入调音台，将当前通道推子推到最大，将总输出推子推到最大，调整播放通道的增益，使调音台总线电平表到满刻度不失真状态。调音台电平表的红灯亮起时，并未达到 CLIP 状态，这个灯一般是在 CLIP 前 3dB 亮起。

第 3 步：将已经做好频率调整的均衡器打开（注：必须是在系统中已经完成频率调整的均衡器），调整 INPUT GAIN 旋钮，观测 OUTPUT LEVE 电平表，使均衡器电平表指示到满刻度不失真状态（参考 CLIP 指示灯，见图 3-33），调整完成。

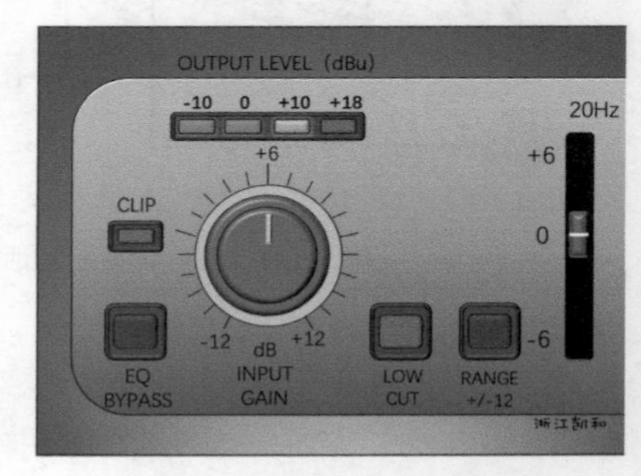

图 3-33 dbx231 输入输出部分

3.5.3 上限对齐应用

系统中设备电平匹配可以按“上限对齐”的方法进行，下面举例说明。A 设备为前端设备，它将信号输出给 B 设备，B 设备是后端设备，当 A 设备满刻度输出时 B 设备输入端也应满刻度。若 B 设备发生了削波，应该通过 B 设备的输入电平控制来衰减输入电平，确保满刻度不削波。若 A 设备满刻度输出 B 设备却没有达到满刻度，这时应该调大 B 设备的输入增益，使其达到满刻度。

情形一：前端输出电平大于后端输入电平（图 3-34）

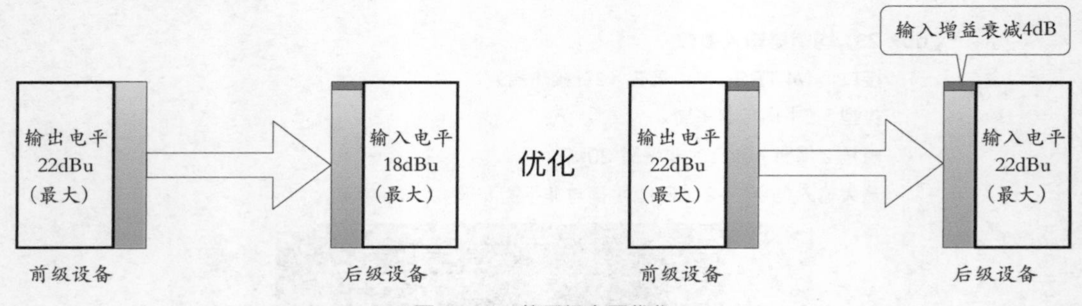

图 3-34 前后级电平优化

本案例中，优化前，当前级设备满电平输出时，后级设备产生了削波失真，致使系统处于危险的状态，因为其最大输入电平比前级设备最大输出电平小 4dB。

优化方法是将后级设备输入增益衰减 4dB，这等于后级设备输入增加了 4dB 的输入电平，此时前后设备电平一致。

情形二：前端输出电平小于后端输入电平（图 3-35）

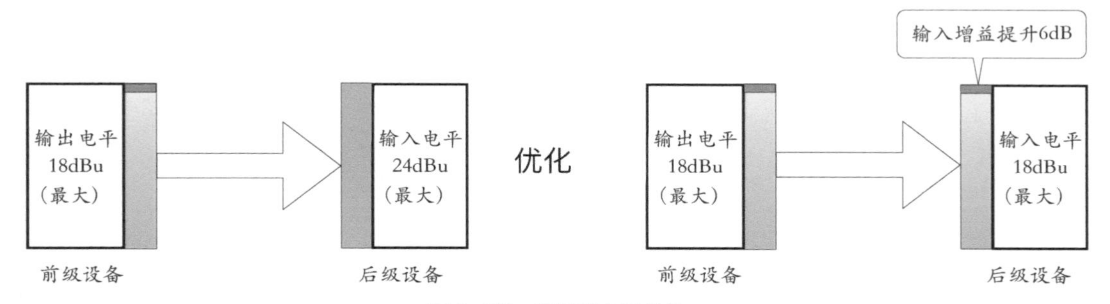

图 3-35　前后级电平优化

本案例中，优化前，当前级设备满电平输出时，后级设备尚有 6dB 的动态，这样一来后级设备的信噪比会降低 6dB。

优化方法是将后级设备输入增益提升 6dB，这等于后级设备减少了 6dB 的输入电平，此时前后设备电平一致。

在校准时建议采用正弦波作为测试信号，因为正弦波信号电平非常稳定，更容易观察到调试结果。

04

第4章 仪表与刻度

4.1 电平表的特性

在音响行业会接触到各种刻度与表头，所有的表头刻度都是按照一定的规则设计的，本节将试图解释这些规则并学习实际的使用方法。

4.1.1 指示规则

模拟设备。按照规定，仪表在其刻度表上必须标记设备在系统中可承受的最大电平，该标记可以用百分比（如 80%）来表示，也可以用 dB 来表示，或者用 VU 来表示。

数字设备。常用 dBFS 来表示，dBFS 的全称是“Decibels Full Scale”（全分贝刻度），“0dBFS”是数字设备能够达到的最高输出，其他所有的值都是负数。

4.1.2 基准电压

一些表头的基准电压为 0.775V，在表头上通常会标注 0dBu。

VU 表的基准电压为 1.228V，通常标注 0VU，实质上也就是 +4dBu。

一些 IEC I 型的表基准电压为 1.55V，但它可能被标记为相对于 0dBu 的 dB 值，如 6dB 或 6dBu。

而对于数字表头来说，通常以 1.228V（+4dBu）作为参考电压。

4.1.3 起表时间

起表时间也叫作“积分时间”，是指基准参考电平的猝发音使指针到达基准参考值之下所需要的时间。

VU 表：指针 300ms 可以达到基准参考值的 99%。

PPM 表：显示值 5ms 可以达到基准参考值之下 2dB。

4.1.4 落表时间

落表时间也叫作“恢复时间”，指当稳定的基准参考电平信号停止时，指示回落到参考值之下的指定点所需要的时间。

4.1.5 峰值表与平均值

峰值（PEAK）描述的是信号在一个周期内的瞬时最大值。对于正弦波而言，峰值等于最大值。峰峰值（PEAK-PEAK）是指一个周期内信号最大值和最小值之间的差值，即最大值和最小值之间的范围，它描述了信号的值变化范围的大小，如图 4-1 所示。

然而实际的信号并不都是正弦波，多数情况下信号上半周与下半周并不对等，从而造成相位偏移，所以并不能以正弦波的峰值来概括所有信号的峰值情况。

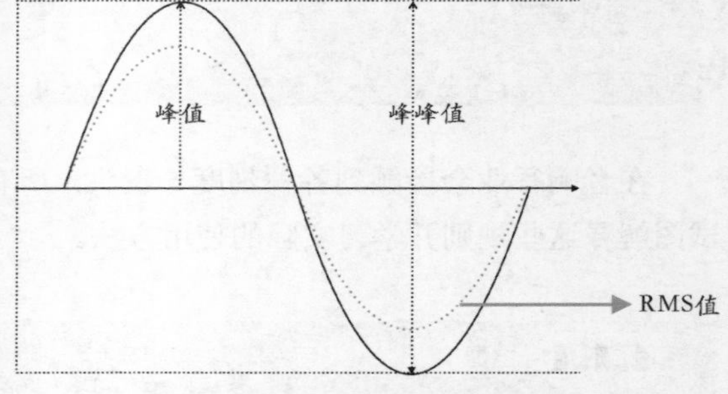

图 4-1　峰值—峰峰值—RMS 值

平均值（RMS）是基于所测试信号中所包含的能量来确定的（正弦波、方波、三角波有自己的算法）。

$$A_{\mathrm{RMS}}=\sqrt{\frac{1}{T}\int_{o}^{T}a^{2}(t)\mathrm{d}t}$$

峰值因数。峰值因数（Crest factor，又称 Peak-to-Average Ratio，简称 PAR）表示峰值与 RMS 值之间的关系：

峰值因数=峰值÷RMS值

正弦波的峰值因数为 1.414，方波的峰值因数为 1，未压缩的语音信号峰值因数约等于 10，粉红噪声的峰值因数约为 4（但也有其他峰值因数的粉红噪声）。

PPM 表与 RMS 表。为了检测信号中的峰值而设计的表称作峰值表（PPM 表）。这类表可以用于录音、混音、母带处理等需要关注峰值的场合。例如在录音或拾音中，需要关注所拾取的信号不能产生峰切，所以选择响应速度快的峰值表就非常重要。节目都存在峰值因数，仅凭峰值表刻度不能知道节目中的平均能量有多少，人们又设计了 RMS 表，这样可以了解实际的能量情况作为参考，图 4-2 中是 Logic Pro X 中提供的峰值表（PEAK）与 RMS 表的对比。

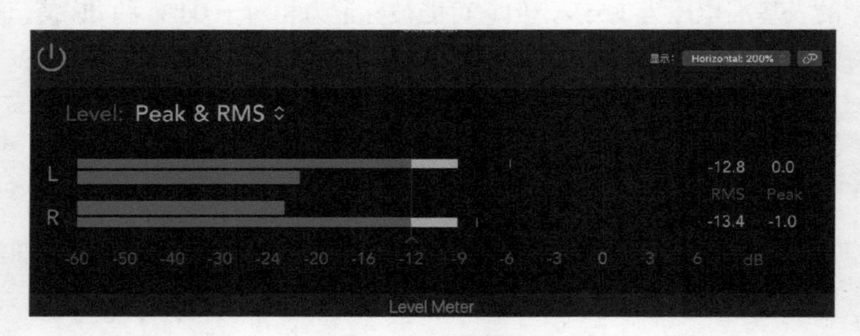

图 4-2　PEAK 表和 RMS 表

可以这么理解，当我们需要确认节目中峰值有没有问题的时候，要观察峰值表，但需要确认节目的平均能量时，要观察 RMS 表。RMS 表应用的一个常用的例子——当对人声进行压缩的时候，我们希望人声的响度（平均值）变化幅度要更小，而不是仅仅看峰值表关注峰值变化。

较高的峰值因数的节目虽然能够呈现真实声音的本质，但是受动态的限制，会因为峰值太高导致响度不足，因而通过控制峰值来提高 RMS 值的做法也非常常见（本章第 4 节内容）。

压缩效果器中的 PEAK 与 RMS。在一些数字调音台上，压缩器会提供 RMS 和 PEAK 的选择项，如图 4-3 所示。

所谓 RMS 模式是指软件运算以 RMS 为准：当 RMS 值达到压缩条件时压缩器开始工作，运算过程中以 RMS 值为运算依据；而 PEAK 模式则是当峰值条件达到时即开始工作，运算时以节目中的峰值作为运算依据。

对于一些峰值因数较大的声部来说，控制峰值可以避免系统的动态不足，而对于峰值因数较小的声部来说，控制其 RMS 值则能够对声音的动态进行更好的塑形。

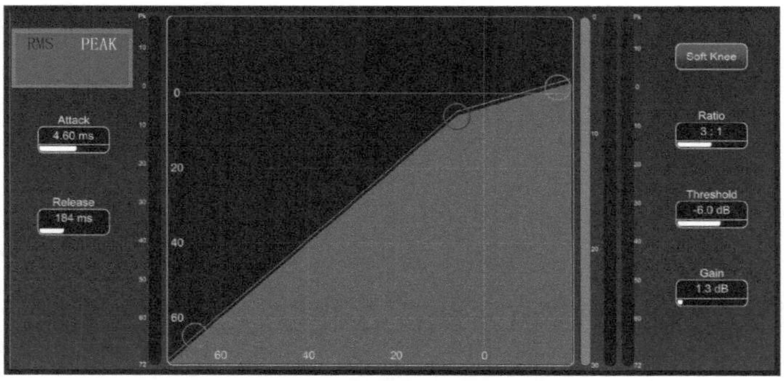

图 4-3 SQ 调音台压缩效果器

图 4-4 中上方音轨是地鼓（KICK）的边形，而下方音轨是人声的波形，两者的峰值因数差距较大。对于地鼓来说必须考虑其峰值所带来的影响，若需要精确控制峰值，则要选择 PEAK 模式；而人声的峰值因数相对不高，采用 RMS 模式会使控制更加得心应手。

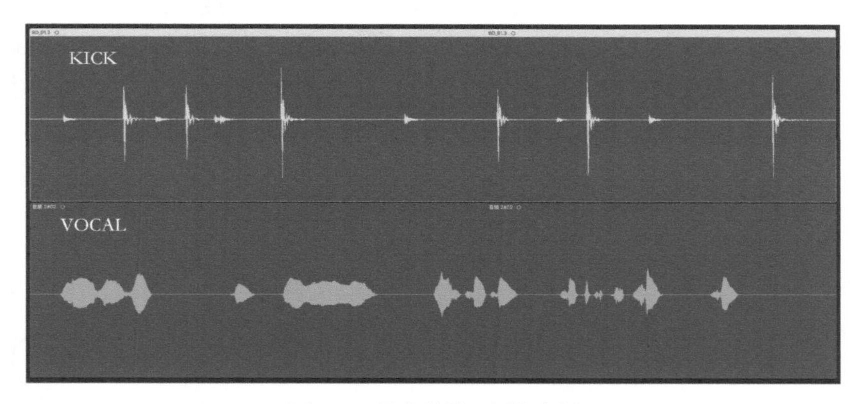

图 4-4 峰值特性不同的声部

4.2 VU 表与 PPM 表

4.2.1 标准音量指针：VU 表

VU 表的应用

VU 表广泛应用于录音棚、广播播出等领域。在广播节目录制时，主要的关注点是信号的峰值状态，而在广播系统的后期输出阶段，工作人员并不是只关注信号的峰值状态，更需要关注播出节目的响度是否正常、不同节目信号是否在合理的动态范围内等问题，这种情况下使用 VU 表作为参考就尤为合适。

VU 表显示的数值与人耳所感受的声音响度是成正比的，也可以说它是一种响度指示仪表，使用 VU 表进行电平监控可以得到表头指示与音量对等的感受。

由于 VU 表内部的电路设计时信号值的测量是较为接近平均值的，所以它对于瞬态信号的表现是迟钝的，其指示容易忽略掉峰值信息。为了让使用者能够了解信号中的峰值状态，工程师们改良了早期的 VU 表，在其右上角增加了峰值(PEAK)指示灯，如图 4-5 所示。

图 4-5　VU 表

VU 表与 dBm

VU 表实质上是可以反映 dBm 情况的仪表，即 +4dBm= 0VU。

以 1mW 功率作为基准值，1mW 被定义为“零电平功率”（参考本书第 1 章第 2 节“电声知识问答”），这个信号称为 0dBm，它对应跨接在 600Ω 电阻两端的电压为 0.775V。根据欧姆定律，若电阻两端电压为 1.228V，可以求出此时电路中的功率为 2.51mW，实际上是 +4dBm，换句话说，+4dBm 时电路中的电压为 1.228V。

$$10\lg(2.51\text{mW}/1\text{mW})=10\lg(2.51)=+4\text{dBm}$$

VU 表与衰减电路

VU 表是基于节目的信号平均值的，而不是基于峰值的，其刻度范围通常为 -20~ +3VU。VU 表的重要组成部分是与 VU 表相连接的衰减电路，读数实质上产生在衰减电路上，然后由 VU 表显示。如图 4-6 所示，电路连接到 +4dBm 的信号源上，仪表刻度将达到 0VU，当电路中的阻抗发生变化时，VU 表的读数也会发生变化，这就是为什么不能单纯用一个电压来描述 VU 表的原因。

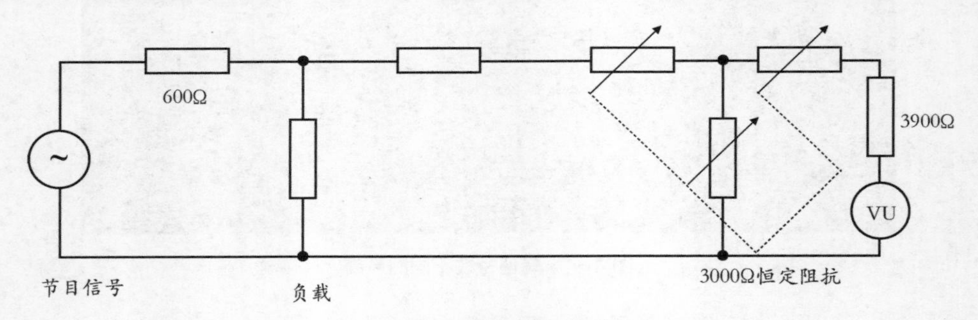

图 4-6　VU 表的衰减器电路

VU 表的数据直读

因为 VU 表对应的是一个功率值，所以使用 VU 表的时候，都是用 dBm 表示。但是现代所用的 VU 表通常忽略了这个衰减电路，取而代之的是用电压值来校准 VU 刻度：0VU 代表了电路中 1.228V 的电压，并且现代的 VU 表还增加了过载 LED 指示灯，不过这并不是任何的国际标准中所规定的内容，这种没有增加衰减电路的 VU 表也被称为“数据直读”VU 指示表。

现代 VU 表表头通常有指针式和 LED 式，在调音台上 LED 的指示表头会被称为 dBVU 表，如图 4-7 所示。

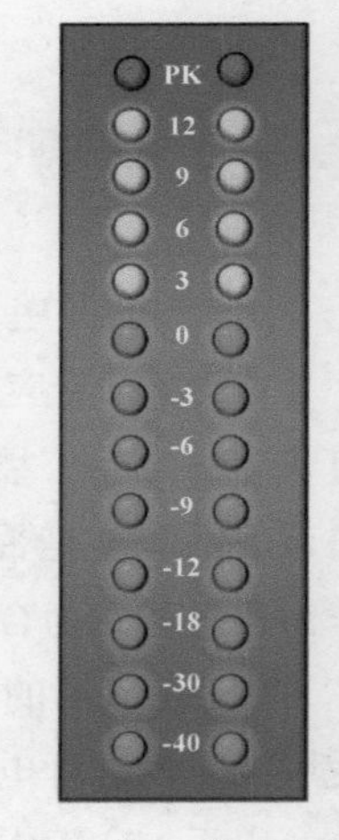

图 4-7　dBVU 表

VU 表的动态特性

VU 表的起表时间：将 0VU 处定义的电平值（我国为 +4dBu）、1kHz 的正弦波突然加到 VU 表上时，指针由 0 上升到 99% 满刻度处所需的时间，规定为 300ms。

落表时间为：指针从 100% 降到 1% 所需的时间，规定为 300ms。

阻尼特性的定义为：当 +4dBu、1kHz 的正弦波突然加到仪表上时，指针到达 0VU 后过冲的摆动不应超过稳定值的 1%~1.5%，摆动次数不应超过一次。

4.2.2 峰值表：PPM

动态特性

峰值表（Peak Program Meter）用来指示更高的电平，对信号的响应速度快于 VU 表。较早的 PPM 表的积分时间规定测试信号加载时指示值到 -1dB（90%）刻度的上升时间为 10 ms，目前很多的 PPM 表积分时间设置为 5 ms，实际上积分时间越短，对峰值的指示就越迅速。

为了让调音师观察到触发的指示，它的恢复时间相对比较长：从 0dB 逐渐下降到 -20dB（10%）的恢复时间为 1.5s，下降到 -40dB（1%）的恢复时间为 2.5s。

一些厂家在 PPM 表中设置一个时间调整的功能——“FAST”（快速），一般情况下为 0.1 ms，该性能在录音中非常有用，因为可以捕捉瞬间的削波失真。

模拟 PPM 表又被称为 QPPM（Quasi-Peak Program Meter）表，或者叫作准峰值表，因为若要响应真正的峰值，这种表还是速度太慢。现代设备中大量使用 LED 灯峰值指示电平表以及录音软件中提供的峰值表（如 Pro Tools 中的 Sample Peak），起表时间可以认为是“0”，观测峰值更可靠。

PPM 表刻度方式：PPM Digital

PPM 表被广泛应用，其刻度方式有 NORDIC（NORDIC 广播界制定）和 DIN（德国广播标准 ARD）。这两种刻度我国并不采用，因此本书不再介绍。我们遇见最多的还是 PPM Digital 数字指示方式，用 dBFS 表示，一般有 3 种校准方法：

-18dBFS 对应 +4dBu。满刻度为 0dBFS，实质最大显示电平为 22dBu；

-18dBFS 对应 0dBu。满刻度为 0dBFS，实质最大显示电平为 +18dBu（EBU R68）；

-18dBFS 对应 +6dBu。满刻度为 0dBFS，实质最大显示电平为 24dBu（SMPTE RP155）。

4.2.3 真峰值表：True Peak

数字电路中因为采样时间的问题，很有可能在取样时已经错过信号中的峰值，为了解决这个问题，人们又设计了 True Peak “真峰值” 电平表，单位是 dBTP。这种表使用的采样率至少是节目采样率的 4 倍，以获得更精细的采样检测峰值，如图 4-8 所示。

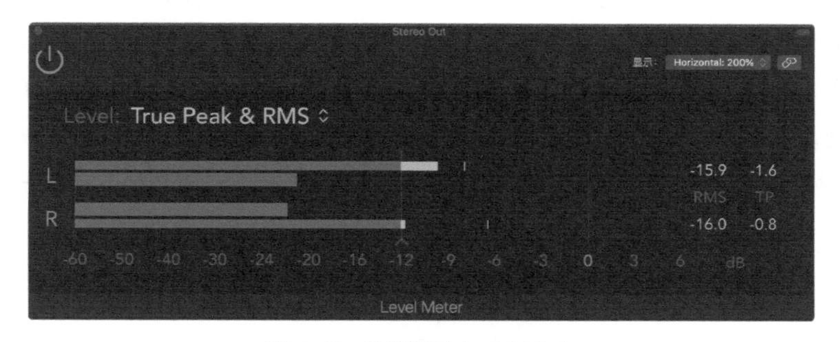

图 4-8 真峰值表与 RMS 表

真峰值表的积分时间更短、对于峰值的响应更准确，在数字系统里已经逐渐形成标准。根据 GY/T 282-2014《数字电视节目平均响度和真峰值音频电平技术要求》，电视节目中整个节目的最大真峰值电平应不超过 -2dBTP。

4.2.4 VU 表与 PPM 表指示特性对比

VU 表与 PPM 表的不同指示特性见图 4-9。

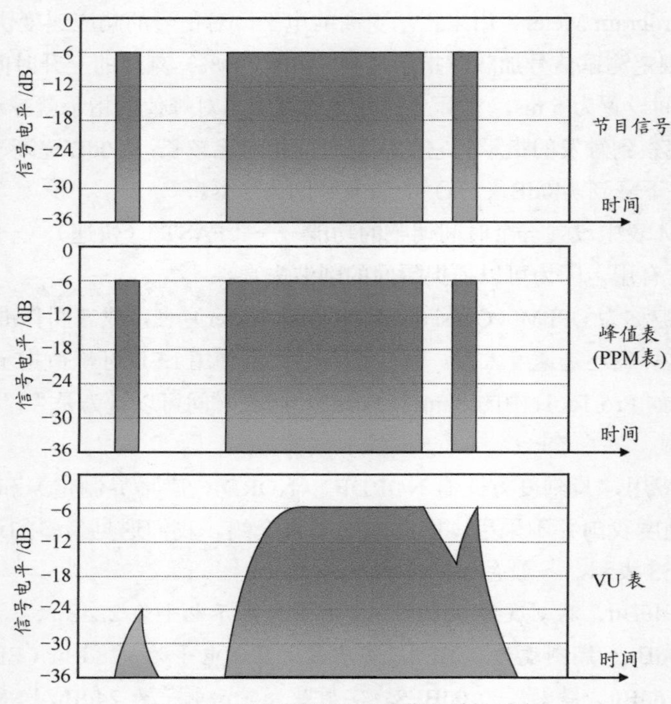

图 4-9　VU 表与 PPM 表指示特性对比

4.3 响度表

关于响度的概念争论已久，主要是因为这是个对声音评价的主观性指标。多年以来人们对响度的研究中，影响力较大的成果主要展现在“ITU-R BS.1770、EBU R 128”建议书中，EBU 响度表被认为是迄今为止最艺术的解决方案。

那么为什么要研究响度问题呢？这是因为进入数字化时代以后，国际电信联盟意识到传输中存在着大量问题需要解决。如今信号的动态范围很大，而节目又存在单声道、双声道、多声道之分；而在播出末端又存在比特率转换的问题，带来动态与峰值电平的变化。这些问题直接导致用户在切换节目或者切换频道的时候出现较大的电平差异，产生了许多不便。

4.3.1 K 计权

之前所讲的表头都是数学类型的，比如说 PPM 表直接反映音乐的峰值状态，而 VU 表实际上反映的是一个平均值表头，这些都不能反映人们实际的听感，况且传统 VU 表量程较小，在音乐现场已经较少使用了，为此人们又针对听感绘制了 K 计权曲线，以符合人们对响度的主观听感，如图 4-10 所示。

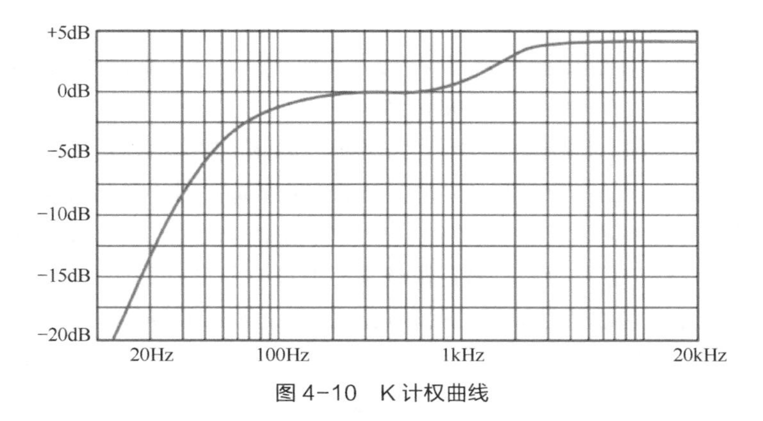

图 4-10 K 计权曲线

K 计权最早被称为 RL2B，这个曲线包括了用来补偿人头部产生聆听问题的高音搁架式（high-shelf）曲线，这是因为声场中人的头部存在会对感知到的声音产生影响，这些深入研究的内容，读者有兴趣可以查阅相关论文。

4.3.2 响度表计算原理

电视节目有可能是单声道，也有可能是双声道和多声道环绕声，因此一个响度表必须能够表现所有通道的响度值。

在 ITU 建议书 ITU-R B3.1770-1《测量音频节目响度和真正峰值音频电平的算法》中，提出了响度的算法，后来这一标准被欧洲广播联盟(European Broadcast Union，简称EBU)采纳。在EBU R-128建议书中，又加入了较长时间低电平特定节目的类型考量。例如在长时间表现自然环境音、微风、树叶的声音时，这个电平值很低，由于旁白的声音只是偶尔进入，其平均值肯定达不到响度要求，若为了达到响度要求将其提升，旁白的响度一定过大。因而 EBU 在原计算的基础上引入了门算法，只要电平处于目标响度 8LU 以下，该参数就不再计入响度值。两者结合后，算法如图 4-11 所示(本标准规定的算法对于典型的广播节目的响度估算有效，但通常不适用于估算纯音信号的主观响度)。

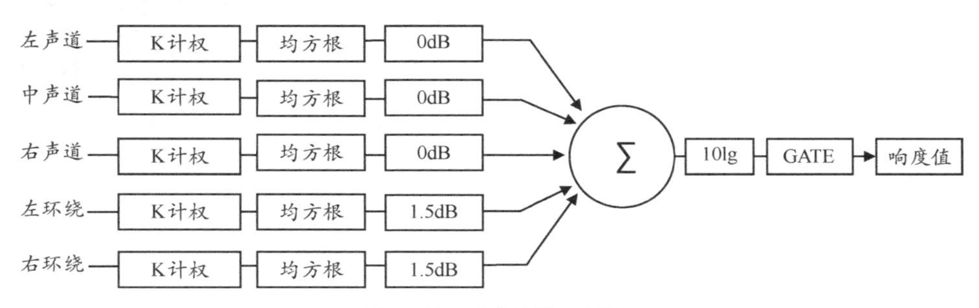

图 4-11 响度计算原理图

算法第一阶段。算法的第一阶段是对信号进行两级预滤波。第一级用于考虑头部的声学效应，这里头部被建模为一个严格的球体。第二级预滤波是应用 RLB 加权曲线，通过一个简单的高通滤波器实现。这两个环节合并起来就是 K 计权，取得一个与人耳听感非常接近的计权曲线。经过

K 计权以后响度值成为一个**绝对响度单位**，以 LKFS 表示（ATSC 标准），LKFS 表示**“K 计权下相对于标称满刻度的响度”**。与之对应的是 LUFS（响度单元满刻度），是 EBU 所采用的标准，在实际应用中两者计算结果是一致的。

算法第二阶段。通过均方根电路进行信号的平均值计算，这里运用的 Mean square 均方平均计算方法每 400ms 取值进行平均，并每 100ms 刷新一次。

算法第三阶段。进入响度补偿电路，由于人头部对后部音箱的阻碍作用，将环绕声音箱补偿 1.5dB。

算法第四阶段。所有声道加权求和（环绕声道的权重较高，且不包括 LFE 声道）。

算法第五阶段。通过 GATE（门）电路：其中绝对门限阈值为 -70LUFS，这种响度的内容通常并不是节目内容，这部分信号会自动被门限滤除而不参与平均响度的计算。第二个值是 10LU，这是个动态值，也就是当前的信号如果突然衰减超过了目前 LUFS 响度值 10LU，就不会计算在内，以获得最可靠的响度信息。

这里说的 LU 是响度的相对刻度，例如 -23LUFS 比 -24LUFS 响度高 1LU，再比如目标响度为 -24LUFS（中国广电标准），在 EBU 模式的仪表上可以校准为 -24LUFS=0LU。

4.3.3 响度表实例

在 EBU 模式的仪表中，有 3 种时间刻度，见图 4-12。

最短的时间被称为瞬时响度（Momentary Loudness），简称“M”，统计数据为 400ms 的时间窗内的数据，不加门处理。

中等的时间被称为短期响度（Short-term Loudness），简称“S”；统计数据为 3s 的时间窗内的数据，不加门处理，实况型仪表显示的刷新速度至少每秒 10 次。

积分响度（Integrated Loudness）被称为智能化时间，简称“I”，采用 ITU-R BS1770 所讲述的门处理，实况型仪表显示的刷新率至少为每秒一次。

响度范围（Loudness Range）就是 LRA，这是描述平均响度的起伏范围的参数。它的积分时间取值范围是 3s。典型的电影响度范围大概在 25LU，电视节目会在 10LU。大部分流行乐响度从 3LU 至 15LU 不等，抒情一点的大乐队为 14~15LU，而有些金属乐仅 1.5~2LU，古典音乐有时候能到 20LU 甚至更大。

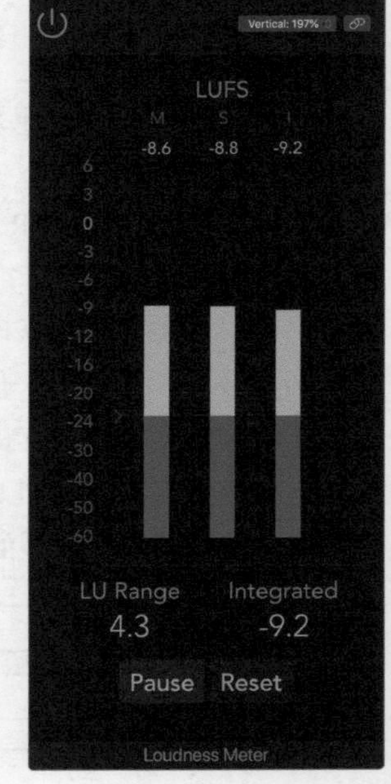

图 4-12　响度表

LRA 会以 3s 为基本单位连续分析，所分析的数据排除了门限以外的信息内容。门限包含了相对门限和绝对门限。所谓相对门限是指任何低于当前响度 20LU 的值都不被列入 LRA 的范围。而绝对门限被设定为 -70LUFS，用来避免响度测量受到没有节目信号时本地噪声的影响。

LRA 计算规则里还包含了 10% 与 95% 的运算规则。当检测到最大响度值的 10% 以下的内容时不计入 LRA 范围。比如一段音乐淡出到最大响度值 10% 以下不算到响度范围里；再比如突然一声炸雷，它超过了最大响度值 95%，也不计算在响度范围内。

图 4-13 所示是 WAVES 的 WLM 插件，比上述的表头多了真峰值表。

SHORT TERM：短期响度。

LONG TERM：长期响度，实际上就是积分响度（Integrated Loudness）。

RANGE：响度范围，等同于 LRA。

MOMENTARY：瞬间响度。

TRUE PEAK：真峰值表，采用 4 倍采样率获得的峰值信息，单位是 dBTP，其对应值是 dBFS 值。当将数字信号转换为模拟信号时，数字音频中测量的“峰值”可能会产生变化，所以真峰值电平的显示通常高于数字准峰值仪表。

再来看一个 tc electronic CLARITY m 表的例子，见图 4-14。

图 4-13　WLM 响度表

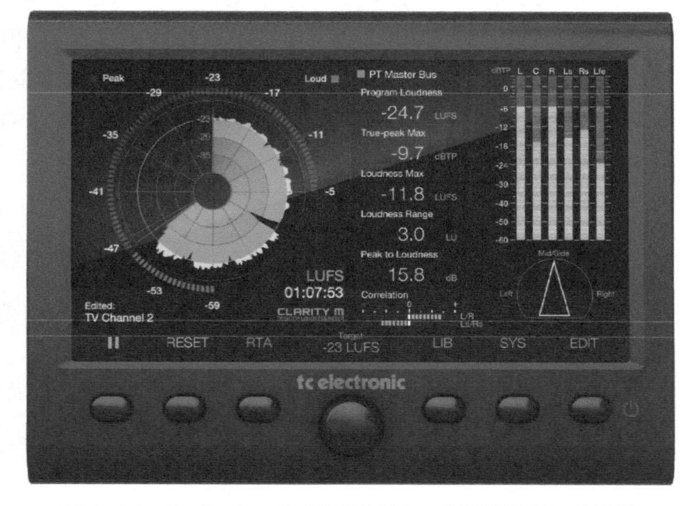

图 4-14　tc electronic CLARITY m（图片来自 tc 官网）

雷达图区域外环刻度：瞬时响度（Momentary Loudness）。

雷达区域历史：短期响度（Short-term Loudness）。

Program Loudness：整体节目响度（Integrated Loudness）。

True-peak Max：最大真峰值电平，国内规定广电节目最大真峰值音频电平应不超过 -2dBTP。

Loudness Max：节目中短期最大响度，Short-term Loudness 最高值。

Loudness Range：响度范围（等同于 LRA）。

Peak to Loudness：峰值响度比（Peak-to-Loudness Ratio）。

Correlation Meter：立体声（多声道）相位表，后文会说明。

4.3.4 EBU 响度表头校准

EBU 规定，采用其标准的表头应该提供两种刻度供使用者选用。

范围 -18.0LU~+9.0LU(-41.0LUFS~-14.0LUFS)，称为 EBU+9 刻度；

范围 -36.0LU~+18.0LU(-59.0LUFS~-5.0LUFS)，称为 EBU+18 刻度。

立体声系统校准。信号发生器生成 1000Hz 正弦波，输出 -24dBFS 峰值电平，信号同时加两个通道，持续 20s。响度表应显示 M、S、I 三个参数均为 24LUFS±0.1LU，若采用 LU 刻度，响度表显示 0LU±0.1。

4.3.5 我国的相关标准

标准术语

LKFS：K 加权下相对于标称满刻度的响度，响度的绝对标度单位。

dBTP：以分贝表示的相对于满刻度的真峰值音频电平。

LU：响度的相对标度（Loudness Unit）。

技术要求

根据 GY/T 262-2012《节目响度和真峰值音频电平测量算法》的要求，节目进行测量要包括除超低音外的所有的音频声道，数字电视节目应测量完整节目时长内的平均响度。

根据 GY/T 282-2014《数字电视节目平均响度和真峰值音频电平技术要求》的要求，数字电视节目的平均响度标准值为 -24LKFS，平均响度标准容差范围为 ±2LU，制作单位提供的数字电视节目平均响度值，不能长期处于该响度容差范围的上下两个边缘，整个节目的最大真峰值音频电平应不超过 -2dBTP。

4.4 峰值限制与响度提升

4.4.1 用 LIMITER 控制峰值

受动态所限，一些峰值较大的声部因系统动态上限的影响会导致其平均值较小，若将其平均值调大其峰值又会导致削波失真，为此人们利用限制器（LIMITER）通过控制其峰值来达到将 RMS 值提升的目的。图 4-15 上图信号未经限制时峰值已经达到 -2dBFS，图 4-15 下图对其进行了峰值限制，阈值为 -4dBFS，等于为该通道增加了 4dB 的动态余量。

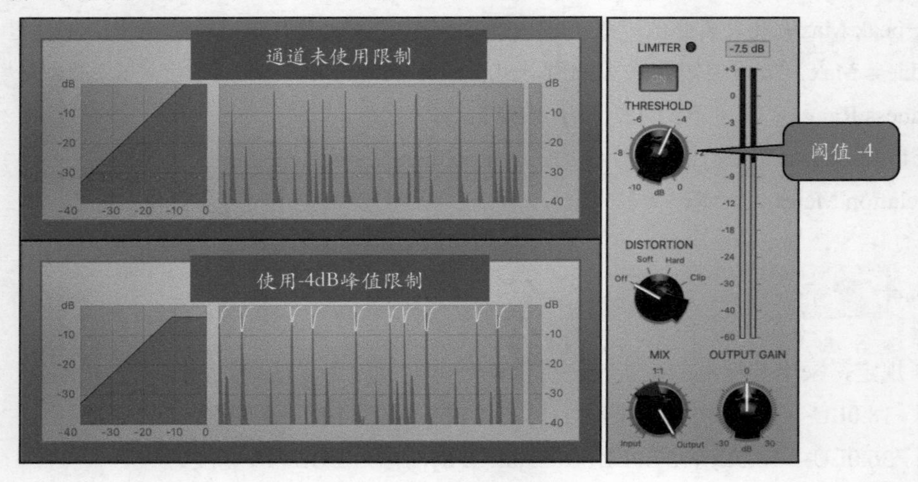

图 4-15　用 LIMITER 控制峰值

LIMITER 不仅可以用于通道上，也可以在总线上控制峰值，这样可以在同样的电平水准下获得更大的 RMS 值，换句话说可以使节目响度更大。图 4-16 中两条音轨是同一首歌曲，第 1 条是未经过限制处理的，第 2 条是经过 -5dB 限制后将总体电平增益提升了 5dB。

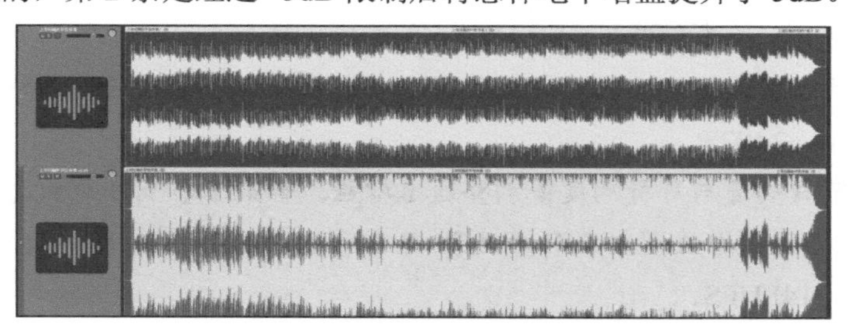

图 4-16 通过限制峰值来提升响度

4.4.2 用 LIMITER 统一响度

在一些演出中会存在不同的单位送来的音乐节目，这些音乐响度大小参差不齐，在演出中非常不方便，若这些音乐的类别、曲风一致的话便可通过 LIMITER 并借助响度表来统一这些音乐的响度。

在多轨软件中导入需要统一的音乐（见图 4-17），发现其波形大小不一。在各个轨道上插入响度测试软件，所获的响度值如图 4-18 左图所示，差值很大。如第 4 个节目响度值为 -22LUFS，而最后一个节目为 -10LUFS，响度值差值为 12LU，这在演出现场很不容易控制。

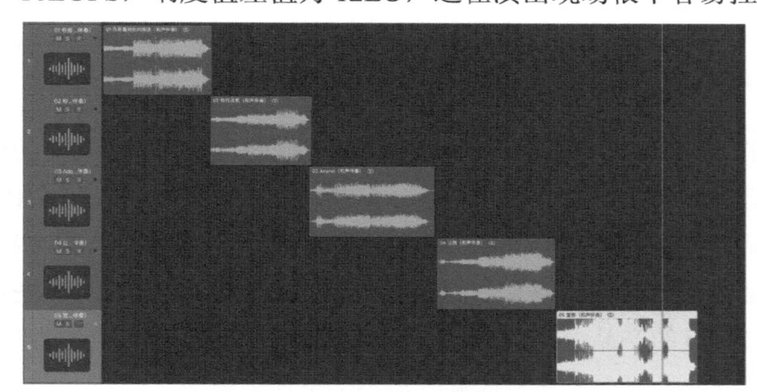

图 4-17 导入 Logic Pro X 中的音乐节目

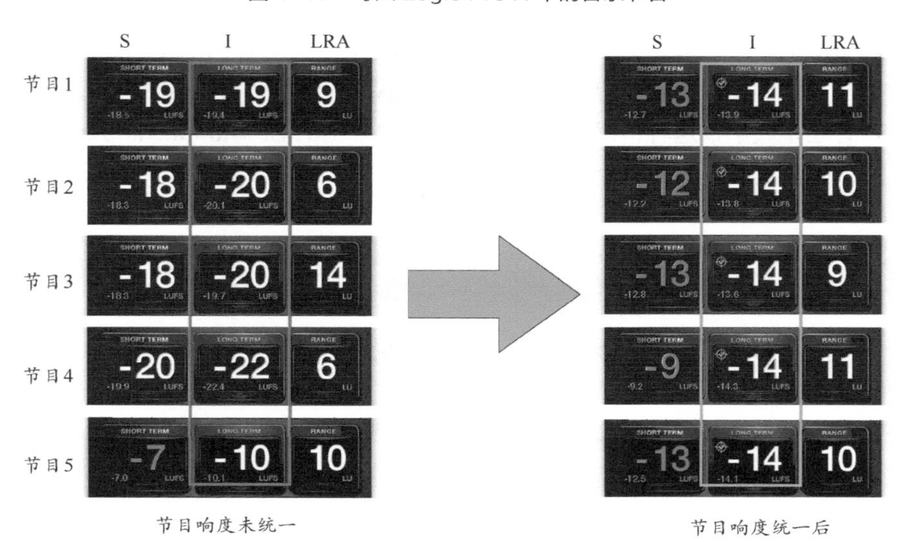

图 4-18 响度检测 / 统一节目响度

现在进行简单的响度调整。

第 1 步：首先将目标响度设定为 -14LUFS（或者其他值）。

第 2 步：为了防止因为节目增益提高产生峰切，使用 LIMITER，通过调整 THRESHOLD（阈值）将真峰值限制在 -2dBTP。

第 3 步：依据节目响度与目标响度差调整通道增益。如第 1 个节目的响度为 -19LUFS，距离目标响度差 5LU，将通道增益调大 5dB 后达到 -14LUFS；而节目 5 由于响度大于目标 4LU，将其衰减 4dB 后达到 -14LUFS。

第 4 步：主观试听检测所有节目调整后的响度是否接近一致，本案例修正后笔者试听感觉响度完全一致，且未发现因限制出现的明显问题，优化完成。

需要说明的是，这仅仅是简单地通过控制峰值而进行的响度调整，实际上响度问题在母带处理中调整的复杂性非常高，这些内容并不在本书的讨论范围内。

4.5 乐队节目的直播响度

4.5.1 现场响度控制

虽然通过简单的 LIMITER 可以提升响度，达到一些响度指标的要求，但缺点是可能会达不到大多数听众主观听感的需求，尤其是在现场乐队的演奏中，音乐的动态会比在录音棚里做过混音和母带处理的作品大很多，简单的限制器通常无法保证音乐的动态品质，甚至可以明显听出人为控制的痕迹，这是调音师们不希望发生的事情。为此工程师们开发出来一些专门用于在混音输出端限制峰值并提高响度的产品，这类产品（软件或硬件）可以通过控制音乐中的峰值或最大值电平，在保证音乐品质的情况下提升整体响度却不会出现削波失真。

例如，在某次小型的电声乐队音乐会演出中，甲方要求一边现场演出并使用同一台调音台进行网络直播。由于电声乐队混音后音频的峰值因数通常很高，因此会出现看似输出电平表指示很高但实际响度却很低的情况，甚至有时候传输到摄像系统的音频信号已经峰切了，可是在视频接收端听起来声音还是太小，这种情况下采用 Waves 公司推出的 L2 UltraMaximizer（以下简称 L2）软件就可以轻松解决问题。

4.5.2 Waves L2 UltraMaximizer

L2 是一款简单易用的限制、音量最大化软件，现说明各个功能键（图 4-19）。需要留意的是，这个插件的插入会产生一定的延时量。

THRESHOLD：阈值。指限制峰值的电平值和响度提升的量。如果设置为 -3，首先将原信号中的峰值限制在 -3dBFS，然后将音乐的整体响度提升 3dB。

OUT CEILING：输出极限值，最大值为 0dBFS。

RELEASE：恢复时间。常常设定为“ARC”（自动），对于大多数信号来说设置为 1～7ms

就可以满足需求。

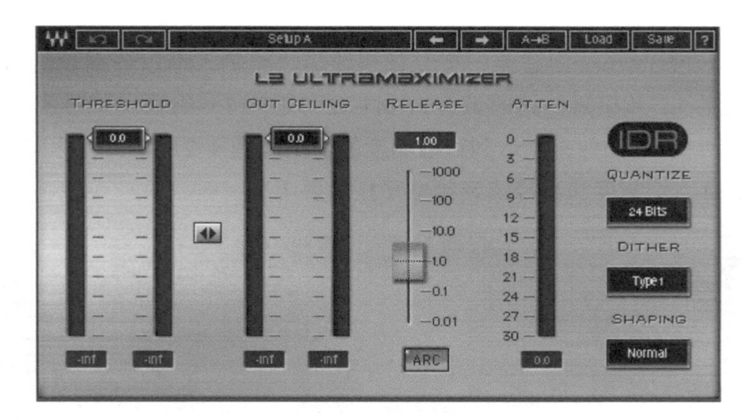

图 4-19　L2 UltraMaximizer 软件

ATTEN：信号被限制的量（dB）。

IDR：加噪声的抖动处理，现场演出时建议关闭。

4.5.3 L2 软件与调音台连接

所需设备

数字调音台（本书以 SQ 为例）、计算机（MAC、PC 均可）、Live Professor2（以下简称 LP2）现场演出效果器机架软件、L2 插件、USB 连接线。

操作步骤

第 1 步：在调音台上将 MTX1（矩阵 1）作为主扩输出，MTX2（矩阵 2）作为网络直播输出，并将总线信号分别发送给 MTX1、MTX2 通道(具体参考第 7 章“数字调音台”第 5 节“输出通道”)。

第 2 步：将调音台的 USB 接口（Dante、Waves 均可，只是需要安装相应的驱动程序和软件）与计算机接口连接，并装载 SQ 调音台的 USB 驱动程序。

第 3 步：在调音台的 MTX2（矩阵 2）主页面的找到“Insert”选项，选择 Send（发送）端口为“USB Port 1、USB Port 2”，选择 Return（返回）为“USB Port 1/2”，将 Operating Level（操作电平选项）选择为 Digital（数字），点击 Apply（应用），点击 IN，将 Insert 功能激活。如图 4.20 所示。

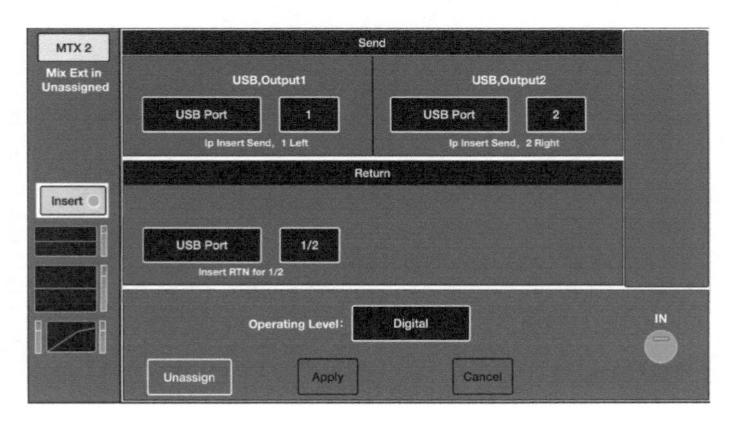

图 4-20　SQ 调音台 Insert 界面

第 4 步：打开计算机中的 LP2 软件，在 Options 选项中选择 Audio & Midi Options，将音频硬件设定为 SQ 调音台。

第 5 步：在 Live Professor2 中建立一个立体声通道，将输入输出分别设定为 SQ USB 的 1/2，之后加载已经安装的 L2 效果器，这时调音台 MTX2（矩阵 2）的输出信号就经过了 L2 效果器，根据直播的要求，调整 L2 插件直至达到直播响度的需求（图 4-21），具体标准可参考 GY/T 282-2014《数字电视节目平均响度和真峰值音频电平技术要求》。

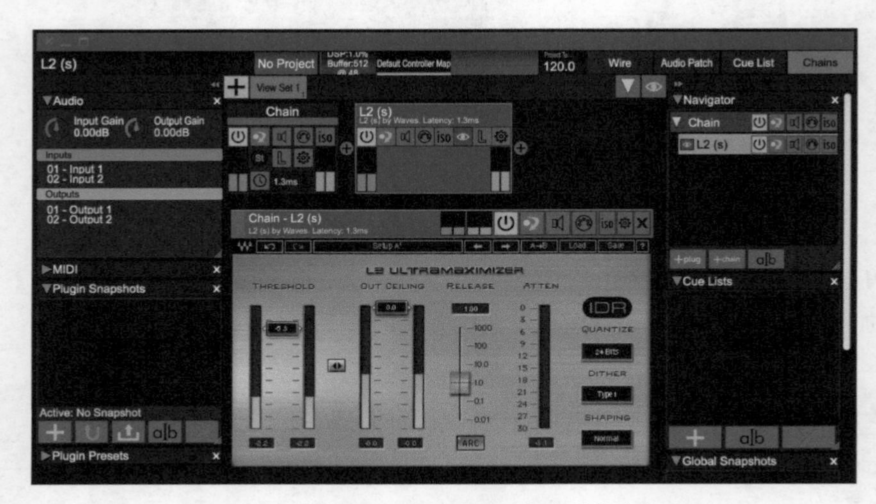

图 4-21　L2 在 Live Professor2 机架软件中的界面

4.5.4 其他插件

在对音乐节目要求较高的场合，可以在 L2 之前增加母带处理插件（关于母带处理参考第 7 章“数字调音台”第 5 节“输出通道”），使现场音乐更接近录音室出来的感觉。如需检测现场音乐的实际响度值，还可以在 L2 后面增加响度检测插件，以便检测输出信号的实际响度，如图 4-22 所示。

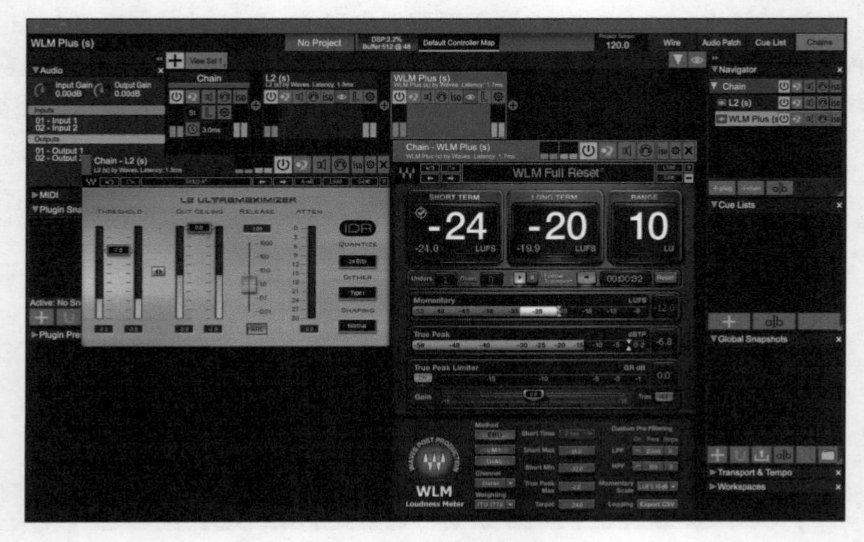

图 4-22　观察播出的响度

在实际应用中，Live Professor2 配合各种插件不仅应用在直播通道上，也可以用于输入通道及其他输出通道上。插件的介入让现场调音师增加了发挥和想象的空间，即使使用廉价的调音台也能做出不可思议的混音效果。

4.6 其他仪表

4.6.1 立体声相位表

Correlation Meter 可监测立体声节目中左右两声道的相干性以及相位关系，它采用余弦的方式反映了相位差的关系，如图 4-23 所示。

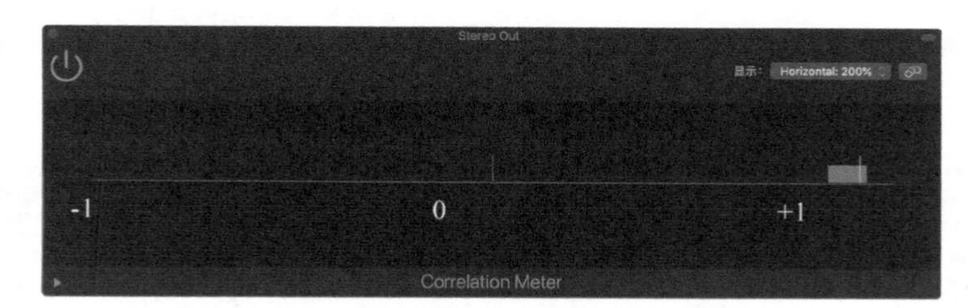

图 4-23　节目相位正常

0° 的余弦为 +1，90° 的余弦为 0，180° 的余弦为 -1。

当表指示 -1（左侧）时，说明左右声道中的声音具有相干性，存在抵消现象，例如送入调音台的立体声节目中有一个声道反相，如图 4-24 所示。

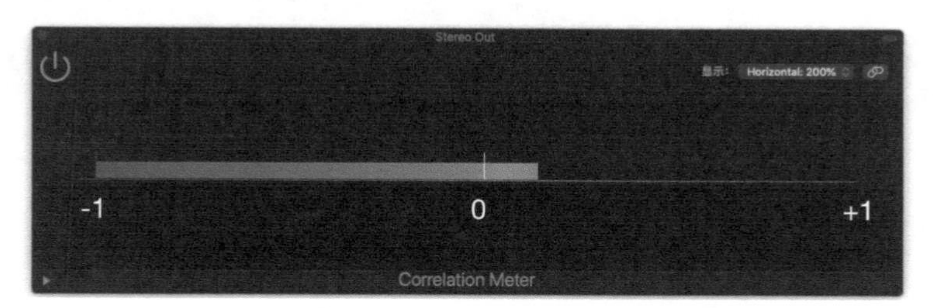

图 4-24　立体声节目存在左右声道反相的声部

一般情况下，正常的立体声信号读数位于 0 和 1 之间。

4.6.2 立体声测角仪“Goniometer”

“Goniometer”用于测量立体声两个声道的宽度及相位关联情况。一些音响系统会具有立体声、单声道同时使用的可能，而单声道会采用左右声道合并的方式。两个声道信号出现相位问题时，立体声系统会正常，而单声道系统则会出现问题。例如在一套音响系统中，超低音音箱是作为单声道出现的，而主音箱是作为立体声出现的，一些情况下的相位问题会导致立体声完全正常，而超低音出现问题；或者是立体声系统正常而一些区域的单声道却出现了较大的问题。使用测角仪可以检查两声道的相位关联情况以及合并为单声道的兼容情况。

图 4-25 是以 Logic Pro X multi meter Goniometer 为例，在立体声相位较佳的情况下，当信号合并为单声道时，信号损失最小，对单身道的兼容性最佳。而图 4-26 则说明立体节目声道过宽，单声道兼容性相对较差。

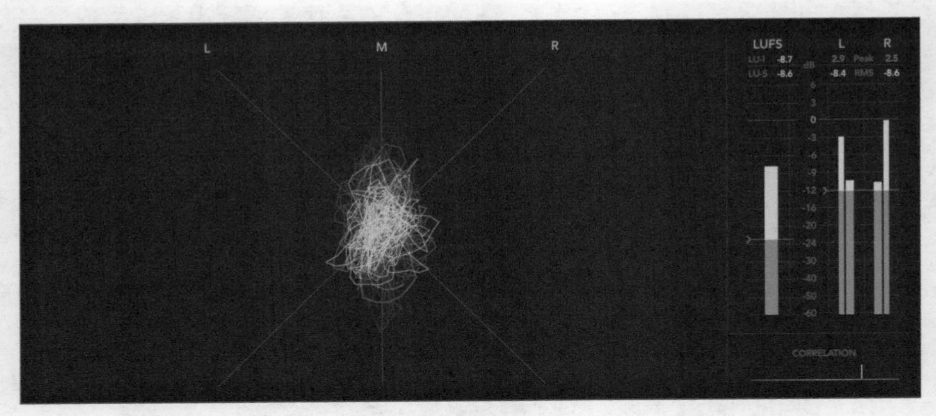

图 4-25　立体声节目声像较佳，单声道兼容性好

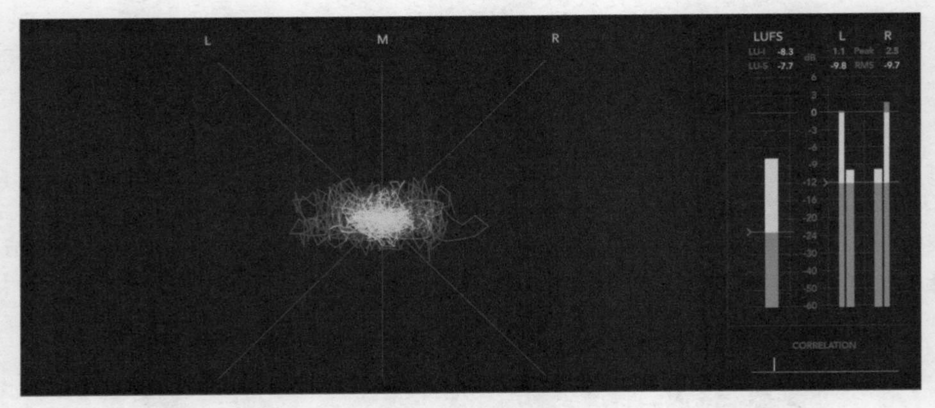

图 4-26　立体声节目声道过宽，单声道兼容性相对差

05

第5章 系统调试

5.1 系统分频

站在使用者的角度和站在开发者的角度看待分频会截然不同。分频会牵涉复杂的数学问题和物理知识，然而对于使用者而言就简单得多。设备厂家一般都会将分频参数和使用指导写在说明书上，通常只要按照厂家要求去做就可以。还有一些厂家在自家的处理器里预设了参数，只要将参数调入处理器程序就可以使用。因此在讨论分频问题时我们仅需简单理解，并不作太深入的探究。

5.1.1 分频方式

为了能够实现对可闻频率的准确回放，通常需采用不同频率的扬声器单元组合在一起工作。这就需要将信号中的频率进行划分，将高频信号送给高频扬声器单元，低频信号送给低频扬声器单元。按照工作原理来划分，分频可分为有源分频（电子分频）和无源分频（功率分频）两种方式。

无源分频器

无源分频器是在信号经过功率放大器后才对其分频的（见图 5-1）。一台功率放大器为各频段都提供了电功率，优点是成本低，使用便捷方便；缺点是分频器本身会消耗能量，使扩声效率降低，分频器中的电感也会造成信号失真。从电路原理来讲，因为扬声器的阻抗与频率有关，这就引起分频点也会随信号频率变化而变化，使分频点附近的频率响应变坏。所以在大功率、高要求的场合，主要系统较少选用无源分频器。

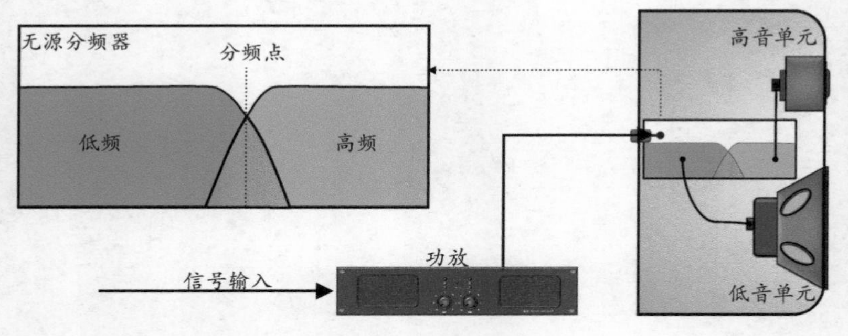

图 5-1　无源分频（功率分频）

电子分频器

电子分频器是有源分频器，如图 5-2 所示。二分频电子分频器通常由可变频率的低通滤波器（LPF）和可变频率的高通滤波器（HPF）组成。电子分频器接在功率放大器前，每一频段输出由一路功放驱动。电子分频器的优点是分频点稳定、失真小，避免了高、低音扬声器之间的互调失真，但电子分频器的缺点是需要的功率放大器的数量增多，增加了成本。

混合使用

在实际的使用中，最常见的系统就是电子分频和功率分频结合而成的混合分频，几乎在有超低音的小型场合都会有这种情形存在，如图 5-3 所示。

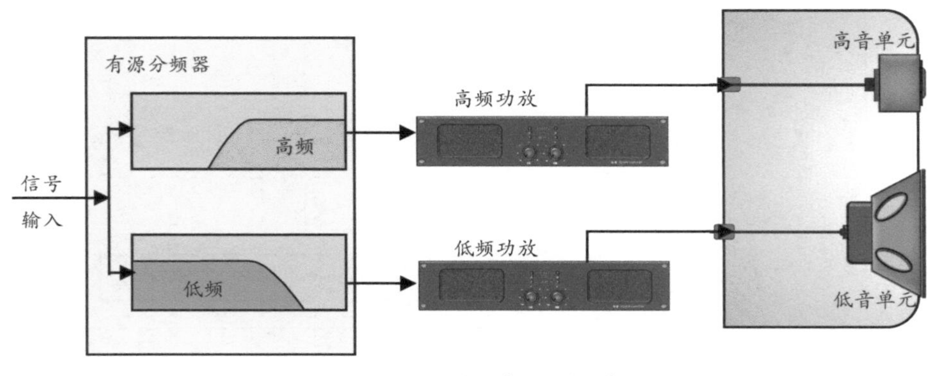

图 5-2 有源分频（电子分频）

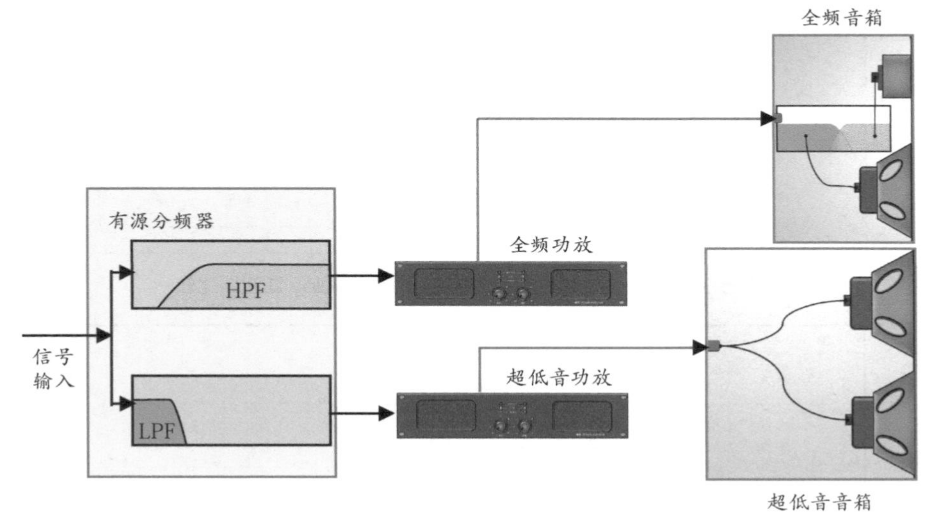

图 5-3 混合使用

5.1.2 分频器中的参数

滤波方式

目前常用的分频滤波方式有 3 种：Butterworth（巴特沃斯）、Linkwitz-Riley（林奎茨 - 瑞利）、Bessel（贝塞尔），其滤波特点各有不同。

Butterworth（巴特沃斯）滤波器输出通频带边界起始下降快，故又称为最大平坦型滤波器，频率分隔性好，交叉点在曲线 3dB 交错处，合成后曲线平坦，故应用广泛。

Bessel（贝塞尔）也是常用的分频方式，采用这种滤波器时频率衔接很自然，但缺点是频率分割性相对较差。

Linkwitz-Riley（林奎茨 - 瑞利）滤波器输出通频带边界起始下降缓慢但有很好的相位特性，因信号无相位失真而被大量应用。

图 5-4 是 Butterworth 滤波器与 Linkwitz-Riley 滤波器的对比示意图。

在使用滤波器分频时，会根据频率、相位曲线的要求选择不同的斜率。所谓“斜率”指的是滤波时衰减幅度的陡缓程度，单位为 dB/oct（倍频程），指的是在每个倍频程里信号衰减的分贝数，不同的斜率还会同时影响到频响曲线和相位曲线，如图 5-5 所示。

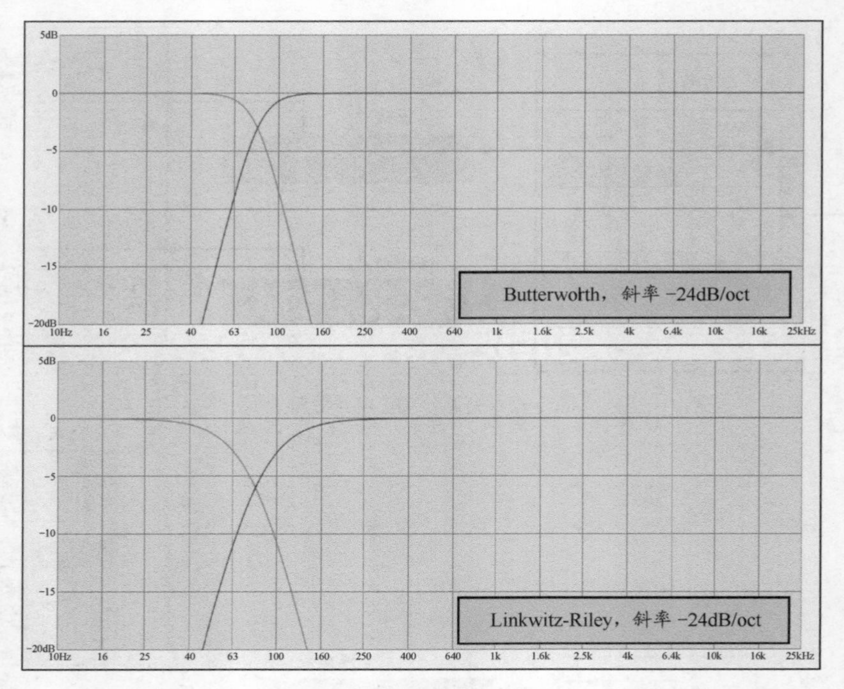

图 5-4 Butterworth 滤波器与 Linkwitz-Riley 滤波器比较

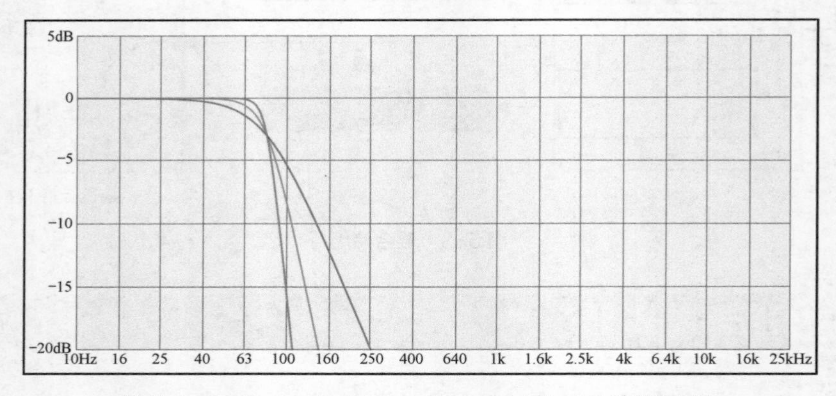

图 5-5 Butterworth -12、-18、-24dB/oct 3 种斜率对比

在高保真音箱系统中，较低的斜率可以让音箱信号彼此衔接得更加平滑自然。但在演出现场，超低音音箱和全频音箱通常是单独控制的，全频音箱若低切斜率太低有可能引起大功率下信号超出频率范围而损坏扬声器，同时会让全频的清晰度受到影响；对于超低音音箱来说，低通斜率过低会导致当将超低音通道音量推大的时候，低音听起来带着中频，会非常奇怪。演出系统中超低音音箱和全频音箱在分频点常采用 -18dB/oct 或 -24dB/oct 的斜率，但是这也要看音箱的特点和个人习惯。超低音按照音箱标注的频响范围做低通的时候可以选择高斜率的滤波方式（如 48dB/oct）以保护音箱。

影响斜率的第 2 个因素是相位。分频的第 2 个关键是将两只音箱的信号相位对齐，这样听起来就可以感觉两只音箱组合起来就像一只音箱一样。若音箱的频率曲线是平直的、相位曲线也是平直的，对两只音箱采用同样的滤波方式和斜率，它们的相位会完美地重合在一起，图 5-6 是采用 Butterworth -24dB/oct 的滤波方式为“理想音箱”两分频的示意图。

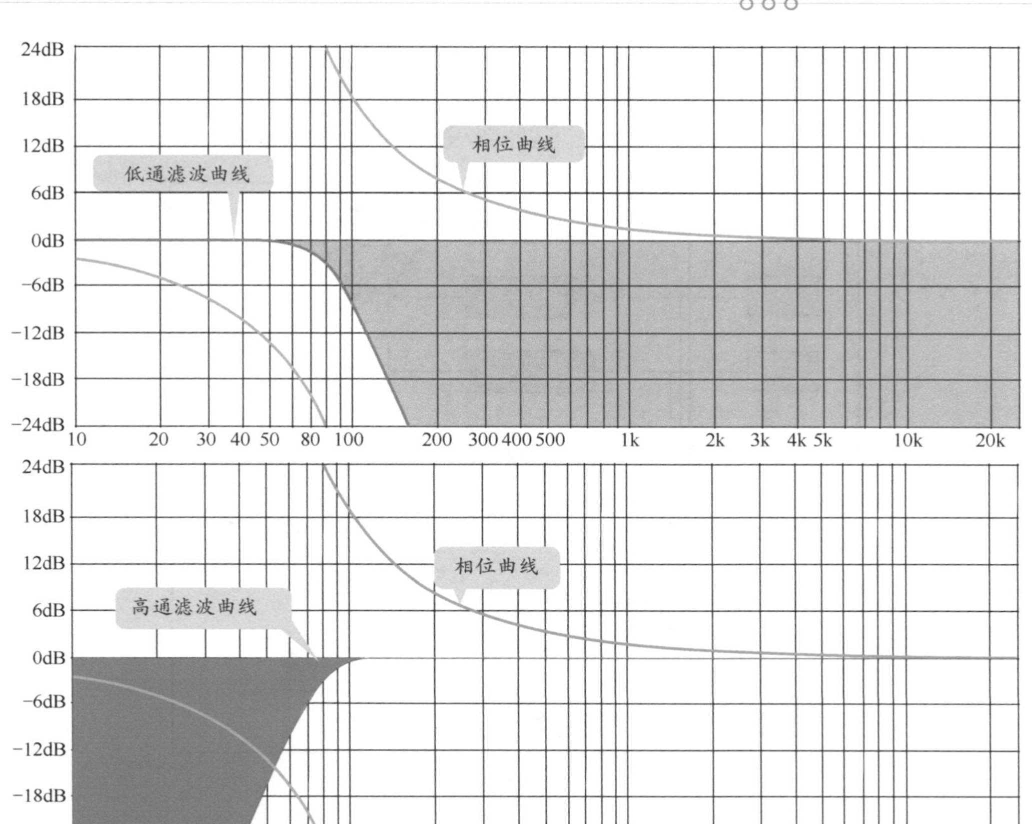

图 5-6　理想状态下，同样的滤波方式和斜率能获得完美的相位耦合

分频与相位耦合

若要分频器中 LPF 低通及 HPF 高通采用同样的滤波方式及同样的斜率，则必须使扬声器单元的特性也对称，尤其是相位曲线，这种方式称作**对称性滤波**。这需要音箱有较佳的相位响应，且相位曲线特性接近。相位曲线混乱的音箱采用对称性滤波并不一定可以使相位对齐，因此不同单元采用不同的滤波方式也很常见。

分频与阻抗

阻抗曲线是指扬声器的阻抗值随频率变化的曲线，通过该曲线可以了解音箱的物理机械特性，合理设计的音箱会使扬声器在箱体中有最佳的表现。带有导向孔的音箱的阻抗曲线中通常会有两个阻抗峰，第一个阻抗峰所对应的频率所在的频段通常会在一定的功率条件下超出扬声器纸盆的线性位移范围，故此可用的频率范围是该峰以上频率。另外，若要发挥扬声器的最佳物理特性，在阻抗曲线相对平坦的区域选择分频点是不错的选择。

分频与频率响应

不要试图通过电子手段去迫使音箱发出其参数外的频率，倒是要依据音箱的物理声学特征充分发挥其特点。假如一只音箱的频率范围为 70Hz~18kHz，HPF 设定为 60Hz 显然是不合理的。

影院系统

在专业的影院系统中，有着典型的分频规则：L（左）、C（中）、R（右）、LS（左环绕）、RS（右环绕）。各个通道均采用巴特沃斯 -12dB/oct 斜率的高通滤波器，5 个通道未滤波之前的信号合并后经 50Hz 低通滤波器与超低音（LFE）信号合并。超低音（LFE）通道信号则采用 120Hz 的低通滤波器。从图 5-7 可以看出，超低音音箱承担了各个通道的低频补偿以及超低音通道的信号总和，在一些解码器中会有信号发送的选项，可以参考图 5-7 所示的方框图。

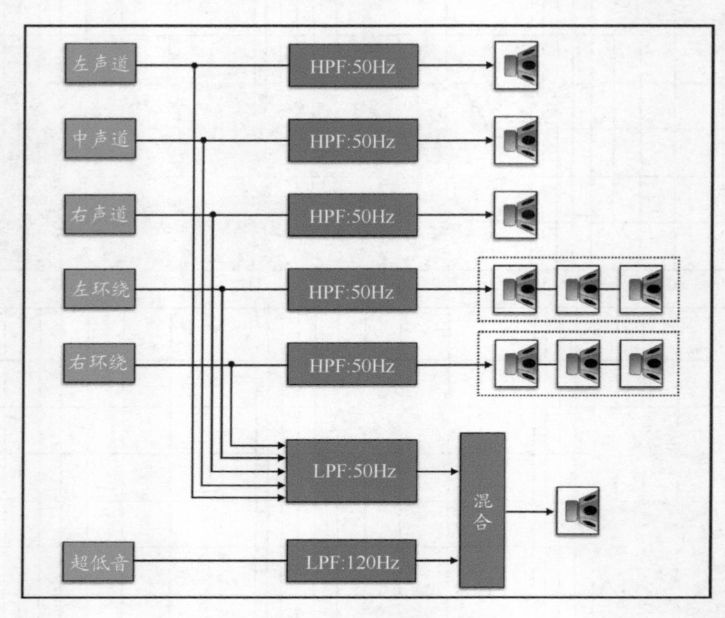

图 5-7　专业影院典型分频图

上述系统对音箱的要求较高，若要达到理想效果，所选择的音箱必须具备相应的频率响应特性，L、C、R、LS、RS 通道音箱频率下限不得高于 50Hz。

在高品质的家庭影院中，方框图与图 5-7 接近，不过 L、C、R、LS、RS 5 个通道的高通频率为 80Hz，斜率为巴特沃斯 -12dB/oct，这样对音箱的低频要求降低了许多。

超低音分频

在演出现场，当全频音箱与超低音音箱配合使用时，超低音音箱的分频点大多数在 60~120Hz，但若全频音箱尺寸较小或者频率下限不足，也有可能分配到 140Hz 甚至更高。在一些情况下，超低音音箱与全频音箱会采用不对称分频，例如超低音音箱的分频点（LPF）为 90Hz，而全频音箱分频点（HPF）为 85Hz，这主要是被分频的扬声器频率或者相位特性差距太大造成的。

一些复杂的音响系统可能会采用三分频或者四分频的分频方式，建议按照厂家建议去设定分频点，这样会避免对扬声器情况不了解导致的各种问题。

拿起电话

最简洁的方法也是最有效的，对于一名使用者而非开发者来说，选择扬声器的分频点要充分考虑其频率特性、阻抗曲线、相位曲线、演出需求等，但这些对于初学者来说太难了，最简单的方法是给厂家打个电话，问问厂家技术人员，他们可以清楚地告诉你这些产品怎样分频最为合理。

5.1.3　全频音箱与超低音音箱分频

接下来以超低音音箱与全频音箱为例，借助 Smaart 8 来进行分频。

当系统架设好以后，选择测试点（测试点后文会有论述），首先使用 Smaart 软件测得全频音箱与超低音音箱的频率响应与相位曲线。

查看曲线

打开全频音箱，通过 Smaart 的“FIND”功能测得当前延时为 20ms，这个时间涵盖了从音箱到测试话筒的物理距离和数字设备产生的延时，当前时间下，软件显示如图 5-8 所示。

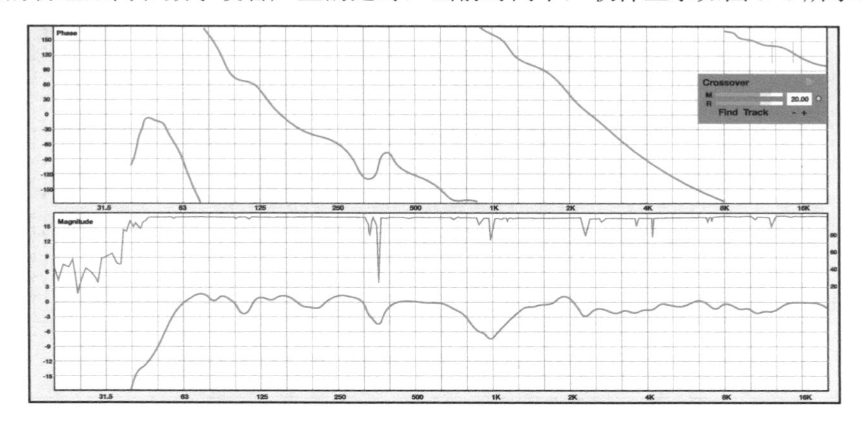

图 5-8 全频音箱的频率响应和相位曲线

在不改动软件延时数字的情况下测得超低音音箱频率响应和相位曲线如下（在某些情况下不改动延时可能无法获得超低音延时情况，这可能需要通过尺子测量音箱到测试话筒的距离进行估算），如图 5-9 所示。

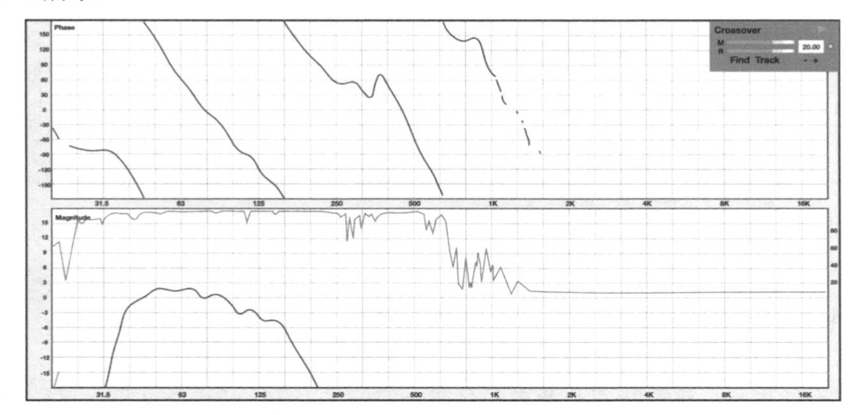

图 5-9 超低音音箱的频率响应和相位曲线

设定分频点

按照厂家的推荐，在处理器里为全频音箱设置分频点为 80Hz，选择 Butterworth 24dB/oct 高通滤波。同样也为超低音音箱设置 Butterworth -24dB/oct 低通滤波，分频点为 80Hz。观察超低音音箱的频响特点，发现该音箱的频率响应在 40Hz 处急剧衰减，为了保护音箱，在 40Hz 处增加 Butterworth -24dB/oct 高通滤波，这时得到的超低音音箱与全频音箱的频率响应和相位曲线如图 5-10 所示。

图 5-10 中，超低音音箱与全频音箱的声压级是一样的，这仅是为了简单说明分频的原理。在实际使用中，超低音音箱的声压级一般要高于全频音箱 10~15dB，这样更符合等响曲线的特征。

由于超低音音箱高出的声压级会导致分频交叉点向上移位（图 5-11），所以若想得到较为平坦的曲线，做法是将全频音箱的分频点向上移（只是这种做法颇有争议）。例如本案例中全频音箱低通滤波设为 90Hz 可弥补分频点移位带来的整体曲线问题，但并不一定都要改变分频点来获得平直的频率响应曲线，分频的目的本不是为了使曲线平直，而是为了获得更好的听感。本案例中分频点在 80Hz 恰恰符合我们预期的目标曲线，所以就不再纠结曲线平直的问题。

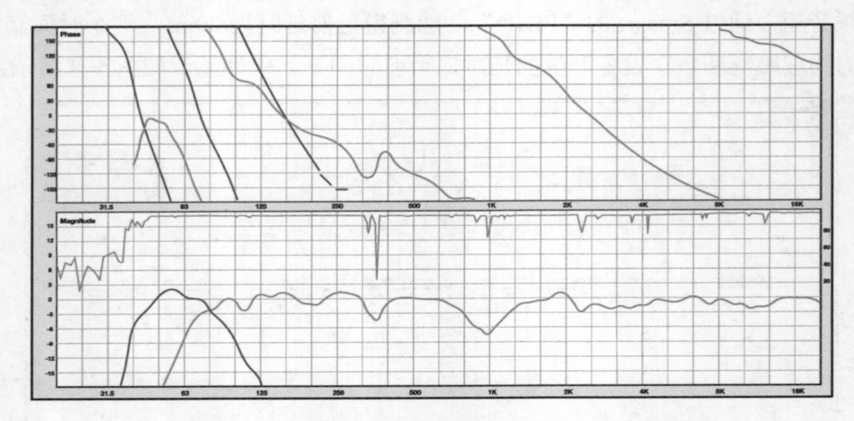

图 5-10　超低音音箱与全频音箱频率响应和相位曲线

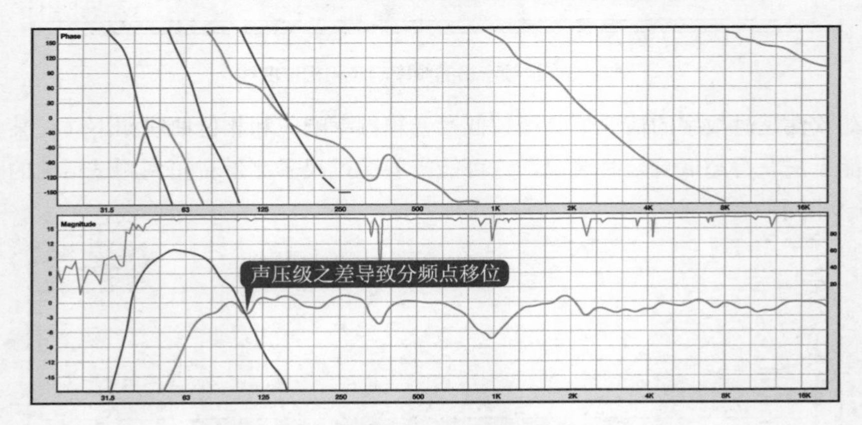

图 5-11　两音箱声压级之差会导致分频点上移

相位对齐

软件中的当前延时为 20ms，这是从主音箱获得的时间，当前这个时间下，可以看到超低音音箱与全频音箱的相位曲线不能重合，这意味着两者之间存在一定的时间差，如图 5-12 所示。

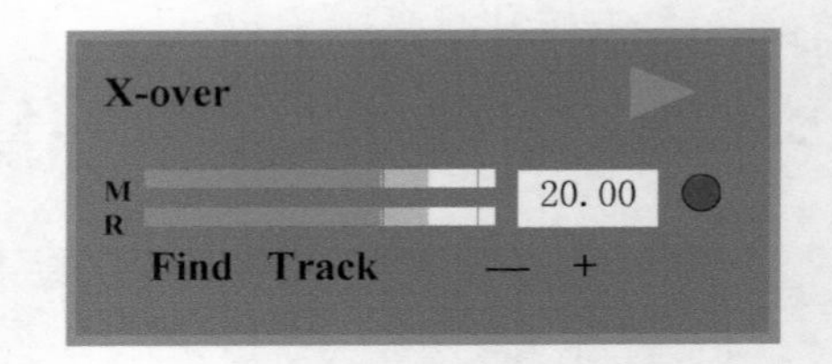

图 5-12　当前音箱到测试话筒之间声程时间差

图 5-11 中，相位曲线自上而下向右方倾斜，但蓝色相位曲线倾斜程度更陡峭，而绿色曲线更平缓，这表示全频（绿色）音箱发出的声音到达测试话筒的时间早于超低音音箱，需要为全频音箱加延时。找到准确的延时的方法有多种，下面介绍一种不需要计算的方法，这比较适合于时间差较小的两只音箱的“时间对齐”。

首先在处理器上将超低音音箱静音，用粉红噪声信号测试全频音箱。用 FIND 功能来测出它的延时值（此时为 20ms），用空格键启用拍照功能在 Smaart 上拍下全频音箱的曲线。

然后将全频音箱静音，用粉红噪声信号测试超低音音箱。由于全频音箱声音先到达测试话筒，所以两只音箱相位并不重合。那么全频音箱应该增加多少毫秒的延时才能与超低音音箱重合呢？可通过 Smaart 上的数字键填写预测时间或者点击“+”不放手来增加延时数字，一边增加一边观察超低音音箱的曲线。

当数字加到 25.6ms 时（如图 5-13 所示），发现两只音箱相位曲线倾斜度完全一致，只是这时候两个设备的声波信号相位相差约 180°，如图 5-14 所示。

将超低音通道的反极性开关打开，超低音相位反转了 180°，这时显示相位吻合了，如图 5-15 所示。

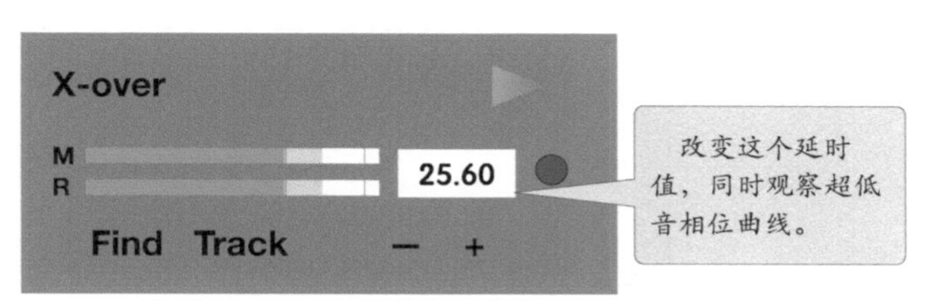

图 5-13 改变延时值观察相位变化

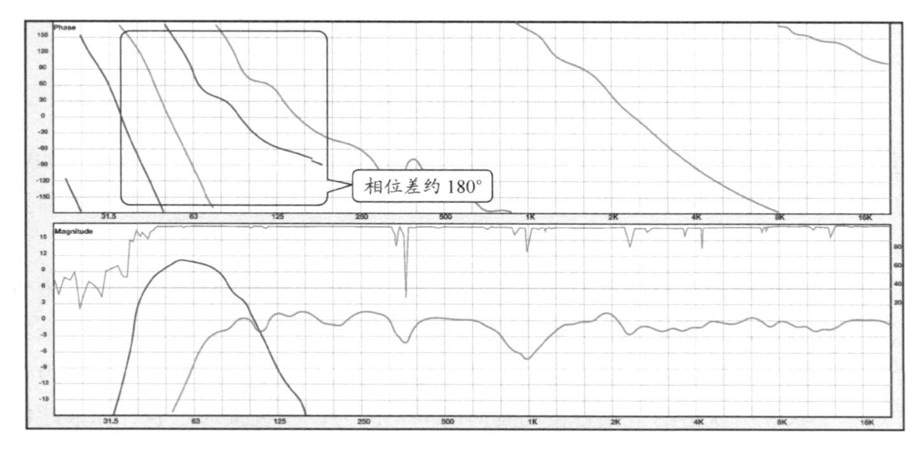

图 5-14 两音箱极性相反，相位相差约 180°

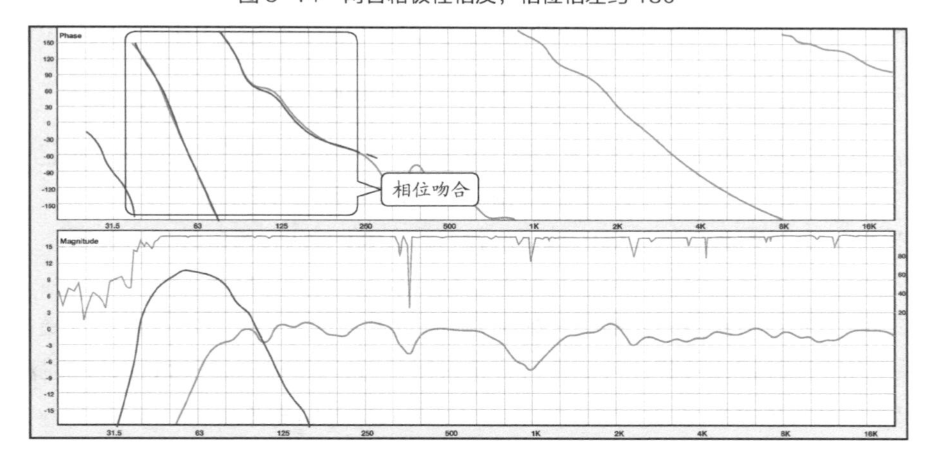

图 5-15 两音箱极性相同，相位吻合

由于 Smaart 软件上的延时数据 25.6ms 是人为加上去的，并非全频音箱的真实延时，目前它的真实延时是 20ms，因此在处理器里为全频音箱加上 25.6-20=5.6 ms 的延时。

再次验证，分别打开全频音箱与超低音音箱，发现结果与预测完全一致，现在将超低音音箱与全频音箱一起打开，得到的曲线如图 5-16 所示，调试完成。

关于分频的其他内容

（1）由于超低音音箱声压级高于全频音箱，分频点交叠处并不会是平直的曲线，如果希望得到平直的曲线，可以降低超低音音箱的 LPF 分频点或者提高全频音箱的 HPF 分频点。

（2）在频率交叠区域，只有两音箱的相位曲线是完全重叠或者接近完全重叠的状态，才能确保当其中的一只音箱音量被改变时交叠区域的声叠加状态不会受到影响。

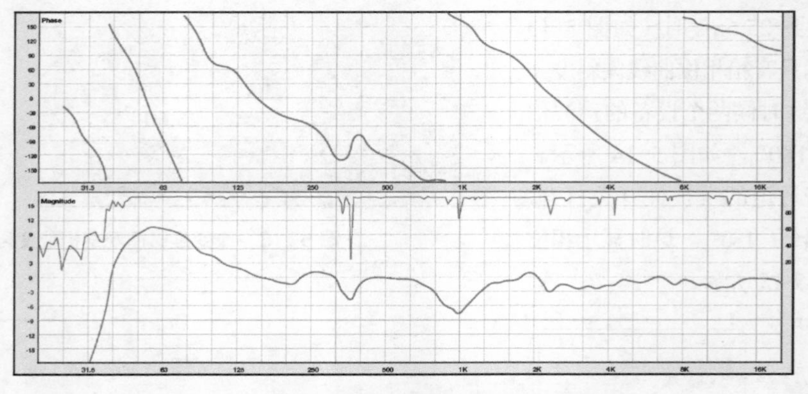

图 5-16　两音箱同时发声的频率响应和相位曲线

（3）超低音音箱的延时在软件中不易获得，但若为非超低音的其他音箱分频（如中频单元与高频单元分频），通常可以直接测出每个扬声器单元的延时，直接读出时间差来填写到处理器中对齐，非常方便。

（4）本文讲到的超低音音箱与全频音箱的对齐方式只是常见的一种方式，现实中有多种对齐方式。但无论哪种方式，必须先知道全频音箱的延时，再去判断超低音音箱是先于全频音箱还是晚于全频音箱。若先于全频音箱，要为超低音音箱做延时，若晚于全频音箱，就要为全频音箱做延时，但总是基于软件所获得的全频音箱的延时时间。因为试图直接通过软件抓取超低音音箱的延时时间是比较困难的，截止到笔者写作时，软件还不能自动精确测算出超低音音箱的延时。

（5）若在 Smaart 软件中观测到两音箱相位存在差异，可以通过公式计算出两相位的延时差：

$$\Delta t=\frac{1}{f}\times\frac{\varphi_1-\varphi_2}{360}\times 1000(\text{ms})$$

式中：Δt 为延时差（单位 ms），f 为频率，φ 为相位角度，此式子可以简单地记忆为：

$$延时差(\Delta t)=相位差(\varphi_{\Delta t})\div 360°\times 周期\times 1000$$

例如在 80Hz 处，全频相位为 260°，超低音相位为 180°，两音箱延时差为多少？

$$(260°-180°)\div 360\times 1/80\times 1000\approx 2.78\text{ms}$$

（6）滤波网络斜率与滤波方式都会对频率响应和相位产生影响，在具体的分频操作中，可根据扬声器系统的实际情况来选择，例如全频音箱采用了 Butterworth -24dB/oct 的高通滤波，若超低音音箱也采用同样的滤波却无法对齐相位，尝试为超低音音箱采用 Linkwitz-Riley、Bessel 的各个斜率来搭配也是可行的。

5.2　系统中的三次均衡

在音响系统中，均衡的使用非常普遍，本书从 3 个方面来描述关于均衡的概念：

厂家预置的均衡；声场中的均衡；通道中的均衡。

这三者的目的完全不同，侧重点也不相同。这三点也基本涵盖了均衡工作的整个流程：拿到的设备是厂家调整过的，这个设备放入一个声场中，设备的频率响应受到声场的影响，需要通过修正相关参数来迎合声学环境，力求使设备能够清晰再现原声。这一切都做好后，插入乐器或者人声，针对乐器或者人声修正均衡，使这个通道音色和音效达到理想状态。

5.2.1 常见的均衡器

参量均衡器

参量均衡器广泛运用在调音台各个通道、音箱厂家产品的优化数据组中以及在现场对于声场的调整中。参量均衡器可以说是使用最频繁的均衡器，如图 5-17 所示。

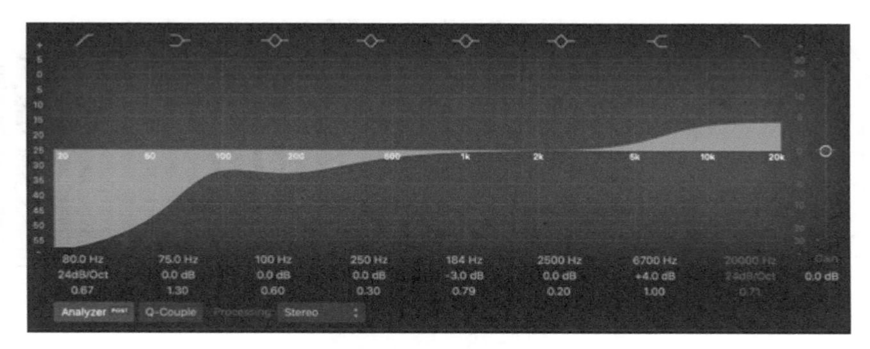

图 5-17　参量均衡器

参量均衡器通常有 MODE（模式）、FREQ（扫频）、GAIN（增益）、*Q*（*Q* 值）4 个可调项。

MODE 一般有以下 5 种模式。

高通滤波器（High Pass）：也称低切（Low Cut)。允许高频通过而对所选频点以下低频衰减抑制。

低频搁架滤波器（Low Shelf）：所选频点以下频段整体提升或衰减。

高频搁架滤波器（High Shelf）：所选频点以上频段整体提升或衰减。

钟形滤波器（Bell）：用于提升或衰减所选频点一定范围内的频率。

低通滤波器（Low Pass）：也称高切（High Cut)。允许低频通过而对所选择频点以上的频率衰减抑制。

FREQ（扫频）：通过此项可以选择需要调整的频率点，例如发现系统中 160Hz 能量过多，准备衰减此频段，就可以将 FREQ 首先调整到 160Hz，之后通过 GAIN 去衰减即可。

GAIN（增益）：提升或者衰减“FREQ”所选择的频率，单位是 dB。系统中某个频率能量多就可以适量衰减，而发现能量不足，就需要适量提升。

WIDTH（带宽）：是指频响曲线中两个 -3dB 截止频率间的频带宽度，它可以用 Hz 来表示，如图 5-18 所示。

$$f_{上限频率} - f_{下限频率} = 带宽$$

它也可以用相对单位表示：比如说 1/3 倍频程、1/6 倍频程。另一个描述带宽的方式是 *Q* 值，不过 *Q* 值描述的是曲线的陡峭程度，可以这么理解：*Q* 值越大，带宽越窄；*Q* 值越小，带宽越宽。

$$Q = FREQ \div B$$

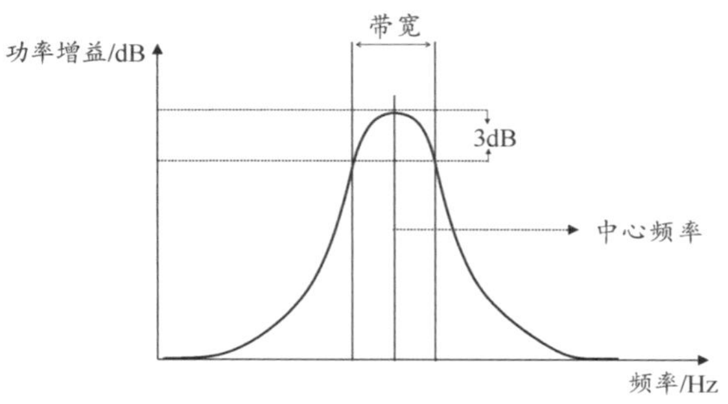

图 5-18　带宽示意图

式中 *FREQ* 表示中心频率，*B* 表示带宽。

图示均衡器（Graphic Equalizer）

图示均衡器主要用于在声场中调节频率、控制啸叫等。

因为这种均衡器对频率的补偿或衰减可以从控制旋钮直观地看出，就像看到一幅画而得名。早期音响系统中都会配备这种均衡器，几乎每台功放前面都会配备一台。而进入数字时代以后，这种均衡器被做成软件，成为数字调音台的一部分，虽然如此，高品质的图示均衡器还是在录音棚或其他扩声场合受到青睐，如图 5-19 所示。

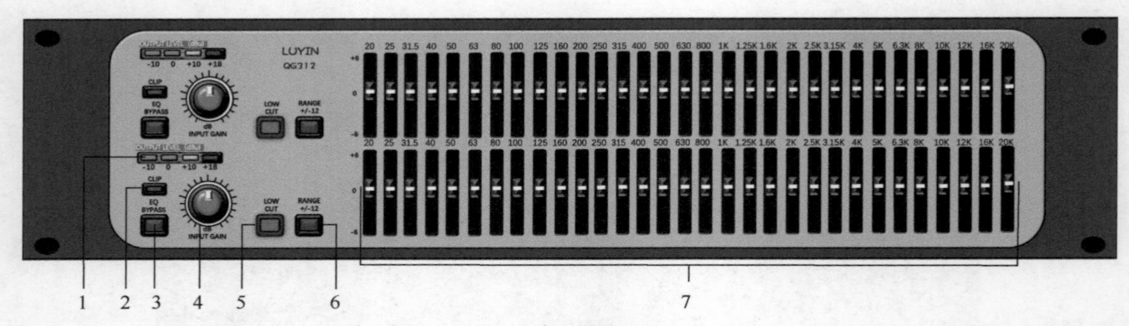

图 5-19 图示均衡器

1——输出电平指示灯，描述输出电平的 dBu 值。

2——CLIP：削波指示灯，此灯亮起时表示设备中出现了削波。

3——EQ BYPASS：均衡直通，按下此按钮时均衡不起作用。

4——INPUT GAIN：输入增益控制，用来匹配输入电平。若因为提升某点时 CLIP 灯亮起，也可以通过 INPUT GAIN 衰减输入信号。

5——LOW CUT：低切开关，本机为 40Hz 低切。

6——RANGE +/-12：均衡推子灵敏度切换。按下此按钮，每个频率推子可以对该频点提升 12dB 或者衰减 12dB，而不按下此按钮可对该频点提升或衰减 6dB。

7——各个频率的控制推子，用来提升或衰减相应频率。

5.2.2 均衡器的“副作用”

在音响系统中常见的数字均衡器大多属于 IIR 滤波器，与 FIR 滤波器相比，IIR 产生的延时较少，但是其副作用是会影响信号的脉冲响应，导致相位扭曲，如图 5-20 ～图 5-22 所示。

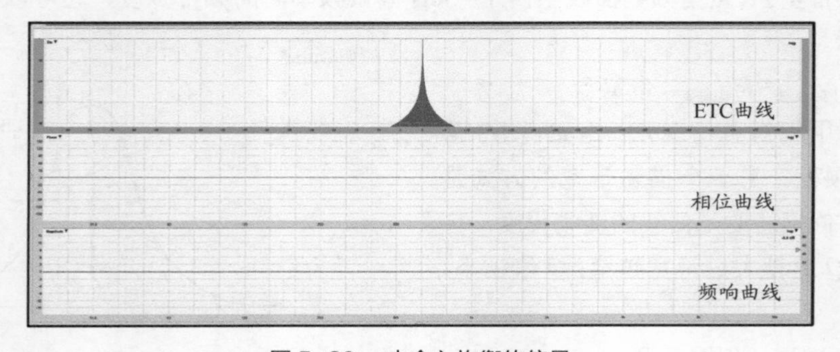

图 5-20 未介入均衡的信号

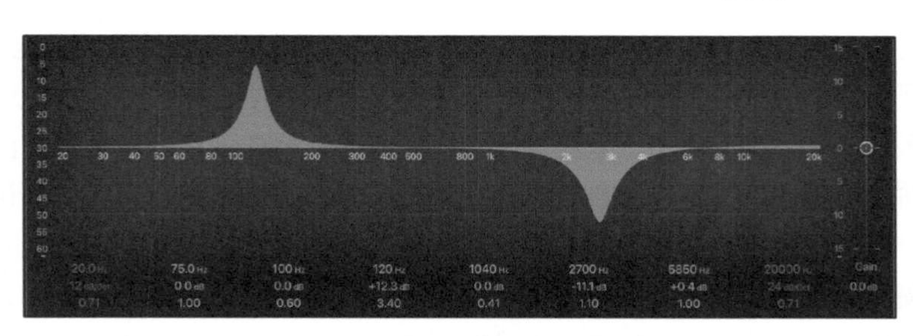

图 5-21　介入的均衡参数

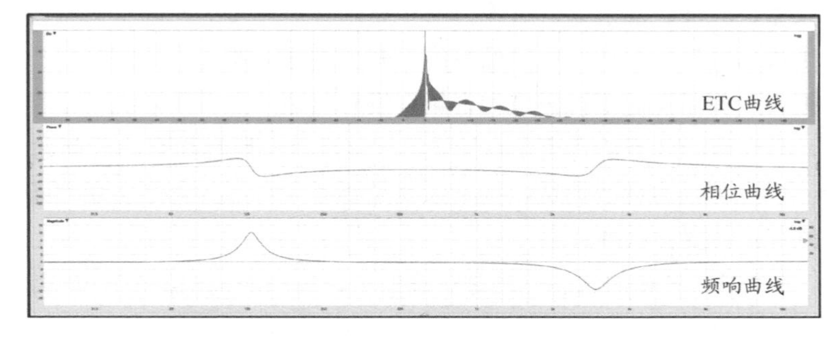

图 5-22　介入均衡后的情况

过多地使用均衡器虽然可以解决一些频率响应的问题，但所导致的脉冲响应变差、相位扭曲会使系统产生新的问题导致听感变差，在现场有很多细节可以影响信号的频率，例如使用合适的话筒拾音、改变拾音话筒的位置或距离、调整音箱的位置、在多分频的系统中用各频段的音量来影响曲线等，总之要让均衡成为最后的频率控制手段，并要设法减少均衡器的使用。

5.2.3 音响设备初始化

一些专业的音响厂家会有自己的消声室，用于测试扬声器系统的一系列指标，在消声室可以测得音箱的客观参数，如图 5-23 所示。

对于无源音箱来说，在设计阶段就已经基本定义了它的频率响应。为了得到最优性能，厂家也会通过原厂处理器的预设对其进行微调，但是在实际使用中，无源音箱并不一定经过处理器调整，所以它本身的参数特性就非常重要。采用电子分频的扬声器系统在出厂时，厂家会有对应的处理器，处理器中会包括产品的分频点、频率均衡、相位修正、限制等技术措施。

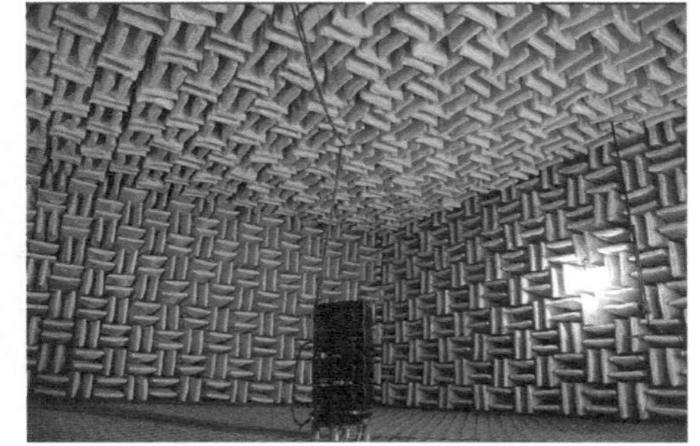

图 5-23　锐丰智能（RF）公司的消声室

测试的意义

我们用汽车、公路、驾驶人来说明均衡的相关理论。在汽车上路前，工程师应当首先将汽车的整个系统调校合理，比如发现四轮定位不准，要先修好它，使车况保持良好。但是车况良好不一定就开得稳、能确保安全，这就要考虑会影响驾驶的第 2 个重要因素：道路。

要想安全、快速地到达目的地，首先要选择路况良好的道路行驶。如果路不好，那就要想办法回避不好的路段。

第 3 个问题就是驾驶人的驾驶习惯（个人偏好），这也是发挥车辆性能的最重要的因素。

下面我们回到调试的过程，用 4 次均衡来总结大概的调音过程。

第 1 次均衡。我们拿到音箱后，就好像刚得到了汽车，要先确认音箱有没有问题，频率曲线对不对、相位曲线好不好，需不需要修整它。如果是多驱动的线阵列音箱，要确认厂家的程序是否合理，若不合理就要先把它修整好，我们姑且把这次调整称为“第 1 次均衡”。

第 2 次均衡。到了现场，就好像汽车确认没问题，现在到了路上，路不好的话开车就要特别注意。现场声场环境不好的话，音响系统很难发挥本来的性能，在这里就要想办法避开声场中的干扰因素，例如共振、驻波、反射等。这次调试主要是针对环境的问题来修整音响系统。不可以在现场来做“第 1 次均衡”的工作，就好像不能已开上高速公路才去检测车况。因为现场本身问题就很多，如果把音箱都吊挂好了再去检测音箱有没有问题，大多数情况下分不清是音箱的问题还是环境的问题，只有事先就确认音箱没有问题，才能准确判断环境存在的问题，对症下药。

第 3 次均衡。以上都是客观的调试，接下来就是要靠调音师的喜好主观判断是否还存在其他的声学问题，如果有，就要尝试解决它。

第 4 次均衡。这个时候音箱的状态已经是正确的了，最后的调试就是针对每路信号进行美化，这是音响师发挥艺术想象力的步骤，已经不是纯粹的技术范畴了。

“第 1 次均衡”的测试环境

为了相对准确地获得音箱的频响及相位特性，音响师可以在一个声学环境相对较好的空间内或安静的室外(最佳场地是消声室)，通过类似 Smaart Live、Rew、Live cap 等测量软件进行检测。

测试时建议将全频音箱用音箱支架支起或者吊挂起来。一般要离地面 1.5m 以上，不要将被测音箱放置在地面或者一个具有反射面的物体上，音箱离各个反射面均要距离 1.5m 以上。超低音音箱则可以放置在地面上，靠墙或者离墙壁 1.5m 以上。

测试话筒摆放

在室外摆放测试话筒需要离开建筑物 3.5m 以上；在室内摆放话筒，左右两侧距离墙壁（或者反射体）要在 1.5m 以上；话筒距离后墙壁要超过 0.5m，如图 5-24 所示。

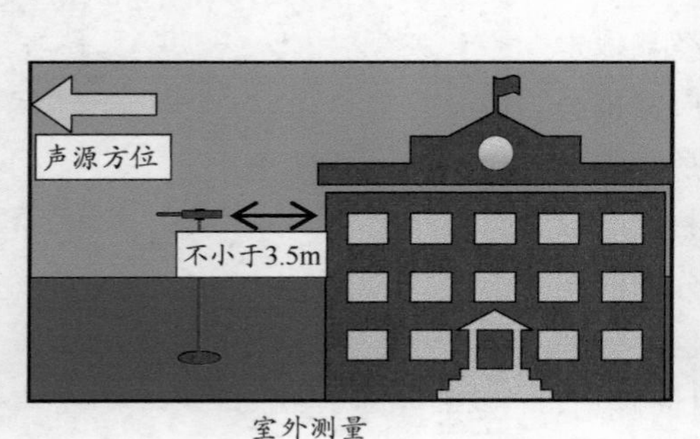

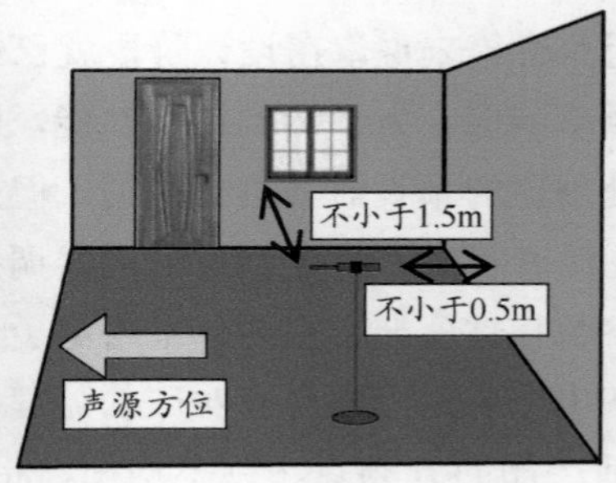

图 5-24 测试话筒摆放

常规音箱

测量全频音箱时应该把测试话筒放置在支架上，话筒应该指向音箱的声学轴心，偏离声学轴心会带来高频衰减以至于得到错误的数据。话筒需离地面 1.5m 以上。测试话筒必须放在话筒支架上，不能手持。如果测试结果不准确，可以将音箱与话筒摆放在地面上，尝试采用“界面法”测量，如图 5-25 所示。

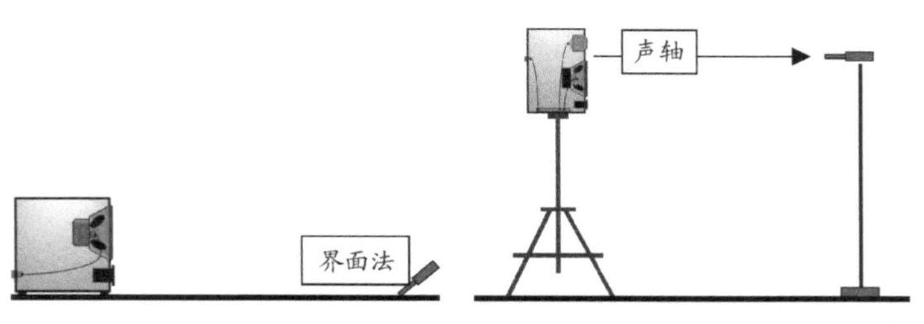

图 5-25 话筒摆位

线阵列音箱

对线阵列音箱的测量主要有两大目标：第一，观察其相位及频响曲线是否存在问题，若发现问题需要及时调整；第二，了解它的特点可以为其设置预置程序。下面以一组线阵列音箱为例进行说明。该线阵列音箱一组为 4 只，这 4 只被一组功放输出驱动，4 只音箱为并联关系。

为了测试数据的准确性，应该严格用卷尺检查话筒是否与被测音箱测试点高度一致，不可目测，一定要用尺子检查。测试过程如图 5-26 所示。

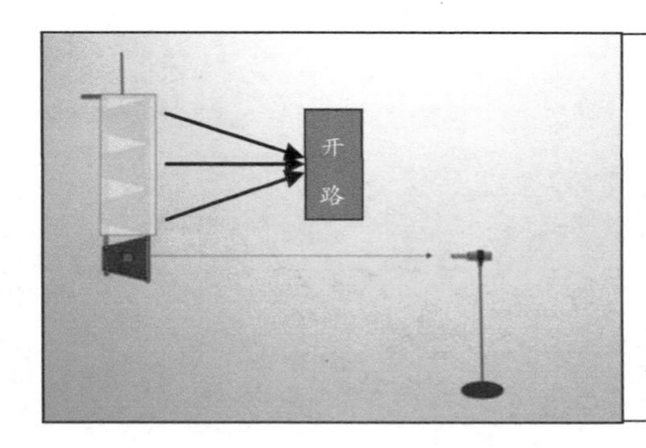

选择声学环境较优渥的房间或室外，将线阵列音箱吊挂起来，远离各个反射面。

测试从其中一只音箱开始，将其他音箱的音箱线拔掉。测试话筒对准音箱的声轴，话筒离音箱的距离至少为音箱箱体高度的3倍。

主要测试：分频是否合理、相位是否对齐、频率响应有无严重问题。

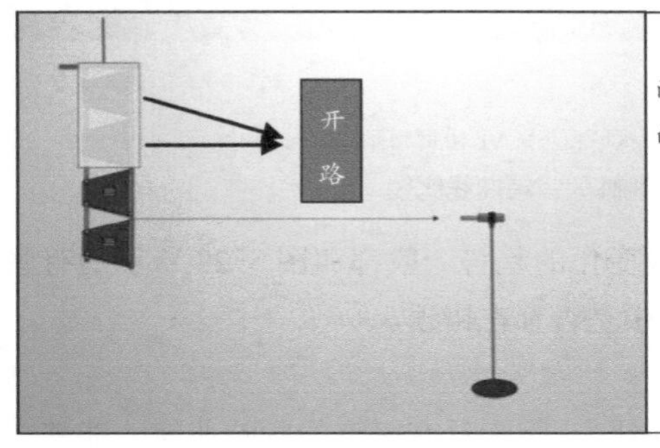

第一只音箱调整好以后，将第二只音箱的音箱线接上，两只音箱并联起来，话筒要精确摆放在两只音箱正中间的高度并对准音箱。

测试要点：频率均衡。需要注意高频处的梳状滤波器效应。

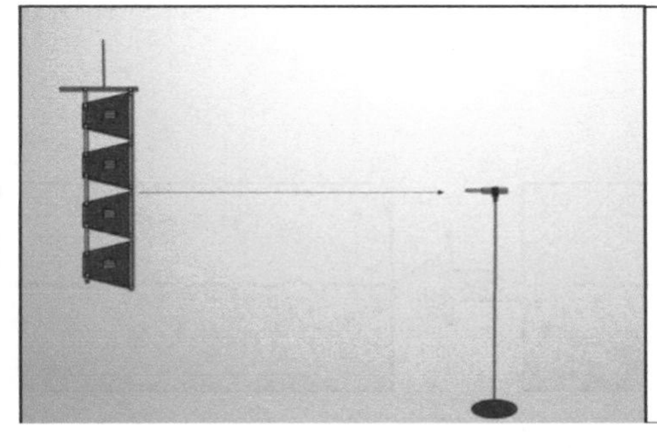

将4只音箱一起联通，测试话筒到音箱的距离保持在线阵列音箱长度的3倍以上。例如线阵列音箱总长 1.2m，那么测试话筒到音箱至少在 3.6m 距离，优化好均衡，保存备用。

图 5-26 线阵列音箱的测试

图 5-27 RF VK10 单 10 寸线阵列音箱

单只音箱所测得的数据与多只音箱组合在一起所测数据是有很大区别的，由于低频不具有指向性而高频指向性较强的特点，若线阵列音箱中单只音箱测得的曲线相对平直时，当多只音箱组合时近场测量会发现低频能量高于高频，随着测试距离的增加低频能量呈衰减趋势。图 5-27 是锐丰智能生产的单 10 英寸二分频二驱动线阵列音箱 VK10，用 Smaart 在同样距离下测试所得单只、两只、4 只的数据如图 5-28 所示。

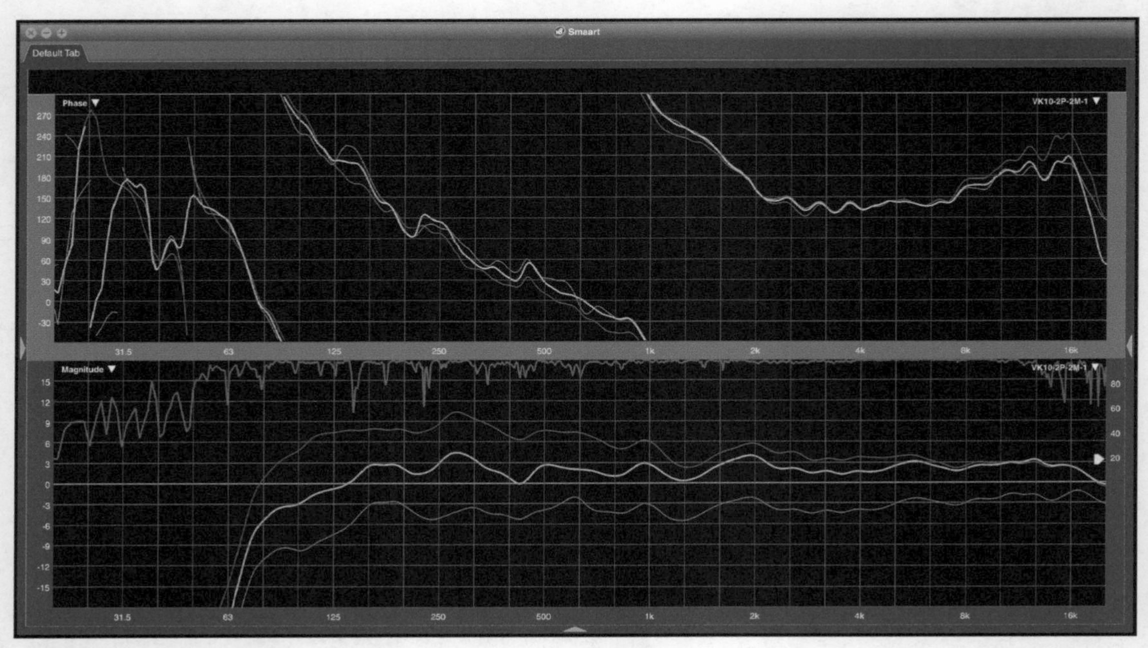

* 绿色曲线为单只 VK10 的曲线，曲线相对平直；
* 黄线曲线是两只 VK10 的曲线，比一只 VK10 大 6dB 左右；
* 紫红色曲线是 4 只 VK10 的曲线，低频区声压级比两只 VK10 大 6dB，高频区域和两只 VK10 时相似。

图 5-28 不同数量 RF VK10 线阵列音箱曲线比较

在实际测试中，线阵列音箱数量增加时，其曲线变化的趋势一般都和图 5-28 所示的有些类似，若所测设备实际曲线差别非常大，则要检查系统中是否存在错误。

均衡的理想状态

对设备的优化的理想结果是得到“平直的频响曲线”，因为只有平直的频响曲线才能够完美还原节目原本的频率响应特性，这也是厂家在调整时的基本思路。均衡应用的基本原理如图 5-29 所示。

忽略了声学环境的理想听音系统

图 5-29 均衡应用的基本原理

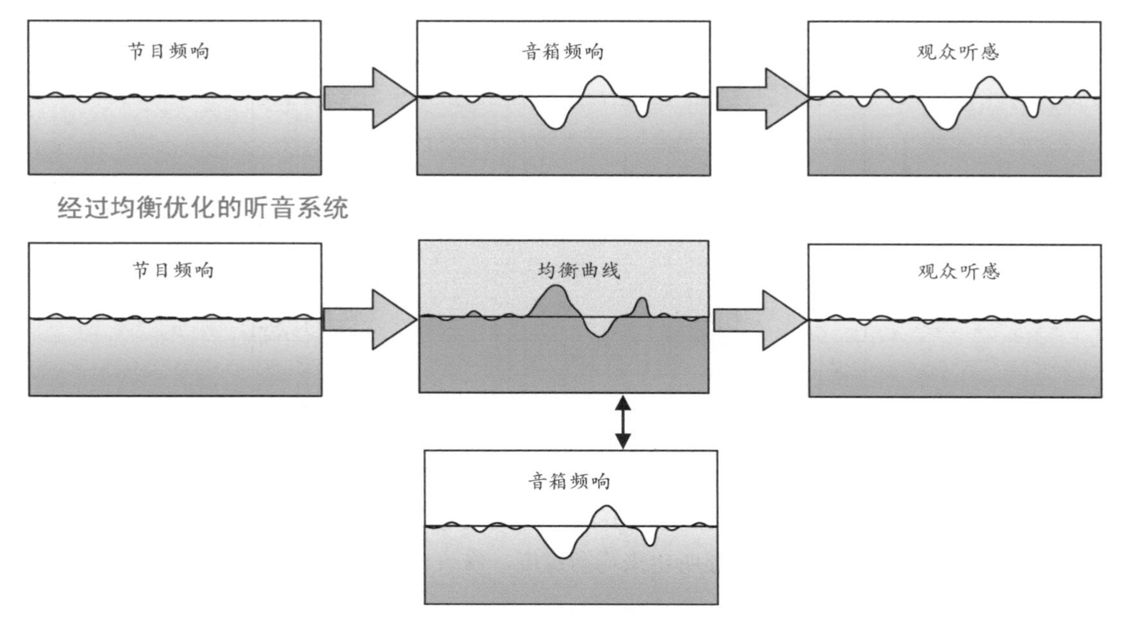

图 5-29 均衡应用的基本原理（续）

从参数角度来讲，音响设备的频响曲线越平直还原性越好，若是频响曲线不平直对声音的还原会有误差。

但实际中也存在这种情况：为了刻意追求曲线的平直，而过度地使用均衡，其结果是频响曲线平直了，但是其他参数发生了畸变，主观听感也变得很糟糕。

均衡的局限性

均衡并不能解决所有的频率问题，例如某音箱 1.2kHz 频率衰减严重，通过均衡提升，发现该频率处并未相应改善，经仔细观察发现 1.2kHz 是该音箱的分频点，低音单元与高音单元相位存在较大问题，将相位优化后，频率问题也得到了解决。

在做产品预设的时候，应该正确面对音箱设备所存在的频率问题，切莫生搬硬套。

在一次演出活动中，某音响公司提供了一组音箱，通过处理器的原厂预设测得的音箱频响曲线如图 5-30 所示。

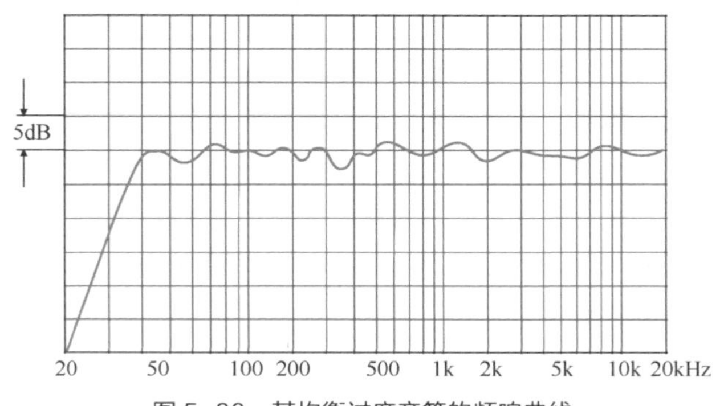

图 5-30 某均衡过度音箱的频响曲线

音箱的频响曲线看起来不错，于是进行试音，但听起来发现高音特别刺耳，非常不自然，感觉过度使用了均衡，于是去掉厂家的处理器，直接测试音箱，发现真实的频响曲线如图 5-31 所示。

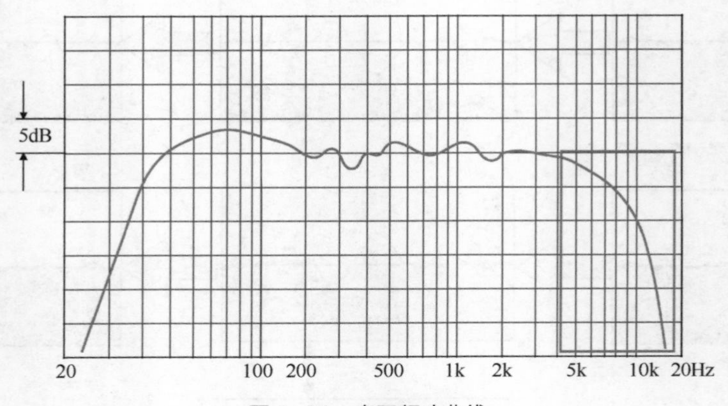

图 5-31　实际频响曲线

可以看出从 5000Hz 处开始，高频已经开始滚降，但是厂家预设时为了让曲线更好看，使用均衡将其调整平坦了，但是可以明显听出来均衡过度，修改后的频响曲线如图 5-32 所示。

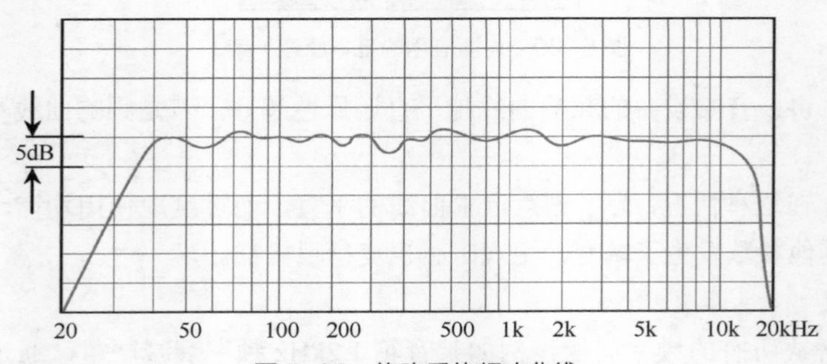

图 5-32　修改后的频响曲线

虽然理想状态频响是平直的，但是在音箱本身性能有物理缺陷时，仍然要考虑其实际情况，本案例保证了 16kHz 以下的频率在 -6dB 的范围内，实际上，在现场演出中能够达到 16kHz 已经可用了。当然，如果音箱本身的底子很好，能够使高频到达 20kHz 是最理想的，可是如果音箱本身不是那么好，就不要盲目追求平直的频响曲线。

调整完之后，将程序保存至处理器，作为预置程序，以备在现场快速调用。

对于租赁工作者的提示

前面讲述了均衡的调整技术，笔者想表达的内容并不复杂。

（1）你必须知道你的音箱原始频响曲线是怎样的，如果它的原始曲线有问题，就在库房或者在办公室调好它，不要去现场再解决音箱本身的问题，应该使它处于随时可用的状态。

（2）如果可以制作几个预置程序，保存在数字调音台或者处理器中，就能使你更快地在现场进入工作，大大减少均衡的工作量。

（3）到了现场，因为你已经清楚地知道你的音箱没有问题，你可以专心考虑墙面增益、房间共振、梳状滤波器效应的影响。

（4）当这一切都解决后，你可以单独为话筒或者每个通道进行音色修饰（参阅第 7 章）。

5.2.4 声场内均衡处理

只有提前掌握音箱的频响特性才有可能在现场快速地调试系统，在对设备一无所知的情况下调试必定大费周章，特别是在声场环境恶劣的情况下，所以本部分内容是建立在上部分内容的基础上的，若已经确认音箱本身没有问题，在现场调整会快速得多。

另外，虽然厂家或者用户在做预置的时候理想状态是频响曲线平直，但这并不说明在现场也是这样的要求，各种现场的要求都不同，期待音箱频响曲线平直只是为了用它满足各种现场需求。

在现场观察软件所显示的频响曲线时，有些可调，有些不可调，简单梳理如下。

墙面增益

全频音箱靠近墙壁摆放会导致低频能量增加，如图 5-33 所示。当这种情况发生时，需要通过均衡对低音频段作适当的衰减，建议滤波方式为：Low Shelf。

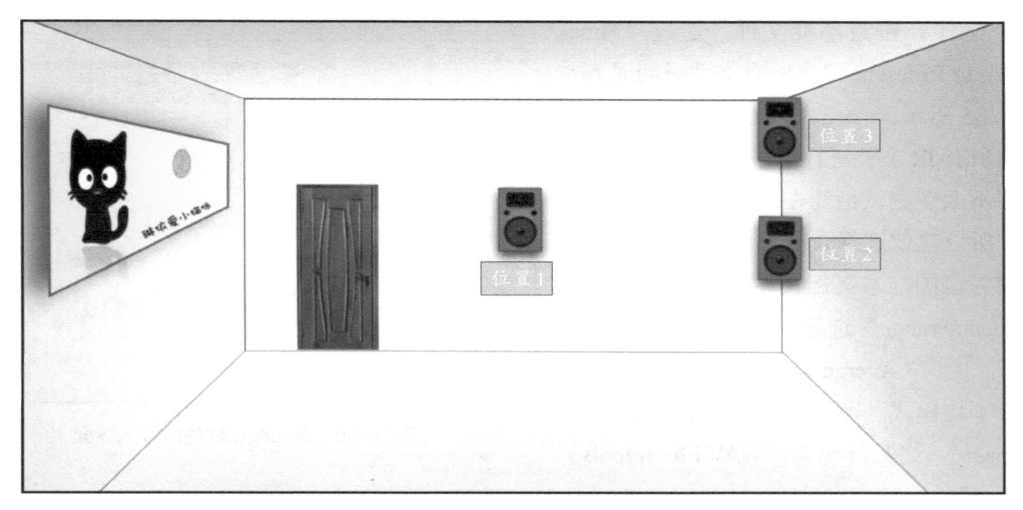

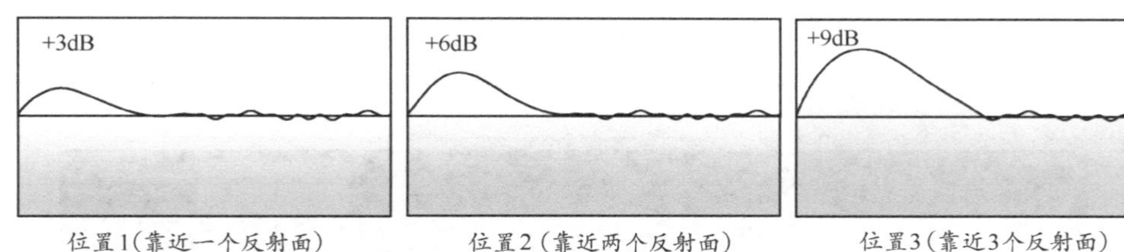

图 5-33 墙面增益对低频的影响

处理空间共振

在室内空间里，共振会对聆听产生很大的影响，若共振点找不准确，现场调音师很可能会使用均衡进行过度的调整，引起音质劣化。具有规律的空间可通过一些公式计算共振点，但现场往往不一定是有规律的场地，通过 Smaart 配合 Eclipse Audio Averge 软件可以尝试寻找房间的共振点，最起码可以为我们提供一个可以参考的数据。

由于房间的共振大多数在低音频段，建议目标设定在 500Hz 以下。

首先将测试话筒摆放在音箱的辐射区，使用 Smaart 测得 5~10 个 Impulse Response 信号，这些信号需要在不同的位置摆放测试话筒，可以由近到远测试，也可以偏左或偏右，目的是通过多点来确认共振频率，测试的点越多，结果就会越准确。将 Smaart 测得的所有脉冲信号，分别另存为“Impulse Response”文件（简称 IR），如图 5-34 所示。

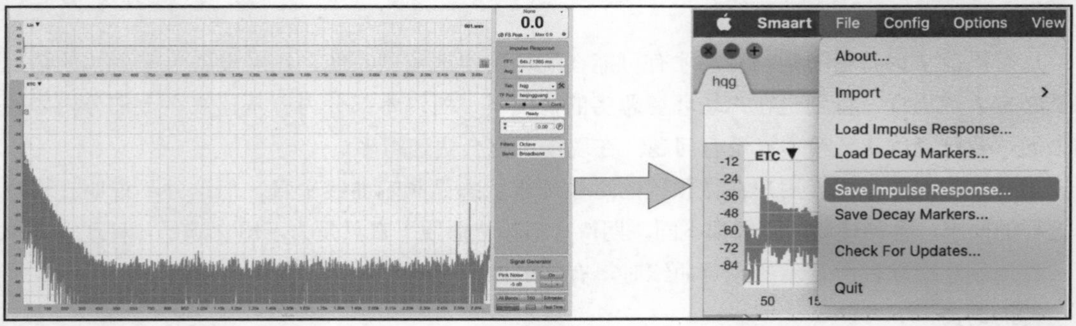

图 5-34　Smaart 的脉冲测试界面

将所有的 IR 文件导入 Averge 软件，建议选择具有最大延时的文件（距离音箱最远测试所得的那个文件）作为基准文件，通过“Time Align all to Reference”将所有文件时间对齐，如图 5-35 所示。

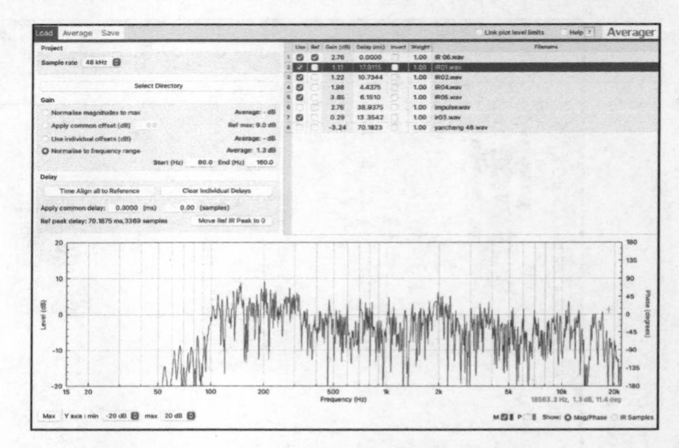

图 5-35　Averge 软件的导入界面

将所有 IR 文件进行电平归一化。由于低频段并不太受测试话筒在音箱的离轴位置的影响，所以建议选择较低频段作为电平归一化的参考范围，本案例在软件中“Normalise to frequency range”选择的是 80~160Hz。

下一步在 Averge 软件的“Averge”界面选择平均模式（Averaging mode）为“flat zero phase”，之后导出为“WAV file-impulse Response”。

将所获得的 IR 平均值文件再次导入 Smaart，使用“Spectrograph”命令进行频谱分析，将 FFT 值调为 64k，会发现一些频率点存在问题，如图 5-36 所示（图中 124.5Hz、202.1Hz、318.6Hz）。

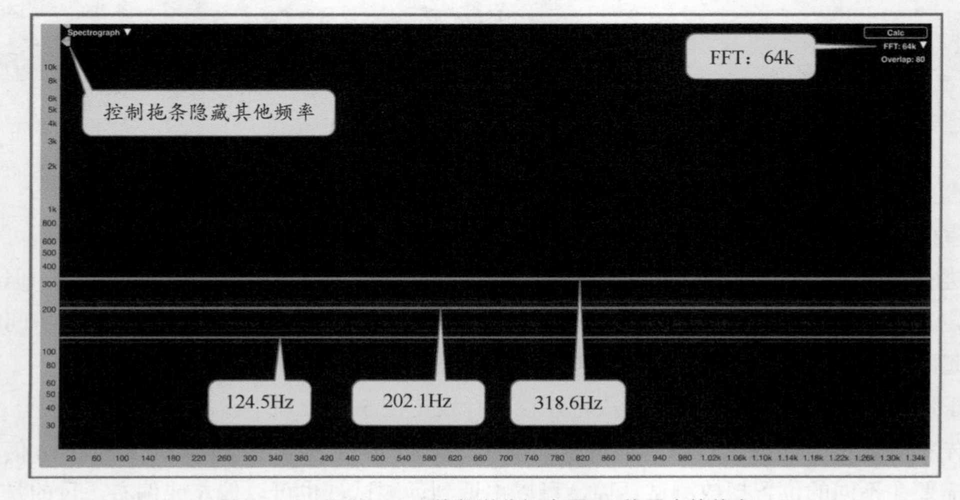

图 5-36　用 Smaart 的频谱分析查看 IR 信号中的信息

在处理器的输入端或数字调音台的输出端通过陷波的方式来衰减这几个频率点，因为在这里控制均衡会影响到房间内的所有音箱。可依据它们共振的能量大小设置不同的衰减量，要选用较窄或最窄的带宽，如图 5-37 所示。该设备 Q 值最大值为 10，带宽还是有些宽，有些设备 Q 值可调为 30 甚至更高，可获得更准确的陷波结果。

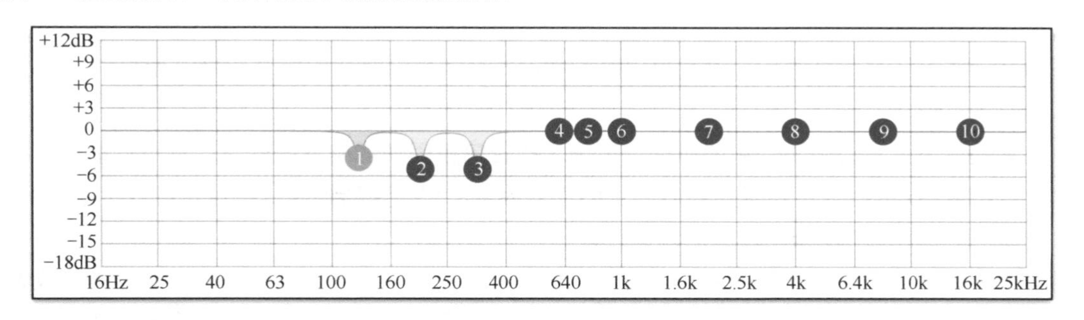

图 5-37 建议选择最小带宽来衰减共振频率

求平均值

在声场内排除完墙面增益的影响以及空间共振的影响后，通常还需要通过多点测量查找因为房间各个面的反射以及不均匀的吸声所带来的频响问题。

话筒选点

由于测量目标是寻找房间中普遍存在的频响问题，因此可以考虑将以下位置作为参考测试点。

声场长度的 1/3 处：音箱的轴线上、轴线左侧、轴线右侧；

声场长度的 1/2 处：音箱的轴线上、轴线左侧、轴线右侧；

声场长度的 2/3 处：音箱的轴线上、轴线左侧、轴线右侧。

如果实际应用中不需要这么多的测试点，则可以根据观众席位的重要性来权衡话筒的摆放，例如声场后部通常不坐人，这时可以考虑在声场后部取 1 个测试点而不是 3 个。

笔者建议席位数不超过 500 的场地不少于 6 个测试点，席位数 500 至 1000 的场地不少于 8 个测试点，席位数 1000 至 2000 的场地不少于 10 个测试点。

软件选项

由于本次测量主要关心的是频率，所以可以采用软件中的“RTA”或者“Magnitube”，测得数据后选中所有数据并通过软件中的“Average”功能对其进行平均化，可得到一条参考曲线。图 5-38 是某场地平均后的曲线。

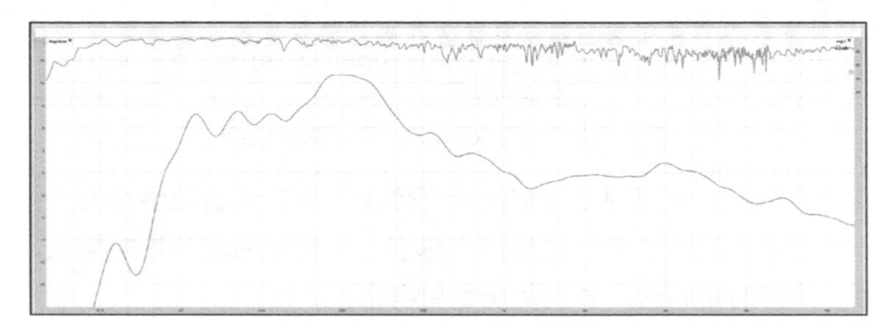

图 5-38 某房间平均后的数据曲线

该曲线中 7~20kHz 中显示高频滚降，造成这种情况有两种可能：一是因为话筒并非都在音箱轴线上测量，平均后轴线上所测数据权重较低，因而平均值显示此处能量不足；第二是音箱本身高频响应不足。但音响师肯定知道原因是什么，因为在“第 1 次均衡”时，我们已经掌握了音箱本身的资料，若确认音箱本身频响是无误的，此处不需要理会。

在 600Hz~7kHz 的频段中，幅频响应在 ±3dB 的范围内，因而无须调整。

问题较严重的区域是 60~600Hz 的频段，其中 160~400Hz 最为严重，可以尝试在均衡上做衰减。

调试后在声场内各处聆听，如发现问题可尝试改变测试话筒位置重新测量、调整。

嘯叫点控制

在某些情况下，会因为音箱的布局、声场、拾音等原因使音响系统容易产生声反馈，俗称啸叫。发生这种情况时首先应该考虑啸叫产生的物理因素，用均衡器调整是最后才可以考虑的手段，而 1/3 倍频程的图示均衡器是常用的调试设备。

若在系统中某些话筒比较容易发生啸叫，可以考虑在调音台的通道上使用参量均衡器或者插入 1/3 倍频程图示均衡器，或者通过编组的方式把相同系列的话筒编在一组，给编组插入均衡控制，这些操作在现代数字调音台都比较容易完成。

调试参考方法如下。

首先准备一个 RTA 软件（例如手机版的 AUDIO TOOLS 或者计算机版的 Smaart）并打开，设置为 1/3 倍频程分辨率，将手机、计算机、测试话筒摆放到声场内。

将容易发生啸叫的话筒放在使用位置并打开，在调音台上慢慢推上音量推子（切记慢慢推），直到啸叫，立刻停止推推子。

观察软件，确认啸叫频率点，如图 5-39 所示，然后将均衡器相应的频率推子衰减，直至啸叫停止。

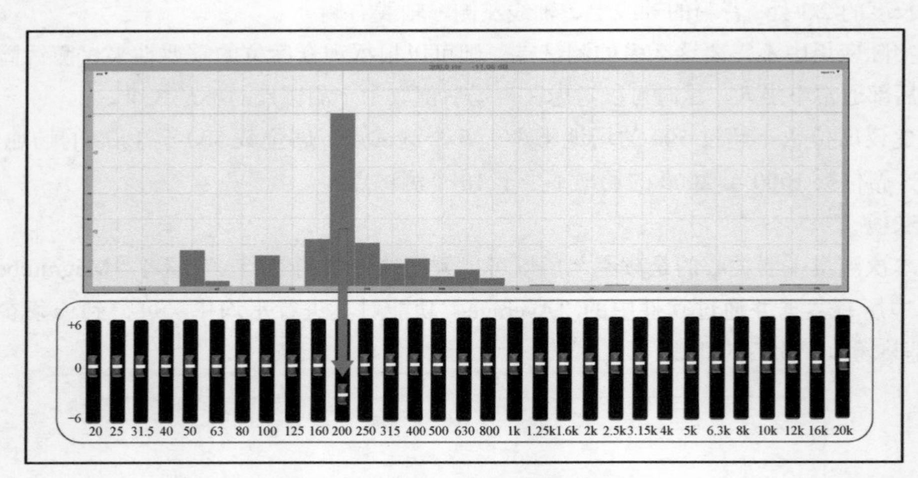

图 5-39　使用 RTA 软件查看啸叫频点

第一个啸叫点找到后，如果问题已经解决即可停止，如果未解决继续向上推推子，直到找到第二个啸叫点。一般调试点是 3~5 个，使用的点越多，对信号的相位影响越大，到最后可能会因为相位问题产生更多的新的啸叫点，导致音质更加劣化。

梳状滤波器效应

在现场调试中，对于频响曲线的观察要排除梳状滤波器效应的影响，不可以看到曲线有凹凸不平就立刻用均衡修整，实际上梳状滤波器形成的频响不良应该积极在物理层面解决，例如改变音箱位置、调整音箱角度等。遇到这种情况时，通常 Smaart 的相干性曲线会垂落，这时软件并不能准确表现设备的真实状态，如图 5-40 中黄色框内所示。

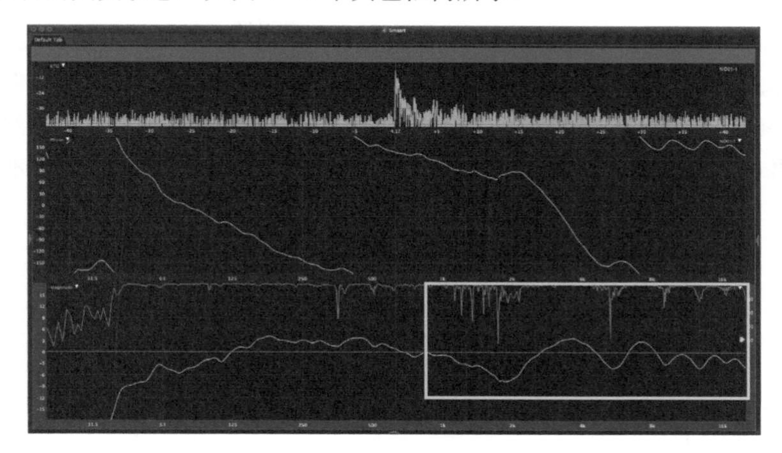

图 5-40　梳状滤波器效应示意图

那么此时设备真实的曲线到底如何？这时候对设备本身的频响曲线了解就非常重要，若在之前就已经清楚音箱本身的频响曲线，就可以大致判断此处是否为梳波带来的影响，否则就不清楚是该调还是不该调了。

为了减轻梳状滤波器效应的影响，可以在测试时采取一些物理手段降低影响，例如为了控制地面反射，在地面上摆放吸声材料，也可以采用“界面法”将话筒放置地面上。在图 5-41 中，使用隔音障板可以减少地面反射波对测试的影响。

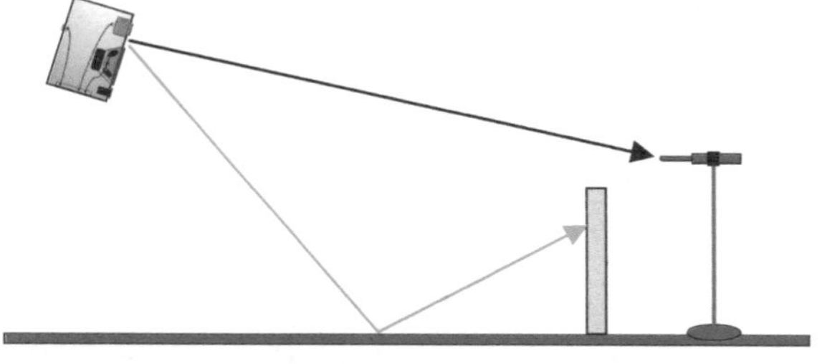

图 5-41　隔音障板可减少测试中地面反射的干涉

5.2.5 试音与检测

用话筒试音

当从客观角度完成了测试后，还必须要进行的最关键的步骤就是聆听，因为音响最终是给人听的，可以说“好听才是硬道理”。

用一支自己熟悉的话筒，拿着话筒讲话，并仔细聆听音箱发出的声音，有没有拖泥带水、有没有高音刺耳、还有没有其他的共振频率等，发现问题后可尝试通过均衡解决。

播放声音试音

可以通过标准的朗诵来聆听人声，通过播放一段架子鼓可以感受底鼓、军鼓、镲片的音色，也可播放熟悉的音乐来感觉声音是否正确，当然前提是在脑海中有正确的参考标准，而参考标准的唯一来源就是多听多想多感受。

多音箱检测

在多音箱系统中，要通过在各个供声区域进行对比，确保声场内有接近的听音感受，尤其是不同型号、品牌的音箱组合在一起时，需要花精力去细调才能得到接近的频率响应。在检测的过程中，尤为重要的一项就是要确保立体声音箱左右声道的一致性。

5.2.6 个性化曲线

音响系统的曲线并不都是平直的，不同需求会有各种不同的目标曲线。图 5-42 是一种带有次低音系统的户外摇滚演出的曲线示意图，如果需要，可以在系统分频调试的时候就参考这个曲线来控制各单元的音量，不足之处加以均衡处理。除此以外，类似的目标曲线还有多种，但这些都属于相对个性化的设置，要依据演出内容、设备的情况、场地的情况、观众需求等综合考虑，并不是强制性标准。

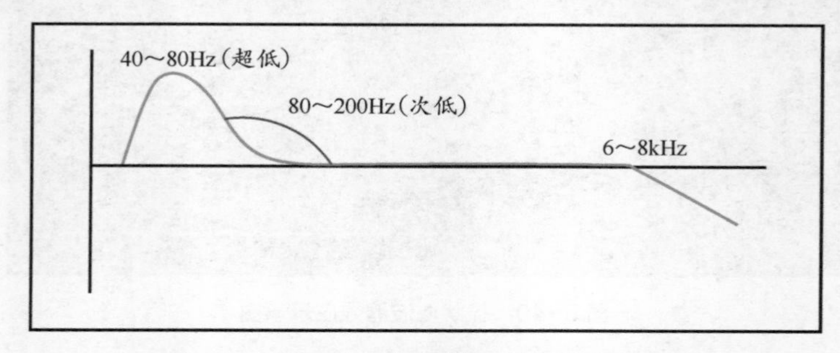

图 5-42　带有次低音的户外摇滚系统曲线参考

5.2.7 国标曲线

为了评价现场均衡调整的效果，可以参考相关的国家标准。国家标准可以说是音响工程师设计系统的最低参考标准，即所设计的系统不得低于国家标准。

会议室

会议室对设备频率响应要求较低，根据 GB/T 28049—2011《厅堂、体育场馆扩声系统设计规范》要求：在一级会议室标准中，以 125~4000Hz 的平均相对声压级为 0dB，此范围内允许相对声压级为 -6dB~+4dB，63~125Hz、4000~8000Hz 的相对声压级要求如图 5-43 所示。

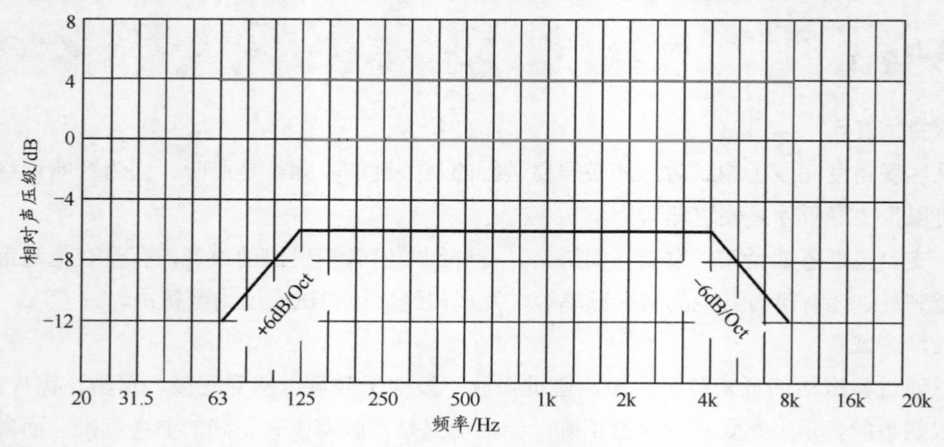

图 5-43　一级标准会议室声压曲线图

不要在会议室里纠结 16kHz 的问题，也不需要纠结 50Hz 够不够充足。只要能够保证实际频响满足图 5-43 所示的曲线，就可以满足基本要求。依照个人经验，如果在会议室里采用了一只频响曲线高音可以达到 20000Hz 的音箱，对 10000Hz 以上的频率可适量衰减，不仅可以保留最重要的人声频段，还可以避免因为高频所产生的啸叫问题。

摇滚、现代音乐（室内一级）

再来看另一个推荐的行业标准：WH-T-18-2003《演出场所扩声系统的声学特性指标》，该标准中给出了摇滚、现代音乐（室内一级）的音响系统频响指标要求，如图 5-44 所示。

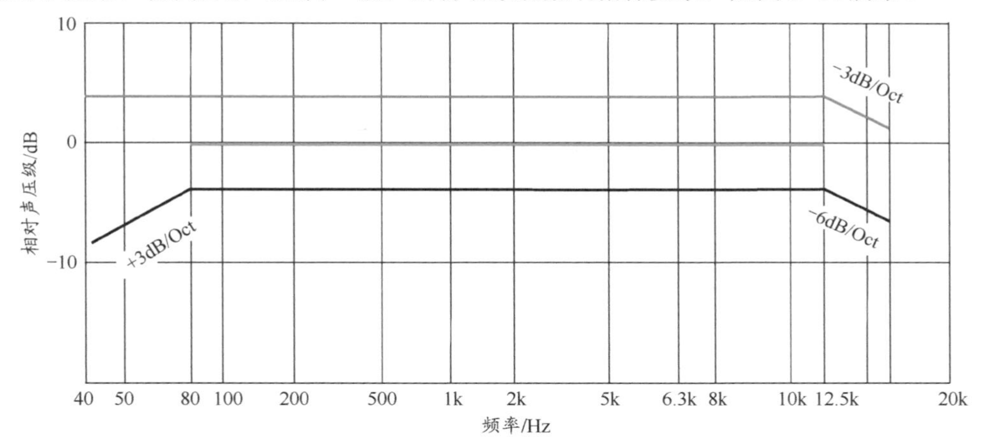

图 5-44 室内摇滚乐、现代音乐（室内一级）频响指标要求

标准原文：“以 80Hz~8000Hz 的平均声压级为 0dB，在此频带内允许 ±4dB 范围内；40Hz~80Hz 和 8000Hz~12500Hz 的允许范围见图 5-44”。

可以看出此要求高于会议室要求很多，高频允许的滚降点在 12.5kHz 处（12.5kHz 的倍频程为 25kHz，−6dB/Oct 表示到 25kHz 频率可以衰减 6dB），加之原允许误差 −4dB，加之最低要求中允许的滚降从 12.5kHz 到 20kHz 约 −5dB（到 25kHz 为 −6dB），自相对 0dB 位置开始，从 12.5kHz 到 20kHz 最大允许滚降值约为 9dB，这是这类场所的频响要求。

从图中还可以看出，12.5kHz 的频率最多允许高出 0dB 参考线 3dB，而随着频率增高，其允许高出的值越来越小。

本书举例的曲线分别来自 WH/T 18-2003《演出场所扩声系统的声学特性指标》和 GB/T 28049-2011《厅堂、体育场馆扩声系统设计规范》，其他更多的场景曲线大家可以自行购买这两本标准参考。

5.2.8 目标曲线的实现

一些乐队会有些自己演出的目标曲线，例如图 5-45 就是某乐队的常用曲线，在这个曲线中超低音区域高出全频 10dB。

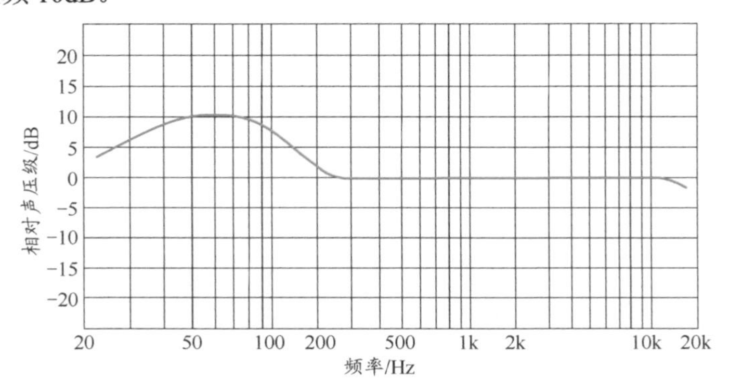

图 5-45 目标曲线示例

要做出这样的曲线，需要将超低音通道增益提高，一些调音师会直接将低音的功放音量开得比较大，而不关心分频点的偏移，通过对高低频均衡的调整来实现目标曲线。

也有调音师认为，提高超低音的增益将会造成分频点偏移，从而引发无法预期的频率响应、相位等问题，他们提出另一种方法，这种做法是在分频时将超低音与全频的增益调成一致状态（如图 5-46 所示），然后在分频器输入信号上加上目标曲线。

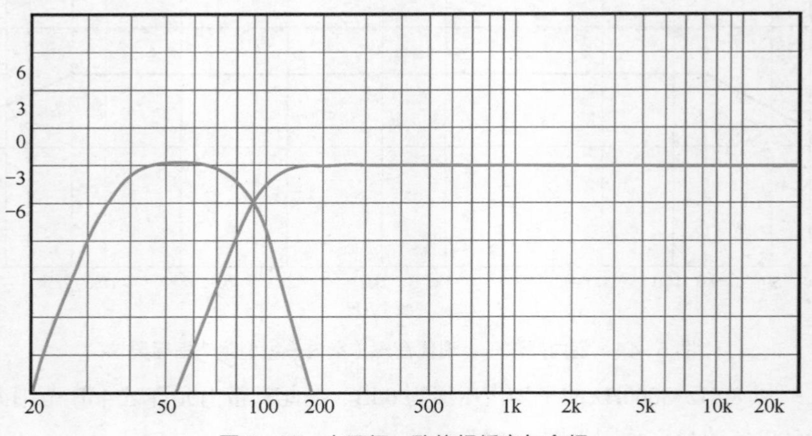

图 5-46　声压级一致的超低音与全频

方式一：分频时设定曲线

通过对功放音量的控制，在分频时使超低音音箱响度大于全频约 10dB，再通过两只音箱的频响曲线配合达到目标曲线，如图 5-47 所示。

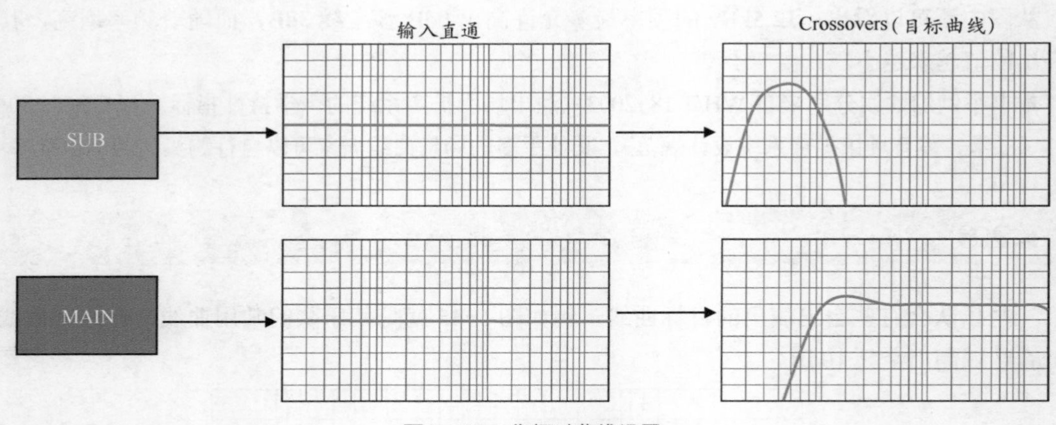

图 5-47　分频时曲线设置

方式二：输入端设定曲线

先在分频时严格按照分频的要求，将主音箱超低音曲线设置平直，然后在超低音、主音箱的输入端设置目标曲线，如图 5-48 所示。

这种调整方式的优点：当分频点在最恰当位置时，流动演出时目标曲线可以做在调音台的总线输出端，在测试系统时将其旁通，按照曲线平直的思路在处理器上调整好，然后再把目标曲线调入即可。这种做法的缺点是：提高输出端的超低音频段将会导致整体动态余量变小，因而有可能不得不为所有乐器通道重设增益值。

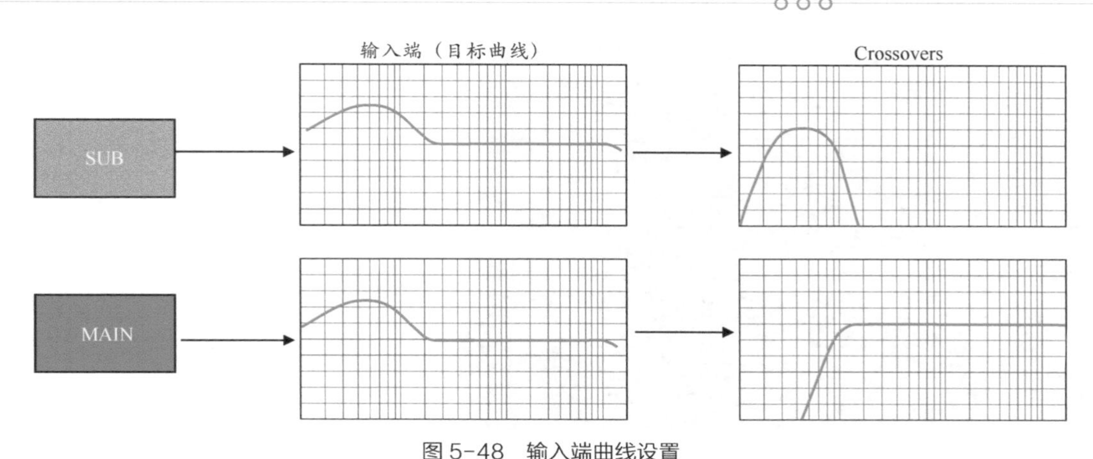

图 5-48　输入端曲线设置

5.3　全通滤波器

本章中描述了 IIR 滤波器的特征：每一个均衡动作，都会影响到相位。图 5-49 所示在 300Hz 衰减了 9dB，4000Hz 提升了 9dB，可以看到无论衰减还是提升都会导致相位扭曲，因此在某些频率区域进行均衡调整后，要确认相位是否达到要求。

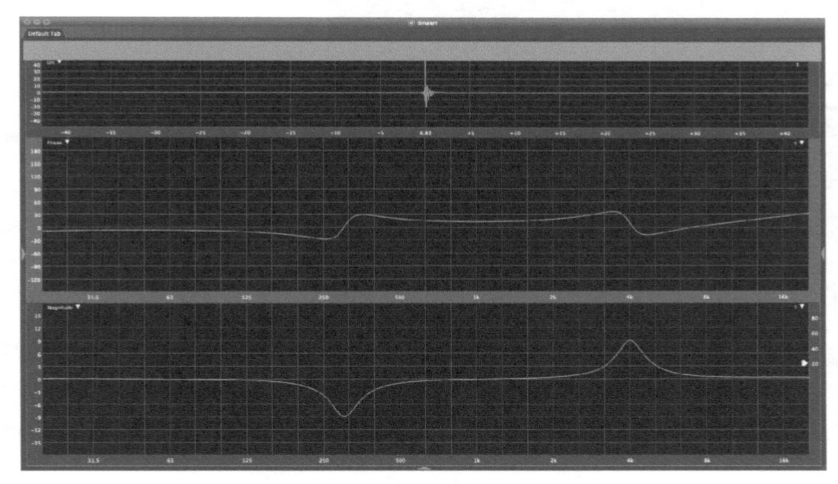

图 5-49　均衡对相位的影响

例如，两单元做了分频之后，相位耦合较好，但是为其中一个单元在分频点附近做了均衡，这时候应该重新检查两单元的相位是否还处于一致的状态。

过多地使用均衡必然会导致信号的相位发生较大变化，这一点在使用均衡控制啸叫点的时候特别明显。例如某次调音活动中，原本 500Hz 处没有啸叫的倾向，但是调整了其他几个频率点之后发现 500Hz 处有严重的啸叫倾向，这很可能是因为调整其他频率点的时候导致的相位扭曲造成的。

许多处理器的参量均衡器带有 ALL PASS 功能，中文称为“全通滤波器”，这是一种可以让各种频率全通过却会改变相位的算法，可用来对某些区域的相位优化，如图 5-50 所示。

一阶全通滤波器改变相位角度为 90°，二阶改变相位角度为 180°。

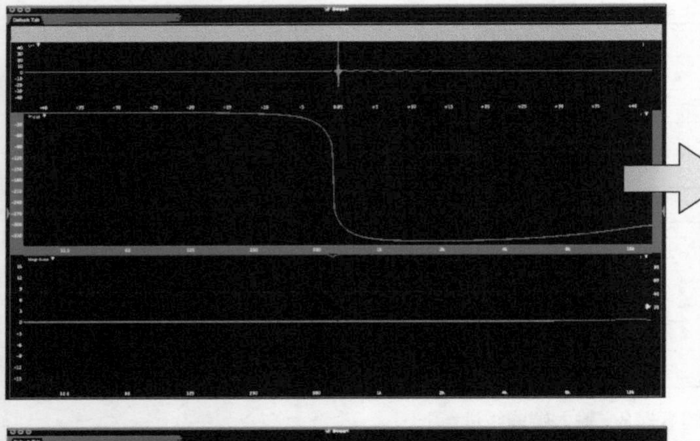

在600Hz加上一个二阶全通滤波器，采用较窄带宽（Q值为20）时的相位响应状态。

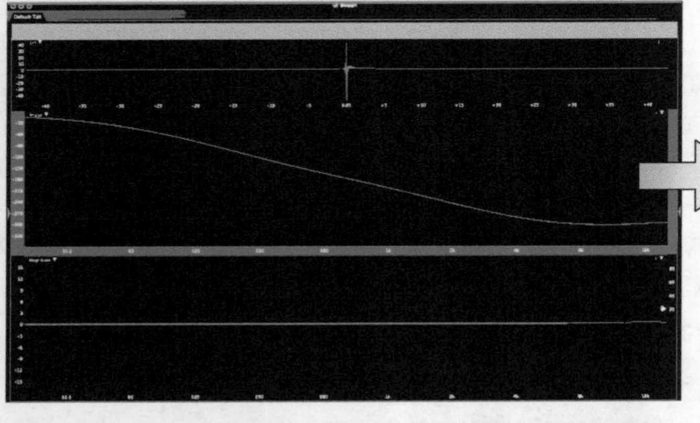

在600Hz加上一个二阶全通滤波器，采用较宽的带宽（Q值为0.5）时的相位响应状态。

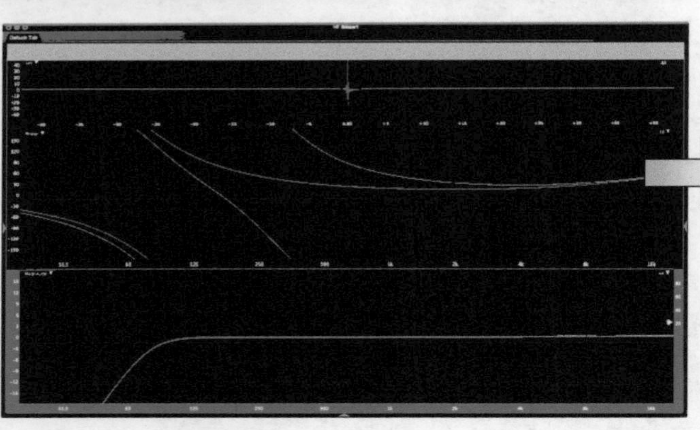

红色曲线是在80Hz采用Butterworth −24dB/Oct高通滤波，未介入全通滤波器。

绿色曲线是是在80Hz采Butterworth −24dB/Oct高通滤波之后，在300Hz介入一个Q值为2的二阶全通滤波器，可以看到影响了较宽的频率范围，分频点的相位状态被扭曲了，人们利用这种扭曲来纠正音箱扭曲的相位曲线或耦合另一个相位扭曲的音箱。

图5-50　全通滤波器对相位的影响

5.4　FIR滤波器

5.4.1　IIR滤波器与FIR滤波器

根据冲激响应的不同，将数字滤波器分为有限冲激响应（FIR，Finite Impulse Response）滤波器和无限冲激响应（IIR，Infinite Impulse Response）滤波器。

前面所讲的均衡器基本属于 IIR 滤波器，在调整频率时，信号的相位也会受到影响。而 FIR 滤波器属于有限冲激响应滤波器，这种滤波器可以做到 IIR 滤波器所不能做到的一些功能，如：

它可以控制频率而使相位不会受到影响；

它可以控制相位而使频率不会受到影响；

可以既保证获得理想的相位曲线又获得理想的频率响应曲线。

既然 FIR 滤波器能控制相位，为什么不全部采用这种滤波形式呢？这是因为 IIR 滤波器也有 FIR 滤波器不具备的特点。这两种滤波器的优缺点对比如下。

滤波器	IIR：无限冲激响应	FIR：有限冲激响应
运算	DSP 中最高效的滤波器类型	需要更多运算时间和更多的 DSP 内存
优点	计算资源需求低（内存占用更少，更快速）	稳定性高，线性相位和平坦的群延时
缺点	不稳定性和非线性相位	计算资源需求高，高时滞（音频延时）

随着近几年 DSP 运算能力的提升以及 FPAG 技术在音响系统领域的普及，FIR 滤波逐渐开始应用于音响系统。但由于算法的问题导致这种滤波器会产生更大的延时，这就使得它在发展上受到了一定的阻碍。

5.4.2 频率与相位

由于基于 IIR 的均衡器主要关注的是幅频响应，而对相位的影响则常常是“放任”的状态，即调音过程中常常为了满足频率上的需求而导致相位响应变差。

为什么相位响应如此重要？我们先来看理想的信号传输过程，如图 5-51 所示。这幅图反映了信号传输的理想状态，除了幅频响应比较平直之外，相位响应、脉冲响应也都是最好的。平直的相位曲线意味着传输过程中 20Hz ～ 20kHz 频率中的每一个频点都是同时被传输出去的，不存在先后的问题。

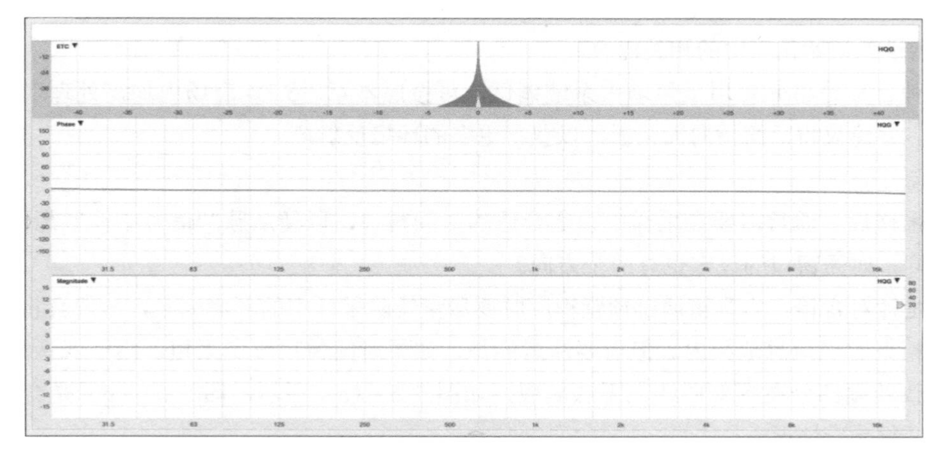

图 5-51 理想的信号传输过程

如果 20Hz ～ 20kHz 的信号不能被同时传输出去，会有怎样的结果呢？下面举例说明。

图 5-52（a）是我们期待被发送的信号，这个信号包含了两个频率的正弦波：一个是 100Hz，另一个是 1000Hz。如果传输过程不存在不同频率的延时问题，我们最后听到的声音波形就会如图 5-52（a）所示。但在传输环节中因为设计、制造工艺、元器件、扬声器单元或者分频问题导

致高频先发出声音而低频后发出声音。这种情形发生时，我们听到的声音就可能如图 5-52（b）所示的波形一样。由于存在延时，整个传输时间会变长，而且高频被先发出，中间是 100Hz 和 1000Hz 重合的部分，高频信号已经传输完毕，但低频信号还在继续传输。从图中可以看出，虽然频率方面没有出现任何损耗，但是时间上发生的问题导致了传输的失真。如果是为乐队扩音，听感上的具体表现就是各种乐器声音糊在一起，且乐器越多问题越严重。

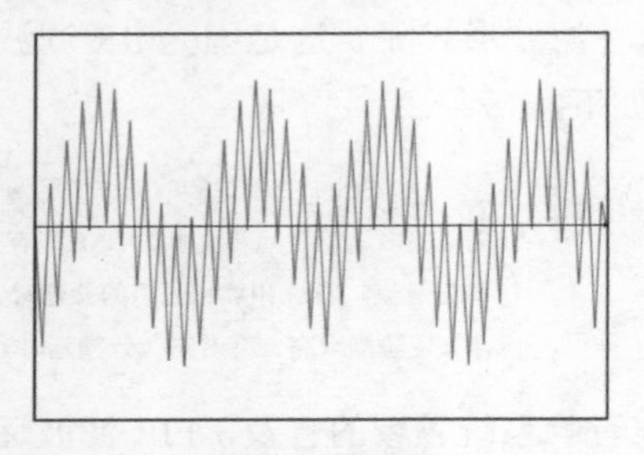

（a）被发送的信号

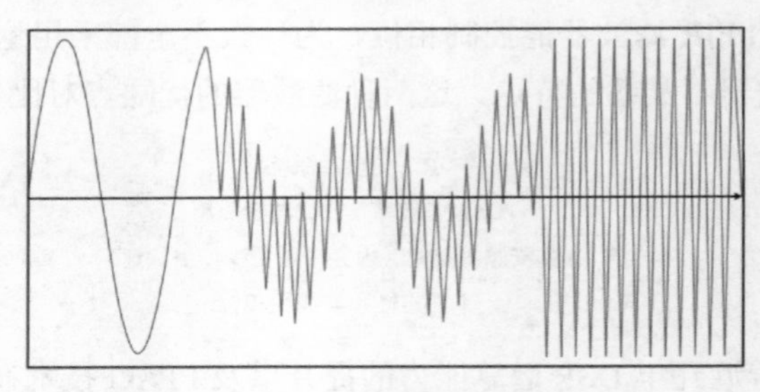

（b）被接收的信号

图 5-52　被发送的信号与被接收的信号

所以仅仅保证扩声系统的幅频响应是不够的，保证传输中各个频率的延时（群延时）的一致性也被人们所重视。

5.4.3 FIR 滤波器的应用思路

FIR 技术可以应用在音箱程序预置、不同音箱的相位耦合、分频、多个音箱系统的一致性调整、现场均衡调整等情形下。在使用 FIR 时一般需要如下几个步骤。

脉冲取样

通常使用粉红噪声信号测得音箱原有的脉冲、相位、频率等信息，取样目标主要有以下两种。

第一种目标是针对音箱而言，比如为音箱设置预置程序，测试话筒的摆放方法可参照本章“5.2.3 音响设备初始化”中的相关内容。

第二种目标是将 FIR 用于声场内系统调试，可按照本章“5.2.4 声场内均衡处理”中的指导摆放话筒，并建议将话筒指向天花板，以获得更多的环境反射声。

时间窗口

获得采样后，通常需要在采样中设定合适的时间窗口，以便从脉冲信号中获取想要的信息。与取样相同，时间窗口的设定也有两个方向。

第一是针对音箱。为音箱调试预置程序时要尽量排除采样中的环境因素，一般会将时间窗口设定在音箱直达声信息范围内。但需要注意的是，如果时间窗口设定太短，由于低音波长较长，则可能导致低频部分在频率曲线上无法响应，如图 5-53（a）所示，图 5-53（b）是合适的时间窗口下的低频响应情况。

第二是为环境而调节均衡，这种情况下应将时间窗口设定得长些，以获得足够的环境信息，如图 5-54 所示。

抽头数量

在 FIR 滤波器中的每一级都保存了一个经过延时的输入样值，各级的输入连接和输出连接被称为“抽头”，一个 N 阶的 FIR 滤波器将有 $N+1$ 个抽头。更高的抽头数意味着更高的频率精度，但抽头数往往受限于硬件的内存和计算能力。

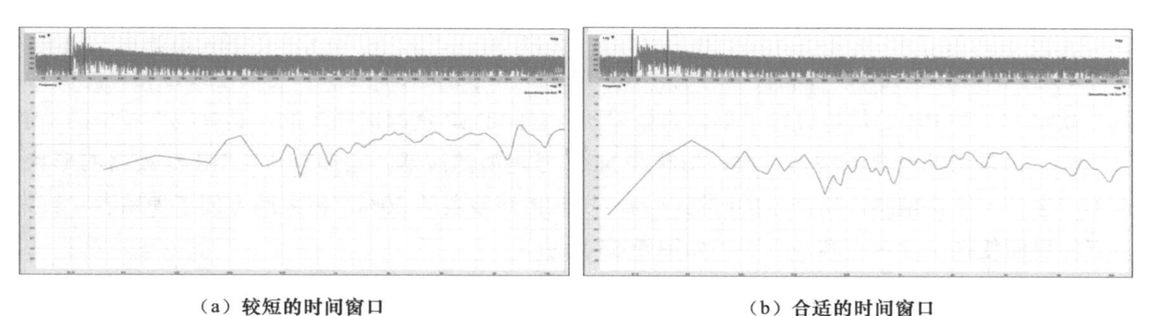

（a）较短的时间窗口　　（b）合适的时间窗口

图 5-53　不同长度的时间窗口对低频的影响

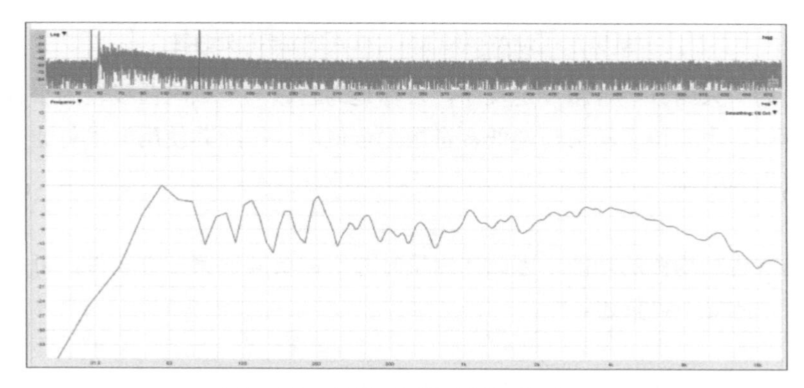

图 5-54　考虑了环境影响的时间窗口

演出行业所用的数字设备采样率多为 48kHz 或 96kHz，FIR 的滤波精度与采样率息息相关，用采样率除以抽头数，可以计算出滤波器的频率精度：

频率精度 = 采样率 ÷ 抽头数

假如 FIR 滤波器采样率为 48kHz，抽头数为 512，其频率精度约为 93.75Hz，由此可以估算出该 FIR 滤波器可以影响的频率下限：

FIR 影响频率下限 ≈ 频率精度 ×3

93.75Hz×3 = 281.25Hz，这意味着具有 48 kHz 采样率、512 抽头数的 FIR 滤波器将会对 281.25 Hz 以上的频率有效。而 96kHz 采样率的设备可以影响到的频率下限约为 562.5Hz。当然，这只是采样率与抽头数的粗算，而其他参数的介入可能会更改这一结果。

FIR 滤波器的结构原理会导致抽头数越多，延时量越大，这个数据可以通过计算得知：

频率的时滞 =1÷ 频率精度 ÷2

由此可知抽头数 512、采样率 48kHz 的 FIR 滤波器所产生的时滞约为 4.5ms，而抽头数为 1024（采样率 48kHz）的 FIR 滤波器的时滞约为 10.67ms。

目标曲线

使用 FIR 滤波时通常需要先设置目标的频响曲线与相位曲线作为调整后的目标。这个频响目标既可以是平直的，也可以是个性化的。

数据导入

经过运算的 FIR 数据需要加载到所需通道，FIR 调试完成。

5.4.4 FIR 滤波器调整示例

MARANI MIR440A 线性相位处理器（MIR：Marani Impulse Response，马朗尼线性相位滤波器）是一款将 FIR 和 IIR 的优势进行了集合的处理器，它的 DSP 资源消耗较低，具有线性相位的功能且建模了最常用的经典滤波器种类、形状和 NXF 号角型滤波器。它拥有传统 IIR 滤波器的形状，但不产生任何相位偏移，所产生的时滞仅为常规 FIR 滤波器的 50%，极大地方便了使用者，较为友好的界面使得初学者更容易上手，如图 5-55 所示。

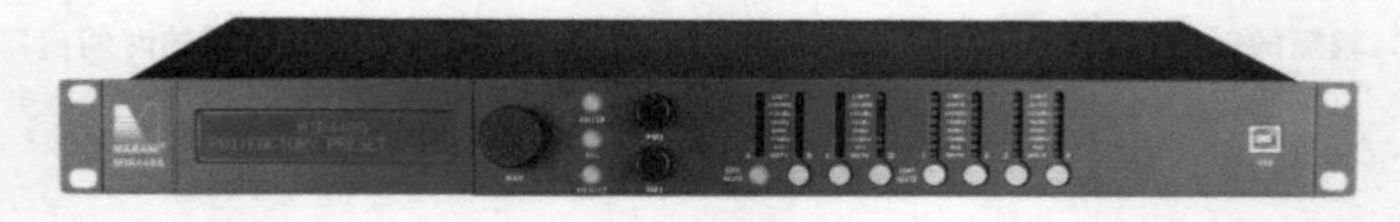

图 5-55　MARANI MIR440A 线性相位处理器

本次调试是为一只两分频音箱设定程序，目标是为它做一个频响曲线较为平直、相位曲线较为平直的预置程序。由于该音箱常与超低音音箱配合使用，按照其使用要求将通道内的高通滤波器截止频率设置为 80Hz。

系统连接

该处理器具有自动均衡的功能，因此在测量时并不需要其他第三方软件，可按照说明书的连接方式进行连接，此处不再赘述。

话筒摆位

为音箱制定预置程序的重点在于音箱，测试环境在消声室最为理想。然而并不是每个用户都有机会在消声室测量，那就要想办法减少环境的影响，测试话筒摆放方法可参照本章“5.2.3 音响设备初始化”中的相关内容。

选择滤波通道及滤波器性质

将音箱接在输出通道 1，将高通滤波器截止频率设置为 80Hz，并选择需要的分频器类型，本案例中选择“分频－ IIR+FIR+4 PEQ”，如图 5-56 所示。

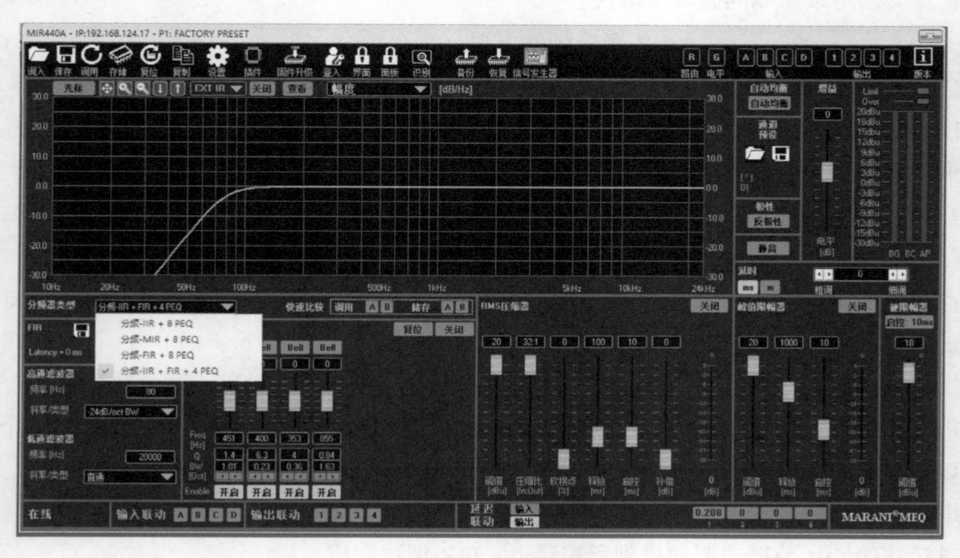

图 5-56　选择分频器类型

MIR440A 处理器默认的 FIR 滤波器为 48kHz 采样率、512 抽头的滤波器（虽然设备是 96kHz 的），如果需要更高采样的滤波器及抽头数，可通过内置的插件选择（如图 5-57 所示）。

滤波目标

分为“音箱校准”和“房间均衡”两个项目，此处选择“SPEAKER CORRECTION”，如图 5-58 所示。

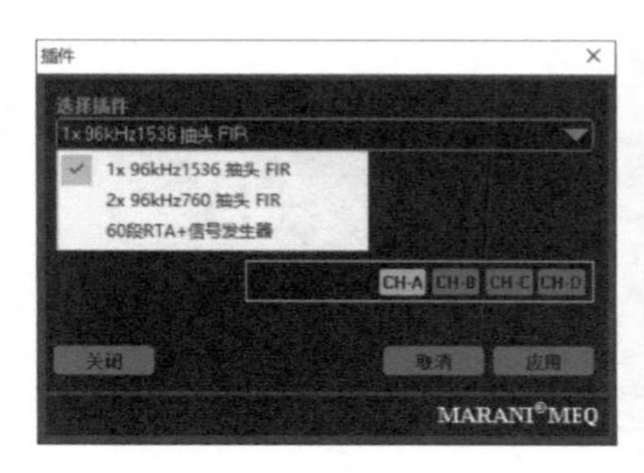

图 5-57　更强大的插件

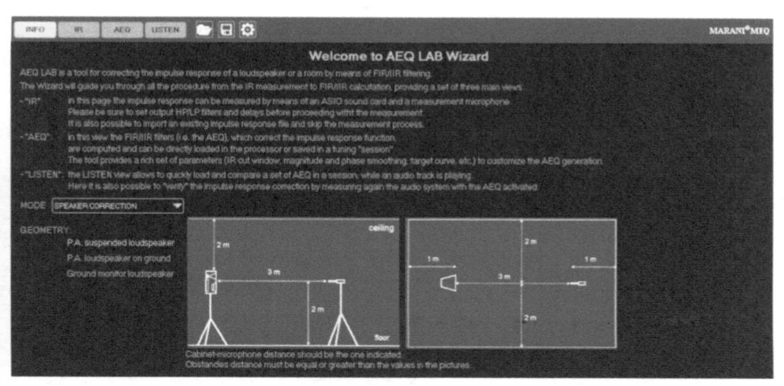

图 5-58　选择滤波目标

脉冲采样

点击主菜单中的“IR”按钮进入脉冲采集页面，设定好声卡后驱动及输入输出通道后，点击“MEASURE”按钮进入测试环节，如图 5-59 所示。设备发出的粉红扫描信号经音箱播放，再通过测试话筒采集后将脉冲信息显示在软件中，以便进行分析。

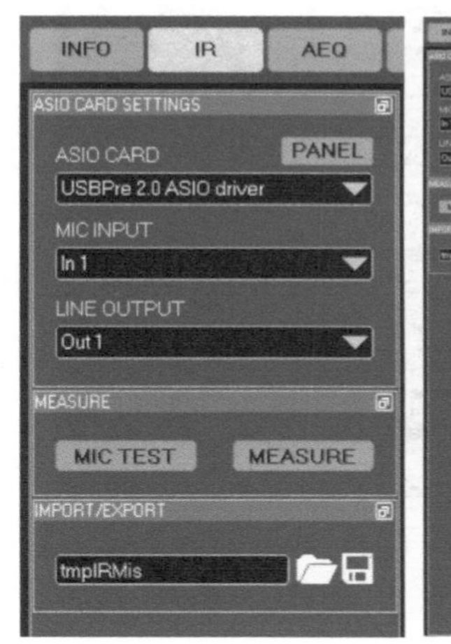

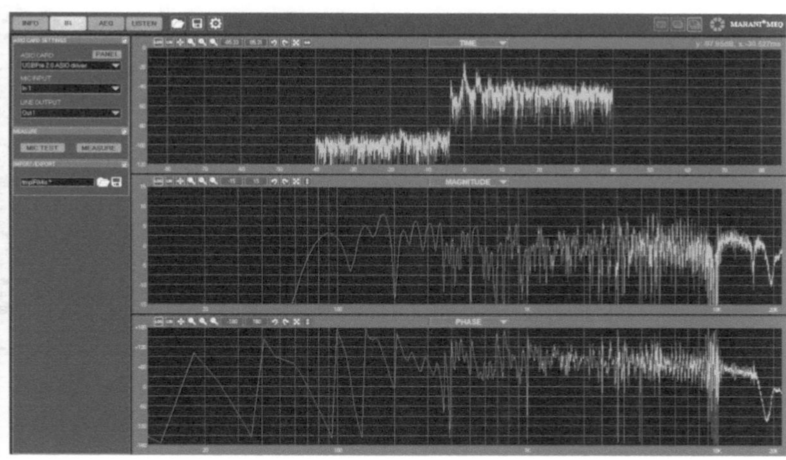

图 5-59　采样设置与测量

需要注意的是，该设备只支持 ASIO 驱动的声卡且该 ASIO 驱动不能被其他设备占用。另外，在采集信号时需要注意获得足够的信噪比，信噪比越高信息就越精确，如果不确定可点击“MIC TEST”按钮查看。

加窗处理

窗口时间越短越能读取较为精确的音箱信息而忽略环境的影响，适合音箱校准；而更长的窗口能够获得足够的环境信息，更适合声场均衡。在设置声场均衡时常常会收集多个测试点的脉冲信息进行平均，从而作出更切合现场的调试。如图 5-60 所示。

图 5-60　加窗菜单

软件自带的“AUTO WIN”功能可以自动选择窗口的时间，可供使用者参考。图 5-61 所示为使用较短的时间窗口为音箱调音，图 5-62 为使用较长的时间窗口为声场调音。

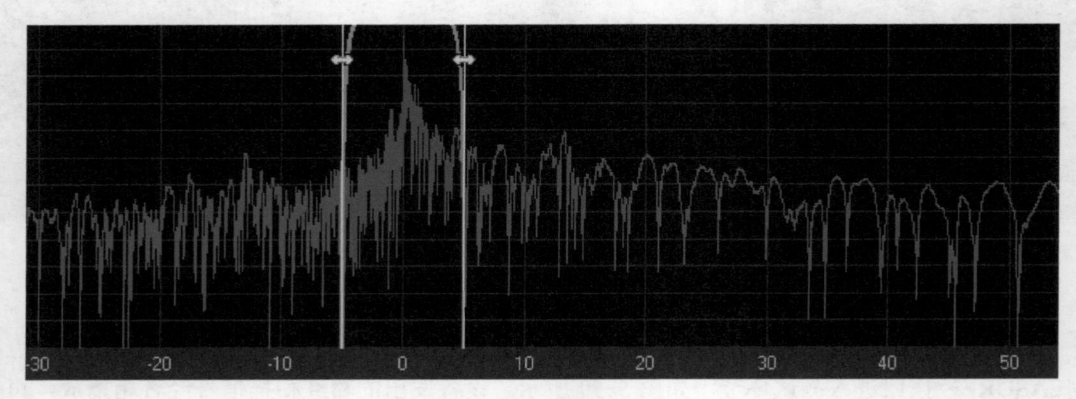

图 5-61　较短的窗口适合为音箱调音（AUTO WIN）

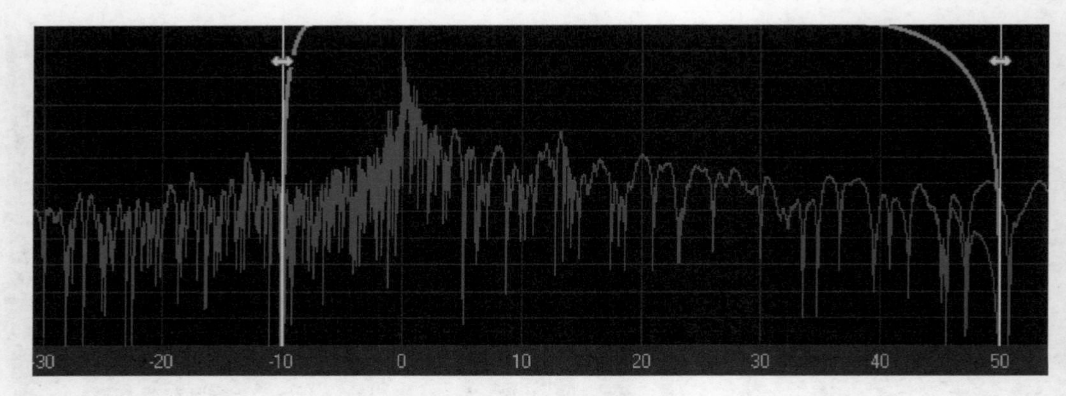

图 5-62　较长的窗口适合为声场调音（AUTO WIN）

平滑处理

由于所获得的脉冲信息可能过于复杂，不便于分析，而通过平滑处理后可以忽略微小的差异从而从趋势上对均衡进行处理，可大大提高效率。平滑处理的前后对比如图 5-63 所示。

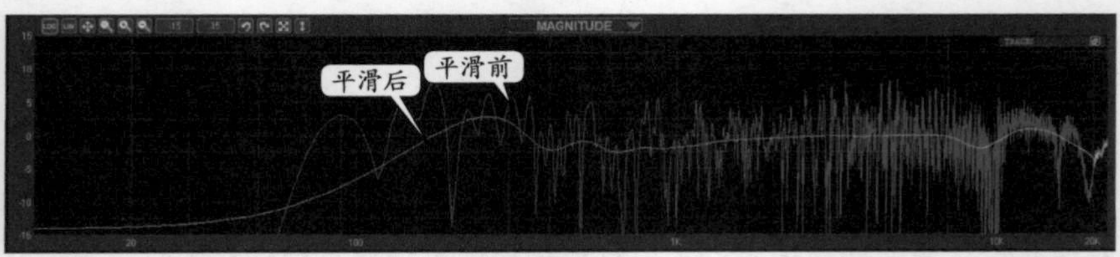

图 5-63　平滑处理的前后对比

在该选项中，可以将整体幅度、相位进行平滑处理（本案例选择的为 80~20000Hz），也可以选择其他某个频率段进行平滑，通过菜单中的“ADD”可以增加新的平滑处理频率段。

目标曲线

在日常调试中根据个人偏好可以选择平直的曲线，也可以自定义曲线。图 5-64 是目标曲线菜单。

PRESET（预置程序）：可选择 FLAT（平直）或则 AUTO（自动）。

SEGMENTS（片段）：选择希望处理的片段，可将该片段平直化、渐渐提升或渐渐衰减。通过“ADD”可以增加更多的片段进行控制。

PEQ：通过“ADD”增加均衡参数，从而得到自己希望的目标曲线。

图 5-64 目标曲线菜单

处理菜单

按照图 5-65 所示的处理菜单为设备设置自动均衡的必要参数。为了方便用户，该设备设计了场景快照功能，可在每一步操作时进行记录，以便快速返回，重新制作程序。

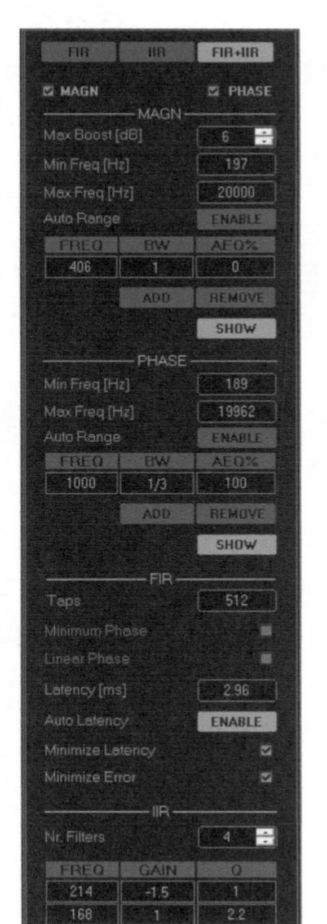

本案例选择了“FIR+IIR”的滤波方式。

MAGN 幅度

自动均衡最大处理分贝数，默认值为 20dB。本案例中选择 6dB，意为对自动均衡的调整不会超过 6dB 的限值。

MinFreq/MaxFreq 是自动均衡处理的范围，也可以选择“Auto Range”（自动范围）。

如果某频率部分不希望被处理，可选择中心频率及带宽，并将 AEQ 设定为 0%。本案例不希望处理 406Hz，将“AEQ%”调整为 0%，那么以 406Hz 为中心频率的一个倍频程内，自动均衡不起作用。通过“ADD”可以增加新的范围。

PHASE 相位

MinFreq/MaxFreq 是自动相位处理的范围，也可以选择“Auto Range”（自动范围）。

如果某频率部分相位不希望被处理，可选择中心频率及带宽，并将“AEQ%”设定为 0%，设定为 100% 时表示期望百分百得到自动化的结果。通过“ADD”可以增加新的范围。

FIR

Taps：抽头数，更少的抽头数有助减少延时量。

Minimum Phase：最小相位处理。

Linear Phase：线性相位处理。

Auto Latency：选择此项有助于减少延时，但可能会降低处理的精度。

Minimize Latency：最小线性。

Minimize Error：最小错误。

IIR

本部分为自动均衡的数据，可以根据自己的需求进行调整。

后面还有 POST EQ 菜单，可帮助用户设置有个性的频响曲线。

图 5-65 处理菜单

保存设置

在 LISTEN 菜单中点击“STORE”按钮即可将设置保存在设备中，试听确认后即可，如图 5-66 所示。

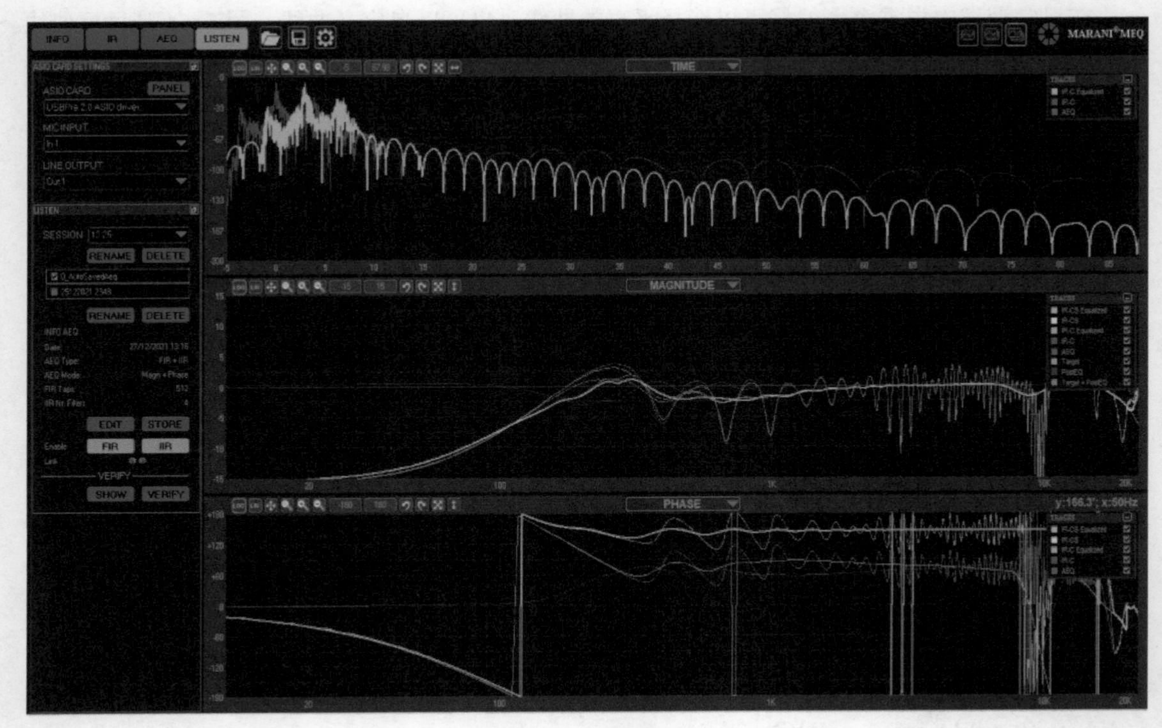

图 5-66　保存设置

5.5　用限制器保护音箱

5.5.1　限制器的基本功能

在国际电工委员会的推荐中，建议使用 2 倍及以上功率的功率放大器来驱动音箱。例如音箱 AES 功率为 100W 时，建议采用 AES 功率为 200W 的功放来驱动，这样可以保证音乐中的峰值信息被响应。但是对于没有经验的调音人员来说，这样很容易烧毁音箱，因此一般的处理器中都有限制器。

限制器（见图 5-67）实际上是一种压缩比很高的压缩器，将超过阈值的信号以高压缩比进行控制。

Threshold 阈值：触发限制器的电平值。

Attack 启动时间：当信号超过阈值后多长时间限制器开始启动。

Release 释放时间：当信号低于阈值后多长时间限制器关闭。

Ratio 比例：一般限制器压缩比要大于 10 : 1，有些限制器是∞ : 1。

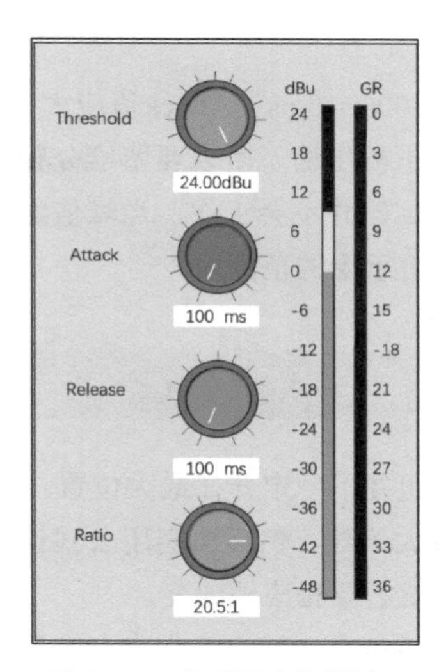

图 5-67　处理器中的限制器

5.5.2 限制器的基本算法

已知功放额定功率、额定阻抗、灵敏度、音箱额定功率和阻抗。

例如，音箱阻抗为 8Ω、AES 功率 300W，功放阻抗为 8Ω、AES 功率 600W，输入灵敏度为 1.4V，求限制器的阈值。

计算思路：根据音箱的额定功率与阻抗可以求出音箱最大的电压容量，然后再通过计算得出功放的最大输出电压，通过控制输入给功放的信号电平值的大小来控制功放的输出电压，使其最大输出值不超过音箱的电压容量。

第 1 步：根据欧姆定律，首先求出音箱的最大电压容量。

$$U = \sqrt{P \times R} = \sqrt{300 \times 8} = 48.99\text{V}$$

第 2 步：再求出功放的最大输出电压。

$$U = \sqrt{600 \times 8} = 69.28\text{V}$$

可以看出功放的最大输出电压为 69.28V，远远高于音箱的最大可承受电压 48.99V。

第 3 步：求出功放的放大倍数。由于功放的输入灵敏度为 1.4V，故而可计算功放电压放大倍数。

$$69.28 \div 1.4 = 49.49\text{（倍）}$$

第 4 步：求出功放输入电压限值。用音箱最大电压值除以功放的放大倍数，可以得出功放的输出电压达到音箱最大电压时，所需要的输入信号电压值。换句话说就是输入多高的电压信号给功放，功放输出的电压值刚好是音箱的最大承受值。

$$48.99 \div 49.49 \approx 0.99\text{V}$$

也就是说给功放输入端的信号电压不能超过 0.99V，如果超过此值，功放输出的电压就会超过音箱的电压容量，会烧毁音箱。

第 5 步：将电压转换为 dBu。在限制器上将阈值设为小于该值即可。

$$20\lg\frac{0.99}{0.775} = 2.13\text{dBu}$$

第 6 步：根据周期计算公式算出启动时间。假如分频点为 100Hz，1/100s 即为它的周期，乘以 1000 算出毫秒值。

1/100×1000=10ms（Attack值应大于此值）

这是为了保证信号的峰值可以不被压缩，所以要留给分频点的最小频率一个周期的时间，当信号中瞬间有峰值超过了阈值，限制器并不会工作，当峰值结束后假如信号仍然高于阈值，限制器开始工作，使信号被控制在音箱可承受的范围内。

5.5.3 测量功放的放大倍数

实际上，在现场功放的音量旋钮并不一定开在最大位置。如果音量旋钮的位置不在最大值上，需要在当前旋钮位置测量功放的放大倍数，然后再套用公式计算。需要注意的是，每当功放音量旋钮发生了变化时，限制器的阈值就需要相应地改变。

首先将声卡接入功放，并将音箱接入功放，关闭声卡音量，然后使用信号发生器通过声卡发出一个频率较低的正弦波（例如 150Hz）输出给功放。为了防止音箱烧毁，慢慢打开声卡的输出音量，要确保音箱是安全的。

测量声卡输出端的电压值，再用万用表测量功放输出端的电压值。

功放输出电压值÷功放输入电压值=放大倍数

有了这个放大倍数，就可以根据上节的公式算出阈值了。

****

手机或者计算机上有很多的 APP 可以帮助计算这些参数。实际应用中，手工计算的次数已经很少了，本书的介绍旨在说明原理，更多运算可以参考各种市面上的电声计算软件。

5.6 数字处理器

图 5-68 是一台 4 进 4 出处理器软件的界面。

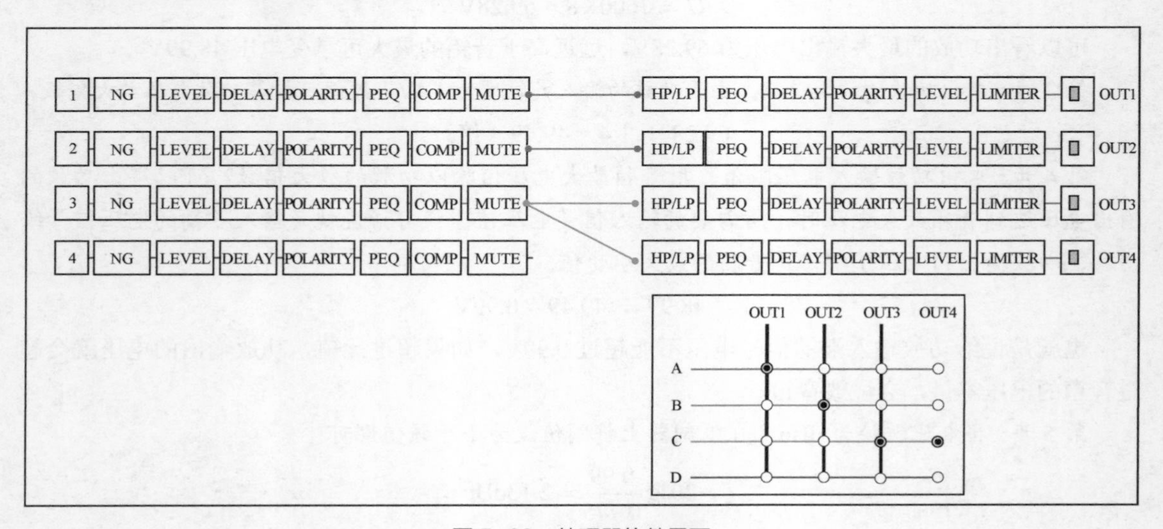

图 5-68 处理器软件界面

调整处理器时，首先要做的就是将信号分配好，图 5-52 是将第 1 路输入分配给第 1 路输出，第 2 路输入分配给第 2 路输出，第 3 路输入分配给第 3、第 4 路输出。信号路由要根据实际的需求进行。

处理器信号流程如下：

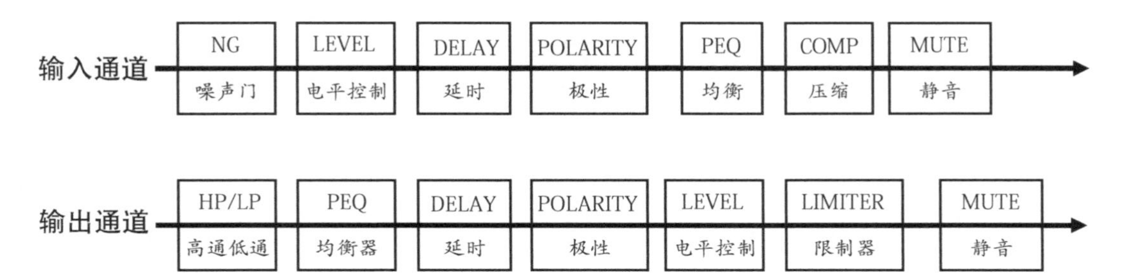

输出通道的高通低通实际上指的是分频器，流程中的所有功能环节都会在本书中逐步讲述，此处不作深入研究。

06

第6章

动态效果器

6.1 压缩器与声音塑形

6.1.1 压缩器的参数

压缩器是重要的动态处理工具，图 6-1 是 SQ 调音台压缩器界面。

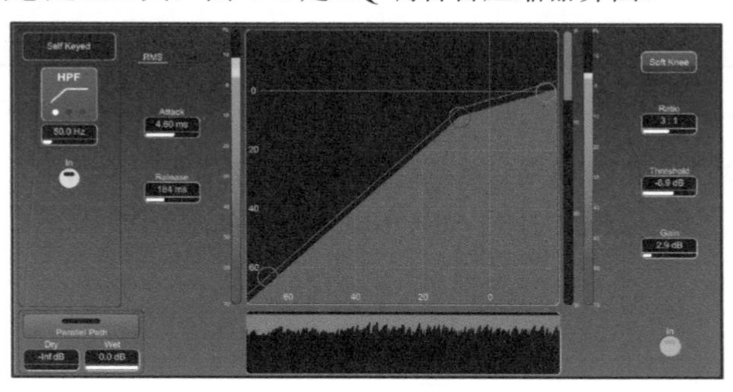

图 6-1 压缩器界面

门限（Threshold）也被称为阈值，是一个指定的电平值。当音频信号电平超过这个电平值的时候，压缩器开始工作，当音频信号电平值低于门限时，压缩器不工作，超过门限的信号被称为“过冲信号”，如图 6-2 所示。

压缩比（Ratio）是一个比值，当音频信号超过门限时，超出部分的信号将被按压缩比进行压缩，当压缩比大于 10 ∶ 1 时，被称为“限制器”（关于限制器内容参考第 5 章“系统调试”）。图 6-3 中门限设置为 -18dB（黄线），压缩比为 2 ∶ 1，超出门限部分的音量被控制为原来的 1/2。

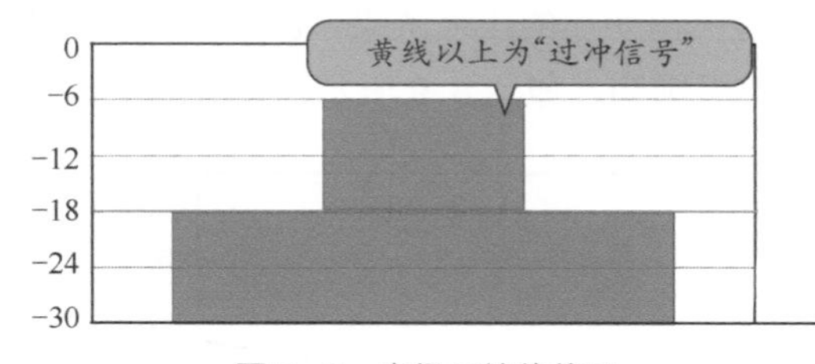

图 6-2 未经压缩的信号

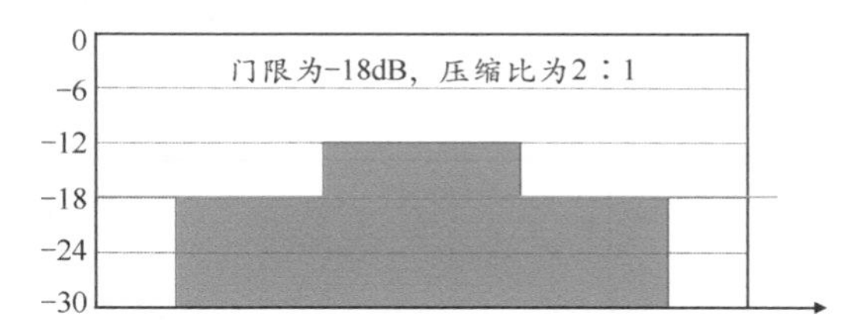

图 6-3 压缩后的信号

建立时间（Attack）也被称为“起控时间”“开门时间”，指的是压缩器开始工作的时间。假如没有这个参数，一旦信号超过门限，压缩器立刻启动；若这个时间设置为 50ms，那么当信号超过门限时，压缩器不立刻启动，而是等到 50ms 之后，压缩器才开始工作，如图 6-4 和图 6-5 所示。

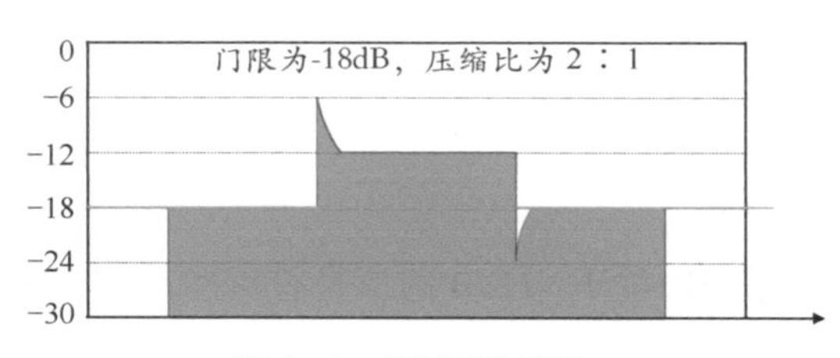

图 6-4 信号原始波形

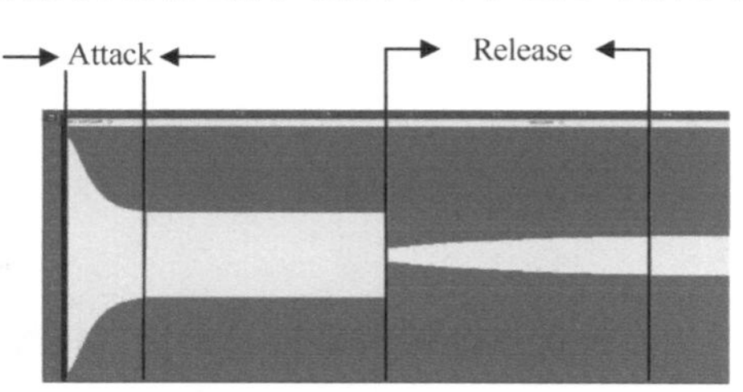

图 6-5 压缩后的波形

恢复时间（Release）。如果没有这个参数，一旦信号低于门限，压缩器立刻停止；若这个时间设置为 200ms，当信号低于门限时，压缩器并不立即停止工作，而是等到 200ms 之后再停止工作。

图 6-6 和图 6-7 分别为较短的和较长的建立时间和恢复时间示意图。

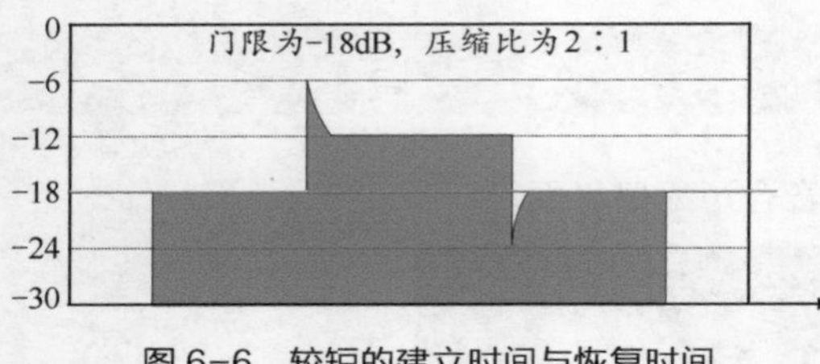

图 6-6 较短的建立时间与恢复时间

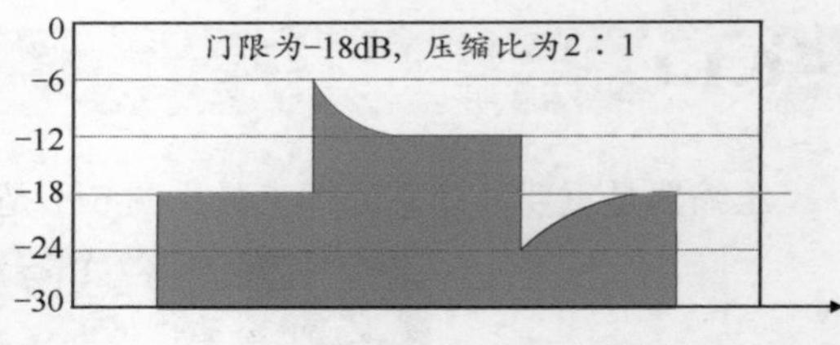

图 6-7 较长的建立时间与恢复时间

保持时间（HOLD）。一些压缩器具有这个功能，即使信号低于门限，压缩器仍然继续工作，直到保持时间结束才开始进入恢复时间，如图 6-8 所示。

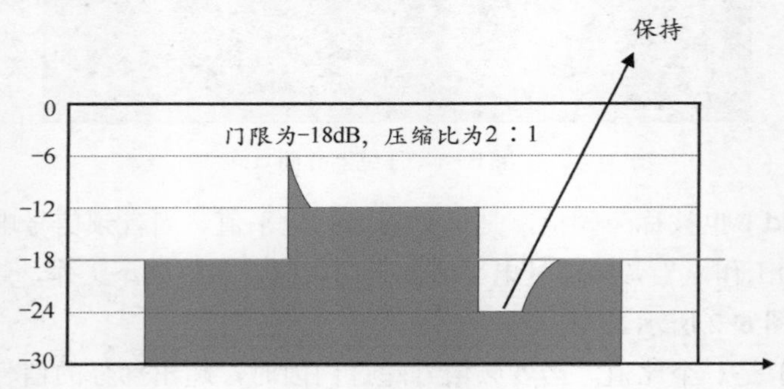

图 6-8 保持时间

拐点（Knee）表示门限上下交接点的陡缓程度，单位是 dB，这个数字越大，表示拐点的范围越大。软拐点表现出平滑无痕的压缩效果，硬拐点则可突出明显的压缩效果。例如架子鼓采用硬拐点可以使音头更明显，而人声使用软拐点则可使人声更圆润，如图 6-9 所示。

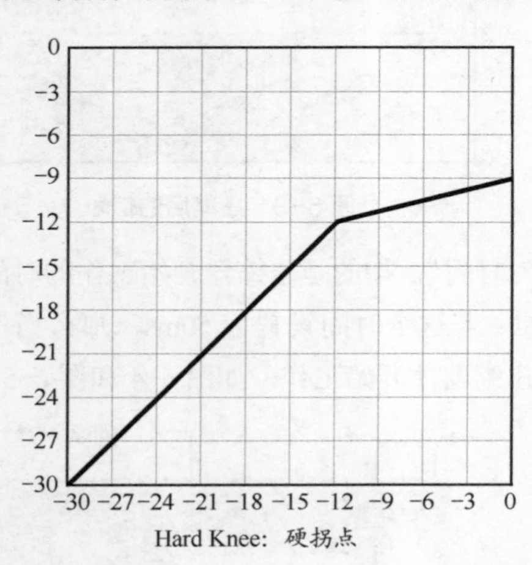

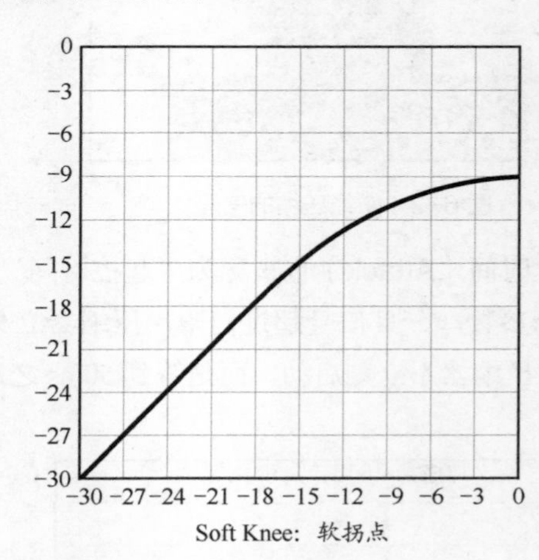

图 6-9 两种拐点

然而软拐点会使信号过早地进入压缩状态，原本门限位于 -12dB 的信号有可能在 -18dB 就开始压缩，这对原信号的动态影响还是很大的。

增益（Gain）。由于信号被压缩后输出的声音信号会比以前小了，使用增益可将失去的信号补偿回来。一般的做法是将因压缩减少的 dB 数通过增益提升起来，若因为压缩导致信号比被压缩前电平衰减了 3dB，可通过增益提升 3dB 回来。这样做不仅仅使被压缩的信号被提升，当增益提升时，那些在门限以下的未被压缩的信号也会被随之提升。这样做的结果是，未压缩前较弱的信号被提升，较强的信号被压缩，减小了音量后通过增益又补偿回来，总体动态变小了。

压缩器表头（Meter）。通常压缩器的仪表包含了输入电平表、输出电平表、压缩量电平表，部分压缩器还能显示被压掉信号的波形，如图 6-10 所示。

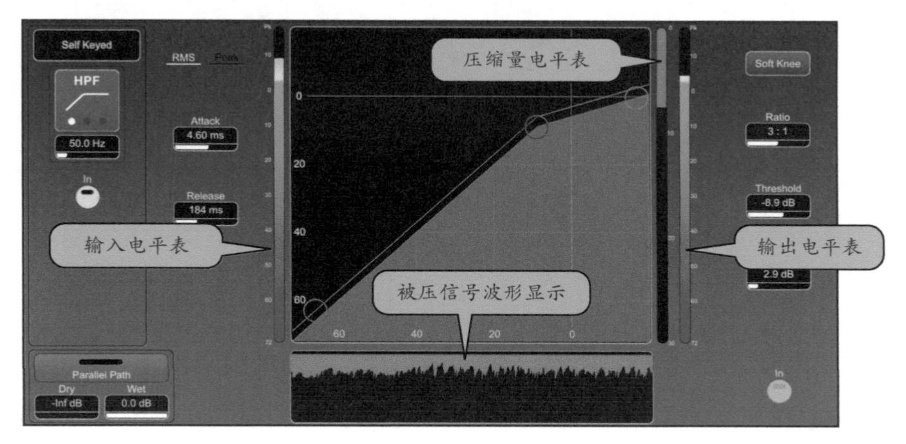

图 6-10 压缩器的指示表

侧链（Side chain）。在调音台上可以通过压缩效果器的侧链功能用另一个通道触发目标通道的压缩器。例如在某首歌曲中，贝斯与底鼓都很猛烈，由于两个乐器常常会在相同的时间点同时演奏，结果两个声部在一起导致了低音部分浑浊不清楚，我们就会希望假如底鼓演奏时贝斯力度可以稍微轻一点就好了，而侧链功能就能轻松解决这个问题。

在贝斯通道上设置好压缩，选择触发通道为底鼓（KICK），为了防止错误的信号触发压缩，例如军鼓的串音也会存在于底鼓通道，可通过滤波器将干扰信号滤除，图 6-11 所示采用了 132Hz 高切滤波器，也就是说 132Hz 以上的信号不会触发压缩器。这样每当 132Hz 以下的信号被送入底鼓通道且电平值达到阈值时，压缩器才会启动。

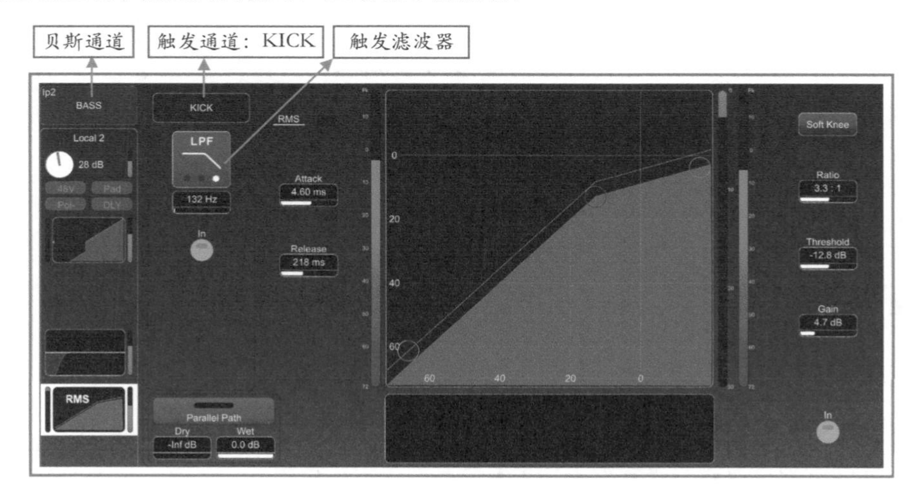

图 6-11 侧链功能

闪避（Ducker）。在一些演出现场，主持人会在音乐声中讲话，因为音响师无法确定主持人何时开口讲话，所以很难配合他做好音量控制。Ducker 可以帮助音响师实现这个功能，当主持人讲话时，压缩器会自动将音乐的音量降下来，而当主持人停止讲话时，压缩器会自动把音乐的音量调大，如图 6-12 所示。

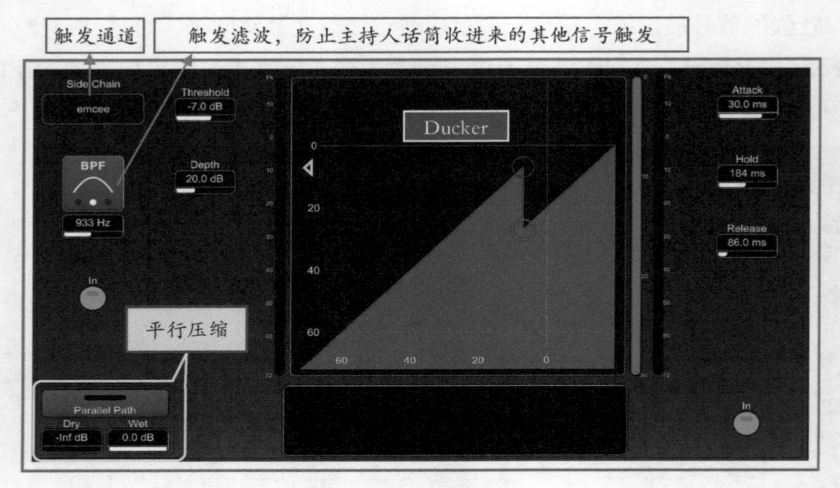

图 6-12　闪避功能

闪避功能也是建立在侧链功能的基础上，具体做法是在音乐轨道上将压缩器选择为 Ducker 模式（这个模式一般储存在它的库“Library”里），将压缩器的触发通道选择为主持人的通道。

平行压缩就是将某个通道的压缩与不压缩信号合并在一起的一种方式，并可以通过调整信号的混合比例（干湿比）获得各种有趣的效果。例如可以采用一个较大的压缩比和较短的建立时间将军鼓音头压掉，将这个信号进行增益补偿后再与原信号混合，可以得到一个有音头与无音头信号的混合，听起来军鼓延音变长了，如图 6-13 所示。

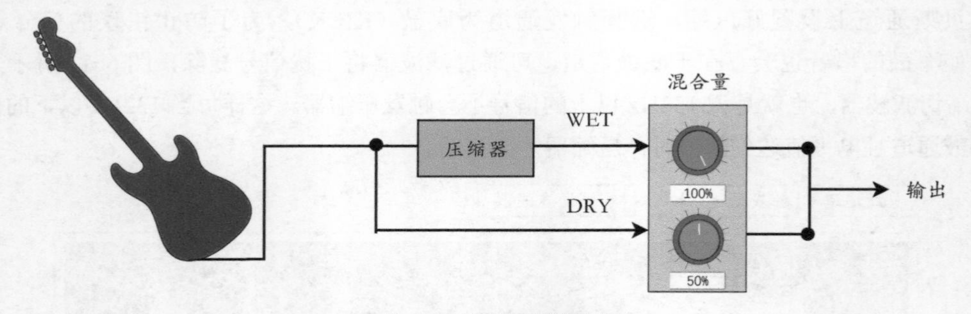

图 6-13　平行压缩的原理

DRY：干声，表示未经压缩的信号。WET：湿声，表示经过压缩的信号。

6.1.2　压缩对于声音的塑形的影响

想要怎样的听感？

关于压缩有个很有意思的对话。

歌手：“音响老师请为我的声音加上一个自然点的压缩，谢谢”。

音响师：“好的，已经加好了，您再试试”。

歌手:“(一阵演唱后)老师这效果不明显啊?我都没感觉出来呀”。

基于上面的故事,当我们使用压缩时,一定要问问自己:“我是不是希望这个压缩别人可以听得出来?或者感觉很明显?还是希望压缩悄悄地进行?”

有些时候,我们希望听众感觉不到压缩的痕迹,声音越自然越好;而在有些时候我们则希望听众能够明显感受到压缩的效果,这两种截然不同的想法会带来完全不一样的操作方式。当你在动手操作压缩器时,试着问下自己,是否希望压缩的痕迹比较明显?下面我们以人声为例进行说明。

一种方法是设置一个中等的压缩比,此处设为 3 : 1,将门限设置得稍高些,为 -8dB,这样当歌手大声唱歌时声音超过门限,压缩器开始启动。

另一种方法是设置一个较小的压缩比,此处为 1.15 : 1,将门限设置得比较低,为 -46dB,这么低的门限即使歌手轻轻地唱,声音也会被压缩,如图 6-14 所示。

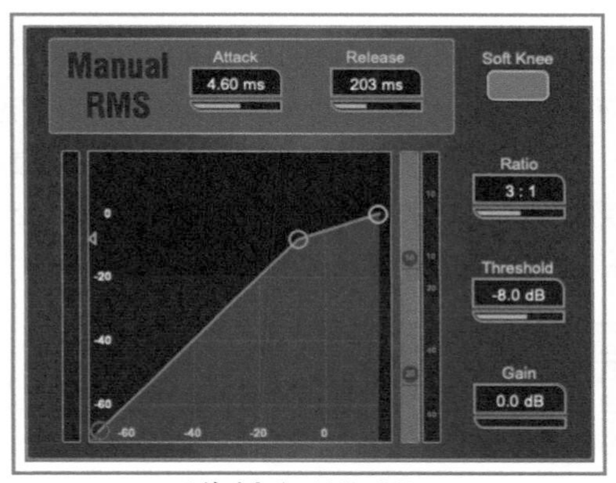

压缩比3:1 门限-8dB

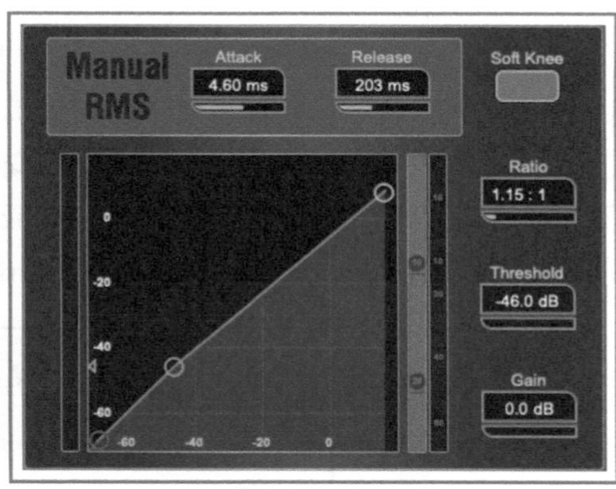

压缩比1.15:1 门限-46dB

图 6-14 不同的压缩方式不同的听感

这两种方式中后者更不容易被觉察出来,如果要让人听到明显的压缩感,前者更容易实现。门限和压缩比常常在一起配合使用,通常越低的门限就采用越低的压缩比。设置较低的门限和较大的压缩比都能给人增加压缩的感觉。这是因为门限设置得越低被压缩的范围就越大,而压缩比设置得越高,“过冲信号”就会被压缩得越严重。

想要怎样的算法?

一些压缩效果器上有基于峰值 PEAK 与平均值 RMS 的算法。峰值算法基于对信号中的峰值进行检测来控制压缩,因而压缩反应非常迅速;而基于平均值的算法中,信号以平均值来计算,其结果比峰值算法较为平缓,更符合人的听感。

PEAK 算法:比较适合需要对信号峰值进行控制的情形。

RMS 算法:通常不能对信号中突然出现的峰值信号产生作用,因而会保留信号中的峰值能量,适用于大多数的压缩情形。

总体而言,峰值算法可以让压缩棱角分明,听起来压缩感更强;而 RMS 算法会增加压缩的圆润感,如果希望听起来压缩痕迹不明显,RMS 就是较合适的选择。

想要怎样的音头?

Attack 调整的关键在于你希望得到一个什么样的信号音头。

* 当对信号进行峰值限制时,建立时间必须足够的快。

* 当压缩用于平衡声部时,对于人声来说,建立时间也要相对的快,这样才能更有效地控制

电平起伏，而对于节奏类的打击乐器，需要保证音头通过，因此起控时间要设置得合适。

* 如果希望对声音进行动态塑形，例如一首节奏型、强而有力量的歌曲，希望人声听起来更有力度些，那么可以采用 4∶1 或者更高压缩比的压缩，门限控制在稍低位置，通过建立时间释放音头，调节建立时间在约 20ms 以上，可以听到明显的音头释放，因为强调了音头，所以人声听起来将会更加有力。而如果希望某歌手每一句的第一个字都需要柔和地出现，建立时间要更短些，甚至调至最短，这样可以避免因为释放音头而带来的力度感。

当为打击乐器调整建立时间时，可以尝试以下步骤，我们以军鼓为例说明。

首先设置一个合适的压缩比（一般在 2∶1 至 5∶1 之间），然后将门限调至最低，将建立时间设为最快，这时候会听到一个已经压瘪了的军鼓声，慢慢调整建立时间的值，直到听起来音头是你想要的为止，然后将门限恢复至自己需要的位置即可。

想要怎样的音尾？

保持与恢复时间的调整可以说是非常具有艺术性的，巧妙的调整会让声音的结尾变得非常迷人。大多数信号的片段结尾处都呈现衰减的趋势，而恢复的过程实际上是一个音量逐渐提升的过程，实际上常常发生的事情是：信号在结尾处逐渐变小，而压缩的恢复过程将音量逐步提升，这使得音尾处更加容易被听清楚。因此，由于人声的衰减过程比较长，而打击乐器衰减过程比较短，所以这二者的恢复时间的调整也会显得人声较长而打击乐器较短，如图 6-15 所示。

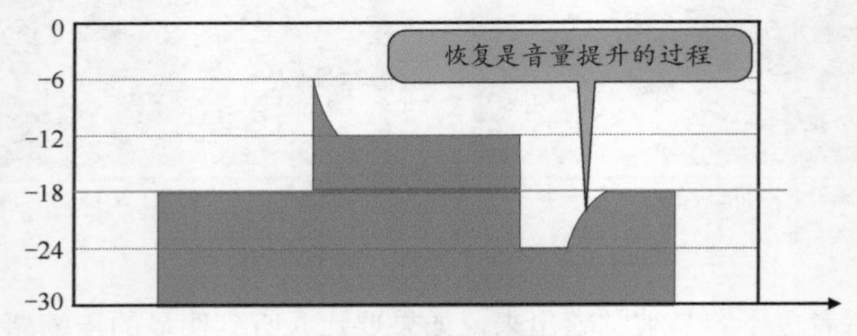

图 6-15 理解恢复时间

如果并不期待恢复逐渐提升信号波形的音尾，则可以将恢复设置为较快的速度。

恢复时间过短会带来一些低频失真问题，甚至会产生一些可闻噪声，恢复时间太长会影响下一个声音信号的音头。以军鼓为例，军鼓一般是有规律地间歇出现的乐器，假如在 4 拍的歌曲中，军鼓每小节出现 2 次，那么每次的长度约等于两拍的时间，如果将恢复时间设置为 3 拍时间的长度，将会使压缩器对第一声军鼓压缩完还未恢复时，第二声军鼓就出现了，这会直接影响到它的音头。音头是军鼓力量的所在，所以我们并不希望这种情况出现。调节恢复时间最简单的做法就是查看压缩器的 GR 表的回落，第二声军鼓出现之前，压缩器的 GR 指示必须已经恢复到了初始化的状态，如图 6-16 和图 6-17 所示。

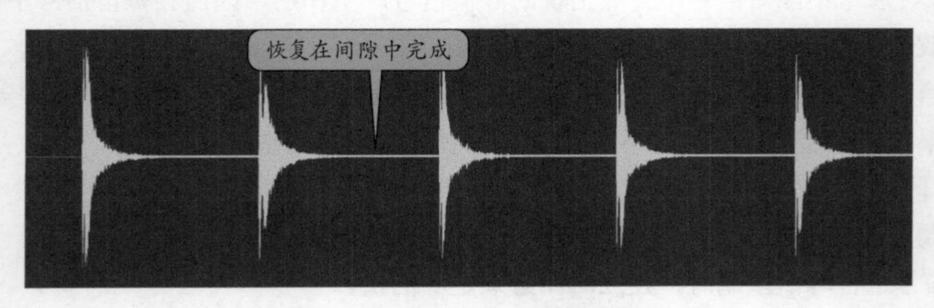

图 6-16 下次军鼓出现前，上次压缩必须结束

较慢的恢复，影响了下一个军鼓音头

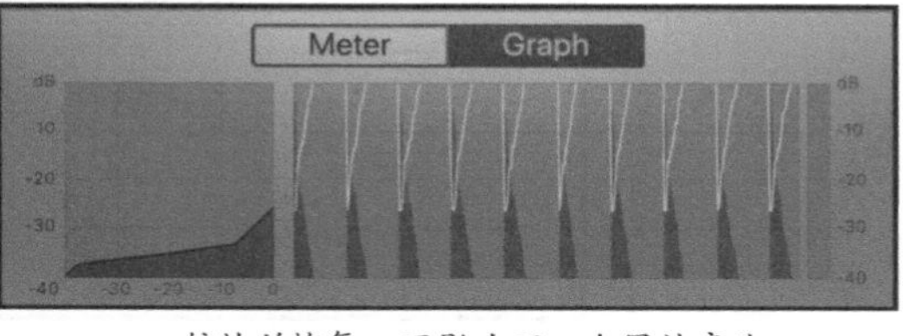

较快的恢复，不影响下一个军鼓音头

图 6-17 恢复时间与音乐

一些压缩器的恢复会提供 Auto 功能，它将根据信号自动判断释放时间。例如上面所讲的军鼓，如果将军鼓恢复设置为两拍的长度，遇到鼓手 Solo 时，他可能演奏的是 1/4 拍的长度，按照 2 拍调整恢复时间的话，1/4 拍的军鼓效果肯定不完美，所以有时候选择 Auto 是个不错的选择，因为 Auto 设置中的这个时间不是恒定的，而是随着信号不断变化的。

压缩器的使用目标

笔者当年跟老师学习混音时，印象特别深刻的一点就是：每次当我要动压缩时，他就会先问我“你为什么要用压缩？你想达到什么目标？”

是啊，“你为什么要用压缩？你想达到什么目标？”如果这个问题自己不清楚，我的建议是不要使用压缩。

那么，压缩到底能够实现那些需求呢？

控制信号电平与峰值

如果某个信号峰值因数太大，为了控制其峰值，将门限设定到自己预期的范围，可将压缩比设置为 10 : 1 或者更大，这样可以将其峰值控制在一定的范围内，通过增益补偿，还可以提高响度。

如果某个信号电平有可能突然很大，为了控制其电平值，可以将门限设得高一些，压缩比设置为 10 : 1 或者更大。当信号突然变大时，压缩器将会起控，使之被限制在一定的范围。

声音塑形

通过门限、压缩比、建立时间的调整，可以使声音的音头出现不同的效果，既可以将音头调整得特别有力，也可以将音头调整得特别柔和。通过调整恢复时间、保持时间也可以使音尾被塑造。

当歌曲很激昂时，笔者很喜欢的做法就是使用压缩器让演唱者的音头更有力，使歌曲听起来更加有力度感。

细节展现

如果一些歌手的演唱有很多微小的细节，而这些细节很容易被淹没在音乐中，可以尝试通过设置压缩比及门限，通过增益补偿的方式使得细节被强化，甚至呼吸声、嘴唇的声音都能被听见。

平衡声部

在现场演出中，各个声部的电平值此起彼伏，例如鼓手力度控制不佳时，而人声电平也忽高忽低，贝斯电平时高时低，这使得各个乐器做到相对平衡非常困难，使用压缩器可以有效地控制电平的平衡性，如图 6-18 所示。

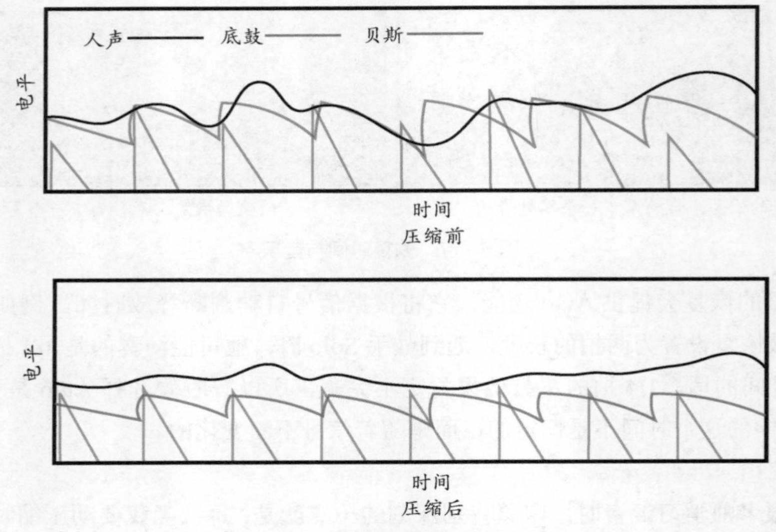

图 6-18　压缩可以让声部之间更平衡

当将压缩用在这种情形下时，建议如下。

门限可以设置在信号活动范围的最底部，让压缩对所有的电平起伏产生影响。

压缩比要依据实际情况，高的压缩比会把声音压瘪，低的压缩比达不到平衡电平的目的。人声信号要使用较大的压缩比，因为人声的动态范围太大，弱化动态可以使电平起伏变得更小。

Attack 与 Release。对于非打击类乐器应该设置快速的建立与释放，这样可以产生更多的压缩，但需要注意是否出现低音失真。对于打击乐来说，可以将建立与释放时间调得长一些，以保持动态。

拐点设置为软拐点，因为并不追求压缩效果的呈现。

侧链触发很有可能使用，因为这能够带来更为精细的处理效果。

增益补偿需要使用，使用的目标是使压缩前压缩后的声音响度一致。

如果我们平衡所选择的电平幅度较大，则可能出现打击乐器就像电子鼓机一样，然而随着演奏力度的不同，鼓的音色会发生变化，这可以让听众区分演奏者的力度。鼓组电平统一会大大增加鼓的敲击感，尽管听起来不是那么自然，而这一切都根据你想要的效果是什么来作最终的取舍与平衡。

6.2　经典的压缩器

6.2.1　Variable Mu（TUBE）电子管压缩器

之所以从这种压缩器开始，是因为这是最早期的压缩器。基于电子管电路的压缩会根据压缩的强度产生一定程度的谐波失真，给人一种温暖感，因此从音色上讲这类压缩是染色比较严重的。

Variable Mu 类压缩器建立时间比较慢，它有着非常软的拐点，因为这个原因，它比较难处理瞬态的乐器和具有冲击力的声音。如果你追求早期的压缩感或者增加温暖感，这类压缩器是最好的选择。

典型特征：暖味十足的古典融合艺术家。

我们通常不使用电子管压缩器来处理较大的压缩，而仅仅用电子管压缩器压缩 1~2dB 的量，使声音获得电子管独有的温暖、平滑以及经典模拟设备的质感。

这类压缩器常常会用在录音棚的母带处理上，赫赫有名的母带压缩器 Manley Variable MU（见图 6-19）正是这种类型的设备，艺术家们用它来增强信号的模拟感、电子管的温暖感以及多种信号在一起的融合感。但这种设备通常很昂贵，但要知道好货总值个好价钱。

图 6-19 Manley Variable MU

6.2.2 数字压缩器

数字压缩器是利用一整套数学运算来完成压缩的，因此它具有较高的精确性。其他的模拟压缩器会有各种各样的电路特点带来的不同的压缩特征，而数字压缩器完全不存在这些情况。Allen & heath 的数字调音台建立时间的响应速度可以做到 30μs~300ms，恢复时间可以做到最长 2s。它的最大优点就是它各项功能很完美，但这也是它的缺点：因为完美，所以其运算代码结构被广泛应用，几乎所有的数字调音台自带的压缩器都是这种，所以这也导致它成为了最没有个性的压缩器。本章第 1 节中所举例的压缩器即为数字压缩器。

典型特征：精确到无可挑剔。

6.2.3 VCA 压缩器

VCA（Voltage Controlled Amplifier）指的是压控放大器，在这种电路基础上制造的压缩器被统称为 VCA 压缩器。

这是最常使用的压缩器，它使用一个电阻元件来改变通道上的音频信号的强度，其压缩算法是基于 PEAK（峰值）的，因此这类压缩器反应迅速，一般采用硬拐点（hard knee），但偶有软拐点（soft knee）设计，经典的 API 2500、dbx 160 就属于这类的压缩器。

典型特征：将冲击力进行到底。

通过 VCA 控制峰值可以对大动态范围的信号进行压缩，因此它尤其适用于各类打击乐器，擅长表现打击乐器的冲击力。当然，如果希望为人声增加力度感，也可以选择它。但是由于此类压缩器压缩感明显，若想不留痕迹地通过压缩平衡各个声部的电平值，VCA 压缩器就未必合适了。

Avantis SQ 调音台中的 16T 软件压缩器，其特点尤为接近硬件的 dbx 160A 压缩器，在现场可产生紧密、有力的压缩效果，并具有迅速反应的时间特征，如图 6-20 所示。

dbx 160VU 面世于 1971 年，是一种早期的 VCA 型压缩器 / 限制器。该半机架单元具有简单的控制功能（阈值、压缩、输出）和可切换功能的大型 VU 表，它广泛用作打击乐器声音的瞬态整形，尤其是底鼓、军鼓和电贝斯。

图 6-20　Allen&heath Avantis SQ 调音台中的 VCA 压缩器 16T（图片来自官网）

Avantis SQ 调音台中的 16VU 压缩器特征与硬件的 dbx 160VU 如出一辙。其特点是能使声音的音头具有温暖感、粗糙感和颗粒感，可以使合成或真实的低音音色增强清晰度和识别度。在电子音乐中，16VU 可以用来塑造底鼓和军鼓声，使它们变得猛烈而有力，如图 6-21 所示。

图 6-21　Allen&heath Avantis SQ 调音台中的 VCA 压缩器 16VU（图片来自官网）

受到经典晶体管阵列 VCA 动态处理器的启发，工程师们开发出另一款压缩器：Mighty。Mighty 可以让底鼓声和军鼓声更为突出，为贝斯强化击弦声，让木吉他声脱颖而出、增加冲击力，并可以使人声有强烈的压缩痕迹。当用在鼓组上时，打开“平行压缩”会获得有爆破力却不失味道的鼓声。“PK”指峰值模式，可用于鼓上，“AVG”指平均值模式，可用于人声等非脉冲性质的乐器。无论是哪一种模式，Mighty 都能给人强烈的压缩感和力量感，如图 6-22 所示。

“在朋克、摇滚乐中，我将 Mighty 用在鼓上，因为它很有味道，速度很快，非常具有攻击性的感觉，听起来特别有个性！”

图 6-22　Allen&heath Avantis SQ 调音台中的 VCA 压缩器 Mighty（图片来自官网）

6.2.4　Opto 光学压缩器

与 VCA 电路结构不同，光学压缩器将输入信号连接在一个类似于灯泡的发光元件上，当信号电平较高时，该元件亮度较高，压缩量就变大。光学压缩器可以被认为是一个反应迟缓的RMS 值的压缩设备，所以光学压缩并不能带来较强的冲击力，也很难控制信号中的峰值。

典型特征：优雅、柔和而光滑。

经典的 LA-3A、LA-2A、TubeTech CL1B 都属于这类压缩器。这类压缩器比较适合用于非脉冲的连续的信号，例如人声、提琴、电吉他、电贝斯等，亦适合用于宏观的电平调整，平衡各个声部。这类压缩器要想表现大动态、具有冲击力的鼓是比较困难的，如图 6-23 所示。

Allen&heath Avantis SQ 调音台中的 Opto 压缩器，可以用于平滑地压缩。当你需要较小痕迹地处理电平时，它很合适，它也可以为贝斯、鼓进行压缩处理，如图 6-24 所示。

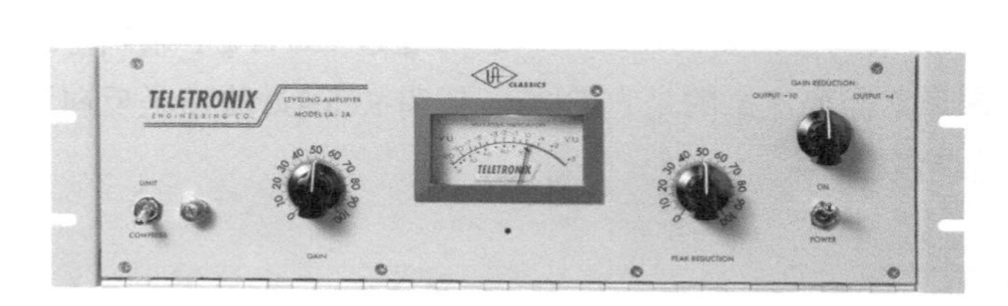

图 6-23　经典的 LA-2A 是处理人声、吉它、贝斯的绝妙装备

图 6-24　Allen&heath Avantis 调音台中的 Opto 压缩器

如果整体上期待得到较为传统的声音，需要将 Attack、Release 设置为 SLOW 或 MED，而 Attack、Release 设置为 FAST 时可以得到更加有现代感的声音。该压缩器还有一个 Burn 模式，该模式模拟发光管灯丝的较慢释放时间，用于处理舒缓的人声，可以产生余音绕梁的优雅感。另一个 Transient 控件表示随着增益降低而降低恢复速度。

6.2.5 FET 场效应管压缩器

1966 年，Universal Audio 创始人 Bill Putnam 使用场效应管取代了真空管，创造了这款堪称世界上最受尊敬的 FET 压缩器：1176 峰值限制器。在过去 50 多年里，世界经典录音室中无一例外均有 1176 的身影，称它为录音界的传奇发明一点也不为过。

FET 压缩器的启动时间可以很快，以 1176 为例，它的建立时间最快值仅有 20μs，拥有快速的建立时间就意味着可以对需要快速响应的信号进行控制，可以为他们增加力度感。因此在鼓、贝斯、人声等需要增加力度的地方都可使用这种压缩器。由于场效应管的音染可以增加音色的肥厚度，所以它也会被用在需要增加音染的地方，如果你觉得某些声音有些单薄，可以用它增加些音染。

典型特点：速度、激情与颜色。

图 6-25 中是 Avantis SQ 调音台中的 PEAK 76 LIMITER 峰值限制器，它没有 Threshold（阈值），只有输入（IN PUT）和输出（OUT PUT）旋钮，压缩量直接由输入电平来控制。当调节 INPUT 时，同时也会影响它的阈值：INPUT 调得越高，阈值相对就越低。OUTPUT 类似于普通压缩器的增益，用来最终确定输出信号的大小。

本压缩器共有 5 种压缩比，分别是 4：1、8：1、12：1、20：1 和 ALL，所谓 ALL 就是将 4、8、

12、20 四个压缩比按钮同时按下，可以得到一个个性化失真的压缩效果。

*将主唱声保持在温暖和颗粒状态
*获得爆炸性的经典摇滚鼓声
*为贝斯、吉他和琴键声增添真实感
*使用“ALL”模式获得个性化失真

——Allen&heath 官网

图 6-25　Allen&heath Avantis 调音台中的 76 限制器，与 1176 如出一辙

一般在调整这款压缩器时从 INPUT 入手，通过观察 GR 表头来判断压缩量的大小，指针越向左摆动就说明压缩量越大，可通过 INPUT 来调整需要的压缩量。之后通过 OUTPUT 来确定输出信号大小，最后通过 Attack、Release 塑形。需要注意的是它的 Attack 和 Release 旋钮是反向调节的，拧到最右边是最快，拧到最左边是最慢。

6.3　多段动态处理设备

6.3.1　多段压缩器

应用场景

我们来设想一个场景，一位歌手正在演唱一首歌，这首歌曲动态特别大，音域也特别宽。主歌部分非常的低沉，他的音色频率非常协调，到了副歌部分他突然扬声高歌，歌声中音色频率比例发生了变化，高音过多，听起来声音非常刺耳，于是调音师赶紧去调整均衡衰减高音，可还没调完，他又进入了主歌部分，开始用低沉的声音唱歌，这样很难把声音调好。

再来设想另一个场景，架子鼓各个通道混合后，发现平衡性比较差，希望总体通过压缩来控制其平衡感，可是普通的压缩无法为底鼓、军鼓、镲片提供最为恰当的压缩比、建立时间和衰减时间。

上述情况很常见，多段压缩就是一种可以考虑的优化手段。多段压缩实质上是在可闻频率范围内设定了多个压缩器，每个压缩器负责一个频率段，如图 6-26 所示。

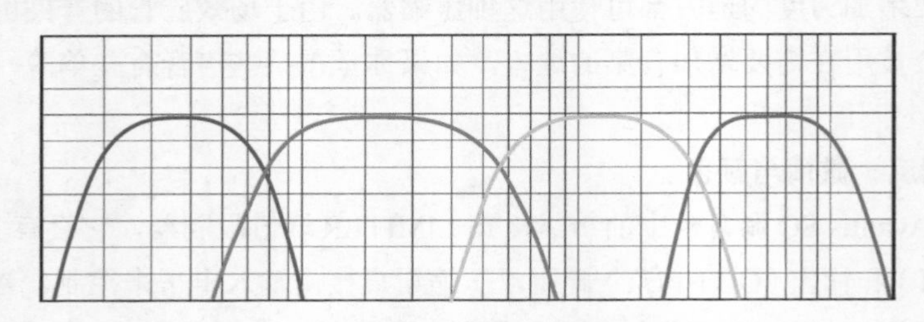

图 6-26　4 个频段压缩器

例如上面所举的歌手的例子，可以加载一个多段压缩器，找到他演唱刺耳的高音频段，在这个频段设置上压缩。当他轻轻演唱的时候由于信号不能达到压缩器的门限所以压缩器不起控，当

他大声唱歌时，到达压缩器的阈值后压缩器开始工作，将他较为刺耳的高音段用压缩器控制住，故而只有在他大声唱歌时压缩器才会控制他的刺耳的部分。

同样的道理，多段压缩器也可以在架子鼓的混音母线上，针对底鼓的频段设置一定的压缩参数，针对军鼓频段设定一定的压缩参数，将每个频段合理安排在鼓的混音通道中，分别设置不同的压缩比与时间参数，这样既保持了鼓的特性，又实现了压缩的功能，控制起来就方便了许多。

参数说明

图 6-27 中是一款简单的 4 段压缩器，可以用在某个通道上，也可以用在母线或者总线上。

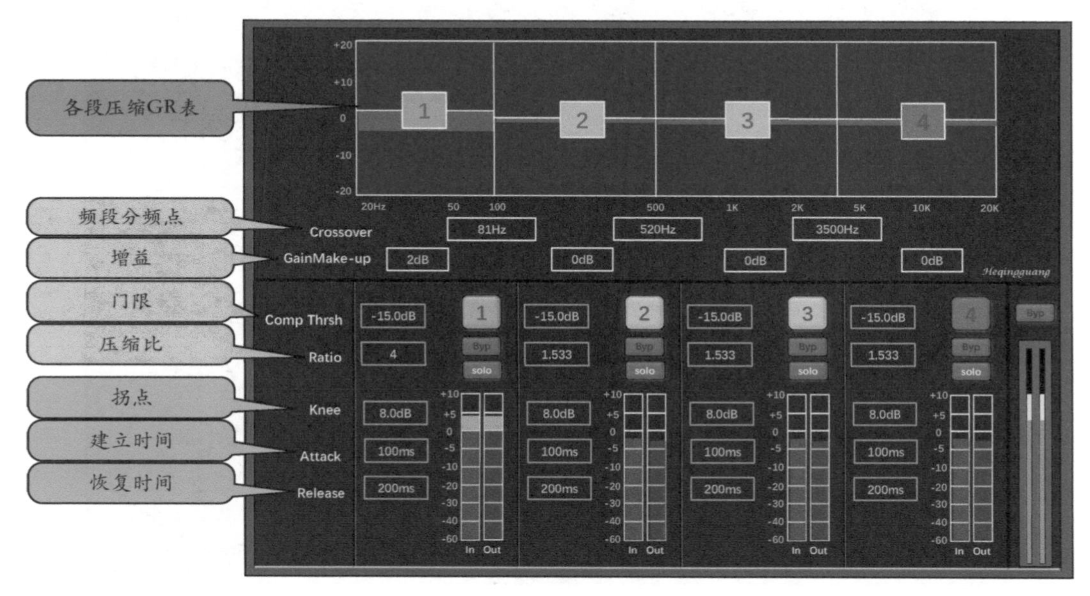

图 6-27　4 段压缩器实例

调整各个频段压缩参数时建议首先点击该频段的 Solo，单独听这个频段调整，调整完后可以使用 Bypass 来对比调整前与调整后的结果，有时候需要反复对比。

多段压缩器与动态均衡器很相似，虽然先进的设计使两者之间区别越来越模糊，但是还是可以简单地得出一个结论：

多段压缩器是基于各个频段的压缩，设计的初衷是对信号进行压缩，因此压缩功能性比较强；而动态均衡器是基于动态的均衡，其设计的初衷是对信号实现均衡，因此可以对频率进行精细的控制。

6.3.2 动态均衡

参数说明

再来设想一个场景，仍然用鼓做例子：在一个鼓组的母线上，我们希望为军鼓提升 220Hz 的能量以此来提升军鼓的厚度，如果直接用均衡提升了这个频率，这个时候受到均衡影响的就不只是军鼓，底鼓的 220Hz 也会被提升，这是我们不希望发生的。

而动态均衡就可以解决这个问题：我们可以在 220Hz 处设置一个阈值（门限），使军鼓频段的电平到达这个阈值后均衡器才开始提升，由于底鼓与军鼓相比，底鼓能量在 220Hz 处不如军鼓强，因此在底鼓电平之上、军鼓电平之下设置门限。这样底鼓演奏时 220Hz 不会被提升，而军鼓演奏时会触发门限，从而自动提升该频率。

在 Allen&heath 公司推出的 Avantis SQ 调音台的通道上，可以插入一款名为“DYN8”的插件，这款插件包含了一个 4 段压缩器和一个 4 段的动态均衡器，如图 6-28 所示。

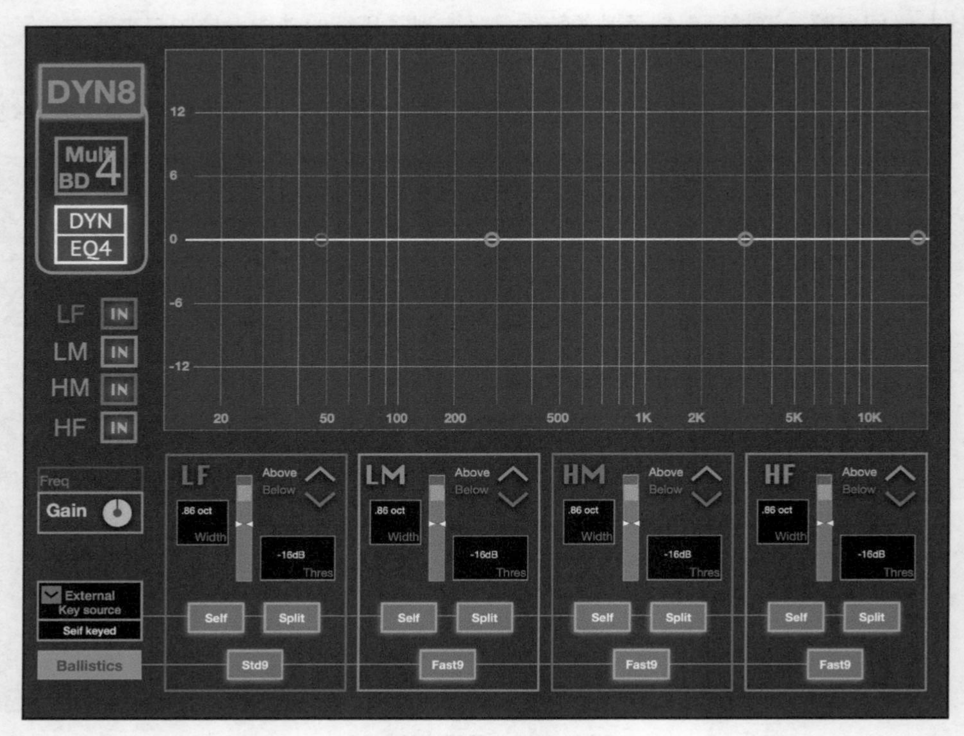

图 6-28　DYN8 插件界面

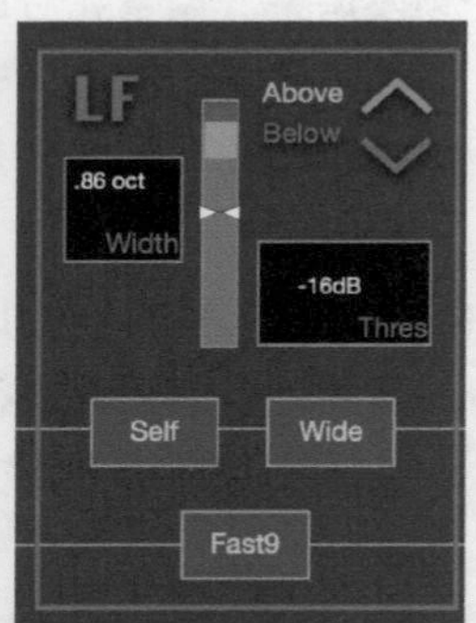

Above：向上，选择此项时一旦信号超过门限动态均衡器即会工作。

Below：向下，选择此项时一旦信号低于门限动态均衡器即会工作。

Width：带宽，表示均衡器的宽度。

Thres：门限，是动态均衡器的起控参考电平值。

Self：这是一个用于侧链的选项，选择“Self”表示触发信号来自本通道，点击这个键可切换为“External”，意思是触发信号来自其他通道。

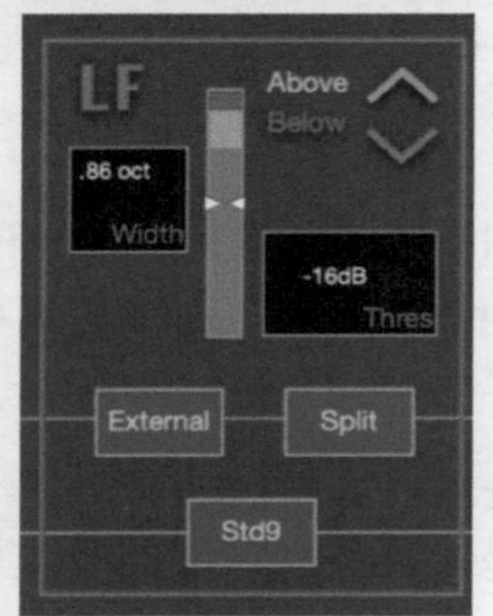

Wide：宽度，表示触发信号为全频段，经测试发现当选择此项时，20Hz～20kHz 的任何达到触发条件的信号都会触发该频段的动态均衡器；点击它还可以切换为“Split”，这种算法是以该频段均衡的带宽为触发信号。

Fast9/Std9：　快速响应/慢速响应，表示动态均衡器被触发时的反应速度，打击类乐器一般需要快速。

所谓动态均衡，实质上可以把它视为一个可以自动调整的均衡，这个均衡有 4 个滤波频段，会根据我们的需求为通道自动提升或衰减某个频段。

侧链应用实例

现在仍然以底鼓和贝斯为例，使用这款插件来进行更为精细的侧链控制。在演出中经常出现的一个问题是：如果你想保证底鼓具有直击心脏的低频力度，就有可能与贝斯信号中低频叠加导致两种乐器失去原有的力度并引起音乐中低频能量过多，我们期待的是让底鼓很有力却不要它与贝斯冲突。

下面以 Avantis 调音台为例来尝试通过侧链设置动态均衡。首先找到底鼓最有力的频率，例如发现底鼓 56Hz 特别有震撼感，通过均衡将其适量提升。然后加上贝斯的信号，若发现贝斯与底鼓同时出现时会声音浑浊，有时候无法清晰分辨两种乐器，说明频率有冲突。关掉底鼓为贝斯调音直到自己满意为止，然后为贝斯插入一个动态均衡，使用“LF”低音频段，建立一个以 56Hz 为中心频率的动态均衡，将其触发信号改变为侧链模式，触发通道选择底鼓通道。具体步骤如图 6-29 所示。

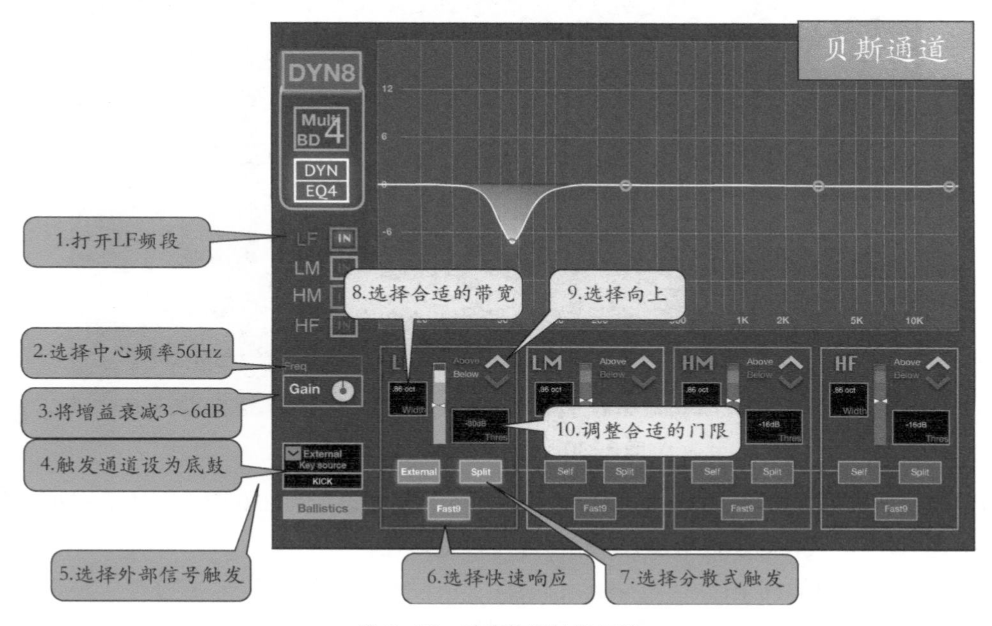

图 6-29 动态均衡处理步骤

图 6-29 中第 7 步：“选择分散式触发”（Split），若选择“Wide”，如果底鼓通道有军鼓串音的话，那么军鼓的声音也会有可能触发动态均衡，而选择“Split”则可避免其他通道信号的干扰。只有中心频率为 56Hz 的带通信号才可以触发本频段的动态均衡。换句话说只有底鼓发声的时候，才会为贝斯通道调整均衡，调整方式是以 56Hz 为中心频率向下衰减。

第 8 步：“选择合适的带宽”，要仔细对比两种乐器合并后的效果，以可以清楚分辨两种乐器为目标。

第 9 步：“选择向上”，这表示只有触发信号高过门限的时候动态均衡器才开始工作，这样可以保证底鼓演奏的时候才会衰减贝斯的目标频段。

第 10 步：“调整合适的门限”，需要边听边调，因为这个值也影响到了衰减的量，门限越低，均衡衰减的量就越多。

通过调整动态均衡，我们既保证了贝斯单独演奏时的效果，也保证了底鼓出现后的频率融合问题，效果非常棒。

6.4 门（Gate）电路

6.4.1 参数说明

业界常常喜欢把 Gate 称为“噪声门”，但这并不是一个确切的说法，实质上它就是“门电路”。

所谓 Gate，指的是当一个信号的强度达到指定的电平值时，信号被允许通过，而若达不到所指定的值，信号被限制通过。门电路示意如图 6-30 所示。

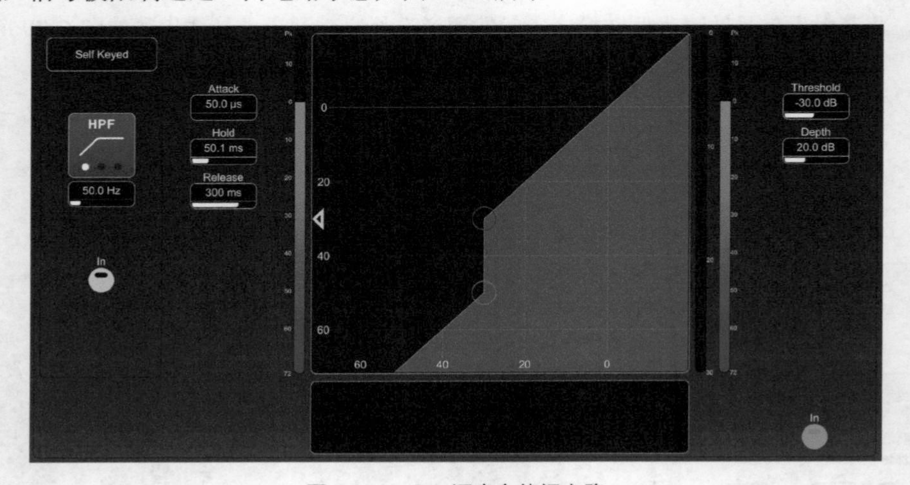

图 6-30　SQ 调音台的门电路

指定的值被称为“门限（Threshold）”值，若 Threshold 设定为 -30dB，则低于 -30dB 的信号会被“拒之门外”，只有高于这个值时，信号才可以被通过。

Threshold 的调整原则是：

如果可以，尽可能使用较低的门限。

在早期，信号一旦低于门限就会被完全关闭，后来人们发现将声音完全关闭有些不自然，因此现代的 Gate 电路一般都有一个 Depth（深度）的设置来改变完全关闭声音的情况。Depth 有时候被称为 Range（范围），其含义是当 Depth 设置为 20dB 时，低于门限的声音也可以通过，但是会衰减 20dB。

图 6-31 和图 6-32 是门电路示意。这里的 Attack、Release、Hold 与压缩器中的含义是一样的。

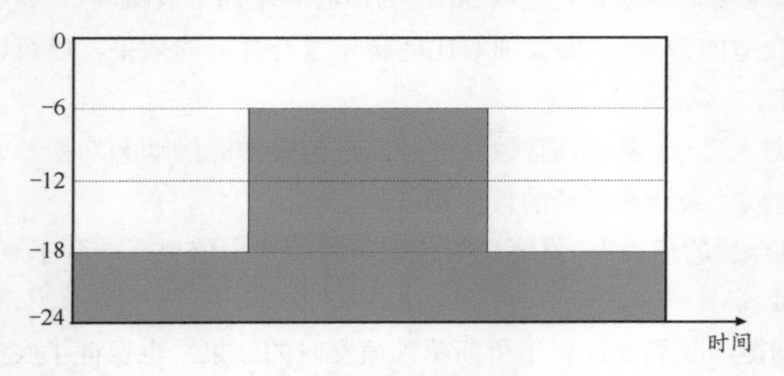

图 6-31　原始信号示意

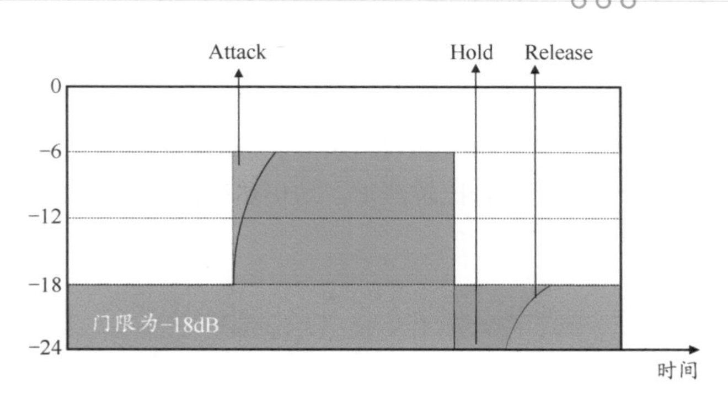

图 6-32 经过 Gate 处理，灰色部分为不能通过的信号

Attack 开门时间：当信号大于门限时，是否立即通过。若 Attack 为 5ms 就表示门在 5ms 的时间内逐渐打开；若设为 50μs，就表示在 50μs 内将门完全打开。

Release 关门时间：当信号低于门限时，是否立即关门。若 Release 为 10ms，就表示当信号低于门限时，并不立即衰减信号，而是在 10ms 内逐渐衰减至预设的 Depth 值。

Hold 持续时间：当信号低于门限时，是否立即进入 Release 环节。若 Hold 为 10ms，则表示信号低于门限时并不立即进入关门时间，而是持续使信号通过 10ms 之后才会再进入 Release 关门时间。

从图 6-32 可以看出，Attack 时间长会被门过滤掉音头，而适宜的 Hold、Release 能够使整个信号的持续、关门过程更加自然。

侧链功能：Gate 也可以用其他通道触发。例如播放一个低频的正弦波信号送入某一通道，用底鼓通道作为触发信号，当底鼓演奏时低频信号即被开门通过，底鼓不演奏时门关闭，信号不能通过。用这种方法弥补一些不良底鼓所缺乏的低音信号，这是老一代混音师们脑洞大开想出来的绝佳主意。

6.4.2 Gate 用于鼓组

当 Gate 电路被用在鼓组上时，可以一定程度地控制串音，因为鼓组可能有多支话筒，甚至会超过 10 支。而当脚踩下底鼓时，不仅底鼓的话筒会收到声音，军鼓上面及通鼓上面安装的话筒都会收到底鼓的声音，这样 10 多支话筒全部都收到了底鼓的声音，这些话筒距离不一，混合到音乐中后会带来声像、相位、频率等多方面的问题，而如果在底鼓演奏时我们可以让其他话筒所拾到的声音被关闭的话，这些问题就不存在了。

如果我们要为底鼓设置 Gate，考虑到底鼓声是属于瞬间爆发的信号，Attack 开门时间必须要足够短，然后再来调整 Hold，调整 Hold 时要先把 Release 调整到最小值，通过聆听调整 Hold 的时间值，要确保听到你自己满意的效果，最后再调整 Release 时间。

有些时候，军鼓串音严重，串音电平值比较高，导致底鼓通道的 Gate 电路不能识别底鼓与军鼓，很容易触发门限。而且串音严重时，为了避免其他串音乐器达到门限，不得不把门限调高，这样的结果是让整套鼓组的控制变得非常困难。在数字调音台中通常会有一个触发信号滤波器，可以避免因为其他信号误触发门电路使其开

高通滤波器

带通滤波器

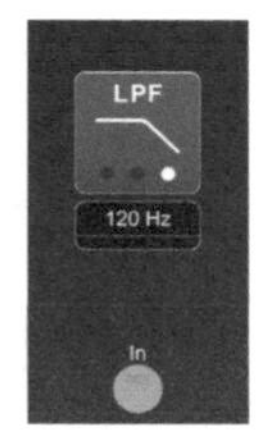

低通滤波器

图 6-33 电路中的触发滤波器

门，如图 6-33 所示。

图 6-33 为调音台的噪声门的触发信号滤波器。在为底鼓设置触发信号时可以选择“BPF”，设置中心频率为 60Hz。这样除非信号中有 60Hz 的信号，否则就不会开门。由于军鼓、镲片的主要能量都高于 60Hz，所以即使他们串音比较严重，却仍然无法使门打开，而底鼓信号中 60Hz 是主要的能量，底鼓响起门就会被触发打开。

6.4.3 噪声门（Noise Gate）

一些乐器在静态时会发出令人讨厌的噪声，比如电吉他比较容易产生噪声，通过使用 Gate 可以将静态时的噪声滤除，当吉他演奏时由于声学上的“遮掩效应”的存在，会使噪声被“遮掩”了，从而感觉不到噪声的存在。

在一些国产的有源音箱中，由于电路结构设计不合理导致本底噪声比较大，通常采用噪声门来解决，然而这并不是一个好的办法，因为这样做会损失掉很多细节的东西，尤其在表现较弱的信号时，甚至会出现声音断断续续的情况。如果必须在这种情况下使用噪声门，建议将 Depth 设置好，不建议将门限以下的信号直接切断。

噪声门属于“后发制人”的被动举措，采用科学的线材、合理的阻抗匹配、做好增益结构避免噪声才是上策。

6.4.4 门混响（Gate Reverb）

Gate 也可以用在混响效果器上，将它连接混响效果器以后，可用来切断较长的混响延音，制造出富有创意的混响效果。这类效果既可以用于底鼓、军鼓，还可以用于人声。原理如图 6-34 所示。

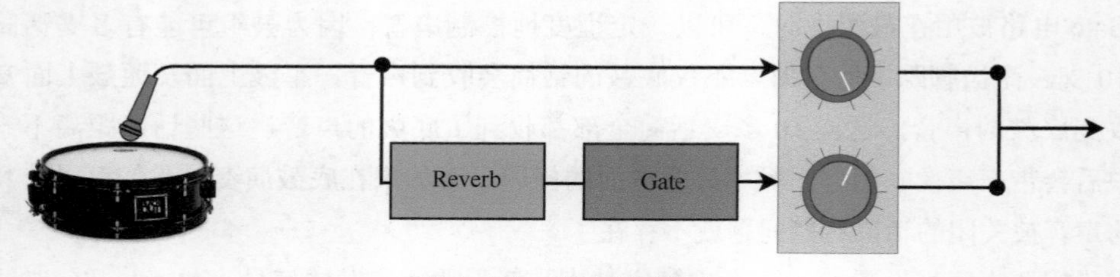

图 6-34　门混响的原理

在 Allen&Heath 生产的数字调音台中预置的 Gated Verb 混响效果器组，就是这种原理。

关于门混响，参看第 7 章“数字调音台”第 7 节的相关内容。

6.4.5 Rupert Neve 5045 双通道主声源增强器

主声源增强器的功能

在一些大型演出现场，很多音响师喜欢使用 Rupert Neve 5045 双通道主声源增强器（图 6-35），Insert 接入在调音的传声器通道，来衰减环境噪声的影响并提高反馈前的可用增益。

图 6-35 Rupert Neve 5045 双通道主声源增强器

这个神奇的设备又被称为“尼夫魔术盒子”，它可以突出所在通道的主要声源而自动衰减背景噪声。在嘈杂的足球场上，足球裁判的广播话筒能够通过它得到几乎没有环境声影响的有效信号；在大型乐团里为某件声音较小的乐器拾音时，可将其他乐器的声音干扰影响减小从而突出这件乐器的声音。同时，Rupert Neve 5045 在减少反馈方面非常有用，它不会对声源信号的声音完整性产生负面影响，可以有效提高话筒在现场声音环境中反馈前的可用增益值，最高可达 20dB。

Rupert Neve 5045 与传统的“噪声门”有一些相同的特点，但工作原理不同。它们的共同点是：当信号电平低于某个用户定义的阈值时，信号与噪声都开始衰减。不同的是 Rupert Neve 5045 识别到有人正在对着话筒说话或演奏时，它在允许有效信号通过的同时还可降低背景无效信号的电平，从而提高主声源的辨识度。当使用者停止说话或演奏时它便自动降低通道增益，而这种设计对减少系统的反馈倾向大有益处的。

Rupert Neve 5045 的操作面板

Rupert Neve 5045 操作面板如图 6-36 所示。

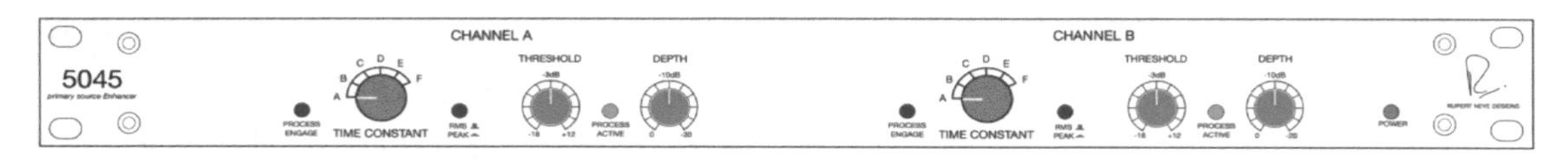

图 6-36 Rupert Neve 5045 的面板

Process Engage：进程参与，按下此按钮 Rupert Neve 5045 将会参与信号路由。

TIME CONSTANT：时间常数，分为 PEAK 模式和 RMS 模式。

在 PEAK 模式下类似于 GATE 中的 Attack 时间。

A:50ms B:100ms C:200ms D:750ms E:1.5s F:3s

在 RMS 模式下，Attack 固定为 20ms，从 A 到 F 设置的是 Release 时间。

A: 20ms B: 200ms C: 1s D: 2s E: 5s F: 30s

Threshold：阈值调整。调整时需参考 Process Active 指示灯，使之在有效信号通过时指示灯才会亮起。

Depth：处理深度，最大值 20dB。

Rupert Neve 5045 的操作

假如某次交响乐演出中，需要为站在乐团前面的主唱使用 Rupert Neve 5045，目的是减少话筒所受到的乐器影响并提高该话筒的可用增益。

首先建议将时间常数从 B 或 C 开始，将模式调整为 RMS；在表演者演唱时通过调整 Threshold，使 Process Active 指示灯只有在演唱时才会闪亮，之后调整 Depth 并监听该通道，确认乐器声的影响达到最小即可。

这个操作在提高主声源的辨识度的同时，使该话筒的啸叫前可用增益也增大了，其最终值增加的量与 Depth 的调节量相关。

6.5 De-Esser 消齿音插件

所谓齿音的问题，是指当演讲 / 演唱者在发出以拼音“Z、C、S 、ZH、CH、SH”为声母的字时，因为咬字的物理特点所导致的一种高频过多的情形。在扩音系统中齿音严重时会严重干扰听感，所以在一些数字调音台上会预置一些消齿音的插件，图 6-37 是 Allen&Heath 数字调音台中的 De-Esser 插件，就是我们所说的消齿音插件。

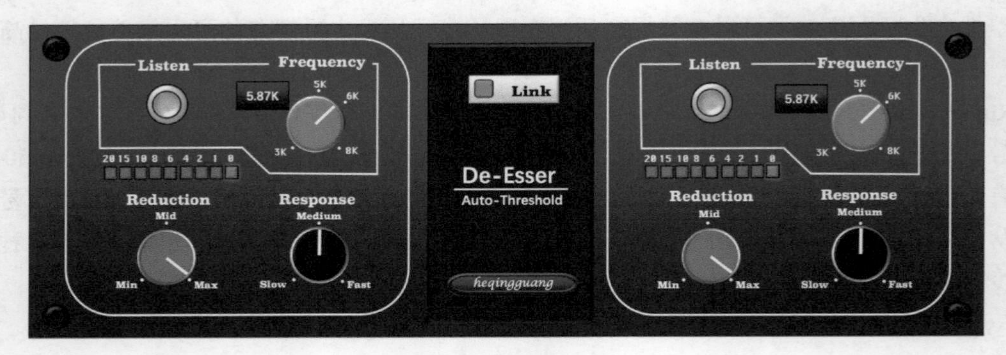

图 6-37 消齿音插件

消齿音插件实际上就是一个单频段的动态均衡器，当检测到信号中齿音信号超过阈值时，De-Esser 插件会自动将这个频率信号减小，而电路中没有齿音时它不会被触发。

Listen：监听齿音，当按下此按钮时在耳机里会只听到齿音，可以帮助调音师在现场准确地找到齿音的频率。

Frequency：扫频，当不确定演唱者的齿音是多少赫兹时，可配合 Listen，戴上耳机通过扫频确定齿音所在的中心频率点。

Reduction：齿音消除的量，有最小衰减（Min）、中等衰减（Mid）和最大程度衰减（Max）。

Response：响应速度，探测到齿音后是否立即消除，分为慢速（Slow）、中速（Medium）和快速（Fast）3 档。

由于本插件是自动阈值的，所以没有 Threshold（阈值）选项，实际工作中很多的消齿音插件会有这个选项，许多插件可以手动设置阈值的高低，进行更个性化的控制。

07

第7章

数字调音台

7.1 输入通道信号流程图

数字调音台的信号流程与基本原理都大同小异，下面以 Allen&Heath SQ 调音台为基础，讲述信号流程中的每一项功能的操作。SQ 调音台输入通道信号流程如图 7-1 所示。

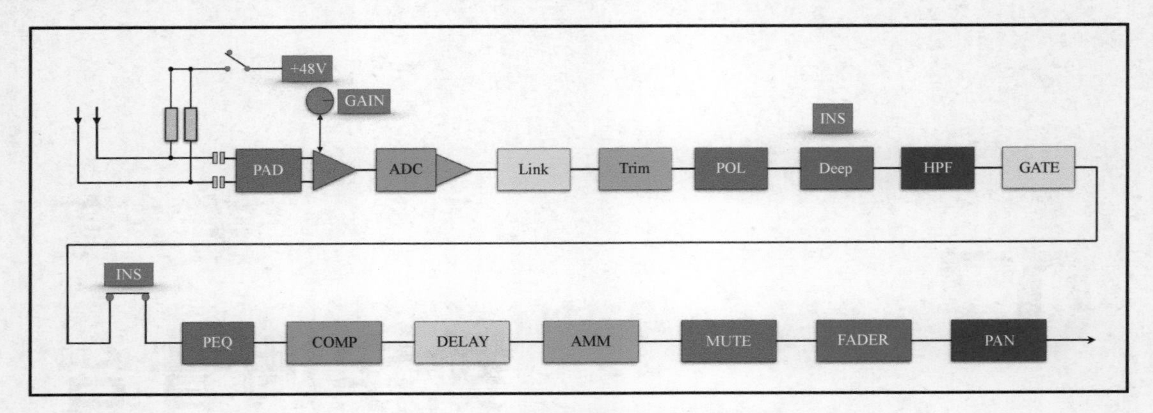

图 7-1 SQ 调音台输入通道信号流程图

PAD：信号衰减，连接高电平信号时使用。

GAIN：通道输入增益。

ADC：模拟信号转换数字信号。

Link：通过此功能可以将两路单声道信号变为一组立体声信号统一控制。

Trim：数字增益，可调节输入信号的大小。

POL：极性反转，将信号相位反转 180°。

Deep Preamp：可插入基于 Deep 算法的内置话筒放大效果器。

HPF：高通滤波器，也称为低切。

GATE：门电路。

INS：效果器插入，可以通过调音台内部在此处插入一个机架上的效果器，亦可以通过外部设备在此处插入效果器，例如 Waves。

PEQ：参数均衡器。

COMP：压缩器。

DELAY：通道延时。

AMM：自动混音，一种基于共享增益的技术，可自动控制多支话筒的增益量。

MUTE：静音。

FADER：推子，这里指音量推子。

PAN：声像，用于调节通道信号在立体声中的听觉位置。

7.2 话筒放大器

信号进入调音台之后，首先要经过话筒放大器部分，图 7-2 是 SQ 调音台话筒放大器界面。图 7-3 所示为 SQ 话筒放大器部分在信号通道中的位置。

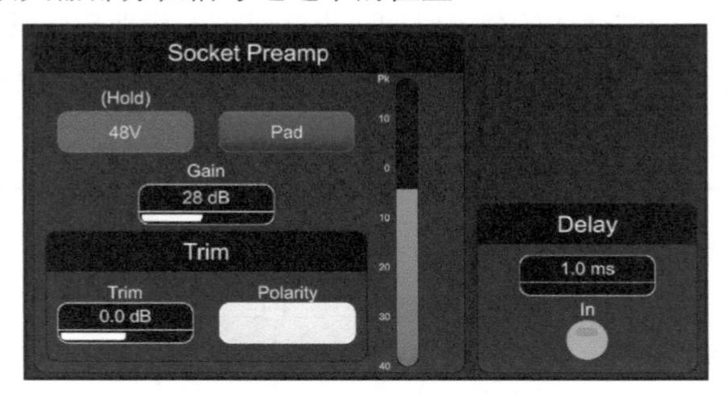

图 7-2　Allen & Heath SQ 话筒放大器界面

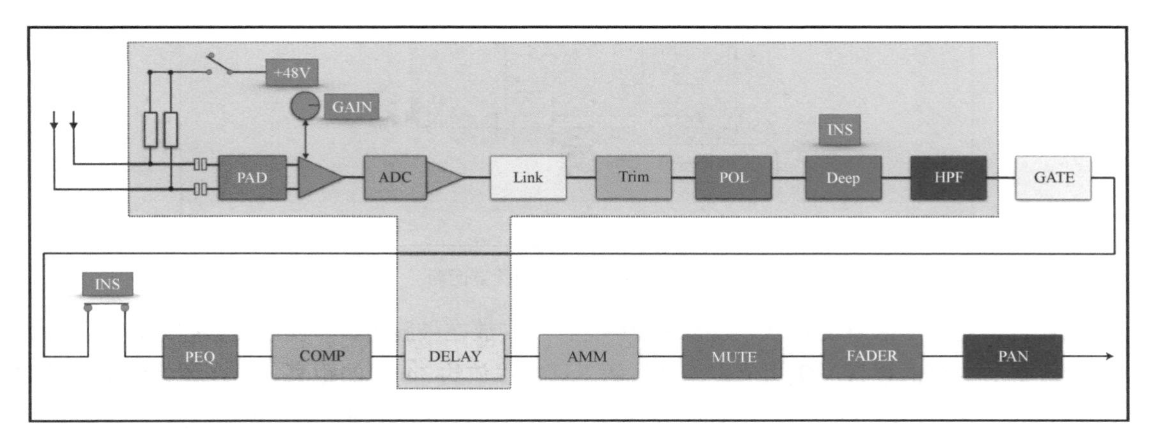

图 7-3　SQ 话筒放大器部分在信号通道中的位置

48V：幻象供电，用于给电容话筒或者 DI 盒供电。

PAD：用来衰减电平较高的输入信号。

GAIN：增益调整，具体见第 3 章“系统的增益结构”。

Polarity：极性反转，可以将信号相位反转 180°，极性问题常出现在以下情形。

（1）上下、前后、左右话筒拾取的信号。例如架子鼓军鼓上下的话筒、鼓组中 RIDE（叮叮）话筒摆在下方时与 Overheads（顶部）话筒、有时候电吉他音箱采用前后两只话筒拾音等，当这样的情况发生时常常需要将一路信号极性反转，但不是说必须要极性反转，可反复打开、关闭其中一路极性开关来聆听，如果存在相位问题，可以很容易分辨出来。

（2）近距离和远距离拾音的话筒。例如用于拾取吊镲的话筒在拾音时会收到军鼓、底鼓、通鼓的声音，而军鼓、底鼓、通鼓的专用话筒也会收到这些声音，它们的信号容易存在一定的相位差，也有可能信号极性是相反的。

（3）话筒拾取的声音和直接输入到调音台的声音也常常有极性问题。例如贝斯声音通过 DI 盒进入调音台，而又将一支话筒放置在贝斯音箱前面收取声音，这两个信号极有可能存在极性反转的问题，但也可能存在非 180° 的相位问题。

（4）最后一种情况是线路问题也可以导致信号中存在极性问题。笔者在现场遇到过播放音乐的卡侬线左声道接法为：1 地、2 热（+）、3 冷（-），而右声道接法是 1 地、2 冷（-）、3 热（+），当播放音乐时，两声道合并输出给超低音音箱的信号由于相位相反而完全抵消，遇到这种情况在没有时间改线的情况下，只需要将其中一个通道极性反转即可。

需要注意的是，在通道上使用低切功能时将导致该通道低切点的相位发生改变。

Delay：延时，可用来调整通道的延时时间。上文讲到的极性反转只能反转 180°，但如果两信号相位差为 130° 时就不能准确调整了，而通过延时控制为精确地解决相位问题提供了可能性。如图 7-4 所示。

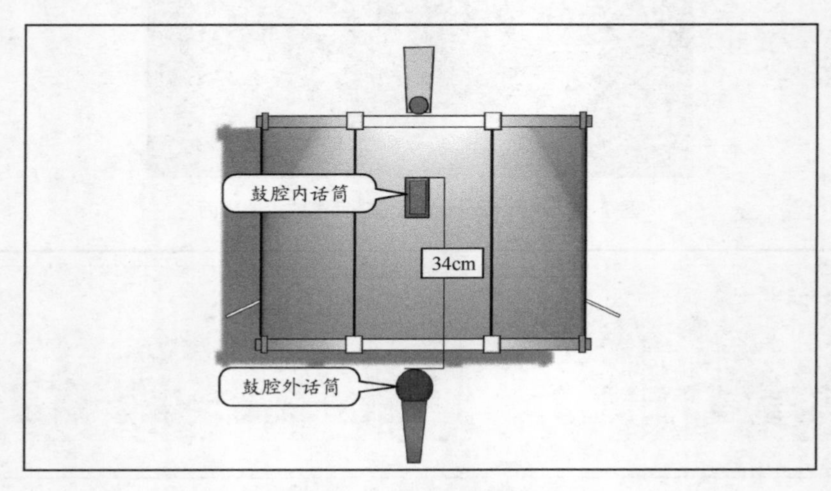

图 7-4　延时 1ms 的两支话筒

例如现场用两支话筒收取架子鼓的底鼓声音，一支放在鼓腔内、一支放在鼓腔外，两只话筒的距离会导致收到的声音产生相位差，若将两支话筒摆放约 34cm 的距离，而在调音台上将鼓腔外话筒延时 1ms，则理论上可以在时间上对齐，当然具体要不要延时，要聆听后决定。

延时也可以用来营造一些效果。在录音棚的后期混音中，利用左右声道对某些信号的延时产生哈斯效应来营造虚拟的立体声声像也是常见的做法，然而这些做法在现场演出中较为鲜见。

TRIM：数字增益、灵敏度。关于信号共享时使用 TRIM 可参考第 3 章“增益结构”。

在现场演出中，为了保证足够的峰值储备，会为单个通路信号调整预留较大的余量，以防多个通道合并后在总线发生削波失真。而对于多轨录音而言，调音台留有较大的余量将导致录音信号过小，降低了录音的信噪比，为了使两种需求都得到满足，可以在 GAIN 调到最佳信噪比状态，将信号路由给录音设备，然后通过 TRIM 将信号衰减到现场演出所需的电平值，这样就可以使录音的信噪比提高，也保证了现场演出的动态余量。当然 TRIM 的作用绝不止如此。

Deep Preamp：SQ 调音台提供了插入式的话筒放大器，为未来在软件方面升级调音台做好了准备。由于采用的算法先进，完全不用担心插入话筒放大器后通道产生延时导致新的相位问题，目前所提供的插件只有一款，相信以后会越来越多。

Tube Stage：一款电子管话筒放大器模拟器，如图 7-5 所示。电子管电路的特点主要是两个：温暖感和失真。当调音师追求细节时，电子管可以让声音变得更暖；一些电子管的失真也可以用在特定的节目中，例如在一些歌曲中为人声增加点失真感可以让人声感觉更有力、更摇滚。

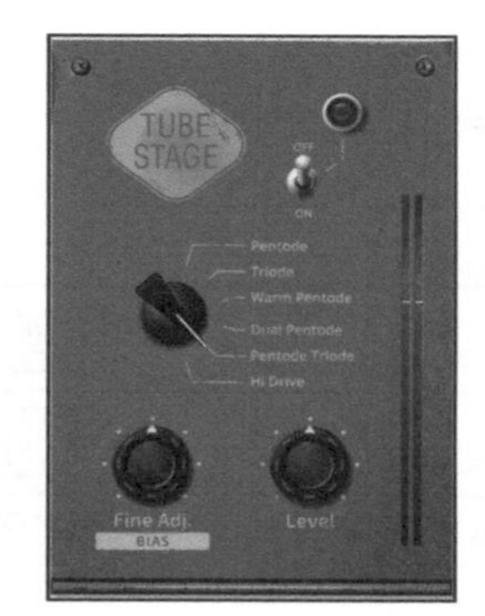

Pentode：真空五极电子管模拟电路。
Triode：真空三极电子管模拟电路。
Warm Pentode：工作温度较高的五极电子管模拟电路。
Dual Pentode：双五极管模拟电路。
Pentode Triode：五极管和三极管共同的电路。
Hi Drive：较高音染与失真效果。

图 7-5 电子管话筒放大器模拟器

HPF：高通（低切），如图 7-6 所示。在 SQ 调音台中，高通可以选择斜率，分别为 12dB、18dB、24dB，滤波方式为巴特沃斯（Butterworth）。

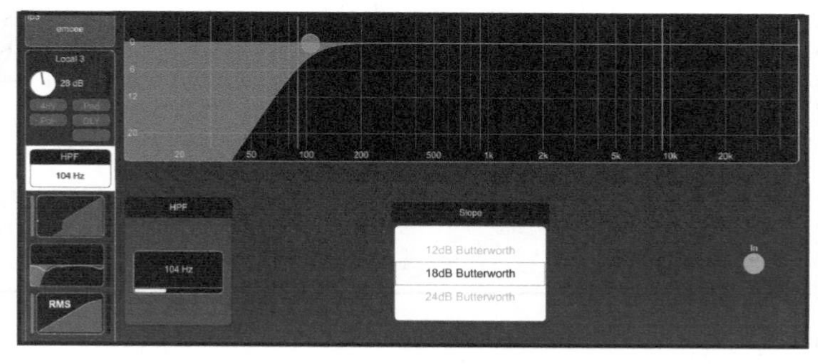

图 7-6 低切功能

低切是非常重要的功能，对于现场来说它有以下多重意义。

保护扬声器单元：现场演出的音箱系统的低音下限并不是 20Hz，演出现场超低音的下限是 35~40Hz 居多，好一些的音箱是 35Hz。为了防止过低的频率进入音箱损坏单元，建议将底鼓、贝斯等低音乐器低切至超低音的下限频率（在分频器里为超低音做好低切是最安全的）。

提高整体音乐的清晰度：通过切除各个通道的低频干扰，可以使音乐整体更清晰。例如人声的低频下限一般是 80~120Hz，可演唱中话筒还是会收到这个范围以下的频率，这些能量对于人声是没有帮助的，“喷麦”就是个例子。当然有时候虽然一只话筒串入些低频没什么，但是如果每个通道都出现类似的问题那将是影响很大的，因此切掉无用的低音对信号本身和整体混音都是有益的，如今数字调音台均衡器基本都带有 RTA 功能，通过观察该通道的频率特征，可以辅助调音师确定低切的频率（参考图 7-7）。

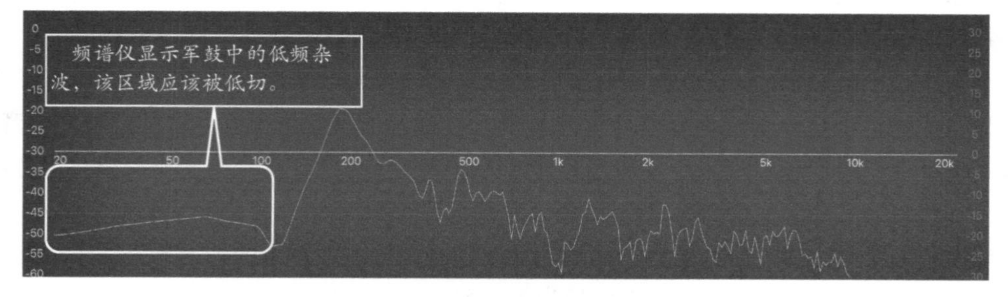

图 7-7 低切可以滤除无益的低频杂波

相位问题：低切会影响到信号低切点的相移，Butterworth -24dB/Oct 的相移为 180°，如果因为低切导致了反相引起了抵消问题，可尝试用“Polarity”极性反转来修正。

针对 PAD、幻象供电、高通滤波综合使用可参考图 7-8。

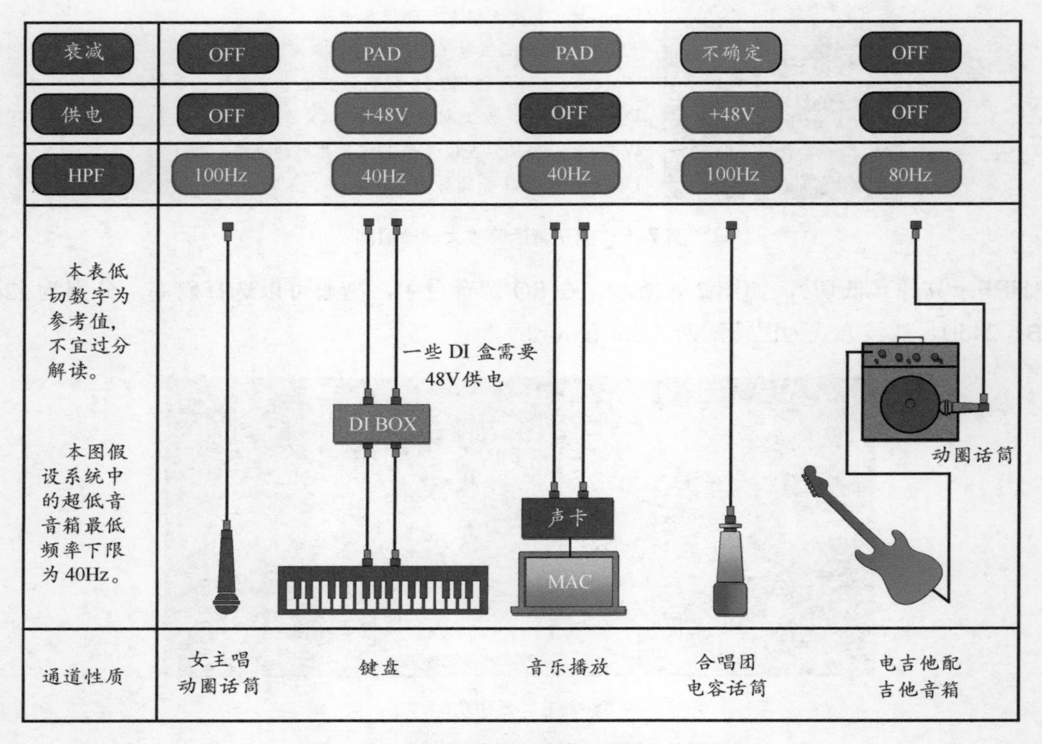

图 7-8　常见通道在话筒放大器部分的操作

GATE 与 COMP：关于 Gate（门）与 COMP（压缩）的内容参考第 6 章“动态效果器”，此处不再赘述。

7.3　参量均衡器

在系统调试篇，讲到了均衡的 3 个用途：

- 厂家对音箱产品进行优化——为音箱调音；
- 在现场对音响系统进行优化——为声场调音；
- 在通道内对信号音色进行美化——为通道调音。

这个顺序是不能颠倒的：首先必须有频响曲线正确的音箱，然后必须在声场内根据环境声学特性来调整均衡，当这一切都做好以后再为某个人声或者乐器美化音色，这是正确的调音流程。虽然顺序相反也能调音，但是这要复杂得多且出错概率大大增加，甚至几乎不可能将声音调整到理想的状态。本节主要讲述均衡的最后阶段：“为通道调音”。

本章中若未特别注明，所提的均衡器均为数字调音台输入通道上的均衡器，关于均衡器在系统中的使用请参考第 5 章“系统调试”中的相关内容。

7.3.1 频率特性

调音遇到的信号基本上不会是单一频率的正弦波，而是由多种不同频率的信号组成的复合音频信号。

基频 有效信号中最低的频率，是声音的基础频率。这里的有效信号指的是音色中的成分，不包括干扰噪声，如歌手唱歌时发生了“喷麦”，此频率可能低至 20Hz，但这并不是人声的基频。

谐频 基频整倍数的频率成分称为谐频。例如基频为 80Hz，那么 160Hz、240Hz、320Hz 均为其谐频，谐频可以让声音变得更有色彩，乐音乐器的主要频率成分就是谐频。

图 7-9 是电钢琴 α 音的基频与谐频示意。

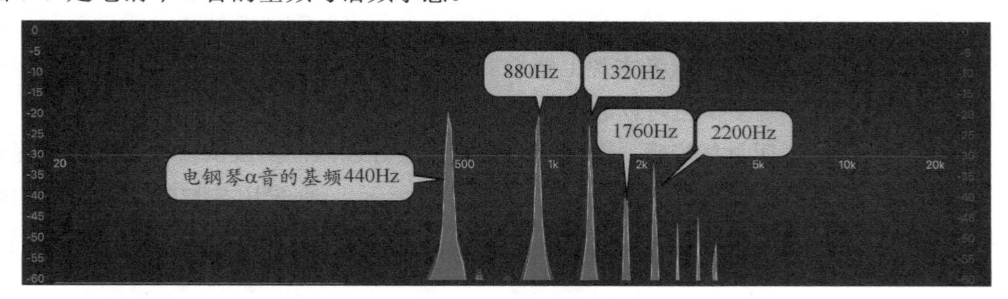

图 7-9 电钢琴 α 音的基频与谐频示意

泛音 你一定没有听过有人对鼓手说：“请帮我打 C 大调，谢谢！”因为架子鼓组很难判断其音调，这种振动频率不规则的乐器称为“噪声乐器”，因为它的主要频率不一定是基频的整倍数，它的主要频率范围与基频的相关性比较小。图 7-7 是军鼓的频率分布，毫无规律可言，可见它与钢琴的频率特征完全不同。

共振峰 由物理共振产生的频率，并不会随着音调变化。当我们去识别一个人的声音时，你会发现，不管他用高音或者用低音来讲话你都能判断是他的声音，其中一个原因是因为在他的声音中包含着一些固有的频率能量：共振峰。

一些修音高的软件可以调整人声的共振峰的频率，当共振峰被改变时，原来的声音特质就会发生改变了。例如某人唱歌某几个字音高不够，差了一个全音，如果直接把音高提高一个全音，听起来就有点不像他的声音了，通过软件把他的音高提升一个全音，却把共振峰保留在原位，就能做到不留破绽，就像真实唱上去的音高一样。

7.3.2 宏观均衡

频率加减

在现场调音中，均衡手段通常是先衰减后提升。也就是说首先找到信号中不希望出现的频率，将其衰减至合适，然后再考虑提升希望补充的频率，但是如果均衡器可调频率点（数字调音台上一般有 4 个可调频率点）不够，则要优先保证衰减。

从人的心理角度来讲，在一个平直的频响曲线上把某个频率衰减了 3dB，人们通常不会察觉，但如果把某个频率提升了 3dB，相对来说人们更容易发现，下文中的“扫频”就利用了这种效应。

频域显示

均衡时只能修改音色频率范围以内的频率。例如，我们为竹笛增加 80Hz 的频率是没有任何益处的，因为竹笛的频率范围中并不包括 80Hz 的能量，提升只能带来更多的干扰，从而产生破坏性的影响。

均衡只能锦上添花，不能无中生有。

而均衡器的 RTA 可以用来辅助对声音频率的理解，帮助调音师理解哪些频率可调或者不可调。RTA 的另一项作用就是：迅速告诉调音师是哪个频率发生了啸叫。

扫频处理

对于新手音响师而言，听到一个声音立刻判断出频率是多少赫兹、需要衰减几分贝，不是那么容易做到的，而通过扫频手段就容易得多。

演出现场对人声话筒的扫频主要是在音响师对话筒预调的时候，这需要音响师自己对着话筒讲话，自己调试，完成以后等歌手到达现场，再对歌手音色进行细致的修正。通过扫频可以找出一些影响声音清晰度的共振频率或者主观上感觉多余的频率并将其衰减。当然，如果想提升某些频率，但不确定中心频率是多少也可以通过扫频找到。

下面以人声为例来说明具体步骤。在现场将话筒连接好以后，初步试验觉得话筒不理想，感觉低频浑浊，却又判断不出是哪里浑浊，可参考图 7-10 所示步骤(采用 SQ7 数字调音台的软件)。

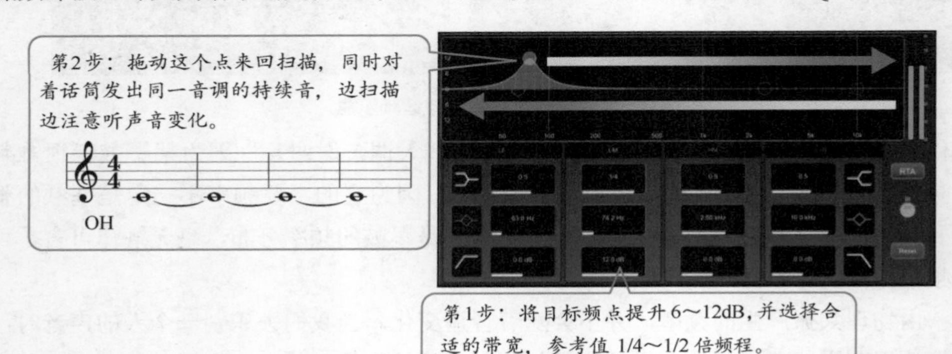

图 7-10　扫频过程

扫频就像一个频率放大镜，可帮助查看声音中那些不理想的频率。这种方法几乎可以用在任意信号通道上，如果觉得声音不够理想，就可以通过扫频去查看问题的所在，如果想通过提升某些频率塑造不一样的声音，同样也可以通过扫频找到所需要的频率。

反提升理论

我们先来看一个对比图（见图 7-11）：两个通道接入的是同一个信号，上图是以 1kHz 为中心频率，低频搁架式衰减 6dB，下图是以 1kHz 为中心频率，高频搁架式滤波提升 6dB，若将两个音量调整一致，这两个均衡效果听起来没有任何区别。

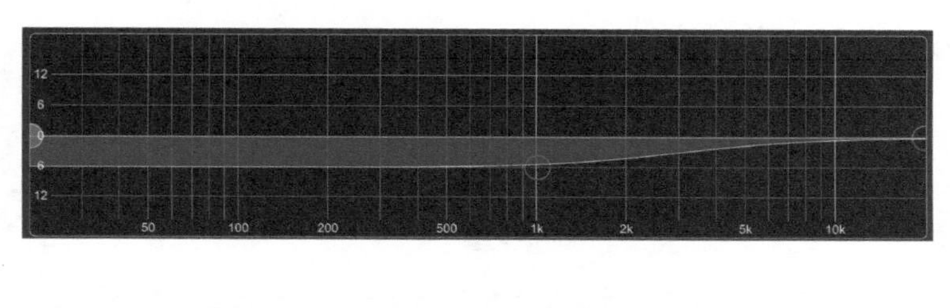

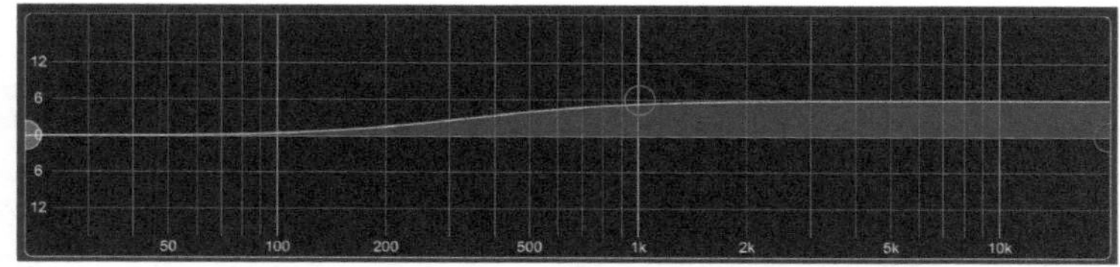

图 7-11　提升高频和衰减低频具有相似的意义

这里就告诉我们一个原理：如果你想提升声音的亮度，不仅可以提升高频，衰减低频也可以实现。

这个原理很简单，也是通常大家所说的听觉“掩蔽效应”的一种实践。听觉中的掩蔽效应指人的耳朵只对最明显的声音反应敏感，而对于不明显的声音，反应则不敏感。上例中前者我们衰减了 1kHz 以下频段，使得 1kHz 以上的频段在听觉上更为明显，而后者是通过提升 1kHz 以上的频段，使它高于 1kHz 以下频段，最终形成听觉“掩蔽效应”，使我们感觉到高频段提升明显。

同样的道理，根据听觉“掩蔽效应”的原理，如果我们想增加底鼓的力度感，也可以通过衰减其他乐器影响底鼓力度的频率来实现（例如贝斯、钢琴等）；如果我们想突出人声的某个频率，可以通过衰减乐队总线上的这个频率实现。通过衰减一种乐器来彰显另一种乐器是均衡调整中的常用手段。如图 7-12 所示。

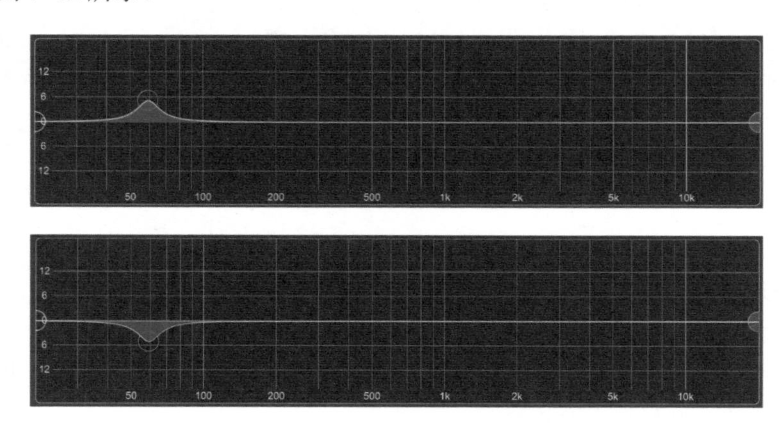

图 7-12　反向提升两个频率近似的乐器

共振峰提升

一些均衡器的低切滤波部分可以保持共振峰的能量，这会使声音变得非常迷人。

Logic Pro X 的 Channel EQ 带有滤波共振峰提升的功能，通过调整滤波器的 *Q* 值可以调整共振峰滤波的参数，这会导致截止频率附近其他频率的能量会被提升，带来共振峰被提升的效果，如图 7-13 和图 7-14 所示。

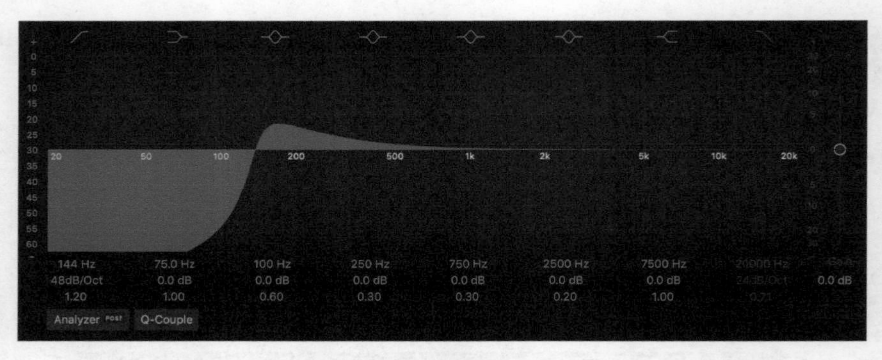

图 7-13　带有共振峰的均衡

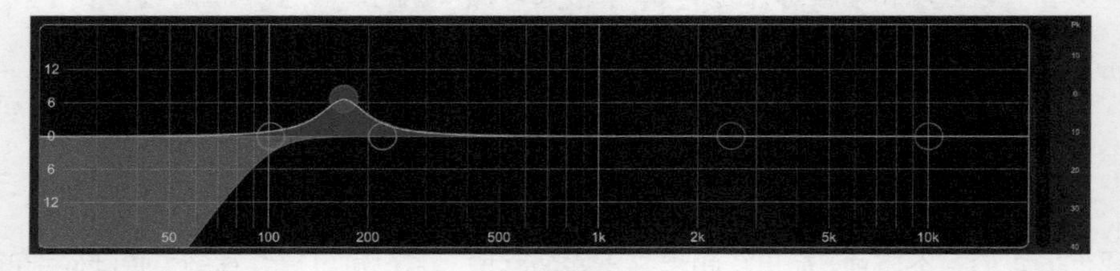

图 7-14　模仿共振峰的均衡

带有共振峰提升的均衡会和一般的滤波有很大的不同，听觉的特点也截然不同。虽然数字调音台上的均衡大多数并不带有这个功能，但是如果你喜欢这个风格，就可以通过在截止频率点附近增加一个 BELL 滤波器来模仿这种特点。

经典的 Neve AMS 1073DPX 带有 4 个低切频率点：50Hz、80Hz、160Hz、300Hz，这些低切就改变了截止频率的共振峰，如图 7-15 所示。

图 7-15　Neve AMS 1073DPX

7.3.3 均衡器调整举例

以下举几个均衡器调整的例子，供读者朋友参考。

底鼓（KICK）

为乐队调音时，一般先从底鼓开始。这个工作通常是在乐队老师进场之前由相关工作人员先踩鼓的脚踏板，调音师开始初步调整的。

底鼓的种类非常多，所选择的鼓组跟音乐的风格有关，在流行的音乐风格中，底鼓是力量的所在，所以低频段的能量要充足，鼓槌与鼓皮的撞击感也是底鼓力量的一部分。另外，我们还希望它声音干净利索，不能拖泥带水。

提升　影响底鼓最重要的两个频段：一个位于相对的低频段，这里的能量具有冲击力，能够给人“直击心脏”的感觉；另一个就是相对的中高频段，这里影响着鼓皮的亮度。为底鼓提升 50~60Hz 的频率可给人更强的冲击感，对于现代流行音乐、舞曲来说，提升这个频率会给听众跟随起舞的欲望；而提升 80~90Hz 的频率则可以提升打击感，可使底鼓在摇滚乐中有着不俗的表现。在 2.5~4kHz 之处是底鼓鼓皮的亮度频率，提升此处可以获得清脆的鼓皮音。8kHz 左右处会有金属音乐所需要的底鼓“砸砸”音，需要的时候可尝试提升。

衰减 底鼓声的干扰主要来自鼓腔的共振，通常在 100~250Hz 频率处，通过扫频可以轻易发现。找到干扰频率后则可尝试衰减。另外，底鼓的中音频段的重要性相对略低，有可能会衰减这个频段，为其他乐器腾出频率位置。

预设 一些调音台会给出一些均衡预设，对于初学者来说是非常实用的 ，可以作为学习的参考，甚至在一些情况下不用修改就能获得不俗的表现，如图 7-16 所示。

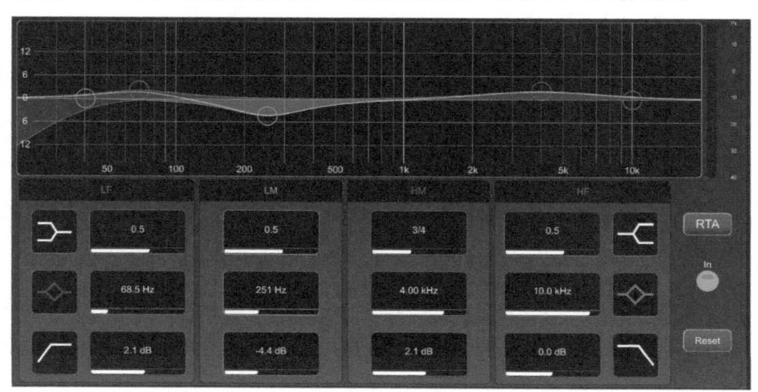

图 7-16 Allen & Heath SQ 底鼓通道预设

军鼓（Snare）

军鼓是特别难以处理的部分，当我们感觉一些经典音乐中的军鼓是如此迷人的时候，期待现场也能做到这样，然而常常事与愿违。导致这一结果的不仅是调音的问题，与拾音话筒的选择、拾音话筒的位置，还有军鼓的品质都有直接的关系。另外鼓体本身的调试也是个大问题，例如鼓皮的张力状态、鼓皮的新旧、响簧的松紧、鼓槌的品质等，一切都到位了才可能收入完美的鼓声。图 7-17 是 Allen & Heath SQ 军鼓通道预设示意。

你不能凭空捏造出一个令人心动的军鼓，只能在现有条件的基础上尽力而为。

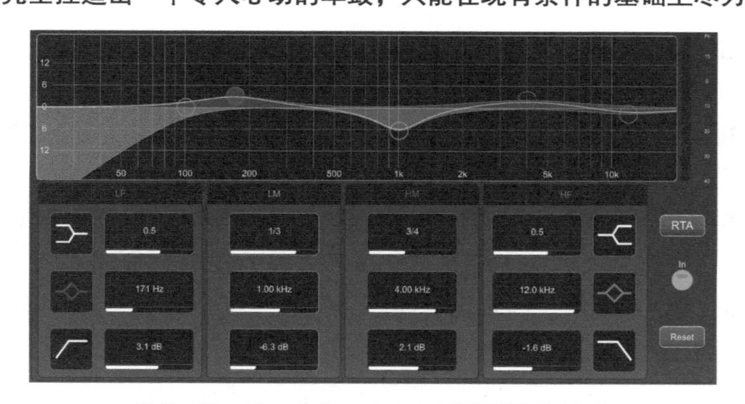

图 7-17 Allen & Heath SQ 军鼓通道预设示意

军鼓的频率参考如下：

100~400Hz 形体感、丰满感

450Hz~1kHz 木头感

900Hz~2kHz 响簧

2~10kHz　清脆感

3~10k Hz　临场感

在调整军鼓的时候，还需要与 Overheads 顶部话筒配合，因为通过 Overheads 顶部话筒所拾取的声音有可能被添加在军鼓上。所以军鼓单独修正好音色后，必须打开 Overheads 通道，将音色叠加后尝试。

顶部话筒（Overheads）

Overheads 会拾取很多的信息：镲片的声音、底鼓的声音、军鼓的声音、通鼓的声音等，除此之外它还包含了很重要的定位信息以及空间感。在动手为 Overheads 调整均衡之前，你需要先确定你计划怎么使用这些声音信号。

为爵士乐扩音时，Overheads 是最重要的信号来源，而对于底鼓、军鼓的传声器只需要稍微补充下 Overheads 所收取的底鼓、军鼓能量即可。

另一种情形是为 Overheads 做低切，只保留其中的镲片信号，这种情形会让人感觉到强烈的数字感，给人不自然的感觉。但是当传声器摆放出现问题时或者现场其他串音比较严重时，这样做具有一定的补救作用。

最常见的情形是让 Overheads 与底鼓军鼓的声音能量相当（通过电平表观测），通过低切滤波选择底鼓与军鼓频率的中间区域，这样保证底鼓的声音是精准清晰的，而军鼓的声音更具自然感。

在现场，Overheads 比较容易出问题的地方就是它的低音频段，因此现场一般都会使用低切，然而要考虑到上述的 3 种情形，低切过多会导致鼓声枯燥乏味，因此需要谨慎对待。另外，通常 Overheads 在现场是唯一体现镲片信息的拾音传声器，所以它代表了整个鼓组的亮度，如果需要为鼓组增加一定的光泽度，可以采用搁架式滤波，尝试提升 7kHz 以上的频率。

贝斯（BASS）

作为音乐中的主要低频来源，我们最需要贝斯稳定的力度以及清晰度，这并不是容易的事情。贝斯的频率特征如下：

90~250Hz　浑圆感

40~250Hz　力度感

1~6kHz　拨弦噪声

2~4kHz　击弦音

如果认为从 300Hz 左右的频率到 1kHz 的频率对音色没有帮助，可以尝试衰减，可为其他乐器提供更多的频率空间。

贝斯还要避免与底鼓产生频率的冲突，使用动态均衡并采用侧链的方式是避免冲突的常见做法。

人声（Voice）

每个人都有自己独特的嗓音，因此教科书中不可能告诉调音师人声的均衡是怎样的，但是仍然可以总结出一些规律。

笔者以为人声的调整应该从减法做起，即首先要减去一些我们认为影响人声美感的频率，比如说使人声浑浊的频率、较重的鼻音、较大的齿音以及令人不愉悦的高频等；然后根据你想要的效果为其进行修正，例如你希望的声音是清脆富有磁性的还是温暖温馨的，这都要找到相应的频率进行修整，以下是人声的各种频率的特性。

100~500Hz：可以展示人声的温暖感，但同时也是浑浊感所在的频段。

1000~4000Hz：语音可懂度的频率，这是人声能否被识别的重要频段。

4000~8000Hz：齿音、临场感。

5000~12000Hz：空气感、磁性感。

木吉他

对于木吉他的均衡处理主要分为以下两种情形。

情形一：以木吉他为主要伴奏乐器的简单乐队。要保持吉他的形体感，一般低切时要仔细聆听决定，如果存在浑浊不清的情形可尝试扫频找到吉他箱体的共振点进行衰减。

情形二：不以木吉他为主的乐队。例如乐队中有电钢琴、电吉他等其他的乐器时，通常只保留吉他的高音成分，主要突出其一、二、三弦的清晰度及扫弦的高频清晰度，这种情形的低切频率一般较高，可根据实际情况尝试低切频率。

木吉他对高频的提升很敏感，如果采用搁架式滤波很容易让它的音色变得很虚，因此如需提升高频建议采用较宽带宽的钟形滤波，而不是采用搁架式滤波。

100~250Hz　箱体共振

2~6kHz　临场感

6~15kHz　亮色感

电吉他

在乐队中，随着音乐的进行，电吉他有可能会不断变换音色。有些不够专业的吉他手可能会在变换音色时导致音量发生突然变化，所以在试音阶段必须请吉他手将演出中所有的音色都尝试一遍，如果音量变化太大要请他在处理器中稍作调整。而专业的乐手一般不会出现类似问题，但试音阶段全部尝试一遍仍然是非常必要的。

实际上我们很难通过文字描述电吉他的复杂情况：乐手选择的音色、所使用的吉他音箱、乐手的演奏技巧都会影响到音色效果，下面我们只提两点需要注意的事项。

低频过多会导致它的清晰度下降。电吉他的低切一般在 80~230Hz，当然要根据实际情况确定。如果只是在演奏原音，200Hz 左右的低切会提高它在乐队中的穿透力、提升清晰度；而如果使用失真的音色，切到 200Hz 就会导致它没有力度了。

通常电吉他在 4~5kHz 以上高频段不需要提升，在演奏失真音色时有可能需要衰减才能让它不干扰歌声及其他乐器。

7.4 声像控制

在现场演出中，声像主要的作用是在立体声中为声音定位，同时也有可能成为控制啸叫的工具。

7.4.1 声像定位的原理

立体声扩声最少具有两个通道（左声道与右声道），现代扩声也有左中右声道（LCR）、5.1 声道或者 7.1 声道、全景声等，但无论哪种形式都是依据人类的“双耳效应”。下面从最简单的两声道立体声讲起。我们抛开频率、混响等因素，来简单说明声像控制的原理，如图 7-18 所示。

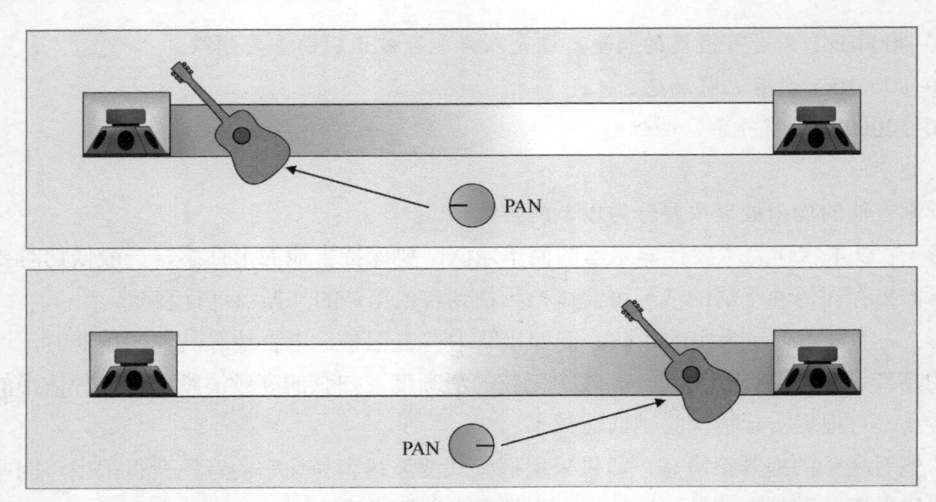

图 7-18　通过 PAN 可以使乐器在两音箱中音量比例发生改变，从而产生声像感

* 当两只音箱发出相同的声音且左侧声压级大于右侧时，我们会认为声音偏左，其偏左的程度取决于声压级的差。

* 当我们前方左侧的音箱发声的时候，我们会认为声音来自左侧。

* 左右两只音箱同时发出声压级相等且相同的声音，我们就会认为声音来自中间。

7.4.2 某演出声像设置

图 7-19 是一次小型演出的电声像设置表。

某演出PAN设置表

名称	Lead Voice	Kick	Bass	Snare	Tom1	Tom3	Overheads
中文	主唱	底鼓	贝斯	军鼓	通鼓1	通鼓3	顶部话筒
声道	单声道	单声道	单声道	单声道	单声道	单声道	立体声
PAN							
描述	12点钟方向	12点钟方向	12点钟方向	12点钟方向	2点钟方向	10点钟方向	8点和4点钟方向
名称	Acoustic Guitar1	Acoustic Guitar2	Electric Piano	Electric Guitar1	Electric Guitar2	BGV1	BGV2
中文	木吉他1	木吉他2	电钢琴	电吉他1	电吉他2	和声1	和声2
声道	单声道	单声道	立体声	单声道	单声道	单声道	单声道
PAN							
描述	极左	极右	极左极右	9点钟方向	3点钟方向	11点钟方向	1点钟方向

图 7-19　一次小型演出的声像设置

用钟表刻度表示 PAN 刻度是非常恰当的：12 点钟表示位于最中间，7 点钟表示极左，5 点钟表示极右。

在实践中，通常会把频率相近的通道区分在左右不同的位置，例如上例中的木吉他、电吉他、和声，以提高它们在音乐中的辨识度。

对于效果器的返回通道，建议的做法是：军鼓、通鼓的混响不要极左极右，窄的混响有助于塑造鼓的紧凑感而非空洞感；弦乐、钢琴的混响则可以极左极右，因为我们可能会期待塑造一个大厅的宽广空间。

上述案例仅供参考，根据实际情况可设置不同的 PAN。PAN 是为人听着舒服而存在的，如果调完了大多数人听起来不适，那就说明需要改变思路。

7.4.3 声像定位与音响系统

立体声与单声道并存

图 7-20 和图 7-21 所示是一个体育场某活动开幕式观众席的扩声系统，如果期待立体声扩声可能会如图 7-20 所示，而图 7-21 中却采用了混合的声道设计方式。

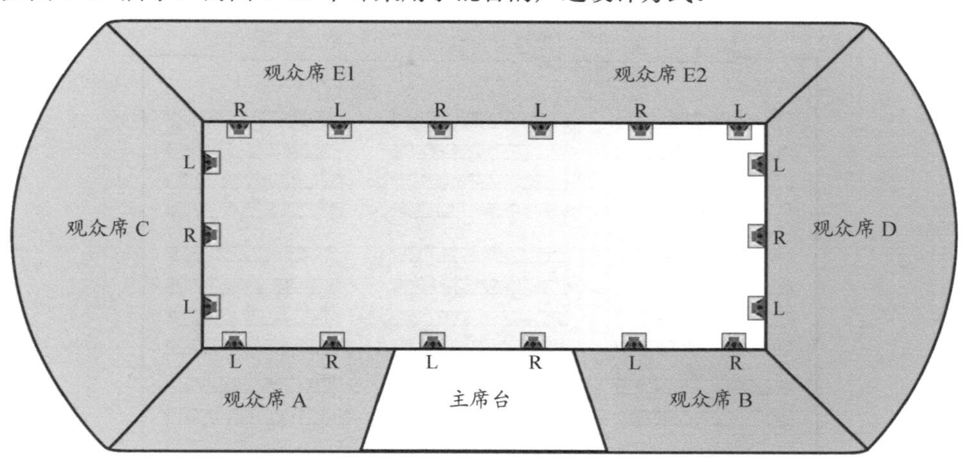

图 7-20 立体声系统在大型场馆实现较困难

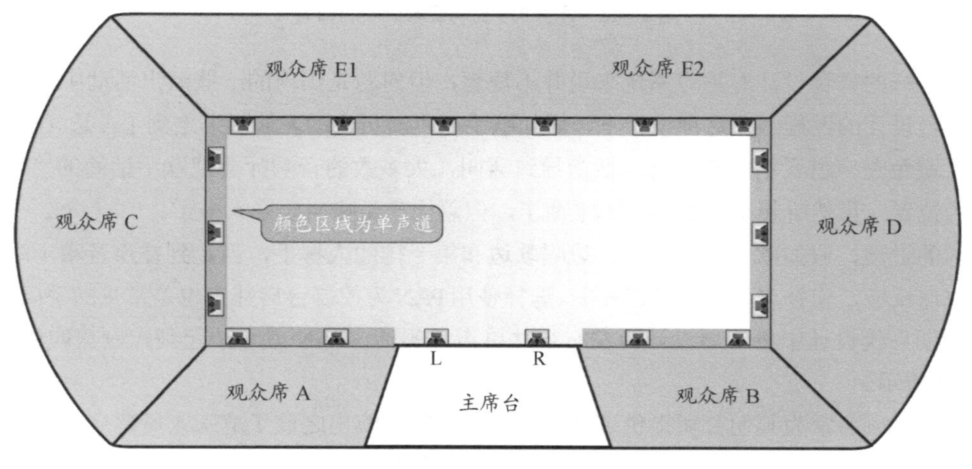

图 7-21 混合声道系统在大型场馆的应用

然而，事实上在大场地的扩声系统中，立体声的扩声可能会导致较大的问题，例如当你坐在左声道音箱附近的时候，可能会完全丢失右声道的所有信息，这使得调音师在控制声像时必须要完全考虑到这种场地特性。另外，当你坐在“观众席”与“主席台”的交界处时，听到的立体声声像是与调音师听到的完全相反。

一些音响师认为，在大场地进行扩声设计时，声像不是优先考虑的，声音的均匀度和场内的声音一致性才是最重要的，因为这可以让调音师在调音时不必担心立体声带来的一些问题。

为了给重要的听众获得更好的体验，将主席台附近设计为立体声，除此之外一律采用单声道扩声也是不错的设计思路。只是这种情况下所有设置的PAN信息，对于大多数观众来说是没有意义的。由于大部分区域为单声道，在拾音的过程中，单声道的兼容性必须要做好。

关于拾音，参考本书第9章“现场拾音”。

控制歌手移动带来的啸叫

PAN不仅体现在主观层面，在现场也常被用于控制啸叫，来看图7-22所示的案例。

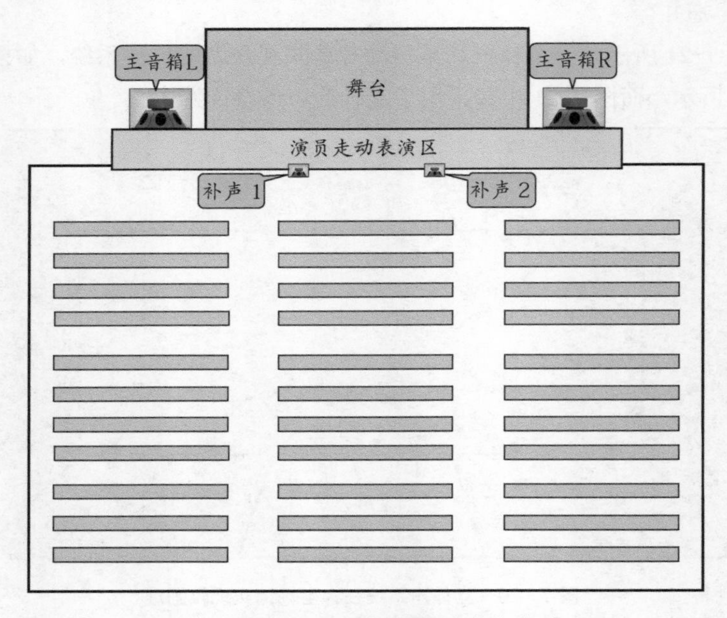

图7-22 用PAN控制现场突发的啸叫

虽然这样的舞台设计对扩声系统来说并不理想，但问题是国内的一些演出活动中，音响师并不参与舞台设计的过程。在这种设计下，假如歌手在“演员走动表演区”走到了左边（主音箱L）前，为了避免左声道音箱的声音进入话筒导致啸叫，大多数的音响师会把歌手话筒的“PAN”调至偏右的位置，虽然听起来左右声道不平衡了，但总比产生啸叫要好太多了。

同样的道理，假如歌手走下舞台，边唱歌边和第一排的人握手，当走到补声音箱1时，调音师必须快速反应，使补声可以被迅速控制。选择使用PAN为控制台唇补声也是常见的手段，不过，如果在前期系统设计中将台唇设计为左右合并单声道的话，PAN就无法起到控制啸叫的作用了，如图7-23所示。

如果您是一名常为其他公司提供调音服务的调音师，演出之前了解别人所建立的音响系统结构是非常有必要的，这能让你清楚当发生突发状况时采取何种手段来解决问题。

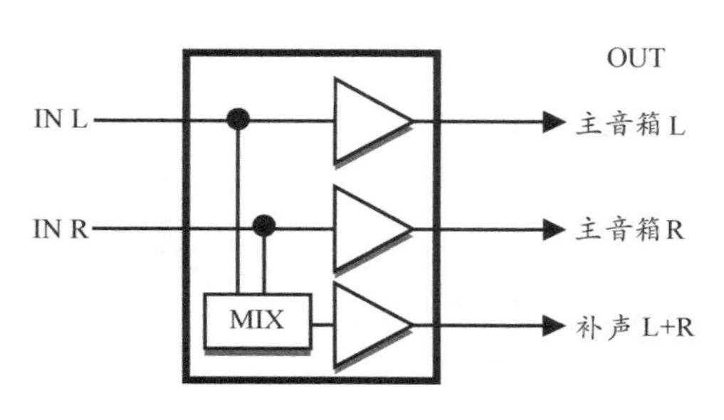

混合单声道台唇信号：无法进行 PAN 控制

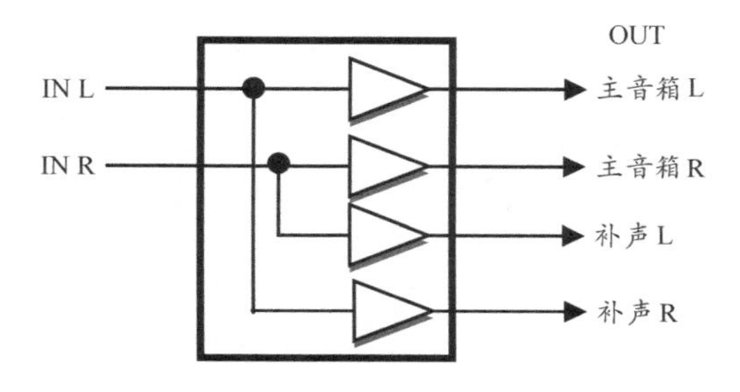

立体声台唇信号：可以进行 PAN 控制

图 7-23　两种台唇补声设计

7.5　输出通道

延时器

大多数字调音台的输出信号是可以调整延时的，这可以用来方便地满足不同区域补声音箱的需求（参看第 2 章第 7 节“补声音箱”），也可以用来与视频信号进行同步。

均衡器（GEQ、PEQ）

每路输出信号都可以进行 EQ 调整。GEQ 一般用于快速调整房间对声音的影响，而 PEQ 则可进行更加精细或者风格化的 EQ 操作。

压缩器

输出端的压缩器一般会被设置为压限器，用来防止烧毁音箱、提高响度、控制峰值等。

向矩阵发送信号

控制当前输出通道是否发送给矩阵（图 7-24 中 MTX），通过 Post 可设置发送推子前的信号还是推子后的信号，通过 PAN 可设置更改总线信号在矩阵中的声像位置；Level 用于设置当前通道向矩阵发送的量。

图 7-24　矩阵发送

7.6　在输出总线插入母带设备

现场母带的概念

一些做现场音乐活动的音响师喜欢把现场声音录下来，以便寻找自己的调音的不足之处，如果没有现场母带处理，一定会发现自己的录音作品听起来松散无力，缺乏整体的融合感。这可能是由多种原因造成的，但其中之一便是母带处理的问题。一首专业的音乐作品一定是经过了混音和母带处理之后才能成为最终作品，而现场调音只是一个混音的过程，缺少了母带环节，自然效果就差了好多。

现场母带处理是现场混音后通过对总输出通道信号的响度、音色、动态、深度、宽度等方面的调整，使作品的整体质感得到提升的过程，这个过程通过软件硬件均可实现。使用软件时可采用软件机架加载母带处理软件进行调节，缺点是稳定性问题（参考第 4 章“仪表与刻度”第 5 节“乐队节目的直播响度” 部分）；而使用硬件会使操作更加便利、系统更加稳定。 下面以 Solid State

Logic 公司生产的 FUSION 硬件为例，简述在调音台输出端的操作方法。

图 7-25　Solid State Logic 的产品 FUSION

FUSION 的操作面板

INPUT TRIM：输入灵敏度。调整输入电平的大小，过高电平的信号会被削波，而如果输入电平过小则可能会导致 FUSION 的一些功能不能被触发

HPF：提供了 30Hz、40Hz、50Hz 高通滤波器，如果不需要使用则选择 OFF。

Vintage Drive：非线性谐波成分增强电路，包含 Drive 和 Density 两个调节钮。使用此功能时首先通过调节 Drive 来改变音乐在这种模拟电路中的饱和度，可参考“Vintage Drive”指示灯来调节；Density 可以调节该电路介入的密度，通过 Drive 和 Density 可以模拟出老式设备的过载以及软压缩的感觉，获得一种模拟设备美妙的饱和感。

Violet EQ：一款两频段最小相移的双频段搁架式均衡。通过精心挑选的频点和独特的响应曲线可调节出饱满清晰的低频和悦耳的高频声音，使音乐作品变得更富有表现力。当增加低频能量时，音乐不会变得更浑浊而是更有力，清晰度不会降低；增加高频能量时并不会得到尖锐刺耳的高音，而会得到悦耳清脆的高频声音。增加高频能量后，如果一部分信号高频能量过多，则可配合“HF Compressor”来控制多余的高频部分。

HF Compressor：高频压缩电路。大声压级时该电路可以解决难以驯服的高频，将尖锐的高频优化为平滑无尖锐感的、犹如老式磁带般温和的高频。可观察 HF Compressor 指示灯，通过调节 Threshold 来确认该电路介入的电平值。X-OVER 则是调节压缩的截止频率，只有在所选择频率点以上的高频会被压缩，可在 3kHz 至 20kHz 间选择。

Stereo Image：立体声扩展电路。该电路拥有深度（CAPACE）和宽度（WIDTH）两个旋钮。逆时针调整 CAPACE 会使立体声声像中处于非中间位置的声部远离位于声场中间的主唱或主奏声部，顺时针调节则会使两者拉近距离；逆时针调节 WIDTH 会让立体声声场变窄，顺时针调节则会使声场更宽。

SSL 变压器模拟：点亮变压器模拟按钮。可以模拟信号通过变压器的感觉，结果是音乐作品具有别具风味的低频和丝滑的高频。

OUPUT TRIM：输出灵敏度调节。建议与 BYPASS（直通）按钮对比，使直通时和启用设备时的电平值差距不要太大。

FUSION 的连接

FUSION 可以通过 Insert 接入调音台的总线，这样可以方便地通过耳机监听处理后的效果，但由于 FUSION 是模拟设备，Insert 在数字调音台上会增加一个 A/D 与 D/A 的过程，理论上会影响音质。另一种方法是直接接在调音台的信号输出端，把设备串接在调音台与处理器或功放之间，这样减少了一个 A/D 与 D/A 的过程，但缺点是无法通过插在调音台上的耳机监听。

要把 FUSION 通过 Insert 接在调音台总线，需要在数字调音台上进行设置。以 Allen& Heath SQ 为例，进入 MAIN 主输出界面后，点击“Insert”，设定相应的路由端口。本案例使用调音台的本地模拟接口 Output 11、Output 12 作为信号的发送（Send）端，使用调音台本地接口的 IP（INPUT）23、IP 24 路作为信号的返回（Return）端，调音台设置如图 7-26 所示，FUSIN 与调音台的接线方法如图 7-27 所示。

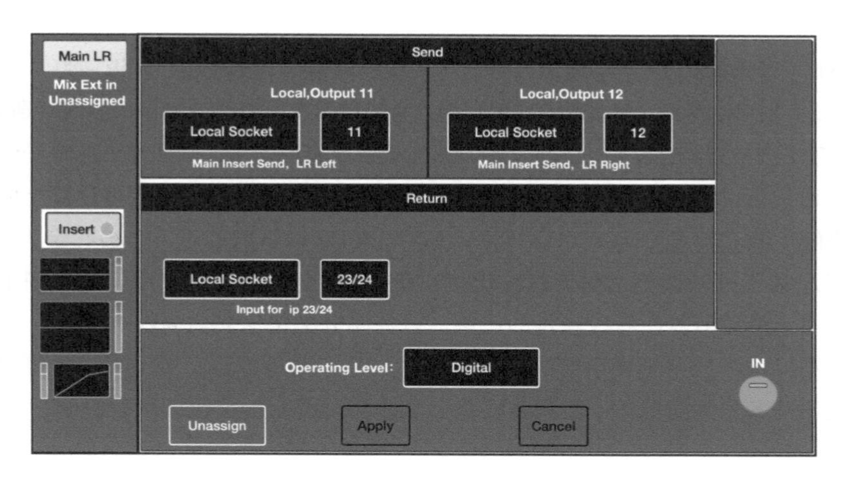

图 7-26　SQ 调音台的设置

图 7-27　FUSION 与调音台接线方法

7.7　自动混音与 DCA 编组

7.7.1　自动混音

自动混音（Auto Mic Mixer）是一种“电平共享”技术，它们也被称为“Amm”“Dugain”“AutoMixer”等，其原理都大同小异。

一支话筒的增益为 28dB 时，系统处于啸叫临界点，这时再增加一支一样的话筒就会触发啸叫，除非系统的总增益或两支话筒的增益均减少 3dB。这样随着打开话筒的数量增多，系统潜在的可用增益也会越来越小。

如果一台话剧节目需要 16 支话筒同时使用，系统的总增益将减少 12dB，等于每支话筒的声音都被衰减了 12dB，这样扩声的声压级就有可能不够了，这时通过自动混音技术就可以轻松解决这个问题。

市面上各厂家的自动混音技术归纳起来主要有“Speech Mode”与“Auto Music”两种算法，其基本原理如下。

Speech Mode（语言模式）：当某通道信号通过系统的阈值（Threshold）被识别为“有用信号”时，其电平值会达到“原有值（未打开自动混音时的状态）”，同时其他轨道的电平会被降低；若有A、B两个通道都被识别为有用信号且A通道电平值较高，那么两通道两相加的总电平等于A通道的“原有值”。

Auto Music（音乐模式）：当某通道信号通过系统的阈值（Threshold）被识别为“无用信号”时，该通道电平值就会被自动降低；当该通道被识别为“有用信号”时该通道电平值会恢复到原有值，这时其他轨道的音量不会被影响；若A、B两个通道都被识别为有用信号，则两通道总电平值等于A+B。

自动混音通常可以通过滤波器防止意外触发。例如将自动混音用在人声话筒上时，为防止风声触发可以将触发滤波器设置为150Hz以上，这样150Hz以下的信号不会被判定为“有用信号”。

自动混音通常还可以调整话筒音量的比例，例如10支话筒同时使用但是希望1号话筒音量更大些，可以在音量调节界面修改音量的比例，以控制分配给这支话筒的电平值。

自动混音不仅可以应用于多话筒的会议场景、小品、话剧等语言类节目，也可以用在音乐节目上。使用这项技术非常简单，一般只需要将其加入自动混音的群组即可。

7.7.2 DCA编组

DCA编组指的是数字控制放大器，在数字调音台上是一种控制音量的数字编组，这种编组映射到推子上，用于方便地控制某些通道。

合理分配推子

DCA编组能使操作更加便利，在调音台的程序设定时一定要考虑到操作者的便利性。例如一场电声乐队的小型演出，当调音台一层推子不够放下所有通道时，拟将推子分配为：

第一层——所有的人声话筒；

第二层——所有电声乐队乐器。

在演出中，为了更快捷地进行操作，在调试话筒时需要能快捷地控制乐队的整体效果，这样需要在第一层加上乐队的DCA，同样也需要在第二层加上人声话筒的DCA，而在这两层中都需要有混响之类的DCA，布局如下：

第一层——所有的人声话筒通道、乐队的DCA编组、效果器DCA；

第二层——所有电声乐队乐器通道、人声的DCA编组、效果器DCA。

这样无论在哪一层工作时，都能进行快速的整体控制，这是DCA设置的重点。

合理分类通道

DCA也会被用在类似通道的控制上，例如在乐队的演出中，可以将伴唱人员的话筒编成一个DCA编组、将所有的弦乐器编成一个DCA编组、将铜管编成一个DCA编组、将打击乐器编成一个DCA编组等，这样可以在复杂的多通道中形成快捷的操作思路，简化调音的过程。

7.8 常用效果器详解

在数字调音台里，一般会有多种效果器可供选择，以Allen & Heath SQ系列为例，点击效果器库“Library”，可以看到有多种效果器（见图 7-28），但受篇幅所限，下面只介绍演出中最常使用的几种。

Library:
Reverbs 混响组
Delays 延时组
Modulators 调制组
Gated Verb 门混响
Sub Harmonics 低次谐波激励
De-Esser 消齿音
Dynamic EQ 动态均衡
Multi Band Comp 多段压缩
Empty Rack 空机架

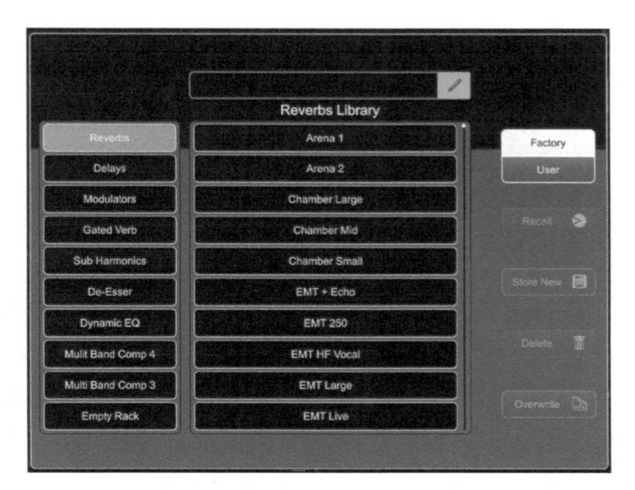

图 7-28 效果器库中的分类

7.8.1 混响效果器

常用的 3 种混响

这类效果器可以模拟某种空间产生的混响。从类型上讲，演出中常用到的混响有“大厅混响（HALL）”“房间混响（ROOM）”和“板式混响（PLATE）”，在调音台预置程序中往往会进行进一步的细分，比如将混响分为人声用、军鼓用、吉他用等。总体上，3 种混响给人的感觉如下：

大厅混响（HALL）——宽广悠扬的；

房间混响（ROOM）——短促而具有空间感；

板式混响（PLATE）——华丽而清脆的。

合理选择混响器

可根据人们的期待、惯例等来选择混响效果器的种类，比如说人们期待听到的钢琴是在音乐厅里，而不是在一个狭小的钢琴房里；人们往往期待听到的鼓组是在鼓房里，而不是在一个混响很大的大厅里；当赞美诗响起的时候，人们期待是在教堂里。在以前为一些歌手录音时，录音师们设置了物理的板式混响效果，而这些混响效果随着那些经典的歌声已经深入人心，当类似的歌曲出现时，人们可能会期待类似的混响效果，所以可能会选择类似的混响效果来调试。

混响的形成

在一个空间里，用针扎破一个气球，爆破音（脉冲信号）开始以点声源特征向四处扩散，这个原始的、没有任何反射的声音被称为“干声”。

随着声音的传播，脉冲声波最先到达离气球最近的障碍物，这个障碍物最先将信号反射回气球处。从气球发声到第一个反射声回来所经过时间被称作“初反射时间”，在效果器上标记为“Pre Delay”（见图 7-29）。

随后声音到达各个反射面，陆陆续续有反射声到达气球处，这个阶段被称为“早期反射声”，在效果器上标注为“Early Reflections”。

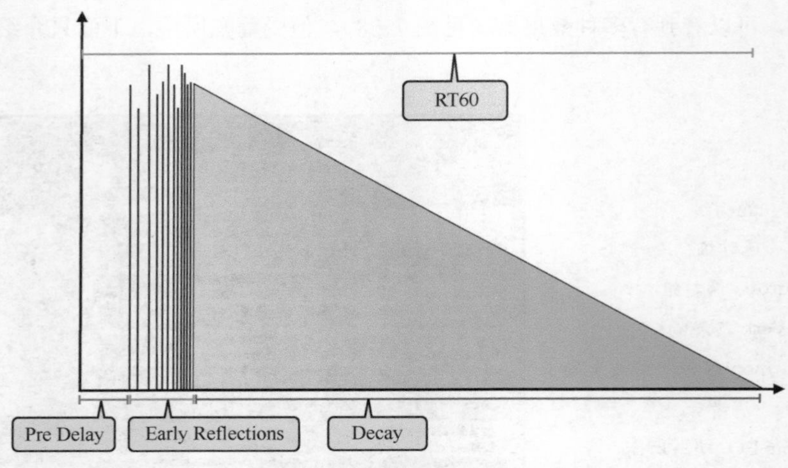

图 7-29　混响的形成与衰减过程

若反射密度高可称为“高扩散”，反之称为“低扩散”，密度在效果器上标记为“Diffusion”。

当反射声越来越多，空间内都充满了反射声音，就形成了混响。随后声能逐渐衰减，当信号衰减至比最初声能的声压级小 60dB 时，混响结束，这个衰减时间在效果器上标记为“Decay”。

由于混响时间指声能衰减 60dB 的时间，所以整体混响时间又称为 RT60 时间。

混响器举例

下面我们以一款 Hall 480 大厅混响效果器为例（见图 7-30），来说明混响效果器的常用参数。

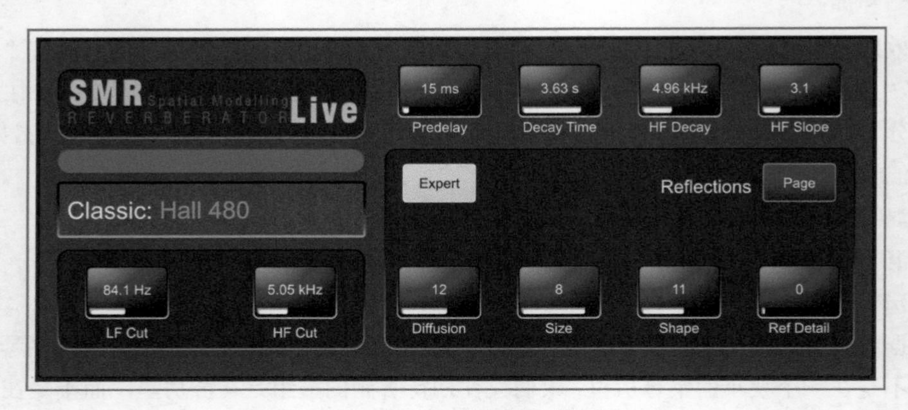

图 7-30　Hall 480 大厅混响效果器

Pre Delay：初反射时间。调节这个时间可以让干声与混响分离开，使干声保持原有的清晰度。

Decay Time：衰减时间，单位是秒（s）。这个参数的调整一般与音乐的速度有关系，音乐越慢，混响衰减时间就可以越长，然而如今的主流音乐通常并不会把混响时间调得太长，当然这也跟调音师个人习惯有关。

HF Decay：高频衰减截止频率，它表示高频多少赫兹以上被衰减。之所以设置这个参数是因为在大多数空间里，当混响形成后，高频会被吸收，而因为建筑的声学问题导致混响衰减到最后往往只剩下低频部分，这是模拟真实环境的一种参数，在一些设备上这个参数被标注为 Damping，意为阻尼系数。

HF Slope：高频衰减的斜率。

LF Cut：混响效果整体低切频率。

HF Cut：混响效果整体高切频率。

Diffusion：反射声的密度，高扩散值可以获得更为平滑的混响声，低扩散值可以获得相对稀疏的扩散声，一般来说瞬态较为丰富的信号更适合高密度（例如鼓），而小提琴或者人声可设置相对低密度。当然最终还是以听感为依据来决定。

Size：房间，所模拟空间的大小。

Shape：房间形状，不同的房间形状会呈现不同的混响效果。

Ref Detail：细节。此效果器的菜单中还有 5 页参数设定，但对于初学者来说太过复杂，以上内容已经可以让音响师调出足以令人惊叹的效果，因此其他内容不再进一步分析。

使用预置程序：在调音台内部预置了很多效果器程序，这些程序都是经过精心调试的，直接使用即可，非常的方便。

7.8.2 延时效果器（Delays）

延时效果器经常被用于人声、乐器，合理使用它能够让声音变得更悠长。在使用延时效果器时，需要将回声的速度与音乐关联，使用调音台上被映射的 TAP 按键可以保持回声与音乐同步，如图 7-31 所示。

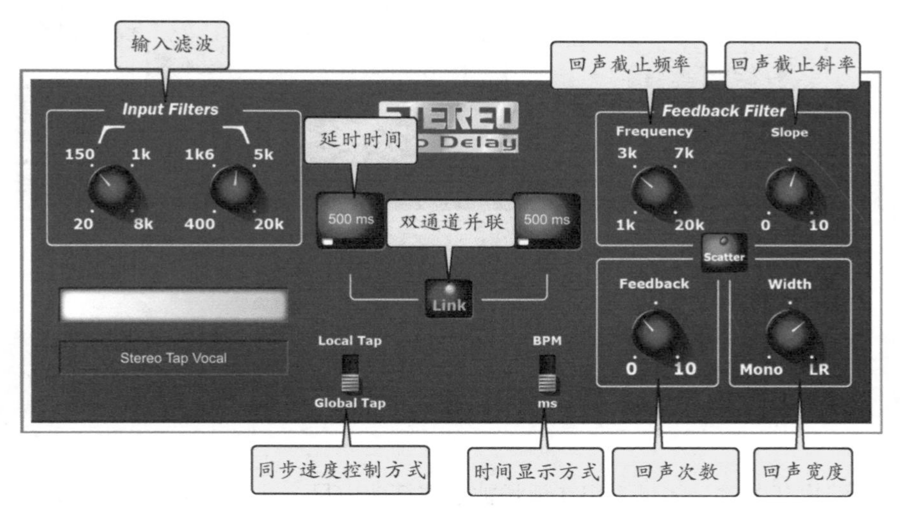

图 7-31　延时效果器

7.8.3 调制效果器（Modulators）

如果你是一名音乐人、吉他手、DJ，你一定会用到调制类的效果器，用它可以创造出富有想象力的音色效果，这类效果器一般包含以下几种类型。

颤音（Vibrato）：作用是让音符的音调产生变化；

震音（Tremolo）：作用是让音符的响度产生变化；

音轨加倍（ADT）：全称 Artificial & Automatic Double-Tracking，是将一个信号通过细微的延时，再通过振荡器（LFO）使延时信号与原信号形成细微差别，之后两信号叠加形成一种奇异的效果；

合唱（Chorus）：合唱效果器类似于一个带调制功能的 Delay 效果器，可应用于管乐；

镶边（Flanger）：利用延时、叠加、梳波干涉等形成的一种效果；

移相（Phaser）：移相效果器是依靠一系列的全通滤波器来影响幻象信号的相位，从而形成类似于 Flanger 的效果。

调音台上的这些效果器对普通的现场调音师来说用途并不太大，因为我们不是音色的制造者，但对于 DJ 或者创造电子音乐的艺术家或许会用得上。

7.8.4 门混响（Gated verb）

通俗来讲，门混响就是在混响上加个门电路，使混响声被门电路控制，它被应用在军鼓上的做法曾经是 20 世纪 80 年代的流行音乐符号。图 7-32 中黄色标签为混响器的功能菜单，绿色标签为门电路的功能菜单。

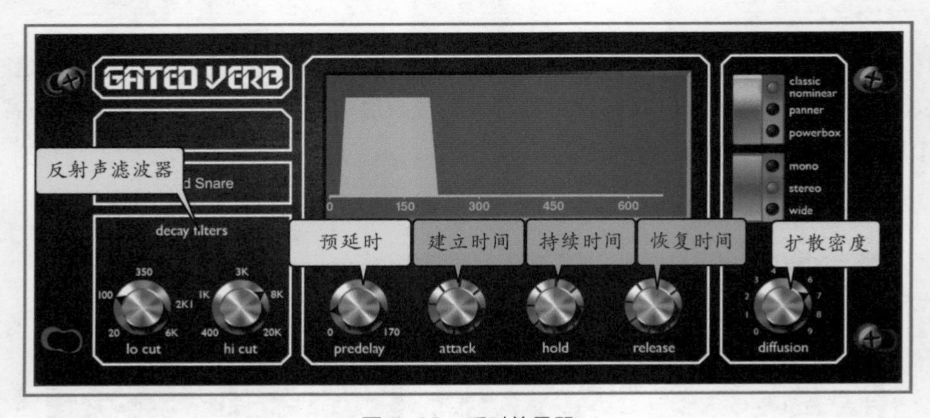

图 7-32　延时效果器

7.9 现场演出通道表

每当接到演出任务时，如果不想在现场被累得筋疲力尽，并且不厌其烦回答助手各种问题，就应该提前在办公室做个清晰的通道表，交给所有工作人员，使他们可以在施工中能够互相完美协作，而不需要到了现场不停地问你该怎么接线、怎么摆放设备、如何贴标签等，甚至演出都要开始了，工作人员还没搞清楚系统到底是怎么回事，出了问题的话所有人都一头雾水。

通道表对于设备方是至关重要的，一般的通道表应包含以下信息。

输入接线方式：每个音源接在哪个接口上，会被分配给哪个通道。

输出接线方式：每个 BUS 分配给哪个输出接口，用作何用。

通道的名称：该设备在调音台上的标注名称，以便安装时核对通道是否正确。

通道上连接的设备名称：比如使用了什么样的话筒、要用哪种音箱等，有了这些信息，工作人员可以准确地从仓库找出设备来，并且在现场准确地安装在需要的地方。

一些特殊的调音台设定：例如插入的效果器等。

调音台的预设建议在办公室就完成或者到达现场之前完成。如果调音台可以通过软件编程的话就更加方便，可以在办公室或飞机上把程序制作好，到现场导入调音台即可。这样就会有精力在现场去应对其他的问题，因为一般演出前的现场比较混乱，很容易被各种繁杂的事情打扰。

表 7-1 和表 7-2 是某小型音乐会输入通道表和输出通道表示例。通道表是以 SQ7 调音台为基础制作的，其中 GX4816 是一台 48 进 16 出的接口箱。这里需要提一下的是，本设置中架子鼓组所有通道的信号首先发送给 MIX BUS1 再进入主音箱，而不是直接进入主音箱。将 MIX BUS1 的属性改为 Group 编组，这样可以在编组上使用动态类或者均衡类程序来为鼓组整体调音。

表 7-1 某小型音乐会通道表（输入与编组）

Fader（推子分配）	Description（描述）	Mic/DI（话筒 /DI）	Routing（路由）	Insert（插入）	Distribution（分配）	48V
1	Kick in（底鼓内）	舒尔 Beta91A	GX4816/1		Group1（编组 1）	*
2	Kick out（底鼓外）	舒尔 Beta52	GX4816/2		Group1（编组 1）	
3	Snare Top（军鼓上）	舒尔 Sm57	GX4816/3		Group1（编组 1）	
4	Snare Bot（军鼓下）	舒尔 Sm57	GX4816/4		Group1（编组 1）	
5	Hi-hat（踩镲）	铁三角 AT4041	GX4816/5		Group1（编组 1）	*
6	Tom1（通鼓 1）	森海塞尔 E904	GX4816/6		Group1（编组 1）	
7	Tom2（通鼓 2）	森海塞尔 E904	GX4816/7		Group1（编组 1）	
8	F.Tom（地通）	森海塞尔 E904	GX4816/8		Group1（编组 1）	
9	Overhead.L（顶空左）	铁三角 AT4041	GX4816/9		Group1（编组 1）	*
10	Overhead.R（顶空右）	铁三角 AT4041	GX4816/10		Group1（编组 1）	*
11	Ride（叮叮）	铁三角 AT4041	GX4816/11		Group1（编组 1）	*
12	Bass（贝斯）	DI 盒 KT/DN100	GX4816/12		Group2（编组 2）	*
13	E.G（电吉他）	舒尔 Sm57	GX4816/13		Group2（编组 2）	
14	A.G（木吉他）	DI 盒 KT/DN100	GX4816/14		Group2（编组 2）	*
15	K.B（电子键盘）	DI 盒 KT/DN200	GX4816/15 GX4816/16		Group2（编组 2）	*
16	PGM（编程信号）	DI 盒 KT/DN200	GX4816/17 GX4816/18		Group2（编组 2）	*
17	Lead 1（主唱 1）	舒尔 Ulxd/beta58	GX4816/19	DYN4	Main LR（总线）	
18	Lead 2（主唱 2）	舒尔 Ulxd/beta58	GX4816/20	DYN4	Main LR（总线）	
19	BGV1（和音 1）	舒尔 SM58	GX4816/21		Main LR（总线）	
20	BGV2（和音 2）	舒尔 SM58	GX4816/22		Main LR（总线）	
21	BGV3（和音 3）	舒尔 SM58	GX4816/23		Main LR（总线）	
22	CUE（提示音）	舒尔 SM58S	GX4816/24		根据需要分配	
23	VCR（视频播放）	隔离变压器	Local ST1		MAIN LR（总线）	
Fader（推子分配）	Description（描述）	Attribute（属性）	Control（控制）	Insert（插入）	Distribution（分配）	
24	Drums（鼓组）	Group1（编组 1）	CH1—CH11	软件 LP2（SSL COMP）	Main LR（总线）	–
25	Band（乐队）	Group2（编组 2）	CH12—CH15	软件 LP2（SSL COMP）	Main LR（总线）	–
26	BGVS（和音组）	DCA1	CH 20—CH22	–	–	–
27	Room（房间混响）	DCA2	FX1 Return	–	–	–
28	Plate（板式混响）	DCA3	FX2 Return	–	–	–
29	Hall（大厅混响）	DCA4	FX3 Return	–	–	–
30	Delay（延时器）	DCA5	FX4 Return	–	–	–
31	SUB（超低音）	AUX8	–	–	–	–

表 7-2　某小型音乐会通道表（输出部分）

Channel（通道）	Name（名称）	Remark（备注）	Pre/Post	Insert（插入）	Routing	Device（设备）
AUX1	Stage Mon（舞台返听）	返听音箱（单声道）	Post 推子后		GX4816/OUT1	HS15*4
AUX2	Dr Mon（鼓返听）		Pre 推子前		GX4816/OUT2	HS15*1
AUX3	Bass Mon（贝斯返听）		Pre 推子前		GX4816/OUT3	HS15*1
AUX4	KB Mon（电子键盘返听）		Pre 推子前		GX4816/OUT4	HS15*1
AUX5	E.G Mon（电吉他返听）		Pre 推子前		GX4816/OUT5	HS15*1
AUX6	A .G Mon（木吉他返听）		Pre 推子前		GX4816/OUT6	HS15*1
AUX7	BGV-M-L（和音返听左）	返听音箱（立体声）	Pre 推子前		GX4816/OUT7	HS15*1
	BGV-M-R（和音返听右）		Pre 推子前		GX4816/OUT8	HS15*1
AUX8	SUB（超低音）	超低音箱（单声道）	Post 推子后		GX4816/OUT9	HS18P*6
AUX9	Lead1 IEM（主唱 1 耳返）	无线耳返 1	根据需要设置推子前后		Local OUT1	EW IEM G4
					Local OUT2	
AUX10	Lead2 IEM（主唱 2 耳返）	无线耳返 2	根据需要设置推子前后		Local OUT3	EW IEM G4
					Local OUT4	
Group1	Drums（鼓组）	编组 1	-	软件 LP2（SSL Comp）	-	-
Group2	Band（乐队）	编组 2	-	软件 LP2（SSL Comp）	-	-
Fx 1	Room				房间混响	
Fx 2	Plate				板式混响	
Fx 3	Hall				大厅混响	
Fx 4	Delay				延时器	
Main Out（主输出）		Remark（备注）		Insert（插入）	Routing（路由）	Device（设备）
L	Main-L	混音总线		硬件 FUSION	Send Loca15/16	SSL FUSION
R	Main-R				Return Loca31/32	
C						
Matrix Out（矩阵输出）		Remark（备注）		Insert（插入）	Routing（路由）	Speaker（音箱）
1	FOH	主线阵列			GX4816/OUT11	GTS 310
					GX4816/OUT12	GTS 310
2	F.Fill	前补声			GX4816/OUT13	HS 12
					GX4816/OUT14	HS 12
3	Live	网络直播		软件 LP2(WAVES L2)	Local OUT5	-
					Local OUT6	-

08

第8章 音乐会的返听

8.1 主扩与返听

8.1.1 PA与Monitor

在早期的演出活动中，并没有返听系统的概念，随着技术的进步和演出需求的提高，返听已经成为一个非常重要的、相对独立的音响系统。

人们常把音响系统用“PA系统”“Monitor系统”等来区分音响系统的实际作用。

PA系统

全称是Public Address System，原指包含传声器、放大器、扬声器和相关设备的音响系统，用于将原声音量放大提供给观众聆听。简单的PA系统通常用于小型场所，例如学校礼堂和小型酒吧。具有许多扬声器的PA系统被广泛用于公共机构、商业建筑物和场所，例如学校、体育馆、客船和飞机等。

而我们现在所讲的“PA扩声系统”实际上是一个业界术语，也被称为**“主扩系统”**，通常是指专门用于现场演出给观众扩声的音响系统，其服务主体是观众（或听众）。在进行调音台程序写入时，习惯于将PA系统的主扩音箱标记为“FOH（Front of House）”，将超低音音箱标记为“SUB（Subwoofer）”。

Monitor系统

一般指用于给表演者（演员、歌手、乐手等）使用的音响系统，与PA系统不同的是，其服务主体是表演者。在进行调音台程序写入时，大家会习惯于将Monitor标注为Mon，例如一号返听音箱会标注为“Mon1”。

因为其服务主体为演出人员，所以其需求与观众大不相同。以演唱会为例，观众需要听到完整的音乐，各声部的平衡感必须要好；而乐手需要听到的各个声部必须是更有利于自己演奏的，每个乐手都有自己的要求，因而调音师必须去配合每个演奏者，根据他们的需求来调试。

8.1.2 PA与Monitor的系统形式

P/M一体

所谓P/M一体是指PA与Monitor两个系统由同一调音台来完成（见图8-1），一位调音师兼顾观众与演员的需求，这是最常见的系统，很多固定安装场合如剧场剧院、教堂、多功能厅都采用这种方式，如图8-1所示。

返听音箱的信号通常取自数字调音台的Mix bus（模拟台的Aux）通道上。由于小型调音台的输出总线数量并不会太多，这些总线需要分配给主扩、超低、补声等通道，故此限制了返听系统的通道数量，如果返听通道需要的数量较多，就需要在选择（购买）调音台时将输出通道作为重要的考虑因素。

独立的PA与Monitor

在专业的乐队类型的演出中，通常采用PA与Monitor分开的系统，这种系统需要有两台调音台及两位调音师，是目前大型音乐类演出中最常用的系统构成方式。

由于输入通道信号要分送给两台调音台，其信号的分配方式又分为模拟信号分配与数字信号分配两种。

模拟信号分配采用的是音频分配器，将所有的乐器、话筒信号接入音频分配器后，分配器将输入的信号一分为二输出，分别送给两台调音台，随着数字化设备的普及，这种连接方式正在逐步减少。

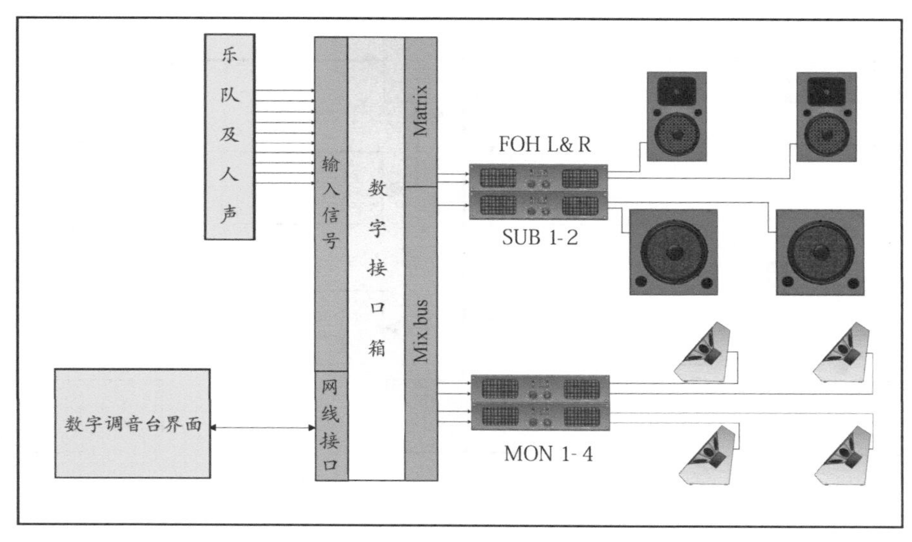

图 8-1　一种 P/M 一体化系统

数字信号分配采用某种数字信号协议，通过协议的载体硬件来实现信号分配。一些设备制造商自定义的传输协议，可以在自家设备中进行信号的传输（如 Allen & Heath 的 Slink 协议），如图 8-2 所示。

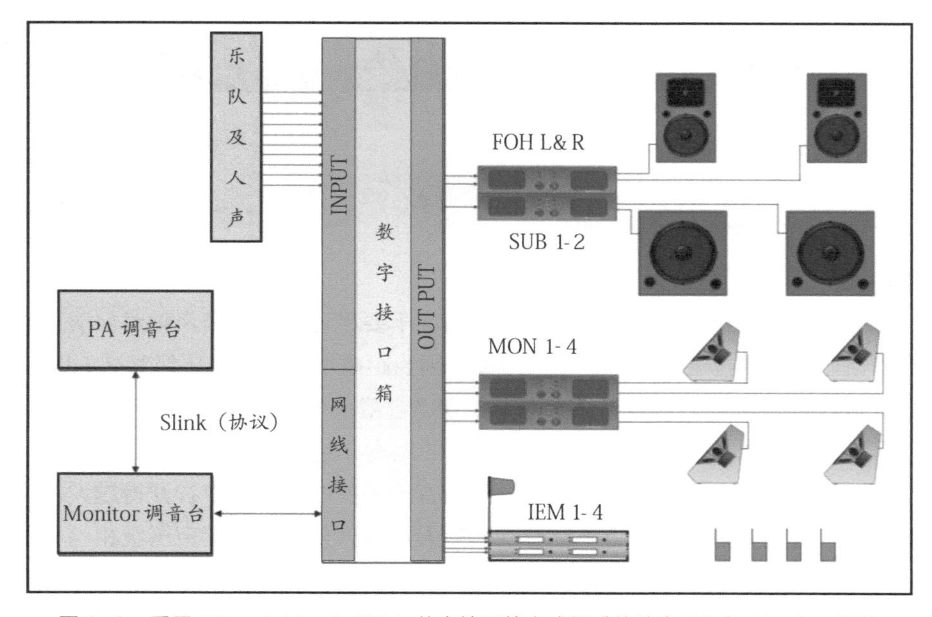

图 8-2　采用 Allen & Heath Slink 共享接口箱方式组成的独立 PA 与 Monitor 系统

但当多个厂家设备信号进行交换时，应用最广泛的还是 Dante 协议。Dante 数字音频传输技术是澳大利亚 Audinate 公司于 2003 年提出，2006 年研发成功并发布。经过十多年的发展，凭借其直观、配置简单和易用、超低网络延迟等特点，现已被许多知名音响设备生产厂商作为音频设备支持的标准音频传输协议。

图 8-3 所示是一套理想的 Dante 音箱系统，所有的音源通过网线由交换机将信号分配给各个调音台，调音台处理好信号后将信号通过交换机分配给不同的音箱及录音设备。图中所有的连接线均为网线。

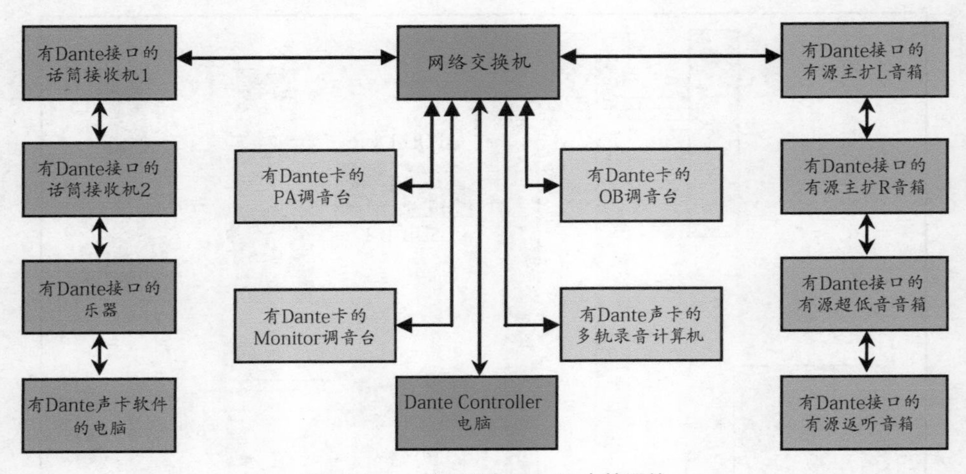

图 8-3　一套理想的 Dante 音箱系统

一个大型的音箱系统仅用几根网线就搞定，这在以前是不敢想象的，然而 Dante 协议实现了这一切。Dante 系统不仅可以节省很多模拟信号线，还减少了模拟信号传递带来的意外噪声，同时也减少了系统中多次数字 / 模拟转换带来的音频损失。

8.2　返听音箱快速预调

8.2.1　正确摆放返听音箱

基本原理

一些演出可以预知演员所站立的位置，这种情况下要尽可能将音箱声轴对向演员的头部，如果现场允许的话还要尽量拉近演员与音箱的距离。因为距离增加一倍声压级衰减 6dB ，轴心与辐射边界线也有 6dB 的声压级之差（具体参考第 2 章“音箱系统”)，所以将音箱的声轴对准演唱人员的头部可获得最高的听音效率，拉近演员与音箱的距离亦是如此。

对于舞台上的其他人来说，返听也属于一种声音的干扰源，返听声音开得越大，对其他人的影响通常就越大，调整音箱的摆放将声轴对准演唱人员可以使他在音箱声压级相当小的情况下获得清晰的聆听效果，从而减少对舞台上的声音干扰。有时候音箱本身所能提供的角度未必可以满足现场的需求，为其增加一个小垫子是常见的做法，如图 8-4 所示。

图 8-4 返听辐射角度

另一种情形是不可预知演员的位置。例如某拼盘演唱会上，歌手将有可能在演唱中从左到右边走动边演唱。遇到这种情况建议预先在舞台上从左到右均匀地摆放返听音箱，这些一字排开的返听音箱实际上只占用调音台的一个输出通道，即它们所发的声音都是同样的信号驱动的。

一人使用多只返听音箱

一些主唱歌手对返听音箱有着较高的要求，比如要求自己面前的返听音箱必须有 3 只，在这种情况下就需要分左、中、右来摆放音箱，如图 8-5 所示。

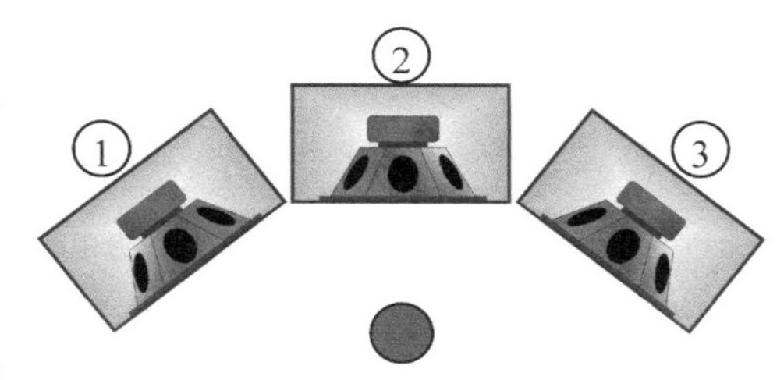

图 8-5 一人多只返听音箱

信号分配可以参考以下方案。

（1）音箱①②③全部设置为同一个信号，也就是单声道模式，优点是操作简单，缺点是声干涉较大，无论歌手使用心形指向话筒还是超心形指向话筒，都存在啸叫的可能。

（2）音箱①设置为左声道、音箱③设置为右声道，左右声道用于伴奏及人声话筒的混响信号，音箱②用于人声。优点是声干涉最小，声音定位清晰，歌手可以使用心形指向的话筒；缺点是歌手使用超心形指向的话筒时有啸叫的可能。

（3）音箱①③设置为立体声，用于人声及混响，音箱②用于伴奏，优点是可以使用超心形指向的话筒，人声听起来够大，缺点是有一定的声干涉，使用心形指向的话筒有啸叫的可能，且伴奏为单声道。

（4）将 3 只音箱全部发送伴奏，若使用心形指向话筒就将音箱②的人声送至标准音量，音箱①③的人声小于音箱② 3~6dB，若使用超心形指向话筒，则将音箱①③的人声送至标准音量，音箱②的人声小于音箱①③ 3~6dB。优点是灵活方便，缺点是有一定的声干涉现象。

8.2.2 返听音箱的调整

对于返听音箱来说，主要调整方向有频响曲线、音量校准、极性调整等，若非特殊情况，我们的目标是系统中所有的返听音箱的频响曲线、相位曲线、同电平值下的音量、极性都是一致的。

频响曲线

在演出中会遇到不同的返听音箱，一些比较专业的厂家会将返听音箱的曲线做得比较科学，这样会大大提高工作效率，省却了曲线调试的过程。

图 8-6 所示是用 Smaart 测得的 SE 返听音箱中两种应用场景下的频响曲线对比：绿色曲线为

该返听音箱在音乐模式，紫色曲线为语音模式。

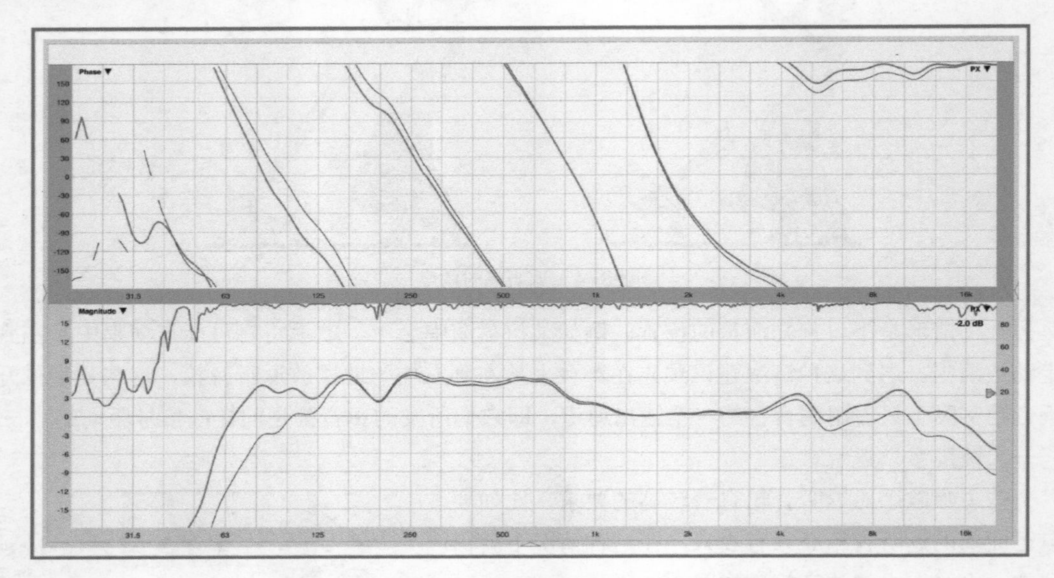

图 8-6　SE 音箱音乐模式（绿色）和语音模式（紫色）频响曲线对比

可以看到在该音箱的曲线预设中，切换为音乐模式时低频下限更低，高频上限也更高，这是因为音乐本身对设备的频响曲线要求更高；而当切换为语音模式时，考虑到语音频响的特点，工程师在音箱内部将低切与高频段都做了相应的调整（见图 8-6）。另外，该音箱在 200Hz 做了一定的衰减，可以避免浑浊共振音，而 4.7kHz 以及 10kHz 两个点进行了提升，可以提升语音的穿透力和甜美度。

然而在大部分情况下，一些设备供应商并没有专业的返听音箱，而是用其他的全频音箱做代替，这就需要音响师去测量这些设备的频响曲线，并通过均衡器修正其参数，使之达到预期。特别是对于品质不佳的设备，必须要仔细检查其频响曲线、相位曲线的参数，做到心中有数。

常规音箱作为返听音箱，调整其频响曲线时，可参照音箱特点、返听用途、目标曲线等方面来调试，下面简要说明。

音箱特点　不要因为某个目标曲线过分地改变音箱的频响特点。比如说某音箱高频部分从 10kHz 开始滚降，尽量不要企图把 10~20kHz 的频响曲线调为平直。建议针对其频响特点稍做调整，且以衰减为主要手段。在流动演出的公司里，将常用的音箱依据本身的频率特点稍做修正，调出自己喜欢的感觉，将其储存到数字调音台的库里，下次演出时直接快速调用也是常用手法。

返听用途　对于会议和音乐性的演出来说，返听的均衡曲线可以依据用途来调整（具体阅读第 5 章相关内容）。

目标曲线　最简单的方式是将平直的曲线作为目标，也就是使用测试话筒将其曲线调整得趋于平直，虽然不会调出什么特点来，但最起码不会出大差错。

有时在演出中会遇到不专业的演讲者或者歌手，他们的声音特别小，话筒的增益需要比较大才可以让外场音量足够，增益开得过大可能导致处于啸叫的边缘。笔者曾经采用较为极端的做法来调试返听以提高其传声增益。当时发言人用的话筒是舒尔 BETA 58A，为了让返听音箱与话筒之间形成平直的曲线关系，笔者以 BETA58A 频响曲线（见图 8-7）为参考，将 4.5kHz 与 10kHz 处做了衰减（图 8-7 中红色曲线为返听曲线），这样对于这支话筒来说音箱的曲线是平直的，啸叫的概率变小了，但是 BETA 58A 变得失去了原有的音色，这种做法是在极端情况下而采用的，多数情况下只需要通过测试话筒将返听音箱频响曲线调整得趋于平直即可。

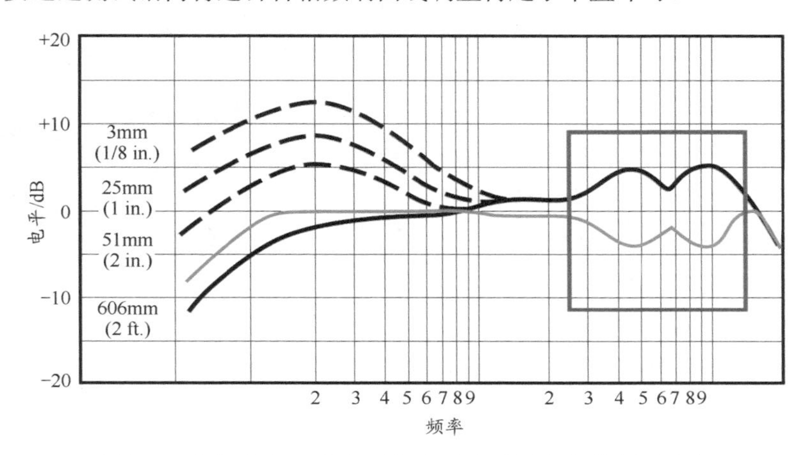

图 8-7 舒尔 BETA 58A 与返听音箱曲线形成的“平直关系”

然而一些经典的返听音箱的频响曲线并不平直，却深受音乐工作者喜爱，可并不是所有的音箱都可以通过调试做到，盲目地模仿某些曲线可能带来意想不到的其他问题。

音量预设

PA/Monitor 一体系统 确认返听的音量之前，首先要确定好 PA 系统的整体增益架构，这非常重要。因为在这种系统中，每个通道的增益(GAIN)都会同时影响到 PA 与 Monitor 的信号大小，因此先确定好 PA 系统增益架构再确定返听音箱的音量值的控制，能够让 PA 系统与 Monitor 系统均在科学的增益架构下工作，使系统变得简单化。

关于增益架构的讨论参考第 3 章“系统的增益结构”。

对于返听音箱音量的预设，可以参考下面的步骤。所谓音量控制是指控制驱动返听音箱的功放或者是有源返听音箱的音量旋钮。

第 1 步：用一支演出时用的话筒在调音台上调整好增益、将通道的推子推至“0”位，此时对着话筒讲话，PA 系统应该是合适的音量。

第 2 步：将返听所使用的 BUS（或 AUX）通道总输出推子推至“0”，将话筒的信号发送至该通道，将发送推子推至 +5dB 左右（这是为了测试啸叫的临界值）。

第 3 步：将返听的音量旋钮关至最小，然后打开返听功放的电源开关。

第 4 步：站在演唱者位置，将话筒朝向返听音箱方向左右轻轻摆动，然后缓缓调整功放的音量控制旋钮，直至达到啸叫的临界值，停止调整。

第 5 步：（在第 2 步时通道发送为 +5dB 左右）此时将通道发送推子拉下至“0”位，在返听音箱前对着话筒讲话，看看音量够不够，若够，则音量校准完成，若不够可以再少许增加功放音量。由于目前距离话筒对着返听音箱时仅剩 6dB 余量，故而再增加功放音量时必须谨慎，否则极易在演出中发生啸叫。

第 6 步：将所有的返听音箱功放的旋钮调整到同样位置，并用话筒在同样的发送量下检测所有返听音量是否一致，若有误差再次调整功放使之音量一致。亦可播放粉红噪声，使用声级计在音箱前方检测各个返听音量是否一致。

图 8-8 所示是用数字调音台中的信号发生器来检测返听音量是否一致。

调试完成后可以使用一支话筒，将信号均匀地发送至所有返听音箱，然后逐一走到各个返听音箱前面，对着话筒讲话，聆听检测各个音箱听感是否一致。

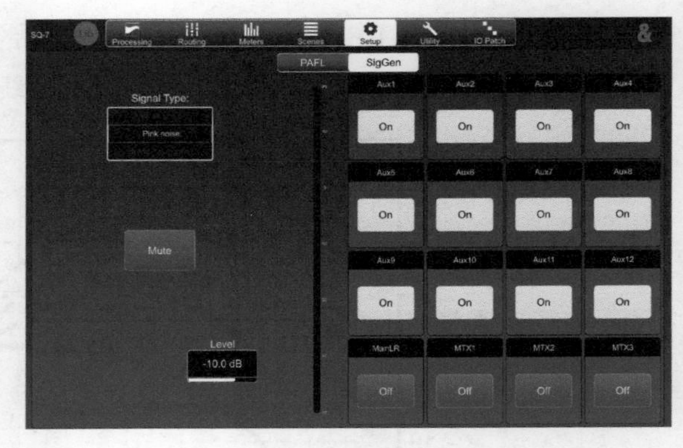

图 8-8　数字调音台中的信号发生器

小型电声乐队发送预设

为电声乐队调音时，在乐手到来之前，建议将各个乐器首先通电，粗略调整增益，之后将各个返听的信号做一个分配预设，下面以一个小型教堂的电声乐队为例。

小型教堂里通常会拥有电子鼓、电吉他、电贝斯、电钢琴等乐器，也会有 2 ～ 3 人一起歌唱，假如系统中配备了 6 只返听音箱，我们可以如下分配：

歌手一 / 一号返听、歌手二 / 二号返听、电子鼓 / 三号返听、电贝斯 / 四号返听、电吉他 / 五号返听、电钢琴 / 六号返听。

主唱（Lead）/ 伴唱预设参考（见图 8–9）。他最需要的是听清楚自己的演唱，而且自己话筒的音量要足够，否则唱起来会很累，另外他需要听到完整的乐队声音。

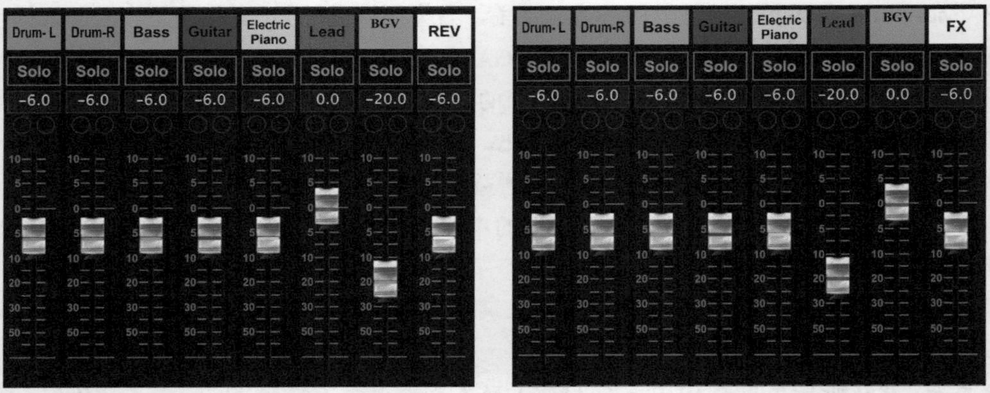

图 8-9　数字调音台中主唱 / 伴唱返听通道的预设参考

我们可以将一号返听 Lead 推子发送至“0dB”，将其他声部全部减少 3~6dB，这样预设的好处是主唱歌手到现场首先可以听清楚自己的声音，如果对其他声部有要求的话可以很快通过调整达到他的要求；但一般的主唱并不一定喜欢听到其他歌手的声音（不过这要视情况而定，也要看伴唱人员所演唱的内容）。如果不清楚他的要求，建议在预设时将其他歌手通道的音量设定为 -20dB，待排练时如有需求再根据要求调整。

而伴唱的返听原理与主唱一样，不过他需要听清楚自己的声音，在他的返听里能听见 Lead 在唱的歌词是哪一句即可，一般不需要发送很大的声音。

如果将所有声部都调到同样的音量，恐怕歌手到现场后觉得自己的声音不够大，而要求将自己的话筒声音开到更大，这样有可能引起返听音箱的“音量大战”。

鼓与贝斯返听预设参考（见图 8–10）。这两种乐器是音乐的节奏与律动的根基。鼓手一般要求贝斯手与其配合要默契，同时大部分鼓手对电吉他是否能听清楚都比较在意，根据经验，大多数鼓手或贝斯手并不喜欢听到伴唱人员的声音。

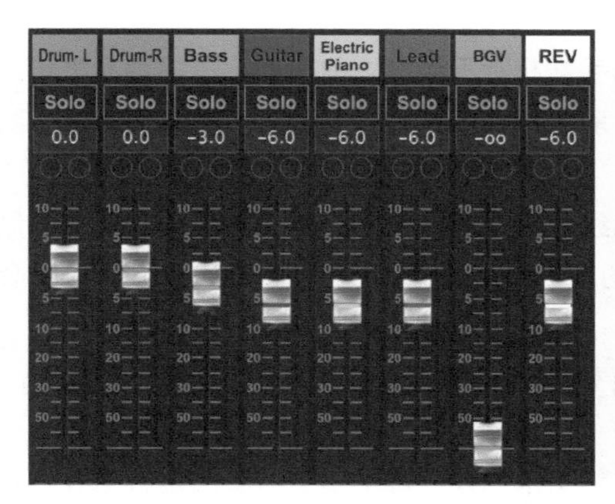

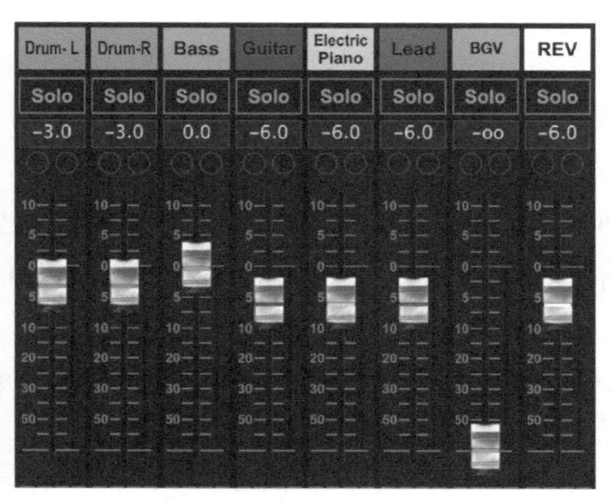

图 8-10 数字调音台中鼓手 / 贝斯返听通道的预设参考

吉他与键盘返听预设参考（见图 8-11）。

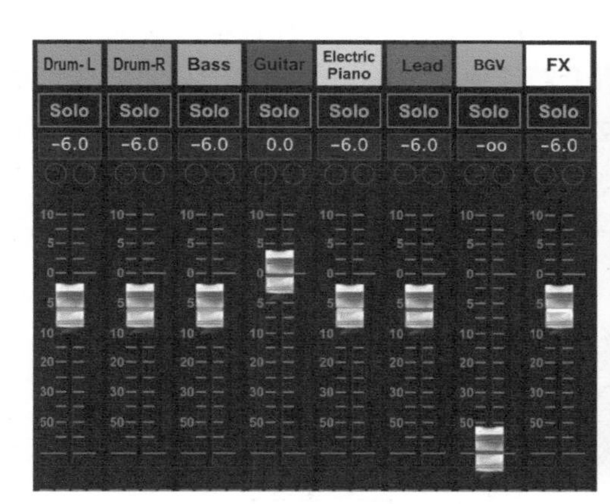

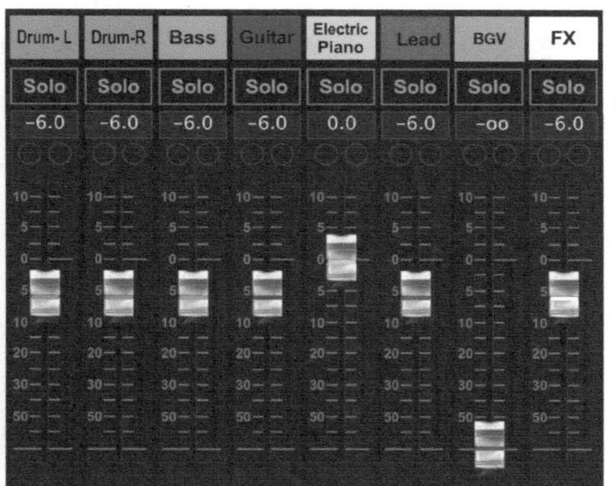

图 8-11 数字调音台中吉他 / 键盘返听通道的预设参考

可以看出，吉他与键盘的预设原则也是一样，第一要保证乐手听清楚自己的声部，第二要准确地给他听到他想听到的声音。

以上内容仅仅是乐队老师进场前的预设的参考，旨在有个调试的基本思路，实际应用中在试音的时候还需要根据乐手的要求具体调整。不同乐手的要求也是不同的，比如有些贝斯手除了鼓与电吉他以外，其他声部全部不听；也有的电吉他手不愿意听主唱的声音等。

中小型演出电声乐队发送预设

对于一些稍大场合的演出来说信号通路比较多，与上述小乐队不同，除了以上的乐器编制，常见的还有如下通道。

架子鼓组（Drum）——通常十多支话筒进调音台；一般会把底鼓内（KickIN）、军鼓上（Snare top）、军鼓下（Snare bot）、踩镲（Hi-hat）信号发送给每一只返听音箱作为鼓组参考信号；当返听设备是无线耳返系统时，则有可能把全部鼓组信号发送至耳返。

电吉他（Electric guitar）——有时候会有两把甚至更多的电吉他，通常吉他手不希望听到其他吉他手演奏的内容，所以常在默认预设里把电吉他声部发送给本人听，而不会把它发到另一个吉他手的返听音箱。

电子键盘（Keyboard）——通常会有电钢琴与合成器两台设备，大多数情况下是同一个人演奏两架键盘。

节拍器——一些演出的舞台比较大，各个乐手互相听不到对方的声音，节拍容易出错，所以会播放一个节拍器，不过节拍器是不能送给PA系统的，只能给需要的乐手，多数情况下歌手也不听节拍器（偶有例外）。

PGM（Program的缩写，指音乐现场放的已经制作好的伴奏）——由于现场乐队的限制，很多声部无法现场演奏，一些乐队会把乐队之外的声部做成音乐在演奏时播放，PGM通常会发送给所有的返听音箱。

CUE——乐队提示，一般由乐队总监来喊演奏的提示语，仅给乐队返听，不能送到PA系统，歌手通常也不听这个通道。

如果长期为某一支乐队调音的话，很容易总结出来规律，每个乐手需要的返听内容、各个声部的比例可以记住，而如果是临时调试的话就需要在乐队来之前做好一定的常规预设，等乐队排练时可以迅速地调整。

音响配置——稍有规模的乐队演出时会为每个乐手配备一只返听音箱，要求高的乐手还可能会配备多只；对于鼓手而言，除了配备返听音箱给他，常常还会配备一只超低音音箱，如图8-12所示。另外，在一些要求较高的音乐会，为主要演奏的音乐人配备超低音音箱加全频音箱的返听模式，也是有可能的。

图8-12　带有超低音音箱的架子鼓返听系统

8.3 个人监听系统

在乐队性质的表演中，多个返听音箱应用在舞台上时常使舞台上的声音变得相互干扰严重，对于演员或观众都可能产生听音影响。而且返听音箱调试过程复杂，极其容易出现一些问题，个人监听系统就能较好地解决这个问题。这种系统是采用一些网络传输协议，将各个声音轨道的信号送至终端设备，在终端根据演员的需求由本人自行调节信号比例。图8-13所示是Allen & Heath公司推出的“ME Personal Mixing System”，实际使用中的3种连接方式分别是：串联、通过信号分配器ME-U并联、使用Dante或MADI协议通过ME-U并联。

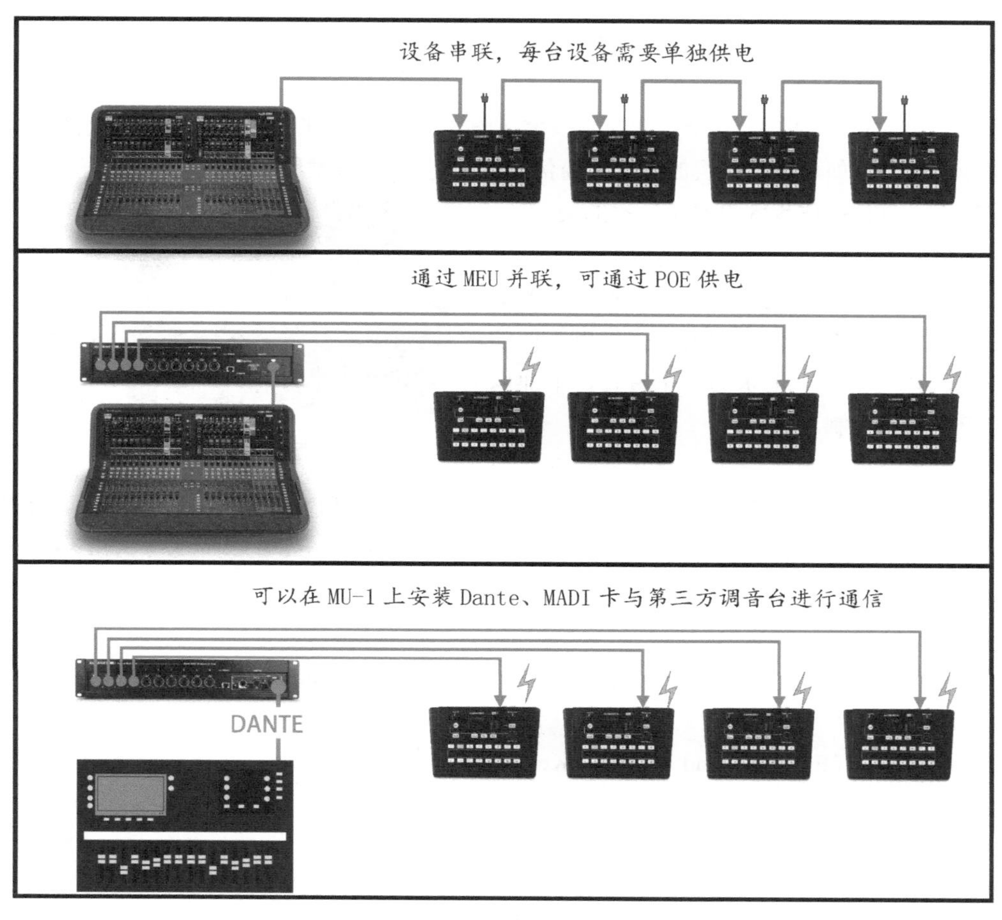

图 8-13 ME-1 的系统连接

8.3.1 信号发送

个人监听系统通常受其通道总数限制，例如 ME-1 最大可以处理 40 路输入信号。乐队配置较小的话可以将信号全部发给它；而乐队编制较大时，监听信号需要超过 40 路时，则需要将一些信号编组为混合的立体声信号或单声道信号后发送给它，这些操作需要在调音台上完成。

通常发送的信号如下：

（1）各个乐器通道，例如吉他、电钢琴、架子鼓的每一个话筒通道；

（2）歌手通道，包括主唱与伴唱通道的信号；

（3）音乐总监的指令发布通道，该通道一般是为音乐总监准备一支话筒，用于其对乐队成员发布各种演奏指令；

（4）效果器通道，常用于发送混响效果器与延时效果器的声音信号；

（5）其他辅助通道，例如为了让演奏者更好地感受到现场观众的气氛，在现场设置两支房间（ROOM）话筒，可以让演奏者感受现场气氛；

（6）节拍器通道也常常出现在乐队的演出中。

将这些信号在数字调音台上通过信号的路由发送到个人监听的终端，即完成了信号发送的设置。

8.3.2 ME-1 预设

ME-1 的界面上提供了 16 个信号控制按键（图 8-14），每个按键可以设定一个信号通道或者一组信号通道，例如可以将鼓组的多个话筒信号设定在“1 号按键”，而将贝斯一个信号设定在“2 号按键”上，具体操作步骤可参考厂家的说明书，此处不再赘述。

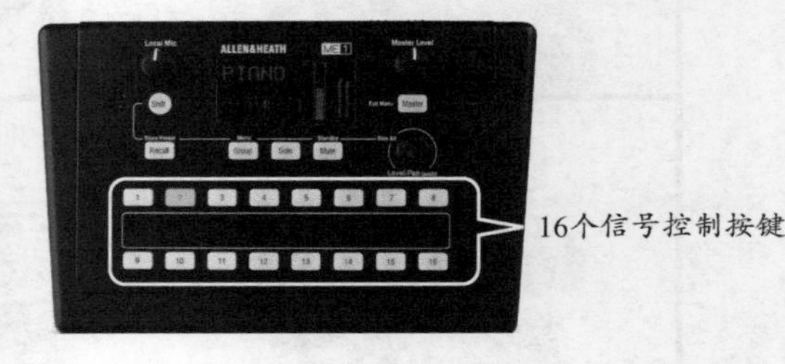

图 8-14　ME-1 预设

虽然乐队所有人都使用同样的设置对于音响工作者来说更为简单，但是为用户提供更简便的操作方式应该是音响师追求的一个目标，下面以一个电声乐队的编制为例。

现有通道

歌手：主唱（Lead）、和音 1（BGV1）、和音 2（BGV2）、和音 3（BGV3）、和音 4（BGV4）；

鼓组：底鼓内（Kick in）、底鼓外（Kick out）、军鼓上（Snare top）、军鼓下（Snare bot）、通鼓 1（Tom1）、通鼓 2（Tom2）、落地通鼓（F.Tom）、踩镲（Hi-hat）、叮叮（Ride）、顶空话筒（Overhead）；

吉他与贝斯：电吉他 1（Electric guitar1）、电吉他 2（Electric guitar2）、木吉他（Acoustic guitar）、电贝斯（Bass）；

键盘：电钢琴（Electric piano）、键盘（Keyboard）；

其他：PGM、CUE、节拍器、VCR；

效果器：大厅混响、板式混响、延时效果器。

键位分配

在设置每台个人监听系统时，要根据该使用者关心的点进行设置。例如歌手与鼓手的诉求大不相同：歌手对于自己的演唱以及乐队的平衡比较关心，而鼓手对鼓的音色、各个鼓的平衡比例尤为挑剔。另外，一般鼓手对贝斯、电吉他声部也特别关心，图 8-15 为歌手和鼓手两个点位分别做了两个不同的键位分配。

歌手点位预设	键位 1	键位 2	键位 3	键位 4	键位 5	键位 6	键位 7	键位 8
	Lead	BGV1	BGV2	BGV3	BGV4	Drums	Bass	E.G1
	主唱	和音 1	和音 2	和音 3	和音 4	鼓话筒组	贝斯	电吉他 1
	键位 9	键位 10	键位 11	键位 12	键位 13	键位 14	键位 15	键位 16
	E.G2	A.G	E.P	Keyboard	CUE	PGM	Click	FX
	电吉他 2	木吉他	电钢琴	键盘	演奏指示	Program	节拍器	混响/延时
鼓手点位预设	键位 1	键位 2	键位 3	键位 4	键位 5	键位 6	键位 7	键位 8
	Kick	Snare	Hi-hat	Ov/toms	Bass	E.G1	E.G2	A.G
	底鼓内外	军鼓上下	踩镲	顶部/通鼓	贝斯	电吉他 1	电吉他 2	木吉他
	键位 9	键位 10	键位 11	键位 12	键位 13	键位 14	键位 15	键位 16
	E.P	Keyboard	Lead	BGVs	CUE	PGM	Click	FX
	电钢琴	键盘	主唱	所有和音	演奏指示	Program	节拍器	混响/延时

图 8-15　键位分配参考表

声像预设

在现场，每台 ME-1 可以为每个通道设置不同的声像分配。关于声像的设置有很多种方法，但在个人监听里要保证的是所有通道的声像都是为使用这台设备的演奏者（演唱者）而设置的，概念就是:“每个人都是音乐的主角”。

一般情况下，对于观众来说，主唱的声像总是在立体声的正中间位置，然而在个人监听的设置里就不一定。例如可以尝试将吉他手所使用的个人监听中的吉他声像调整为立体声的正中间；也可以将 BGV1 使用的个人监听中的 BGV1 声像调整为立体声的中间位置，就好像她是整个音乐会的主角一样。但这并不是绝对的做法，只是一种调整的参考思路而已。

一些乐器存在“演奏者声像位置”和“观众声像位置”之分，在个人监听设备里通常要以“演奏者声像位置”来调整。例如架子鼓的踩镲对于演奏者来说在左边，而站在观众位置看却是在右边，在个人监听里要设置为左边，这样不会使演奏者有违和感。

在 ME-1 里若将某个键位分配为 Group（群组），可以通过点击“Group”旋钮分别调试组内每路信号的电平以及声像，如图 8-16 所示。

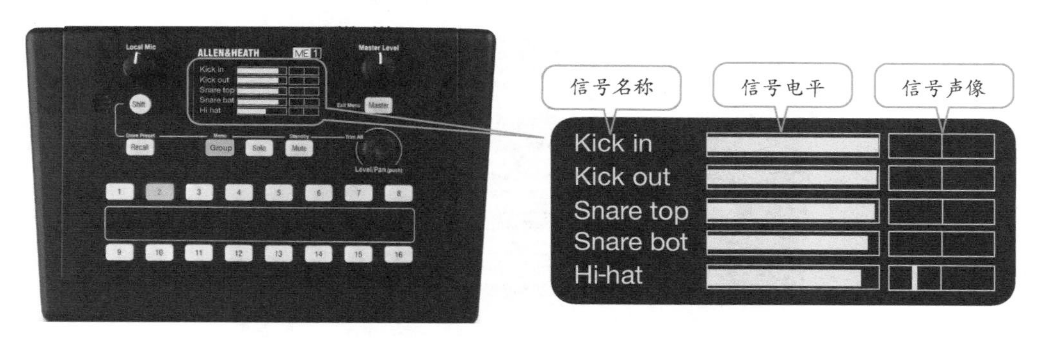

图 8-16　ME-1 Group 内部菜单

电平预设

依据乐队的习惯不同，个人监听交付给乐队使用时通常分为“零发送”和“预发送”两种情形。

“零发送”是指每个键位上所预设的通道信号均为不发送状态，由演奏者自己发送所有信号，这样的好处是演奏者从零开始设置可能比更改已有设置更简单，如图 8-17 所示。

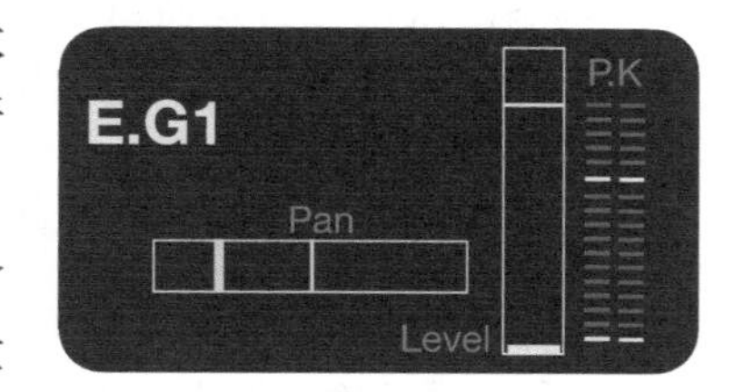

图 8-17　通道电平不发送

对于分配为 Group（群组）的键位，由于乐手不一定熟悉个人监听的设置，通常要将所有群组内的信号发送完成，发送量通常是最大的，而将群组的总音量不发送，留给乐手自己操作，如图 8-18 和图 8-19 所示。

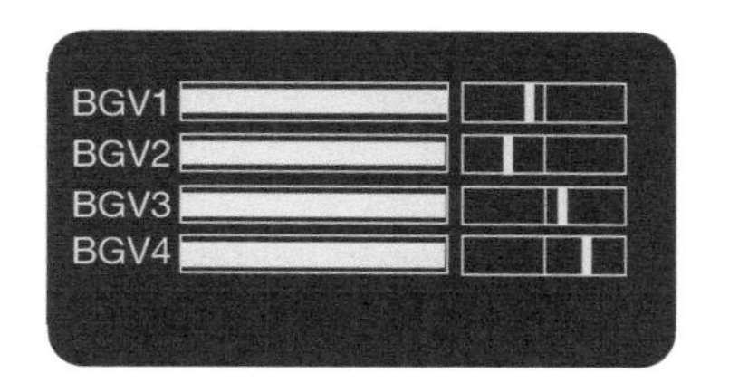

图 8-18　BGVS Group 内部信号发送至最大

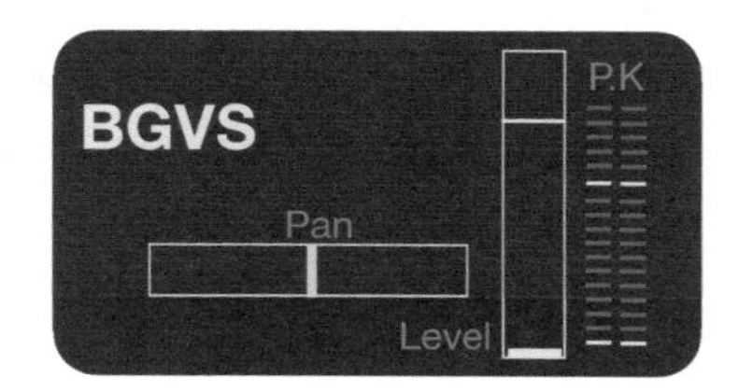

图 8-19　BGVS 总音量电平不发送

而预发送则是按照乐队人员的使用习惯进行提前设置，将信号以合适的混音比例发送，如

图 8-20 和图 8-21 所示。

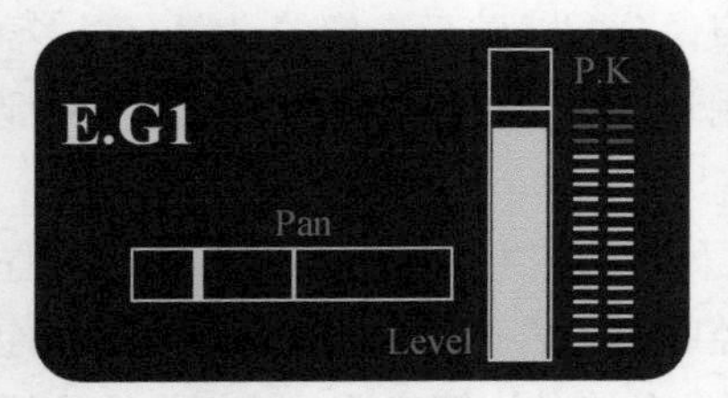

图 8-20　按一定的混音比例发送通道电平（1）

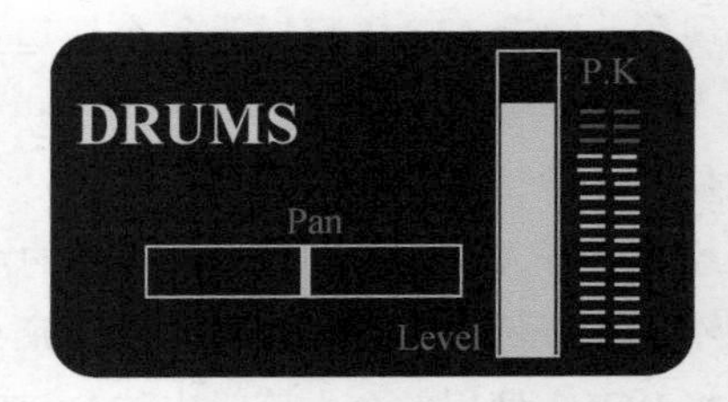

图 8-21　按一定的混音比例发送通道电平（2）

书写标签

交付乐手使用前，应该用胶带或者标签机将通道的名称、常用的功能予以标示，为使用者提供便利，如图 8-22 所示。

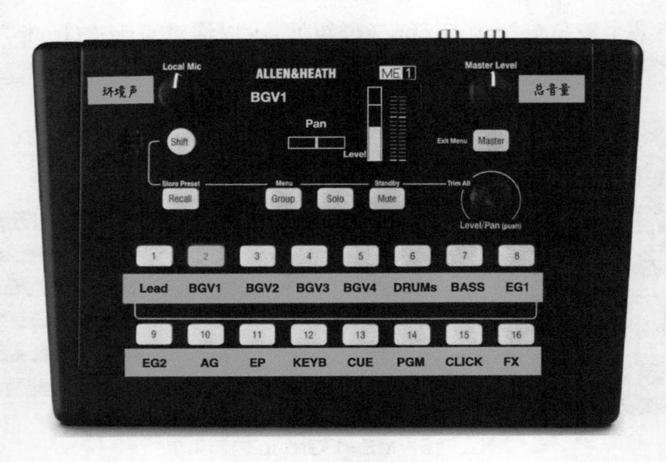

图 8-22　清晰的标注

需要注意的是，所采取的胶带应该是没有残留的胶带，通常使用专用的布基胶带。

标签的规范与否是衡量一个音响工作者敬业精神的最直观体现，当乐手第一眼看见整齐温馨而规范的标签时，会知道你做了充分的准备，而混乱不堪的界面会给人一种你非常不专业的感觉。

标签不仅应用在个人监听上，至少以下地方也应该贴有详细的标签：

* 调音台的面板上，为每个通道写上名字；
* 接口箱的输入输出写上应该连接的信号名称；
* 舞台上的每一根线的两端应该清楚地标注它是连接什么设备的；
* 每一只话筒应该有标号，并与调音台名称对应；
* 每个腰包接收机 / 发射机上应该注明它的编号；
* 工程安装时，每台功放都应该标注其作用。

09

第9章

现场拾音

9.1 传声器结构特征

9.1.1 动圈传声器

振膜连接着一个线圈，线圈被悬于磁场中间，当声波引起振膜振动时，线圈在磁场中做切割磁力线运动，两端输出感应电压，这就是动圈传声器的工作原理，如图 9-1 所示。

动圈话筒结构简单，因此相对来说比较坚固，由于内部没有放大电路，一般灵敏度不会太高。大名鼎鼎的舒尔 SM57、SM58、BETA 58A 都是动圈话筒，是目前演出中常用的话筒，如图 9-2 所示。

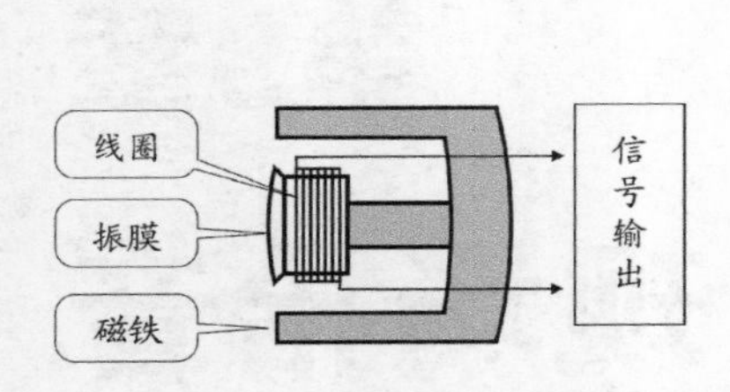

图 9-1　动圈传声器工作原理

图 9-2　舒尔的 SM57、BETA58A 动圈传声器（图片来自官网）

9.1.2 电容传声器

将具有电容性质的振膜与基板两端加上恒定的电压，当声波引起振膜振动时，电容容量发生变化而引起电容两端电压变化，将这个变化的信号放大，即可获得与声音相对应的电信号，以这种原理制成的传声器统称为“电容传声器”，如图 9-3 所示。

由于电容传声器比动圈传声器的振膜更薄，因此瞬态响应优于动圈传声器，对高频的响应更为迅速。

电容传声器工作时需要为振膜两端加上电压，故而传声器内部一般会设有电路。现场扩声时通过调音台经由话筒线为它提供 +48V 的“幻象供电”。图 9-4 所示是两款铁三角电容传声器。

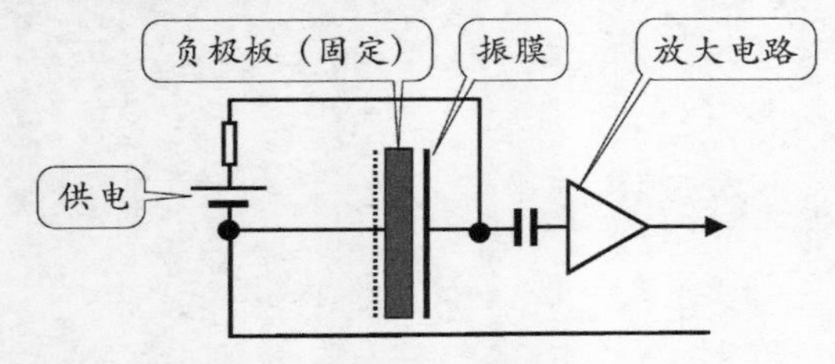

图 9-3　电容传声器工作原理

图 9-4　铁三角 AT4050 大振膜与 AT4041 小振膜电容传声器（图片来自官网）

根据电路原理的不同，电容传声器又分为“电子管传声器”（内部放大器件为电子管）与“晶体管传声器”（内部放大器件为晶体管）。通常同级别的电子管传声器价格会贵于晶体管传声器，这是因为电子管传声器构造更精细，且能够提供温暖及圆润的音质体验，这一点是晶体管传声器无法比拟的。然而这并非说电子管传声器比晶体管传声器更好，而是说当你需要温暖及圆润的音色时，选择电子管传声器有可能会起到事半功倍的效果。

电容传声器的振膜有大有小，可笼统地称为“大振膜电容传声器”和“小振膜电容传声器”。一般情况下大振膜传声器频响会优于小振膜传声器，故而在录音棚里用于人声录音的总是大振膜电容传声器。而对于现场演出，小振膜传声器却更加方便携带、易于摆放且更容易控制，深受演出设备商的喜爱。

除了上述传声器，还有驻极体式电容传声器，常见的头戴传声器、胸佩传声器以及鹅颈传声器，都属于电容传声器的范畴。

9.1.3 铝带传声器

铝带传声器（图 9-5）可算另外一种动圈传声器，只不过它的振膜由一条被折叠的金属薄片（铝带）构成，当铝带在磁场中间因声波引起振动时，铝带两端会输出电信号，因此铝带话筒不需要幻象供电，如图 9-6 所示。

图 9-5　舒尔 KSM353、铁三角 AT4081 铝带传声器

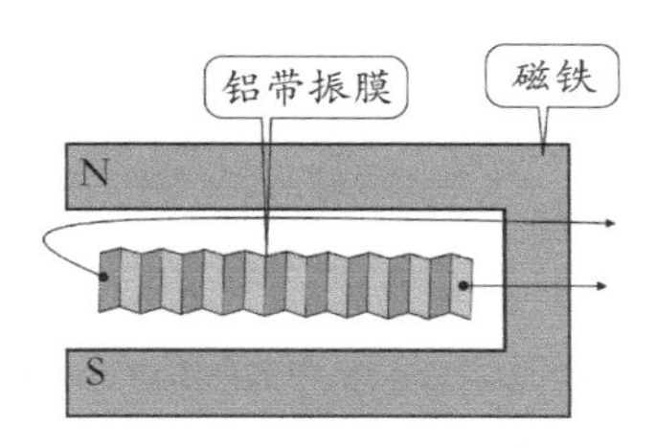

图 9-6　铝带传声器工作原理

铝带传声器并不如常规动圈传声器坚固耐用，暴力磕碰或者向传声器吹气都可导致铝带变形甚至引起传声器损坏。但由于铝带传声器比动圈传声器振膜更薄，因此高频响应相对较好。另外，由于它的振膜较长，故而对低频的响应能力也比较强。这类传声器应用于人声、管乐、弦乐都有着迷人的声音效果。但由于铝带传声器构造过于复杂且特别容易损坏，因此这种传声器在现场用得并不多。

9.2 传声器指向性特征

随声波入射方向不同，传声器灵敏度也不相同，这种特征也称为传声器的指向性特征。表征指向性的通用做法是使用同心圆来表示的，圆每小一圈就表示衰减 5~10dB，圆的周围标示着声波的入射方向，0° 即表示在传声器的正前方发声，这种图被称为“极坐标图”。

9.2.1 全指向传声器

全指向传声器也称为无指向传声器，表示这种话筒不会随着声波的入射方向改变而改变传声器的灵敏度，如图 9-7 所示。

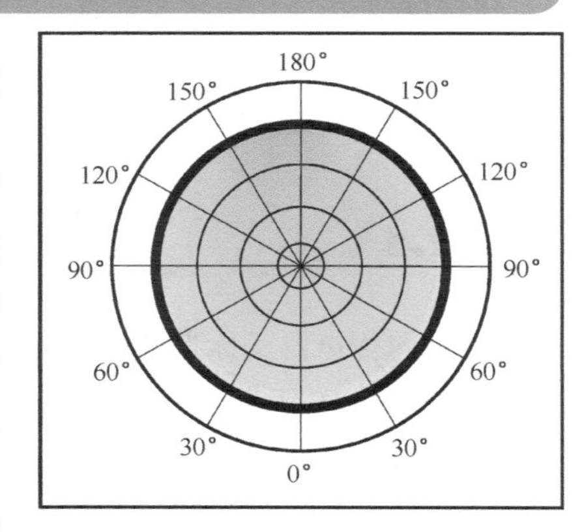

图 9-7　全指向传声器极坐标图

在录音棚里或者影视节目的录制中，全指向传声器大有用处，然而这种传声器并不太适合用于现场演出的场景，因为它会收取周围所有的声音，导致我们所获信号的信噪比降低。例如，使用这种传声器在扩声中收取合唱的声音，它会收取到合唱和传声器周围（包括观众席）的声音，这样不仅会导致信噪比降低，也会降低系统的传声增益并引发啸叫。

音响师使用的测量传声器一般都是全指向的，这样当传声器放置在声学环境中时，可以获得来自整个空间的声音信息，前后左右、上方下方的信息都可以通过传声器被拾取，从而对声音进行科学的分析。

9.2.2 心形指向传声器

在现场，音响师会使用指向性的传声器，这样可以屏蔽其他的干扰声音而较为准确地收取所需要的声音信息。心形指向传声器正前方灵敏度最高，而背后 180° 灵敏度最低，如图 9-8 所示。这种设计可以使它收取前方的声音而阻断后方声音被拾取，在现场演出中可以阻断一些声源的干扰。使用它为乐器拾音、为合唱拾音或者作为歌手手持传声器都非常方便。使用这种传声器时，如果想避免某些噪声被拾取，只需要将传声器背对它即可，因此传声器摆放尤为重要。

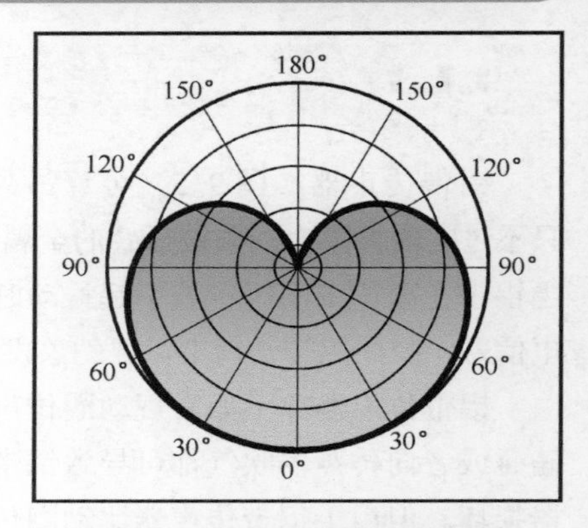

图 9-8　心形指向传声器极坐标图

9.2.3 超心形指向传声器

较心形指向传声器而言，超心形指向传声器收音范围更窄，因此可以更好地隔绝两侧的声波干扰，如图 9-9 所示。可以想象一个场景，在嘈杂的人群中，如果想拾取某甲的讲话声，使用全指向的传声器会使所有人的声音都被拾取，而使用心形指向传声器则会把某甲以及身边人的讲话声都拾取，而使用超心形指向传声器则可以较好地隔离其他人的声音，获得较高的拾音信噪比。拾音范围窄的另一个好处就是能够提高传声器与声源之间的距离。在现场演出中如果某人讲话声音特别小而且又习惯于将传声器远离嘴巴，使用超心形指向传声器比心形指向的传声器拾音效果要好得多。

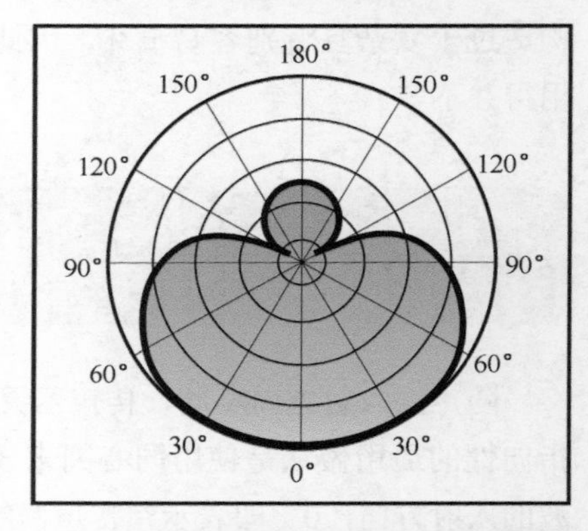

图 9-9　超心形指向传声器极坐标图

但超心形指向传声器尾部有一定的灵敏度，且指向越窄的传声器尾部灵敏度越高，在摆放音箱系统或者摆放传声器时要尤为注意，以避免啸叫以及串音的发生。比超心形指向传声器指向更窄的还有**锐心形指向传声器**，在记者采访的场合会常常用到。

9.2.4 双指向传声器

双指向传声器又称为“8 字指向传声器”，这是因为在极坐标图上，它的指向特点呈现“8”字形，如图 9-10 所示。

双指向传声器可以拾取前后两端的声音信号而隔绝左右两侧的信号，由于前后收取的信号相位相反，当前后同时收取一个声音信号时，时间差会导致话筒内部产生一定的声干涉，故而这种传声器有一定的音染。

双指向传声器的前后音色不一定相同，以舒尔 KSM 353 铝带传声器为例，前后的频率响应就不太一样，不过这恰恰成为了它的一个亮点：前后可以适用于不同的音源。

在现场演出中，双指向传声器相对使用较少，而在录音、影视制作中则被广泛使用。

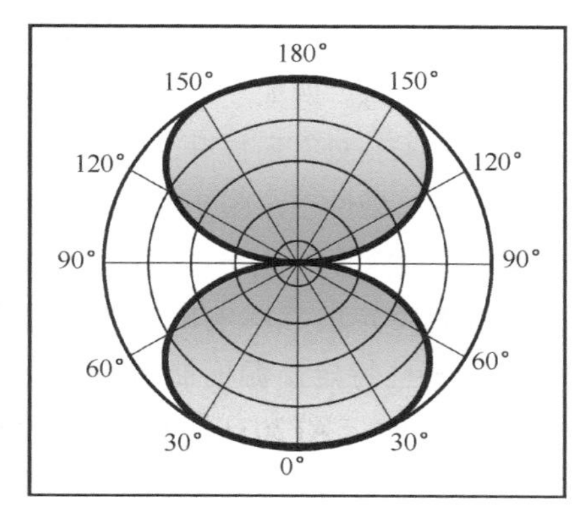

图 9-10 双指向传声器极坐标图

9.2.5 指向性与频率

传声器的指向性是会因频率的变化而变化的，图 9-11 是舒尔 BETA 58A 的指向性极坐标图，可以看到它对于 10kHz 的响应要比 250Hz 的角度窄得多。换句话说，当你希望收取 10kHz 高频声音时，必须要将传声器的正前方准确地对准声源。

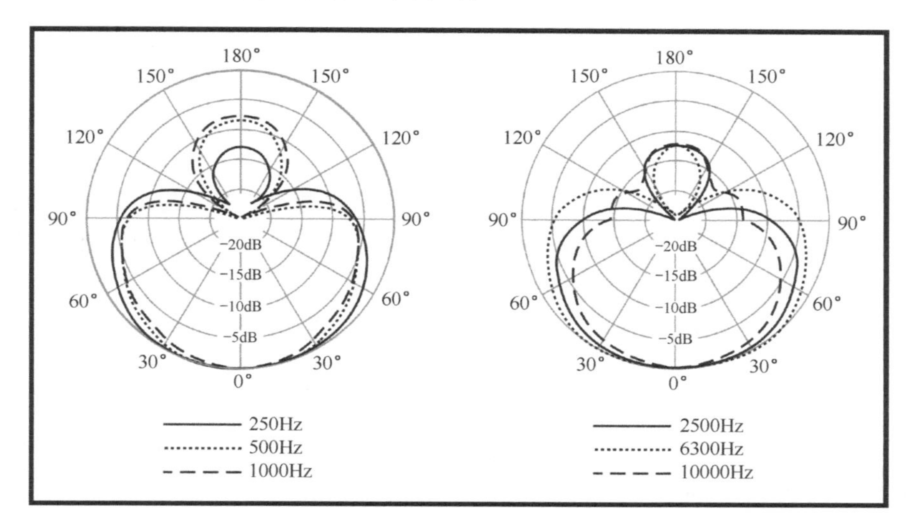

图 9-11 BETA 58A 频率与指向性

9.3 传声器性能指标

9.3.1 频率响应

除了测试用的传声器外，厂家并不会追求平直的频率曲线，各种不同的频率响应是为各种不同的声源设计的，这就形成了拾音的多样化可能，使得音乐丰富多彩。

特定的频率响应通常用于在特定应用情况下强化声源。例如，为人声设计的话筒在4.5kHz与9kHz处有所提升，以提高现场人声的清晰度与磁性感，图9-12中是舒尔BETA 58A人声话筒的频响曲线。

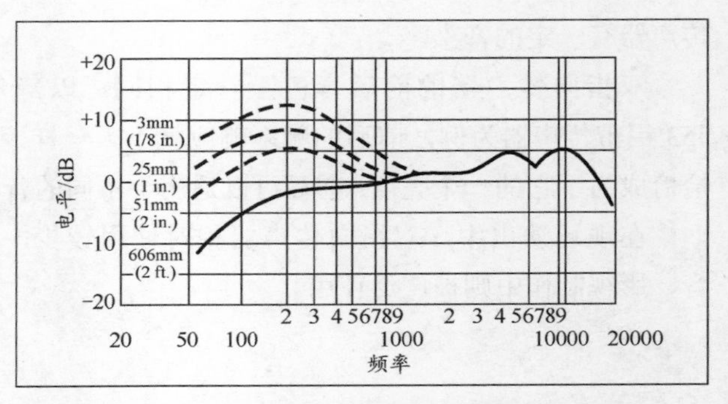

图9-12 BETA 58A频率响应特征

拥有特定的频率响应的传声器往往是针对于某些特定声源而制造的，例如铁三角的AT4041、AT2031是针对于钢琴、吉他、架子鼓等乐器而制造的，当然你也可以用它收取人声，只是这类传声器并未针对人声的频响进行优化，在扩音的过程增加调试的难度和工作量。而许多针对人声制造的演出话筒，如Neumann KMS 104、Sennheiser E945、Shure BETA 58A、Shure SM58、Technica ATM 610A、Technica ATM 710等都在频响上针对人声进行了优化，深受歌手与音响师的喜爱，以至于很多产品成为人们心目中的经典产品。

传声器的频率响应会随着到声源的距离变化而在低频段发生变化，传声器距离声源越近时低频的灵敏度越高，这一效应称为**“临近效应”**。这一效应在现场非常有用：当我们需要表现某个乐器或人声的低频时，只需要将话筒靠近该音源即可。图9-12分别给出了当传声器离同一声源3mm、25mm、51mm、606mm距离时低频段的不同表现。

9.3.2 灵敏度指标

灵敏度是传声器输出端电压与输入端声压之比。通常电容传声器为10~20mV/Pa，动圈传声器为1~2mV/Pa，即当电容传声器接收到1Pa（94dB SPL）声压的测试声信号时，会输出大约10~20mV的电压，而动圈传声器会输出1~2mV的电压。

灵敏度也可以用dB表示，例如15mV/Pa的传声器灵敏度为多少dB？答案是-36.5dB。

$$S = 20\lg\frac{15\text{mV}}{1\text{V}} = 20\lg\frac{15}{1000} = -36.5\text{dB}$$

很多人认为灵敏度较高的传声器更容易发生啸叫，实则不然，容易啸叫与否与传声器的灵敏度并无关联，真正有关联的是系统的传声增益指标。

9.3.3 最大声压级指标

当传声器输出电信号的谐波失真大到一定的允许值时，传声器振膜处的声压级即为传声器的最大声压级。

Neumann KMS104的最大声压级为150dB，而Sennheiser MD435的最大声压级为163dB，如图9-13所示。如果有歌手声音太大总是会把话筒喊破音，可用MD435来试试，163dB的最大声压级上限还担心什么？

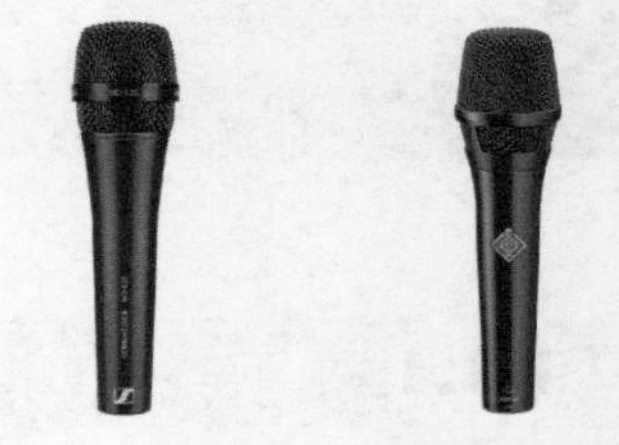

图9-13 Sennheiser MD435与Neumann KMS104

9.3.4 等效噪声级指标

等效噪声级指标的单位是 dB，指的是当外界声压为 0.00002Pa(0dB SPL) 时，电容传声器产生的噪声电压的大小。等效噪声的算法与灵敏度有直接关系，其值与灵敏度是相对的，计算公式如下。

$$20\lg\frac{u}{S\times 0.00002\text{Pa}}$$

式中：u 为传声器静态时输出的噪声电压，单位 V；

S 为传声器灵敏度，单位 V/Pa；

0.00002Pa 为参考声压，是人们认为无声的状态，也就是 0dB SPL。

我国要求电容传声器的等效噪声级指标不得高于 26dB（A），也称为 A 计权等效噪声级。

9.3.5 信噪比指标

信噪比指标一般指额定信号 94dB SPL 时的信噪比，如果信噪比为 75dB，则等效噪声级为：94−75=19dB（“信噪比”含义可参阅第 3 章“系统的增益结构”）。

例如 Neumann KMS104 传声器的说明书上有如下标注：

Signal-to-noise ratio,A-weighted.. 76 dB

实质上是描述了 Neumann KMS104 传声器的等效噪声级为 94−76=18dB(A)。

9.3.6 动态范围指标

传声器的最大声压级减去等效噪声级即为动态范围，它的上限是最大声压级，下限是等效噪声级（“动态范围”含义可参阅第 3 章“系统的增益结构”）。

9.3.7 手持噪声

手持噪声指标并不会体现在参数手册中，然而却非常重要。专业的手持传声器都会有良好的减震系统，最大限度地减少手与传声器摩擦产生的噪声，而劣质的传声器很有可能因为手持噪声导致传声器的信噪比降低。

9.4 传声器选择 10 要素

虽然我们无法通过指标去判断一个传声器的好坏，但是指标最起码给我们提供了最基本的客观参数。对参数的理解是最基础的认知，如果我们无法理解最基础的参数指标，又怎么能理解那无法用参数形容的艺术呢？音响工作者对传声器的选择，不要被眼花缭乱的评测和广告迷惑眼睛，客观看待指标并仔细聆听其音色表现，一定能够找到合适的产品。

所要拾取的声源是宽是窄？

这涉及指向性的选择，如果拾取大合唱的声源选择锐心形指向的传声器显然不合适。

所要拾取的声源声压级是大还是小？

架子鼓声压级较大，所选择的传声器灵敏度不需要太高，但是最大声压级的指标要高；而小提琴声压级则较小，则需要灵敏度较高且等效噪声级较小的传声器。

是在沉寂的房间里使用还是在嘈杂的环境中使用？

这个问题会牵涉到传声器的等效噪声级指标。录音棚属于沉寂的房间，而音乐节则是在嘈杂的环境中举行，若需要拾取合唱，在录音棚里需要等效噪声级小的传声器，以便收取声音的细节，例如 Neumann TLM103 电容传声器的等效噪声级仅有 7dB（A），然而这在音乐节现场意义不大，因为那里的声学底噪太大了，但在录音棚里 Neumann TLM 103 就可以呈现音乐中最细微的声音，如图 9-14 所示。

图 9-14　Neumann TLM103 拥有极低的等效噪声级

想要重点表现声源的哪个频率段？

为笛子拾音时，安排一个低音敏感的传声器并无益处；而如果期待表现贝斯的丰富低频，选择一支人声用的传声器也并不明智，所以选择传声器时要考虑声源的频率特性与传声器的频响特性。

现场有无啸叫的可能？

在扩声现场存在啸叫的可能，而在一些录像的场合，现场并没有扩声系统，并不存在啸叫的可能。现场扩声时为演讲者选择头戴传声器可获得更好的啸叫前增益；而在没有扩声系统的演播厅里录像时选择全指向领夹传声器会让演讲者更为舒适，且不存在啸叫问题。

电容传声器还是动圈传声器？

电容传声器的构造使得它频率响应优良，其对细节的表现更胜一筹，然而其脆弱的构造与相对昂贵的价格也是设备商要考虑的重要因素；而动圈传声器坚固耐用，能够耐受大声压级和恶劣的环境，如果对细节的要求不是特别苛刻或者需要动圈传声器的频率特征为其声音染色，动圈传声器是非常优秀的选择。总体来说在录音棚里以电容传声器居多，在现场演出中动圈传声器的使用较多。

既然调音台的均衡可以调整频率，我们购买频响曲线平直的传声器不好吗？

调音中有一个重要的理念：不要企图去推翻物理特质，反而要尊重物理规则。

物理音色与电子调音的本质是不同的：由传声器的构造设计所带来的音色特征是由其直接物理特点转换而来；而通过电路的均衡修正会使声音的相位、频率等其他参数被改变，导致声音不同程度地失真、劣化。

就像摄影一样首先要把照片拍摄好，其次才是修图的过程，两者不可互相替代。

扩声是累积的艺术，需要在每个步骤保证好自身环节的最优状态，在拾音的过程中就应该保证音色是自己想要的，而不要将本该在拾音阶段解决的问题交给均衡阶段解决，因为均衡阶段有均衡阶段要做的事，每个环节都不出问题，方能累积出卓越效果。

记住：**“物理先于调试”，能在拾音层面克服的问题，就不要在调试阶段解决。**

厂家有没有针对性地推出传声器？

传声器制造商依据频率响应、灵敏度、指向性、构造结构、外形特点等诸多因素为不同的声源设计了不同的产品，作为使用者我们无须过多地研究设计人员的思考方向，只需要知道他们所设计的产品是针对怎样的声源，便可在传声器的选择上事半功倍。

表 9-1 中是舒尔、铁三角、森海塞尔生产的针对性很强的部分传声器型号。业界制作精良的话筒不胜枚举，但篇幅有限，笔者仅列举 3 个品牌的传声器，供大家参考。感兴趣的读者可以去其官网查阅相关资料。

表 9-1 现场演出常用传声器举例

品牌 / 用途	Shure（舒尔）	Technica（铁三角）	Sennheiser（森海塞尔）
歌手手持	BETA 58A SM58、BETA 87A	ATM710A、ATM610A AE6100、AE5400	E935、E945 E835、E845
底鼓	BETA 52A BETA 91A	ATM250 ATM250DE	E602-II E901、E902
军鼓 / 通鼓	BETA 57A、SM57	ATM650 AE3000、ATM350D	E604、E608 E904、E908D
镲片	SM81、SM137	AT4041 AT2031、ATM450	E614、E914
钢琴	SM81 KSM137、KSM32	ATM350PL 、AT4041	E914
电吉他	BETA 57A、SM57	ATM650、AE3000	E609、E906
大合唱	SM27	AT4047 SV	MK4

需要怎样安装传声器？

将一个大振膜电容传声器安装在小提琴上显然不合适，而迷你的电容传声器安装上去则看起来美观大方，在设计的初期阶段，就要考虑好话筒安装的可行性、美观性。图 9-15 和图 9-16 是两种话筒安装示范。

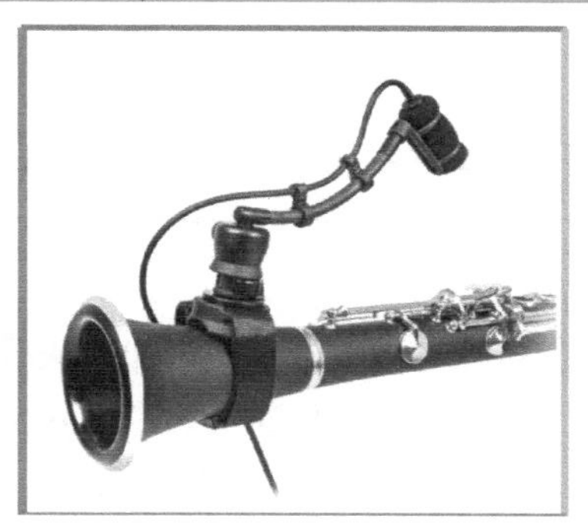
图 9-15 铁三角 ATM350W 安装在单簧管上

在一些教堂里需要为唱诗班安装合唱话筒，一些地方的唱诗班的位置设计是固定不变的，则可考虑安装悬挂的吊装电容传声器；而有些教堂唱诗班位置则会根据实际情况来回移动，那就必须要配置话筒支架。

传声器的特色对演出影响有多大？

一位著名的音响师说过：“为鼓拾音其实就是更换话筒的艺术”，笔者深以为然。不仅是鼓，所有的声源的拾音都是这样。

图 9-16 铁三角 ATM350PL 安装在三角钢琴上

选择了不同的传声器，就获得了不同的音色，现场演出的各种音色并非刻意调试而成，而是在选择传声器的时候就已经定下基本特征，故而作为初学者要留意不同传声器的音色特点，才能够在未来的工作中游刃有余地去创造属于自己的艺术作品。

9.5 声、电干涉的影响

将声学信号转换为电学信号的过程叫作拾音，而拾音过程的优劣将直接影响到整个扩声系统品质的优劣，是非常需要重视的环节。拾音过程中音质劣化的一个重要原因是干涉，干涉又可分为“声学干涉”和“电子干涉”。

9.5.1 拾音中的声学干涉

“声学干涉”是指两个或者两个以上相干声波在声场内通过叠加导致声波某频率加强或减弱的现象，这种现象会影响声波的原有特质。

声源与某个反射面靠近或者传声器与某个反射面靠近都可能导致直达声与反射声叠加形成干涉。图9-17中传声器收到的信号由直达声和反射声叠加而成，两声波到达话筒的时间差导致了干涉的发生。

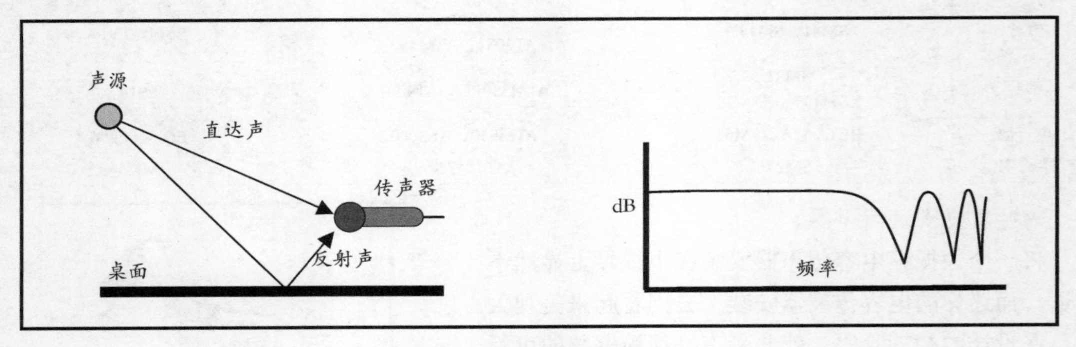

图9-17 拾音中的声学干涉

在桌面与传声器中间增加一块吸音材料（如放置海绵、厚毛巾等）以阻断反射声进入传声器，可以很好地抑制这种干涉，如图9-18所示。

在拾音过程中，传声器接近任何一个物体表面时都需要小心，比如三角钢琴的盖板、为架子鼓制作的透明隔音罩等，这些都可能成为拾音过程中的干涉来源。

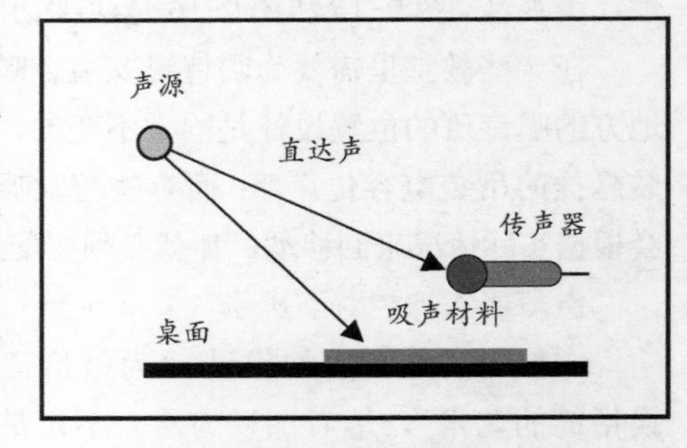

图9-18 阻断反射声可避免声学干涉

9.5.2 拾音中的电子干涉

“电子干涉”是指两个或两个以上相干的音频信号在电路中混合时产生了梳状滤波器效应。电子干涉大多发生在多支传声器拾取到同一声源的声音信号后在调音台内部混合时。电子干涉在扩声中几乎随处可见，如图9-19所示。

相位差引发的干涉

在演讲桌上同时摆放两支传声器拾取演讲者的声音，当演讲者偏离两支传声器中间轴心时，两支话筒到声源之间有了距离差，这时两支传声器将信号送入调音台混合时，由于信号存在一定的相位差，便会在设备内部发生电信号干涉现象。

图9-20所示就是一个由两只话筒收到不同距离声音信号引起的相位差导致干涉的例子。

若刚好相位差为180°，可以在调音台通过“极性（Polarity）”来解决，如图9-21所示。

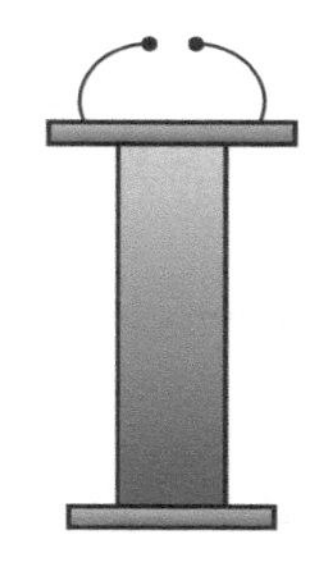
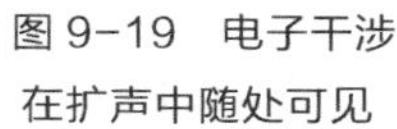

图 9-19 电子干涉在扩声中随处可见

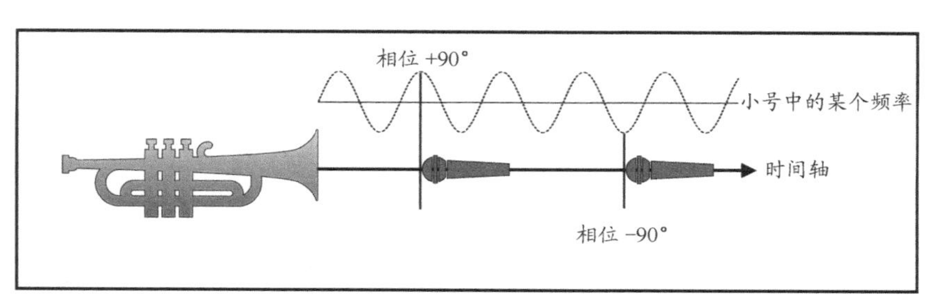

图 9-20 距离差产生电干涉

电平差对干涉的影响

影响信号干涉的因素除了相位差之外，电平差也是重要因素。人们发现无论相位差有多大，只要两个信号的电平差达到一定程度，信号干涉就可以被忽略不计了；要避免相位差带来的干涉比较难，但是避免电平差就容易得多，为此人们总结了一些拾音规则。

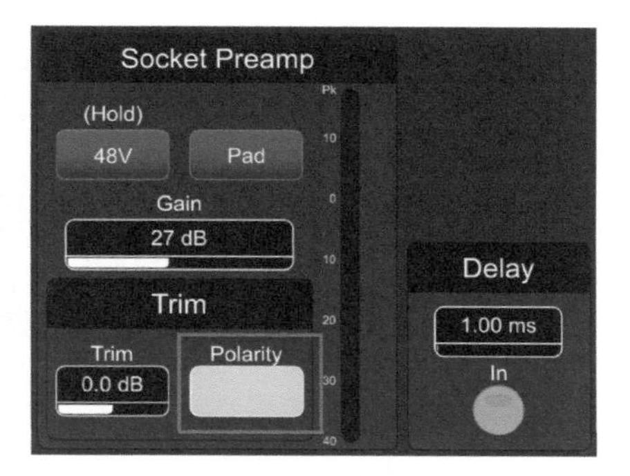

图 9-21 Polarity 可解决相位差 180° 引发的抵消问题

三比一原则：当采用两支传声器为同一个声源拾音时，假设“传声器 A”到声源的距离为一个长度单位，那么“传声器 B”到声源的距离至少要三个长度单位。

例如，“传声器 A”到声源是 20cm，那么“传声器 B”到声源的距离不得低于 60cm。实质上这是让两支传声器所获得的信号电平有一定的差值，“传声器 A”所获信号电平至少大于“传声器 B”所获信号电平约 9.5dB，这就避免了干涉的产生。

在本书第 2 章第 4 节“相干信号叠加分析”中，论述了有关梳状滤波器效应的一些内容，这些内容同样适用于拾音。著名的美国系统工程师 Bob McCarthy 提出：若两相干声源的电平差大于 10dB，则可认为两信号叠加无干涉，他把大于 10dB 电平差的区域称为“声隔离区”。按照这一说法，两支传声器到声源的距离之比至少应为 3.2 ∶ 1，才能保证电平差为 10dB 以上。实际上在应用中，3 ∶ 1 已经可以满足拾音要求。然而为了更好地表现细节、获得最优的声音品质，在一些声学环境沉寂的录音棚里采用 3.2 ∶ 1 甚至 4 ∶ 1 的方式录音也是有可能的。

然而，倘若两支传声器可在同一位置并获得同相位的信号，则不必遵循 3 ∶ 1 原则，虽然在现场完全实现这种做法不太可能，但是可以根据此思路来避免一些干涉。

在演讲活动中，演讲者常常被要求配备两支或两支以上的鹅颈传声器，根据以上的内容描述，对于干涉问题的解决可做如下尝试。

* 将传声器设置为一主一备，使用时只打开其中一支，另一支作为备用。

* 将其中一支传声器音量推子向下拉 10dB，使两支传声器电平差大于 10dB。

* 在立体声系统中，使用调音台上“PAN”合理分配两支传声器的声像来缓解在调音台内部形成的干涉影响。调整方式不一定是极左极右，只要能使两信号产生电平差就能减少干涉，若电平差达到 10dB，则可认为无干涉。在实际应用中“PAN”是避免信号干涉的一种常见手段。

* 将两传声器紧紧靠在一起，使其尽可能获取同相位的信号（见图 9-22）。

时间差与脉冲响应

两支以上传声器在非立体声状态下拾音时，由于两支传声器到声源的距离不同，两信号叠加后会引发脉冲问题，通常可以通过在数字调音台上调整延时来解决，如图 9-23 所示。

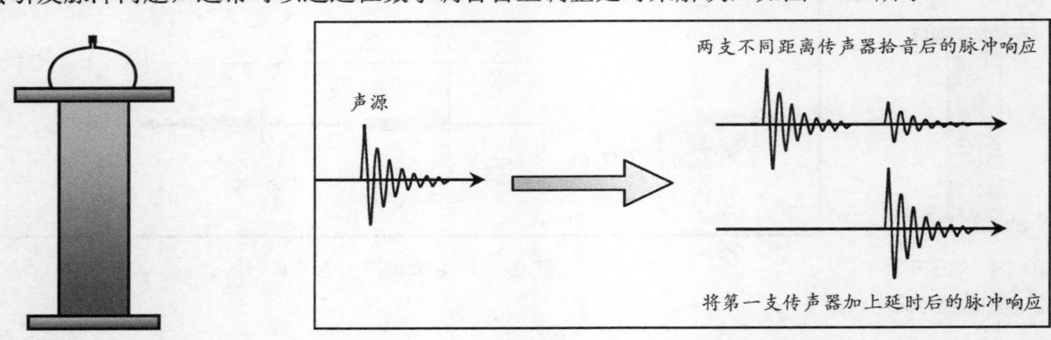

图 9-22　两咪头靠近可获得同相位的声音信号

图 9-23　脉冲响应的修正

9.6　经典立体声拾音技术

AB 制拾音

将两支性能完全相同的传声器按照一定的距离（一般十几厘米到几十厘米，某些情况下距离可能会有几米）摆放在拾音范围内（见图 9-24），并在调音台上将两信号调整为极左极右。

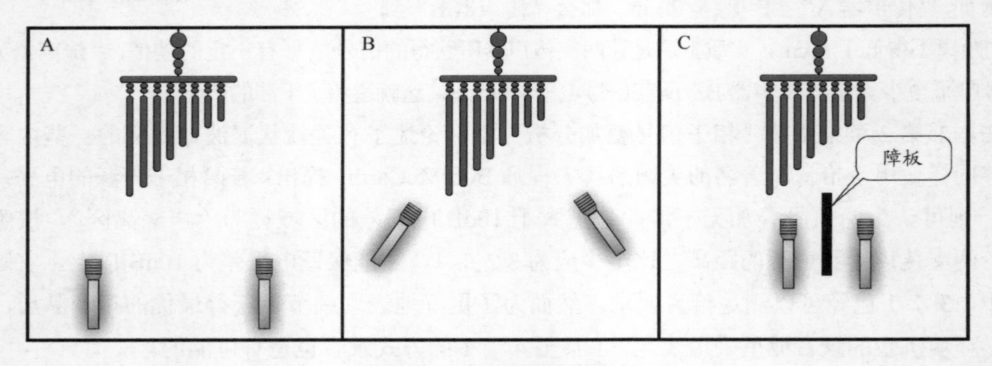

图 9-24　AB 制立体声拾音

图 9-24 A：可获得比较大的空间感、环境声。

图 9-24 B：可获得准确清晰的声像定位，又不会有太大的环境声。

图 9-24 C：可获得更宽的立体声像。

XY 制拾音

将两支性能严格匹配的传声器，将振膜主轴方向分别朝向直角坐标中的 X 轴和 Y 轴方向并对准拾音区域，这种方式被称为 XY 制，如图 9-25 所示。

XY 制拾音可以解决传声器中信号的相位差问题，两传声器的轴向夹角常常选择为 90° 或 120°。当轴向夹角为 90° 时，其有效拾音角度为 170° 左右；轴向夹角为 120° 时，有效拾音角度为 140° 左右。

这种制式的优点是可以获得较强的立体声定位、节省空间，且在单声道回放时兼容性最佳，缺点就是缺乏层次感和空间感。

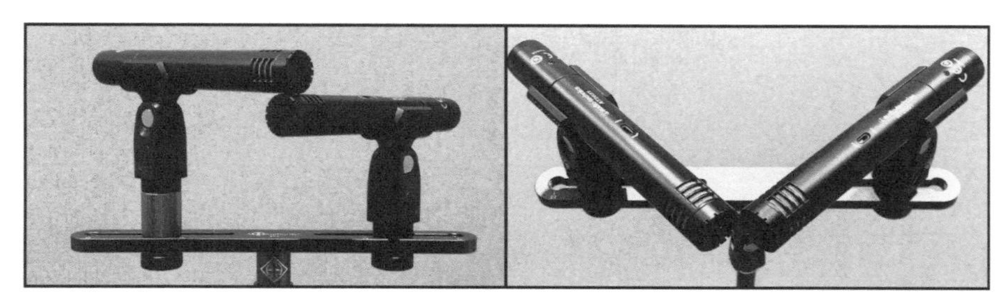

图 9-25 XY 制立体声拾音

采用 XY 制拾音方式一般选择单指向传声器，也有可能采用双指向传声器。

ORTF 制拾音

使用专用的支架将两支心形指向的传声器在振膜间隔为 17cm 的距离固定好，将两话筒头之间夹角设置为 110°，就可形成典型的 ORTF 制拾音方式，如图 9-26 所示。

图 9-26 ORTF 制立体声拾音

ORTF 立体声像比 XY、AB、MS 等制式宽，主要是因为传声器的位置模拟了人耳的位置，所以产生的立体声声场听起来非常自然和逼真，且对单声道的兼容性也比较好。

MS 制拾音

选择一支双指向的传声器和一支心形指向的传声器，可以组合成为 MS 制的立体声拾音方式，如图 9-27 所示。

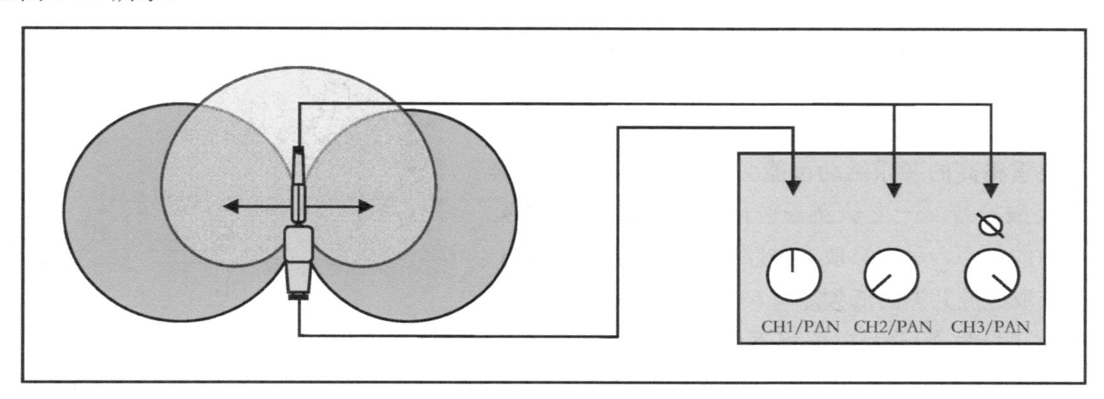

图 9-27 MS 制立体声拾音

M：Middle（中间），S：Side（旁边）。

双指向的传声器拾取两侧的声音信号，单指向的传声器指向前方，将两路信号接入调音台中，然后将双指向传声器的信号再另外路由至调音台的另一个通道，这样现在拥有 3 个通道。

通道一：单指向话筒的信号，将其 PAN 调至中间位置；

通道二：双指向话筒的信号，将其 PAN 调至左侧（或右侧）；

通道三：通过信号路由或者 Y 分线接过来的双指向话筒信号，将其 PAN 调至右侧（或左侧），之后将这个通道的极性反转。

MS 制最大的方便之处是可以通过调整两支传声器电平信号的大小来获得期待的立体声声场宽度，即通过控制电平来改变拾音的角度。

9.7 架子鼓的现场拾音

9.7.1 底鼓（Kick）

使用一支传声器

大多数情况下底鼓会配备两支传声器，也会有一些小型的演出配备一支，图 9-28 给出 3 种常见的摆放方式。

方式 A 传声器放于鼓腔内，将其声轴近距离正对鼓槌在鼓皮上的落点，可以获取具有冲击力、短促的、打击感极强的声音，由于是近距离拾音，所获取声音缺少鼓腔声，传声器若向后移动则鼓腔振动感比例加大，可通过距离的调整来获取自己需要的音色。

方式 B 这种拾音方式运用较多，具体做法是传声器在腔内后移，将其声轴指向鼓皮与鼓腔交汇之处，可以获得清晰且低频能量丰富的鼓声，但是打击感、冲击感不如传声器放在 A 点处。

方式 C 在鼓皮上开孔，将传声器音头放入鼓腔内，这是很多人的做法，但这种做法所得到音色相对较散而无力。另外，由于拾音距离较远，导致串音的概率增加。

所选择的传声器以动圈式居多，如舒尔的 BETA 52A、AKG 的 112D、森海塞尔的 E902 都是常见的传感器。

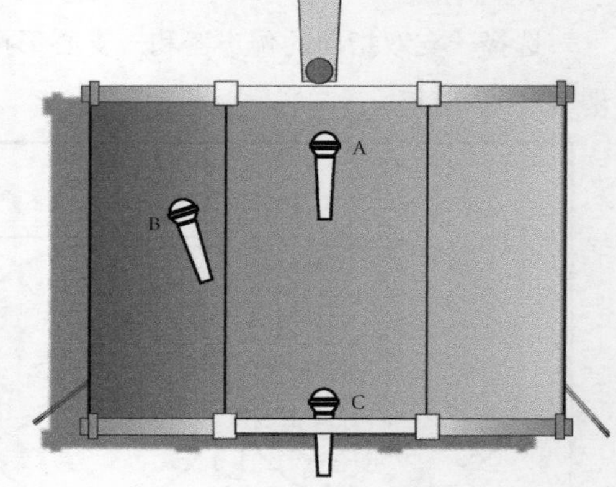

图 9-28　底鼓传声器的 3 种摆放方式

使用两支传声器

要求稍高的音乐活动可能会要求配备两支传声器来为底鼓拾音，一支放在鼓腔内，收取具有打击感、冲击力的鼓声，另一只放在鼓腔外或者图 9-28 中的 C 点，获取鼓腔共振的低频能量。

为了能够保证大声压级下的良好动态和频率表现，一些传声器厂家推出了专门的鼓内放置的电容式界面传声器（如舒尔的 BETA91A、森海塞尔的 E901），这类传声器能够耐受 150dB SPL 以上的声压级，其设计原理可以最大限度地避免鼓腔内界面反射导致的声干涉，可提供最大的反馈前增益。

使用鼓内传声器的目的是获得具有冲击力和打击感的鼓声，传声器靠近鼓槌落点处会提高信噪比、避免串音。

底鼓外鼓皮通常会被开孔来放置传声器，然而若采用电容传声器则应避免放置在开孔处，因为气流可能会损坏电容传声器的振膜，若采用大振膜动圈话筒，放在孔里有利于提高拾音的信噪比。

图 9-29 是两支传声器的摆放示意图。

在调音台上控制两支传声器的音量比例，可以改变底鼓音色的特征，使它或具有更强的打击感，或拥有丰富的低频能量。

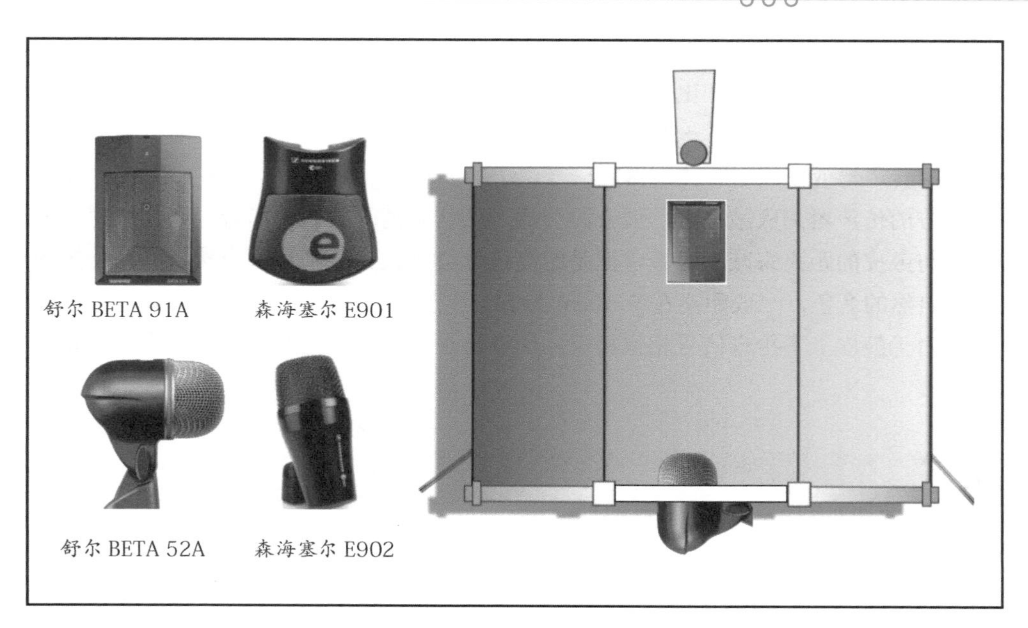

图 9-29 底鼓内外传声器的摆放

9.7.2 军鼓（Snare）

为军鼓拾音一般会采用上下两支传声器，通常采用心形或超心形指向的传声器放在上方和下方，以拾取鼓皮及敲击声和响簧的声音，如图 9-30 所示。

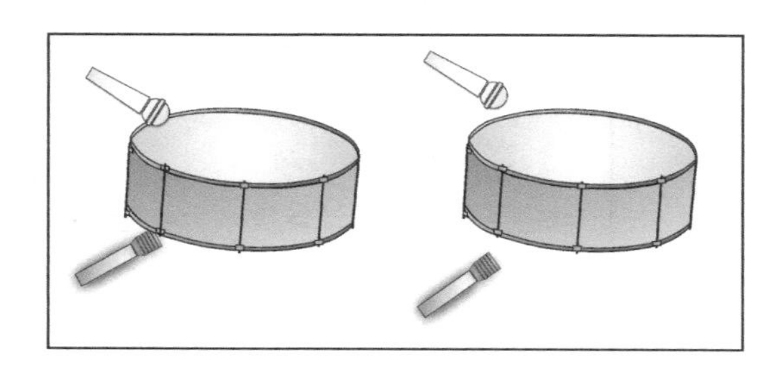

图 9-30 军鼓拾音传声器摆放示意

上传声器通常放在踩镲和军鼓的中间，目的是利用传声器的指向性来避免串音，如图 9-31 所示。

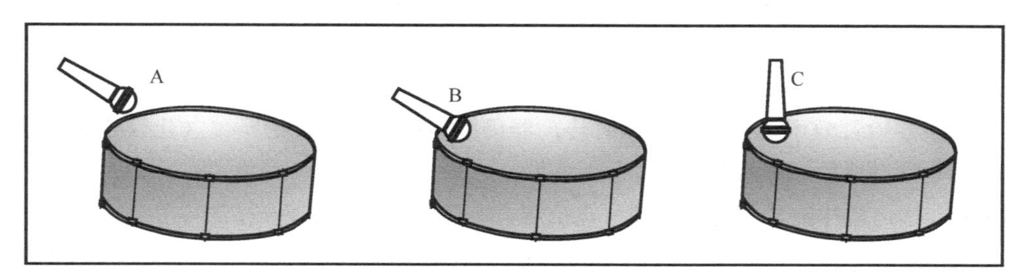

图 9-31 上传声器 3 种不同摆放方式

方式 A 将传声器拾音轴心对准鼓皮中间，离开鼓皮一定的高度（大多在 5~10cm），可获得相对完整的军鼓音色。

方式 B 将话筒靠近鼓皮，会提高信噪比、减少串音并获得更多低频，但是可能导致音色发闷，听起来缺少清脆感。

方式 C 将传声器相对垂直地对准鼓皮边界处，可获得较多的泛音。

在拾音过程中，若想获取更多的打击感应该将传声器轴心对准敲击处，若想减少打击感则可让轴心偏离打击处。

军鼓拾音选择动圈传声器和电容传声器都比较常见，因为音乐风格的需要，一些音乐会现场会为军鼓准备两支上方传声器：一支为电容传声器、一支为动圈传声器，在演出中视音乐风格的不同使用动圈传声器或使用电容传声器的信号。

军鼓下方的传声器离底鼓很近，调音时会通过低切来消除底鼓的串音，在摆放时一般会通过缩短传声器与鼓皮的距离来减少串音，但是距离过近会导致音色干涩不自然，离开一定的距离才能够获得更自然的音色，一般距离在 5~10cm 为宜。

另外，由于鼓皮上下拾音信号相位相反，所以会在调音台上通过极性反转来实现军鼓上下传声器相位一致。

9.7.3 通鼓（Toms）

使用动圈传声器或电容传声器均可，参考军鼓上传声器的摆放方式，应当利用传声器的指向性减少潜在的串音。

9.7.4 踩镲（Hi-hat）

一般会使用一支心形指向的小振膜电容传声器来拾音，摆放方式见图 9-32。

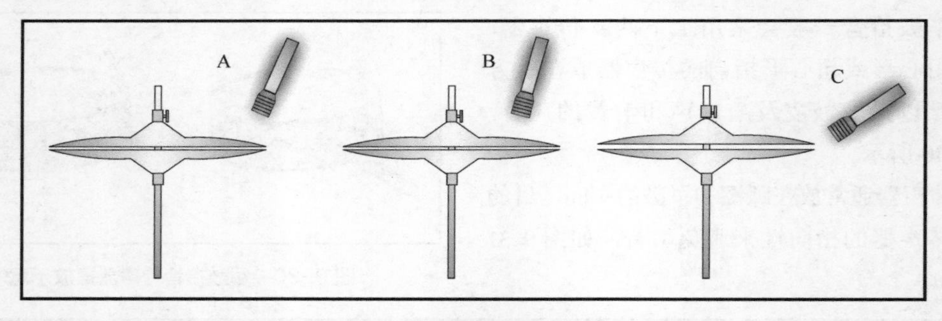

图 9-32　踩镲拾音中传声器的摆放

方式 A　将传声器拾音范围对着踩镲的边缘，要注意使传声器稍微向中心处倾斜，目的是使心形指向传声器拾音效率更高。在开镲时传声器仍应离镲片有一定的距离（建议 5cm 以上），此时可以获得非常自然的踩镲音色。

方式 B　传声器往镲片中心处移动一点位置，音色听起来会更紧致。

方式 C　需要音乐中有大量镲片闭合的声音信号时，可以尝试放在这个位置，但这个位置踩镲开合时会产生气流影响拾音效果，亦有可能因喷麦损坏传声器，所以此方法要在确认不会发生喷麦的情况下使用。

9.7.5 顶部话筒（Overheads）

采用 AB 制式

用两支心形指向的电容传声器组成 AB 制式，放在鼓组的上方，军鼓到两支传声器的距离需要一致，如图 9-33 所示。将传声器摆放得较高可获得整体感较强的音色，但有可能引入电吉他等现场其他乐器的串音；将传声器降低可获得突出的镲片音色，但有可能失去整体的细节。

缺点是虽然军鼓位于正中间，但是底鼓却是偏轴的，将顶部的话筒低切，反而可能会提高底鼓的清晰度。

图 9-33 Overheads 采用 AB 制方式拾音

采用 XY 制式

放在鼓手身后，这种制式由于梳状滤波器效应最小，因而对单声道的兼容性最高，如图 9-34 所示。这种做法的缺点是立体声空间感比较小，但会强调军鼓，且对鼓的立体声定位比较准确。

图 9-34 Overheads 采用 XY 制方式拾音

在摆放时，要将军鼓摆放在 XY 制的中心位置，架高传声器会获得整体感的声音，但也有可能使具有 90° 夹角的 XY 制每支传声器的轴心偏离鼓组，引入舞台上其他乐器的串音；而降低传声器并使用小于 90° 的夹角可获得更直接的声音，尽管底鼓始终会偏离 XY 制的轴线。

采用 Recorderman 制式

将两支心形传声器一支悬挂在军鼓中心上方约 80cm 处指向下方，另一支放在鼓手的右肩附近，直接指向距离 80cm 处的军鼓，如图 9-35 所示。要求底鼓到两支传声器的距离一致。

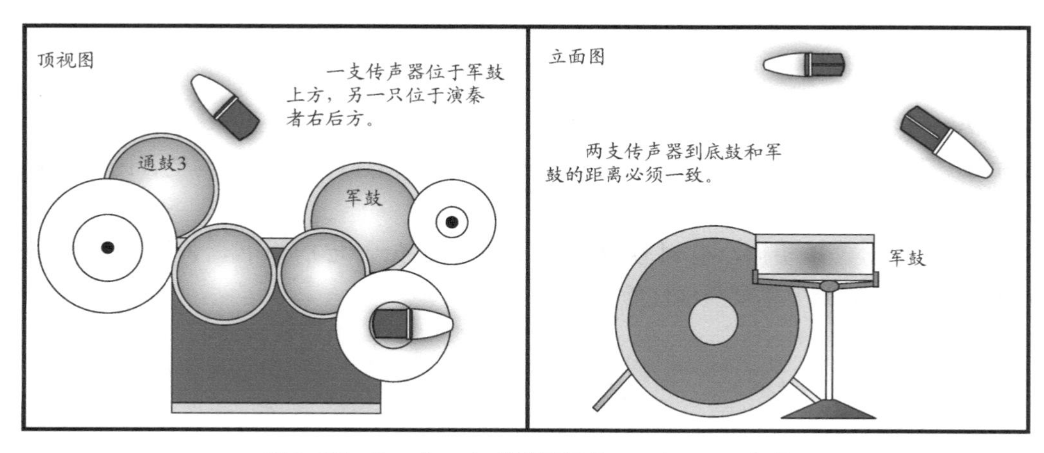

图 9-35 Overheads 拾音采用 Recorderman 方式

这种做法可以获得较大的干声，避免周边乐器的串音，所以这种方式对周边环境嘈杂的场景很有效，它的缺点是单声道的兼容性相对差。

采用 ORTF 制式

ORTF 方式一样可以通过话筒支架轻松地调整高度以控制鼓组与环境声音量比例。在摆放时需要将两传声器中心点对准军鼓。如图 9-36 所示。

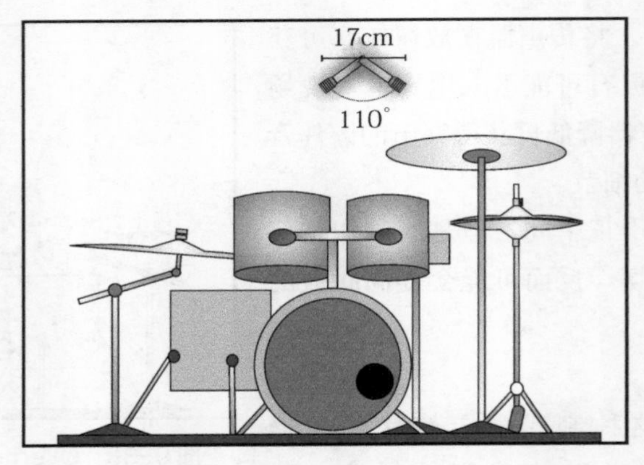

图 9-36　Overheads 拾音采用 ORTF 方式

9.7.6　叮叮（Ride）

不是每次演出都会为叮叮配备传声器，但也有时候为了强调它的敲击感而专门配备一支小振膜电容传声器为其拾音。传声器摆放方式如图 9-37 所示。

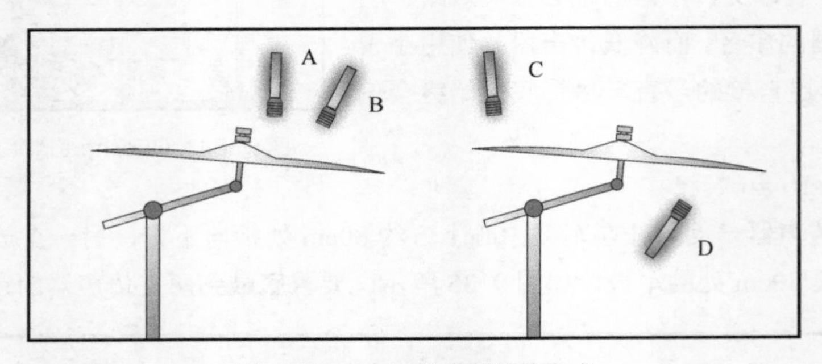

图 9-37　Ride 传声器摆放方式

方式 A　可获得较强的打击感，泛音较少。

方式 B　位于镲片边缘到中心点 1/2 处可获得相对完整镲片声，打击感与泛音比较协调。

方式 C　可获得较多的泛音，缺乏敲击感。

方式 D　与方式 B 相同，有时候这样摆放能够避免一定的串音，但这样摆放通常与 Overheads 相位相反，通常需要反极性操作。

9.7.7　小型音乐活动鼓组拾音

在一些小型的酒吧或者小型的演出活动中，传声器的配置以及调音台的通道都未必充足，可以通过减少传声器的方式来进行配合。笔者常常会遇到只有 4 支传声器来为鼓组拾音的情形，常常会采用以下两种方法来摆放。

方式一　采用 XY 制，用电容传声器作为 Overheads，另外为底鼓、军鼓各摆放一支传声器。

方式二　采用 Recorderman 制，用电容传声器作为 Overheads，另外为底鼓、军鼓各摆放一支传声器。

9.7.8 爵士乐鼓组拾音

爵士乐对鼓的要求与一般流行音乐不同。多去听听爵士乐就会发现，音乐中对鼓的氛围要求比较高，也就是要求整体感。采用XY制，将电容传声器作为Overheads，另外为底鼓摆放一支传声器，仅仅3支传声器就能获得很不错的爵士鼓音色。事实上，许多爵士乐专辑也是这样录制的。

如果为爵士乐鼓手配备了更多的鼓传声器，不仅增加了工作难度，所获的音色也许并非能够如听众和演奏者所愿。

9.7.9 关于鼓拾音的其他问题

如果鼓手没有把鼓皮调好或鼓的整体音色不协调，无论怎么摆放传声器都不可能获得好听的鼓声。

当将传声器放远放近的时候，要时刻记着临近效应的影响：即传声器越靠近声源，对低音区的灵敏度越高，即越靠近声源，低音能量越多。

在选择或摆放传声器时，要时刻考虑怎样才能更好地避免串音。

9.8 电声乐器的现场拾音

9.8.1 电吉他

在现场演出中，电吉他有两种拾音方式：一种是经由吉他音箱通过话筒拾音，另一种是通过吉他效果器直接接入调音台，前者应用率最高，如图9-38所示。

图 9-38 电吉他与吉他音箱

电吉他属于高阻抗乐器，一般电吉他效果器或者吉他音箱都有阻抗转换的功能，因此上述两种电吉他拾音方法并不需要担心阻抗匹配的问题。

电吉他通过效果器处理后输出立体声信号才能更完整地将吉他效果展现出来。但是事实上一些演出中并不会给电吉他手准备两只音箱，除非前期有明确的要求，设备方才会准备实现立体声的器材。

将话筒对准吉他音箱后，通过调整话筒与音箱的相对位置，可以获得自己需要的音色。音箱中扬声器单元的最中间位置主要是高频能量，越偏离轴心处，高频能量越少。如果不能确定音箱中扬声器单元的位置的话，可以通过手电筒的照射来寻找确认。另外由于“临近效应”的影响，传声器越靠近电吉他音箱所获得的低频能量就越大。

一些音响师会通过两支传声器来获得更好的声音：一支负责收取有质感的中高频，一支收取丰富的中低频。负责收取中高频的传声器可放在靠近单元中心的位置，另一支则可以离开中心位置并设置一定的斜角与扬声器的锥形纸盆平行，目的是使两支传声器所收取的信号具有相同的相位，如图 9-39 所示。

如果吉他音箱里面有多个扬声器单元，要确保传声器对准扬声器，而不是对着木质面板的连接处（图 9-40 中灰色区域），不然所收到的尽是箱体共振，除非你喜欢那样的声音。

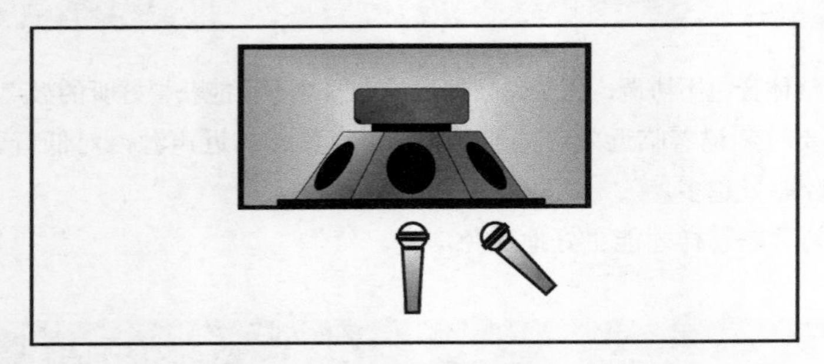

图 9-39　两支传声器的摆放

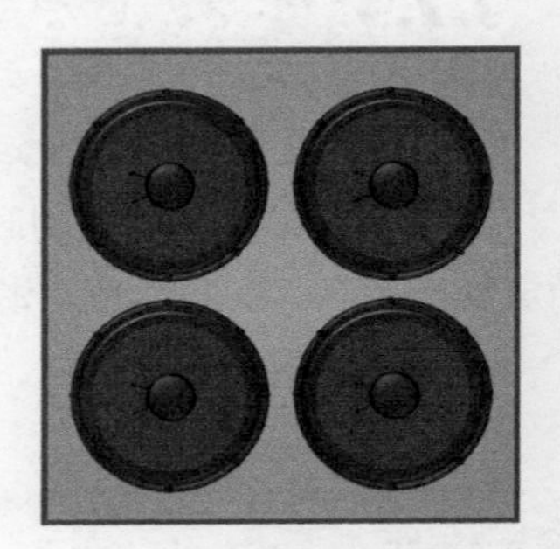

图 9-40　多单元的吉他音箱

在现场演出中，常常会发生一种情形：吉他手会把吉他音箱音量开得特别大而引起舞台上每个乐手都争相将自己设备音量开大，导致所谓的“音量大战”。要解决这种问题，就要设法将吉他音箱从地面抬高（如放在航空箱上），如果可以就让音箱高度与吉他高度一致。由于“声压级平方反比定律”和“扬声器轴心声压级大于辐射角度边界处 6dB”的影响，吉他手会听到较大的声音，当他调整音量认为声压级满意时，对于较远处其他乐手的影响就较小了。

9.8.2 Direct Box 的应用

Direct Box 简称 DI，在音响系统中用来使 DI 前后所连接的设备得以信号适配。

有源与无源

在电路结构上，DI 可分为有源 DI（又称为主动式）和无源 DI（又称为被动式），如图 9-41 所示。

有源 DI：内部有放大电路，可通过内部放大电路将输入的低电平信号放大为高电平输出。有源 DI 需要供电，一般是通过调音台提供 48V 幻象供电。

无源 DI：内部没有放大电路，不需要幻象供电。

一般情况下，为无源乐器选择有源 DI，而为有源乐器选择无源 DI，但这一点并不是行业标准。

图 9-41　Radial 生产的有源 DI J48（左）和无源立体声 DI JDI（右）

功能性设计

所有的 DI 盒都具备非平衡转平衡的功能，可将非平衡设备连接至 DI，转换为平衡后进行相对远距离的信号传输，这样可避免传输中的电磁干扰。除了这些功能以外，一些 DI 还具备以下功能。

阻抗转换 一些高阻抗的乐器（如无源的贝斯）需要将阻抗转换为低阻抗来连接调音台，一些 DI 具备这样的功能，但不是所有的 DI 都有这样的功能。

信号隔离 一些 DI 盒内部配备有隔离变压器，从而让输入信号和输出信号被隔离，使 DI 两端无法形成地环路以避免环路电压带来的噪声的影响。在演出现场，如果乐器需要与 220V 电源连接（如电钢琴、电子鼓），强烈建议选择带有隔离器的 DI 盒。

多通道 DI DI 有单通道、双通道、多通道之分，根据现场需求选择。

连接大功率信号 如果你喜欢某种功放放大后的音色感觉，想把这个信号送达调音台，就需要一款这种 DI，图 9-42 中的 JDX48 就可以连接在吉他音箱箱头和箱体中间，并将箱头输出的信号衰减到调音台的输入动态范围以内。

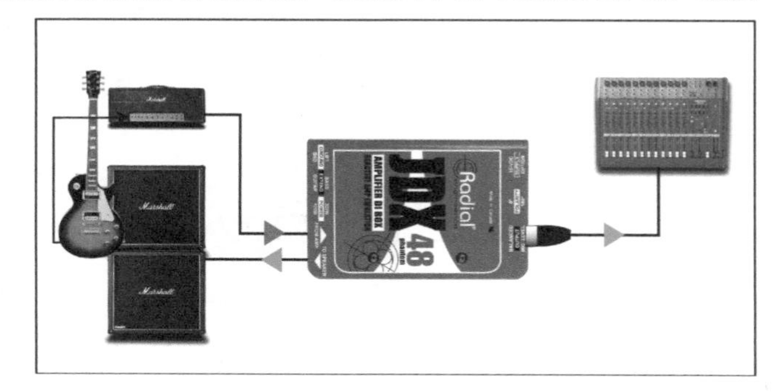

图 9-42 Radial JDX48 连接图（图片来自官网）

使用 DI BOX 的电声乐器

电吉他 如果不使用吉他音箱拾音，建议为电吉他配备带有隔离功能的双通道无源 DI。

电贝斯 建议使用有源 DI，可通过 DI 上的 TRHU 输出端连接贝斯音箱，可使贝斯手在现场发挥更佳。对贝斯要求高的时候，有可能采用贝斯音箱用于话筒拾音的同时，也通过 DI 将信号接入调音台，两路信号合并使用。

木吉他 建议使用动态较大的有源 DI。

电钢琴 / 电子鼓 / 合成器 建议配备带有隔离功能的双通道无源 DI。

计算机 建议配备带有隔离功能的双通道无源 DI。

9.9 声学乐器的现场拾音

9.9.1 三角钢琴

钢琴的拾音方法有很多，下面以现场演出的思路来推荐几种方式。

AB 制拾音

采用两支心形指向的电容传声器头朝下放在图 9-43 中的位置，为了保证单声道的兼容性要注意拾音的 3 ∶ 1 原则。同时向键盘方向移动两传声器可获得清晰的击弦声，向后移动会获得更柔和的钢琴音。

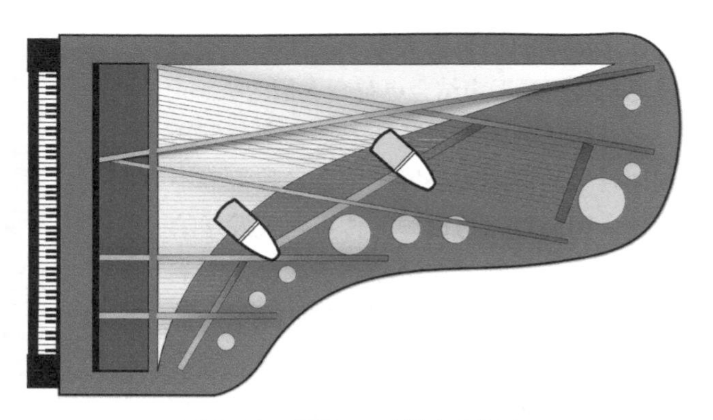
图 9-43 采用 AB 制为钢琴拾音

XY 或 ORTF 制拾音(图 9-44 中位置)

这种做法在现场演出中使用不多，主

要是因为两支传声器摆放在钢琴中间区域会导致低音区与高音区到传声器的距离远大于中音区。如果企图将距离差调整为较小，则需要提高传声器的位置，但舞台上其他乐器的杂音可能很多，拾高传声器后就意味着降低了拾音的信噪比，而且受系统传声增益的限制，收音距离过远会导致调音台的增益必然开大，因而啸叫的风险大大增加。

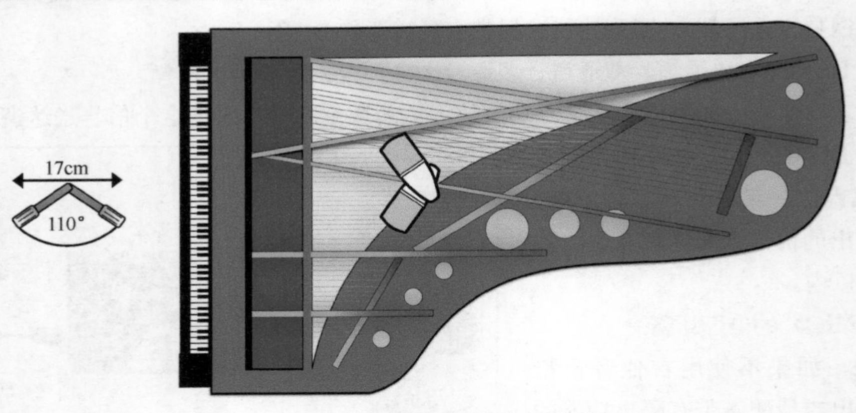

图 9-44　采用 ORTF 制为钢琴拾音

但在直播或者节目录制的现场，采用 XY 制或 ORTF 制给钢琴拾音可以获得较强的立体声效果，且对单声道的兼容性很高，如果节目信号是用于播出且现场并无啸叫的可能，这种做法是可以尝试的。

AB 制与 ORTF 制

此种方式需采用 4 支电容传声器，ORTF 传声器拾取相对明亮的击弦音，AB 传声器负责拾取丰富的泛音及整体感、空间感，通过调整调音台上传声器的音量比例可获得不同的聆听感受。摆放时要注意 3 ：1 原则，以免出现梳状滤波器的干扰，如图 9-45 所示。

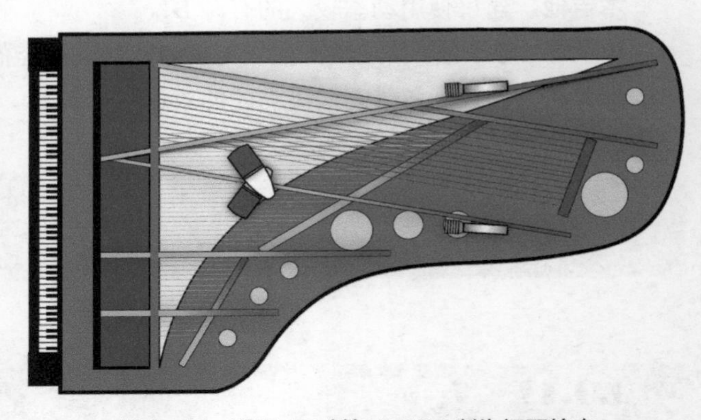

图 9-45　采用 AB 制与 ORTF 制为钢琴拾音

设立混响传声器

虽然 AB 制加上 ORTF 制能够获得相对完整的钢琴音，但实际音色感觉与真实在演奏厅里演奏的仍有很大出入，演奏厅的自然混响与钢琴干声结合更符合人们的听感。

若将已有的拾音传声器声音全部发送到调音台的混响效果器，则会导致混响不清晰。因而可以另设一支传声器仅发送给混响，将传声器放在钢琴高音区，则混响高频多，放在低频区域则混响低频多，移动传声器的位置可以找到理想的混响触发点，满足听众对混响的需求，如图 9-46 所示。

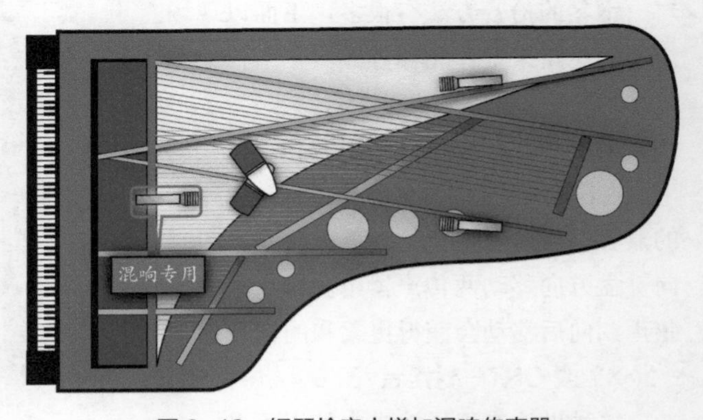

图 9-46　钢琴拾音中增加混响传声器

9.9.2 小提琴类与吹管类

著名的传声器制造商 DPA 推出一款小巧的乐器传声器 4099，可以方便地在弦乐、管乐以及各种打击乐器上使用，如图 9-47 所示。

A DPA4099 应用在单簧管上，本摆放方式对于竹笛、长笛、箫均有参考意义。要点是避开风口。

B DPA4099 应用在大提琴上，将传声器指向轴心准琴弦与弓毛摩擦处，可获得有颗粒感的声音，偏离此处则泛音增多。

C DPA4099 应用在小提琴上，中提琴也可以如此安装。

D DPA4099 应用在萨克斯上，小号、长号、圆号等管乐器均可参考此方式。

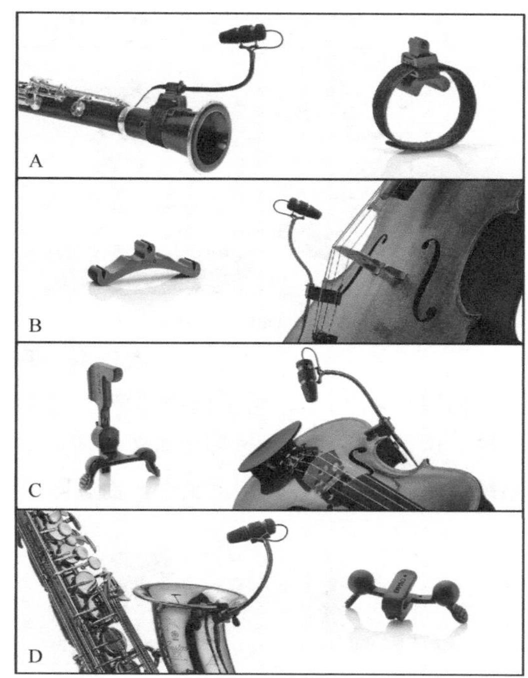

图 9-47 DPA 4099 乐器传声器
（图片来自官网）

事实上，很多传声器制造商都有类似的产品，传声器的摆放位置，各个厂家一般都会附有使用说明，此处不再一一赘述。

9.10 手持与头戴传声器

9.10.1 头戴传声器

在嘈杂的场合，选择心形指向的头戴传声器能够提高拾音的信噪比。在佩戴时，需将咪头指向演员的嘴巴，一般建议咪头指向约在嘴角 45° 角处，离开嘴角 1 ~ 1.5cm 的位置，因为在这个位置不会受到以“P”和“T”为声母的气流音（俗称“喷麦”）的影响，且能够获得较好的拾音效果。

一般来说全指向的头戴传声器比心形指向的传声器体积更小，所以在现场也被广泛应用。全指向传声器并不需要特别的拾音方向调整，但佩戴时仍需避开喷麦的位置。若将咪头近距离放置在嘴角处可获得较高的信噪比，但要确认咪头能否承受这么大的声压级。

9.10.2 手持传声器

使用手持传声器时，通过调整嘴巴与传声器的距离，可以获得不同的频率特性：传声器离嘴越近，音色就越浑厚（临近效应），如图 9-48 所示。

（a） 声音浑厚

（b） 声音清脆

图 9-48 手持传声器距离与频率特性

如图 9-49 所示，用手遮挡住部分传声器头会导致传声器指向性和频率特性发生无法预知的改变，这是应该在拾音过程中避免的情形。这种情形也会增加系统啸叫的可能性，一些演员会在系统啸叫时用手捂住传声器头部，而实际上捂住传声器头部将有可能引发更严重的啸叫。

图 9-49 手放在传声器的头部将会影响频响与指向性

图 9-50 所示也是应该避免的情形：表演者的手握住了话筒的发射天线，使无线信号的发射与接收效率受到影响，其结果就是可能会出现断频，或者无线接收距离变近的现象。

图 9-50 手放在话筒尾部会影响无线信号

9.10.3 现场摆放

如果在演出中遇到有人站立演讲的情形，音响工作人员应该在彩排时记住话筒支架的高度，这样可以在正式演出时准确地摆放。如果演讲者并不参加排练，应该了解其身高，根据身高调整好支架高度，否则很有可能因为摆放不当导致拾音信噪比降低或者影响美观。

10

第10章

无线系统

10.1 概述

无线设备

音响师所使用的无线设备主要是无线话筒与无线耳返系统两种，这两种设备的信号发射与接收的基本原理是相同的，在使用中两种设备的无线部分需要统一规划、统一管理。

无线话筒

系统连接图

无线话筒系统的信号流程如图 10-1 所示，信号流程如下。

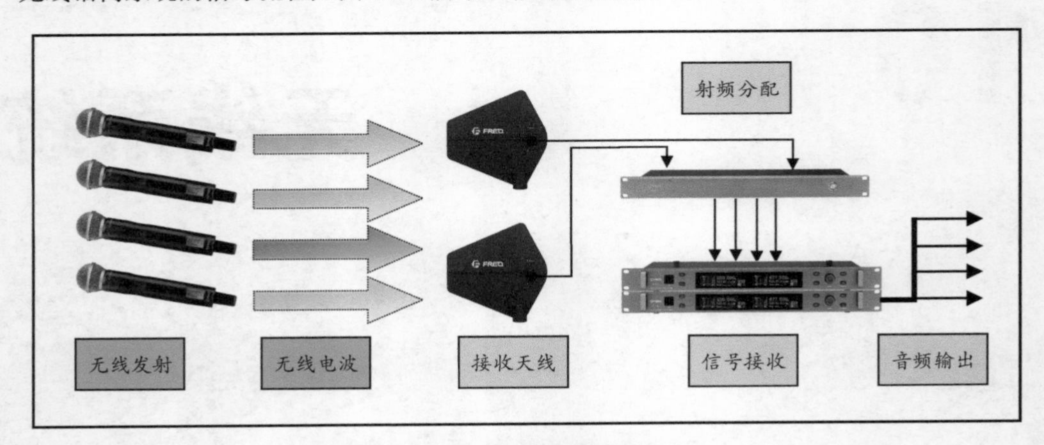

图 10-1 无线话筒的信号流程图

四支无线手持发射器将音频信号调制为 4 个不同频率的无线电信号，通过话筒内置的天线将信号发射到空间中。通过谐振原理，天线将接收到的无线电波转换为射频信号通过 50Ω 同轴电缆输送给天线分配器，天线分配器再将信号输出给各台无线接收机，由各接收机分别将不同频率的射频信号调解为音频信号后输出给调音台，信号的传输完成。

在一个空间里，若两支话筒发出同样的无线电频率，被同一台接收机接收的话，将有可能出现严重的自激或啸叫，严重者会烧毁音响设备。

接收机的分集方式

分集接收是指无线话筒接收机内有两根天线分别接收同一支无线话筒的信号，通过内部电路选择使用场强较强的一路信号使用。常见的分集接收有两种方式：天线分集和真分集，如图 10-2 所示。

天线分集 这种分集方式由两根接收天线、一套控制电路和一套接收电路组成，当工作中其中一根天线接收信号较弱时，控制电路会自动切换使用另外一根天线。

真分集 该方式中有两根天线、一套控制电路和两套完整的接收电路同时工作。由控制电路跟踪切换，输出较好的一路音频信号，这种方式的效果比前一种方式好，但电路复杂、成本较高。一些廉价的无线话筒虽拥有两根天线，但是却不一定拥有分集接收的功能，这点需要使用者注意。

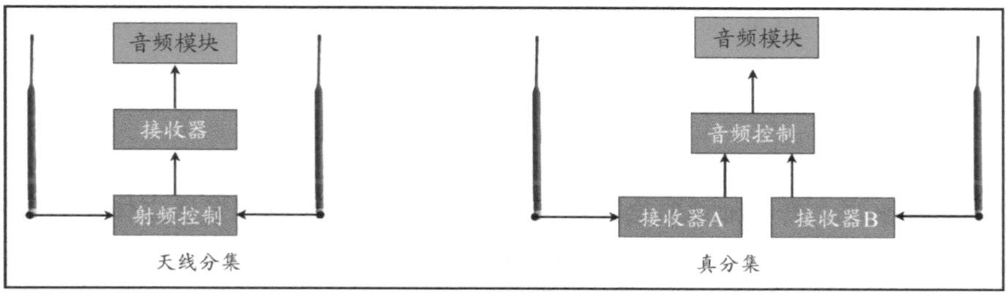

音频模块
接收器
射频控制
天线分集
音频模块
音频控制
接收器A
接收器B
真分集

图 10-2 天线分集和真分集接收

接收机通道规格

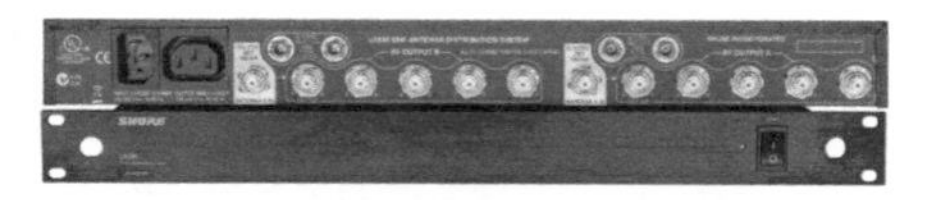

图 10-3 舒尔 UA848 天线分配器

一台仅支持一支无线话筒的接收机俗称“单通道接收机”；同时支持两支无线话筒使用的俗称“一拖二”接收机。市场上常用的有单通道、双通道、四通道 3 种规格。若现场需要的话筒通道数量较多时，建议选择一拖二、一拖四等多通道规格。

无线监听系统

在一些专业的音乐性质的演出中，无线耳返（Wireless In Ear Monitors）系统几乎成了标配，这种设备又被简写为“IEM（In Ear Monitors）”，如图 10-4 所示。

发射天线
音频输入
射频输出
射频合并
无线电波
腰包接收

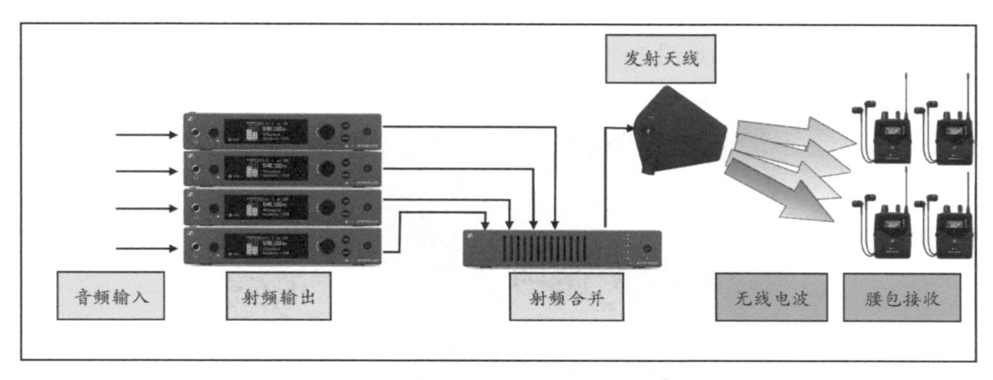

图 10-4 无线耳返 IEM 发射接收系统图

无线耳返用于表演者无线监听音频。没有了连线的束缚，歌手或乐手可以方便地移动表演，是音乐类演出中的重要装备。

无线耳返系统通过无线发射、腰包接收来实现信号的传递。当多套设备在一起使用时需要通过信号合并器来实现无线发射与接收。

信号流程（见图 10-4）：从调音台输出的立体声或单声道信号分别输出至各台 IEM 发射机，发射机将信号调制放大后输出射频信号，经由 50Ω 的馈线输出给天线信号合并器，经由馈线将射频信号输出给天线，天线发射无线电波。IEM 接收腰包通过自带的天线接收到无线信号，解调放大后输出音频信号给耳机，即完成了整个发射与接收过程。

一台发射机与多台接收机

理论上一台发射器可以给无限个接收腰包提供信号，因此在一些大型的节目中，如果多个演员需要听到同样的信息，可采用一台发射机和多台接收机的方式实现，其原理类似于广播电台发送信号，多部收音机都可以同时收到广播信号。

无线耳返（Wireless In Ear Monitors）设备和调音台的连接方式与返听音箱一样，通常连接在MIX BUS输出或AUX输出端，信号的发送规律与返听音箱也是一样的，总体思路是让使用者听到理想比例的混音。

立体声或者单声道

对于歌手用户来说，音响师通常会采用立体声的MIX BUS母线发送立体声的音乐信号，耳返里可呈现更有层次的立体声混音，然而一些演出中歌手习惯在一只耳朵上戴耳机，而另一只耳朵用来聆听现场的声音，这种情况建议给其发送左右声道合并的单声道的信号。

如果一台发射主机配备了两个接收腰包，可采用单声道模式将其作为两个独立的单声道监听，在要求不高的场合是一种节省成本的做法。

10.2 设置无线系统

杂波干扰

在我们生活的空间中，存在着复杂的无线电波，而在演出中所使用的无线发射、接收设备必须避开这种潜在的干扰才能正常使用。

使用手持无线测试仪器（见图10-5）可以大致了解空间的无线由干扰频率情况，在演出前，如果发现场地内某频段存在严重干扰，需要更换不同频段的无线话筒来回避干扰频段。

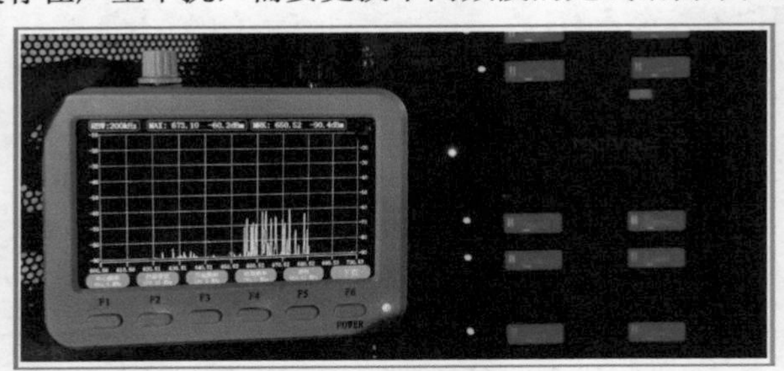

图10-5　一种用于简单测试现场无线电频谱的手持测试仪

一般户外比室内干扰更多，这是因为建筑物的墙壁可以阻挡一部分无线电干扰频率。

一些无线话筒接收机带有无线环境检测功能，可以帮助用户快速地判断空间中潜在的干扰，并帮助用户规划频率。若现场没有任何测试设备，建议使用自动扫描功能扫描无线环境后再做频率设置，如图10-6所示。

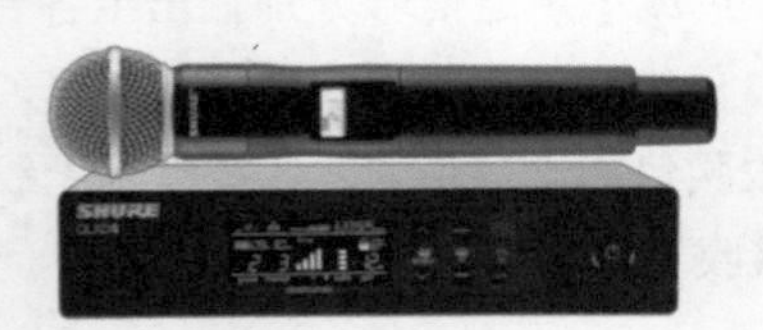

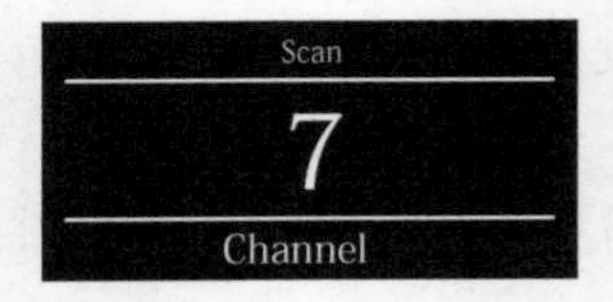

舒尔QLXD4自动扫描功能的操作方法：导航至Scan菜单选项，按Enter键开始扫描，完成扫描后，当前优选的频道将显示在显示屏上。　注：自动扫描功能会自动选择最佳可用接收频道。

图10-6　舒尔QLXD4自动扫描功能

互调失真

同时使用多个无线话筒（或耳返）时，不同频率的设备有可能在空间中产生“互调失真（IMD）”从而产生新的频率。假设无线话筒一发射的频率为 f_a，无线话筒二发射的频率为 f_b，当两支话筒产生互调失真时，空间中会产生许多新的频率，举例如下：

二次谐波：$2f_a$、$2f_b$

三次谐波：$3f_a$、$3f_b$

二阶互调：f_b-f_a、f_b+f_a

三阶互调：$2f_a-f_b$、$2f_b-f_a$

五阶互调：$3f_a-2f_b$、$3f_b-2f_a$

……

图 10-7 是互调失真频率分布示意图。

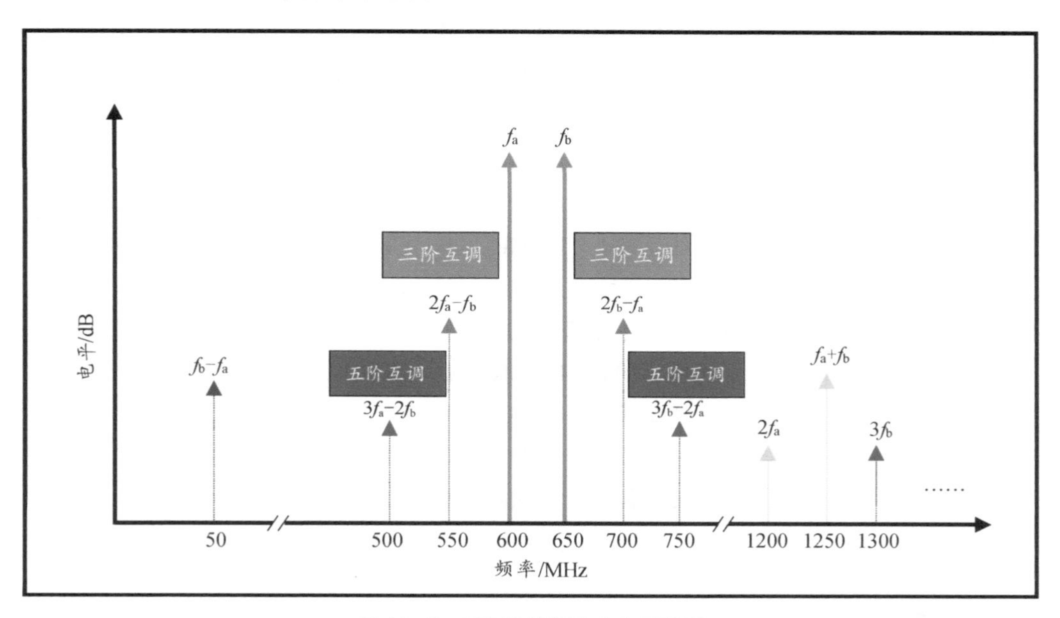

图 10-7　互调失真频率分布示意图

两支无线话筒在一起使用时产生互调信号的强弱主要与两话筒的发射功率、摆放距离、话筒与接收机的距离有关。

两支话筒发射功率越大，产生的互调干扰信号越强；

两支话筒摆放距离越近，产生的互调干扰信号越强；

两支话筒离接收机天线的距离越近，产生的互调干扰信号越强。

图 10-8　打开的话筒近距离放置会威胁无线系统安全

因此，在使用无线话筒时，两话筒之间要保持一定的距离，尤其是在后台将话筒从演员手里拿回来时不要堆叠在一起（见图 10-8）。另外，当接收机使用原配天线时，建议话筒至少离开接收机 3m 的距离。

对于无线话筒来说，三阶互调是影响最大的干扰信号。例如，当两支话筒在一起使用时，话筒一频率为650.000MHz、话筒二频率为651.000MHz，三阶互调频率为649.000MHz和652.000MHz，这两个频率在当前无线环境里是无法使用的，计算方法如下：

$$2f_a-f_b：650.000\times2-651.000=649.000\text{ MHz}$$

$$2f_b-f_a：651.000\times2-650.000=652.000\text{ MHz}$$

无线话筒之间的互调失真会干扰其他加入的话筒，而新加入的话筒与原有的话筒又会形成新的互调失真，相互的互调失真之间又可能再次发生互调失真……从而形成了复杂的无线环境，威胁无线话筒的使用安全。

因此，专业的无线话筒厂家会为话筒预设无线群组，这些群组被称为“GROUP”或者“BANK”，每个群组里会预置一定数量的安全频率，当这些频率在一起工作时，可以有效地避免互调干扰带来的影响。

森海塞尔无线话筒中的“BANK”就是指厂家预设的群组，需要注意的是，在同一个空间里，多支无线话筒必须使用同一个无线群组里的频率才能抵御互调失真带来的影响，正确的群组设置规则是：BANK必须是同一个，而CH则根据现场干扰信号的状态设置。

无线话筒1	BANK	1	CH 01
无线话筒2	BANK	1	CH 02
无线话筒3	BANK	1	CH 04
无线话筒4	BANK	1	CH 07
无线话筒5	BANK	1	CH 08

而如果不使用同一个无线群组，则带来潜在的干扰可能，如下面的设置是很不安全的。

无线话筒1	BANK	1	CH 01
无线话筒2	BANK	3	CH 02
无线话筒3	BANK	1	CH 03
无线话筒4	BANK	4	CH 04
无线话筒5	BANK	5	CH 05

设定频率

接收机都会允许手动设定其工作频率。下面以国产“FREQ（富励）F-320/300H ”无线话筒为例，来说明设置过程，其他品牌的设置也都大同小异。

这是一款广受赞誉的一拖二的无线手持话筒，其接收机显示界面如图10-9所示。

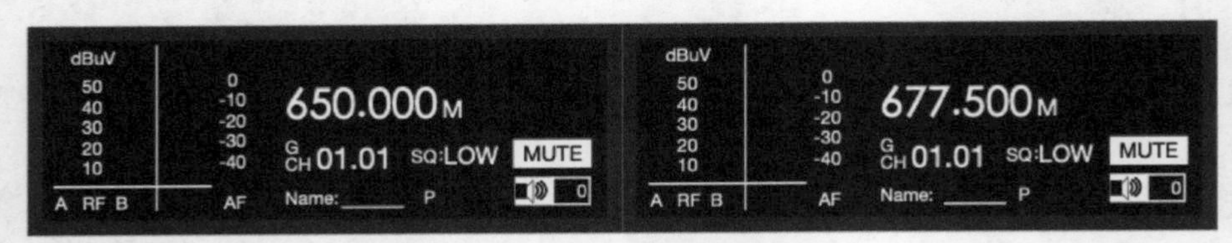

图10-9 FREQ话筒接收机显示界面

步骤1 进行频率设置前，需要先关闭无线手持发射器。

步骤2 将所有通道G、CH中的前两位设置为同样的数字。

“G”表示“GROUP”，与森海塞尔中的BANK一样，代表着一个群组，需要把系统中所有的通道都设置成同一个群组。

步骤 3　将 CH 设置为不同。例如，第一台机器设置为 01.01，第二台机器设置为 01.02。

在 FREQ 的无线系统里，一拖二接收机两通道中的 CH 可以设置成一样的数字。比如同台接收机的通道一设置成 01.01，通道二也可以设置成 01.01。虽然两通道都是“01.01”，但频率却不同：650.000MHz、677.500MHz。

步骤 4　观察 RF 表头情况。发现第二台机器第一通道“RF”指示灯有闪动，说明这个频率存在干扰，如图 10-10 所示。

图 10-10　第二台主机第一通道存在无线干扰

步骤 5　改变第二台机器第一通道的 G.CH 为 01.03，这时发现“RF”指示灯不再闪动，说明此通道可用，若指示灯仍然闪烁则继续更换新的 CH。若发现 GROUP 01 中存在很多干扰通道时，可尝试更换为 GROUP 02 或者其他群组，如图 10-11 所示。

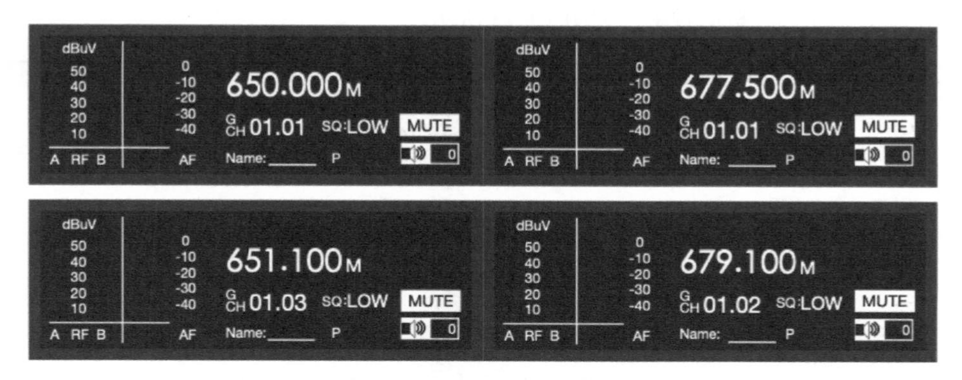

图 10-11　第二台主机更换频率后

步骤 6　将无线话筒手持发射器与接收机频率同步后，设置完成。

软件规划

一些大型的演出活动通常需要计算机软件帮助规划频率。森海塞尔公司的软件 WSM、舒尔公司的软件 Wireless Workbench 都可用于频率规划，不过这类软件一般都是仅兼容他们自家公司的产品，如有需求可去他们官网下载。

我们以森海塞尔 WSM 软件为例，来说明软件规划无线频率的原理与方式，软件的使用都大同小异，读者可以举一反三。

将无线话筒的接收机通过网络或其他数据线与计算机连接后，使其处于“在线状态”后，首先要进行的是无线环境检测，通过这个步骤软件会自动计算出适合于该环境所使用的无线频率，并可以计算出在当前的环境下，最多可用的相对安全通道数量（见图 10-12）。

Easy Setup

Bank 1	05 of 32 frequencies unused
Bank 2	06 of 31 frequencies unused
Bank 3	08 of 32 frequencies unused
Bank 4	06 of 30 frequencies unused
Bank 5	13 of 32 frequencies unused
Bank6	14 of 32 frequencies unused
Bank 7	05 of 32 frequencies unused
Bank 8	09 of 32 frequencies unused
Bank 9	18 of 32 frequencies unused
Bank 10	11 of 32 frequencies unused
Bank 11	16 of 32 frequencies unused

<Back　Next>　Cancel

图 10-12　森海塞尔 WSM 对无线环境的检查结果

软件不会改变无线环境，只能显示当前空间的实时状态。图 10-12 中是 WSM 软件在某空间经过自动扫描后给出的数据，可以看到在当前的无线空间里，“BANK 9”的 32 个频率点中拥有 18 个可用通道，可用数最多。其他群组的频率可用数量较少，尤其是“BANK 1”厂家预置的 32 个无线通道中，仅有 5 个通道可用于当前无线环境。

因此选择“BANK 9”作为使用的无线群组，点击“Next”可以查看“BANK 9”内可用的频率和当前在线的无线接收机的频率，如图 10-13 所示。

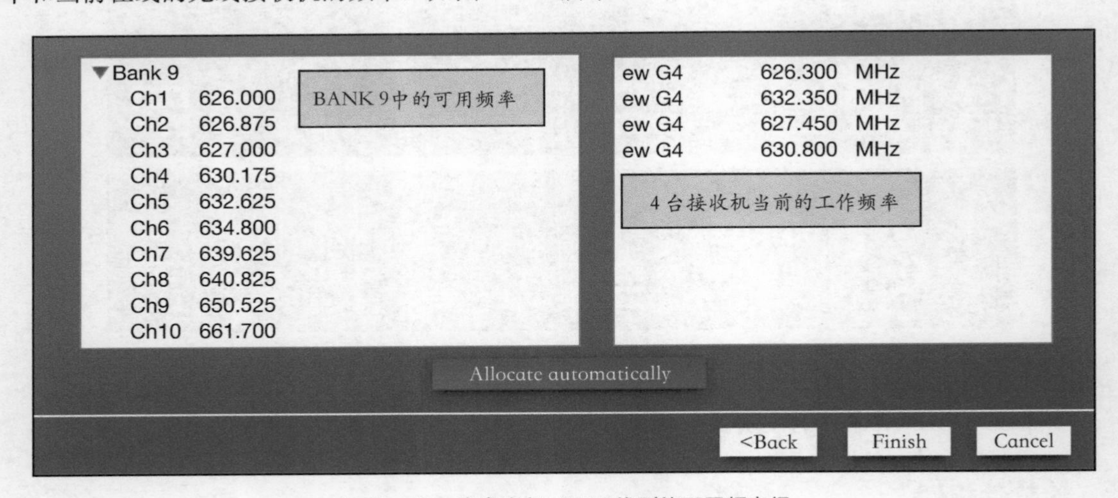

图 10-13　森海塞尔 WSM 找到的可用频率组

这时只需要点击“Allocate automatically（自动分配）”便可为 4 台接收机分配安全的无线频率（见图 10-14），接收机分配好以后，将手持或者腰包发射机与接收机同步就完成了频率设置。

一般情况下可选择自动分配，但如果系统中还存在着其他的无线设备，则可以根据情况进行手动分配，需要牢记的是：分配的通道必须在同一个“BANK”。

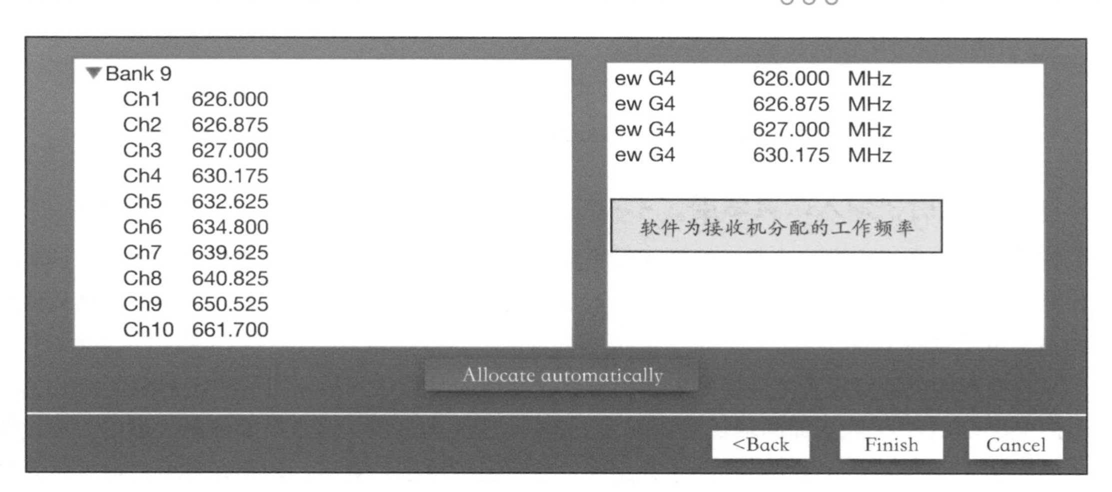

图 10-14 森海塞尔 WSM 为接收机分配安全的频率

设定静噪值

在我们所处的自然空间里，存在着各种无线电杂波，若接收机静噪值过高，会把接收到的杂波信号放大，使系统处于不稳定状态。图 10-15 是第一通道存在无线干扰的示意。

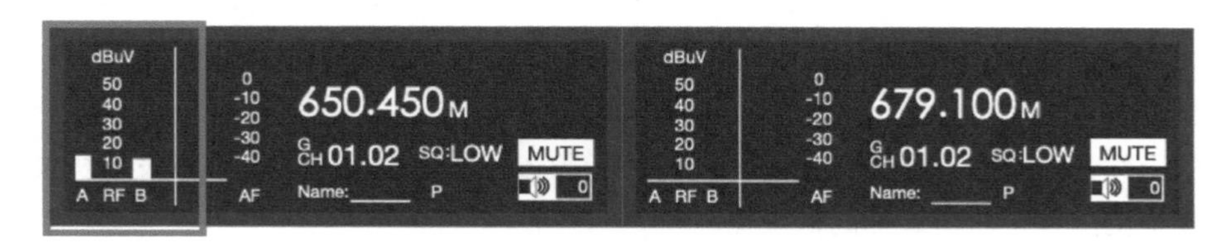

图 10-15 主机第一通道存在无线干扰示意

一般专业的无线话筒在接收机上都设有 SQ(SQuelch）功能，这个功能犹如噪声门的原理，将接收机的 SQ 值调得稍高于杂波时，接收机便不会将杂波信号放大。当有用的信号被接收时，其信号强度通常都高于所设定的 SQ 值，接收机便会将信号放大，这种功能又称为“静噪控制”，通过主机上的“RF”指示表可以知道干扰信号的强度，要将 SQ 值设置为高于杂波信号。

一些软件支持实时无线频谱查看，也方便设置 SQ 值，如图 10-16 所示。

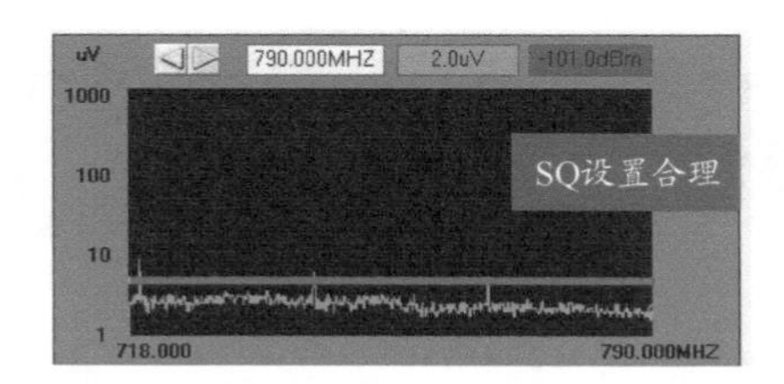

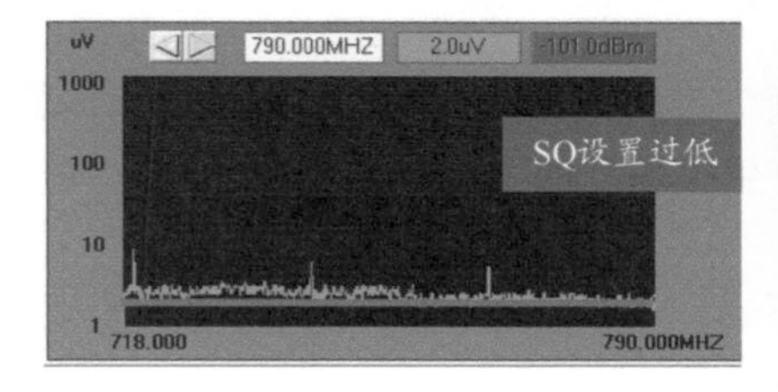

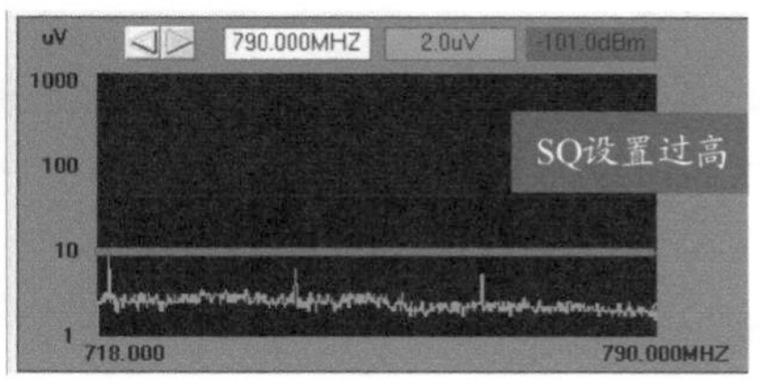

图 10-16 使用 MIPRO 软件为 ACT-728 设置 SQ 值

SQ 值的设置与接收机灵敏度关系如下：

SQ 设置越低，接收机灵敏度就越高，接收距离越远，但是受干扰的可能越大；

SQ 设置越高，接收机灵敏度就越低，接收距离越近，但是抗干扰的能力就越强。

设置发射机输入端灵敏度

在信号的拾音过程中，当物理声音通过话筒转换为模拟信号后，信号会耦合至放大与调制电路，专业的无线话筒都会在两级耦合处置进行灵敏度值的调整，用以适配不同灵敏度的话筒或者不同强度声压级的声源。

只有合理的灵敏度设置才能使发射的信号在安全值内且能达到最佳的信噪比。例如“FREQ（富励）F-320/300H ”无线话筒的默认灵敏度为 -9dB（见图 10-17），这是厂家针对一般的人声设置的，但当这支话筒用于金属类歌曲歌手使用时，应将灵敏度适当衰减，避免在发射机前端引起失真，因为这样的失真是不可逆转的。而若用此话筒收取野地里蟋蟀声，则应该将灵敏度提高，避免信噪比太低导致拾音底噪太大。

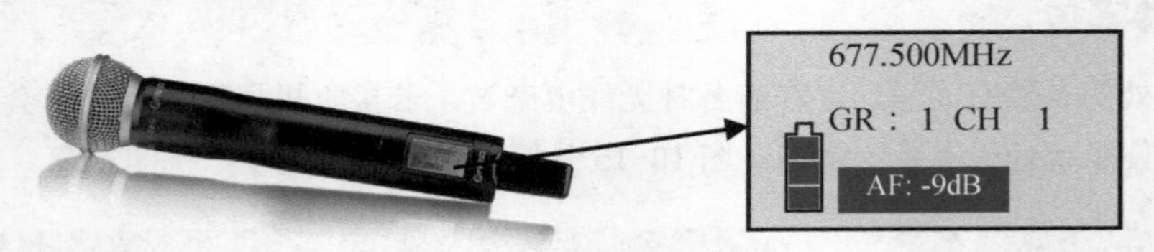

图 10-17 FREQ 手持发射机菜单

很多的无线话筒都可以更换话筒头部，更换后应该根据所更换的头部重设发射机灵敏度，以求信号在安全范围且可获得最佳的信噪比。

平方反比定律

与点声源的特征一样，发射机发射的无线电信号遵循平方反比定律：距离增加一倍，信号衰减 6dB。

若发射机到接收机的距离为 15m，接收机收到 -25dBm 的信号，那么在 30m 时它将收到 -31dBm 的信号，60m 距离的信号强度为 -37dBm。

10.3 天线系统

基本概念

1864 年，英国科学家麦克斯韦在总结前人研究电磁现象的基础上，提出“电流能在其周边产生电场，变化的电场产生磁场，变化的磁场又产生电场”的电磁场理论，随后这些理论被科学界证实。

无线电波

电磁信号是一种能量，当它们在平行的线缆中的时候能量无法向外发送，只能在内部循环，而若将电缆张开，能量就会通过空间辐射，这个使能量向外发射的设备就叫天线，两个张开的导线端又被称为“振子”，如图 10-18 所示。

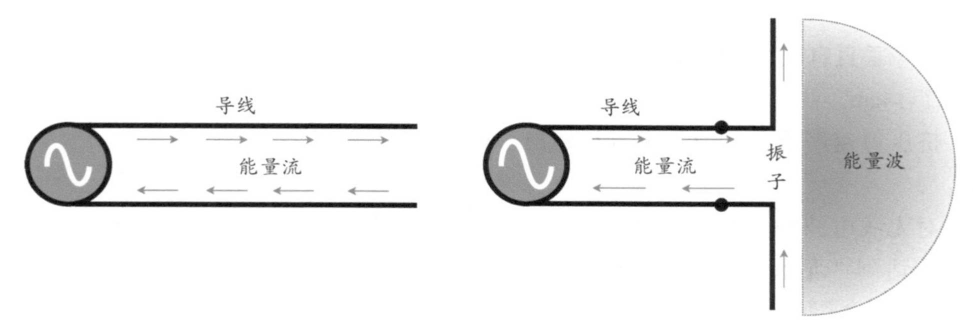

图 10-18 无线电波的发射

无线电波(电磁波)属于物质波，可以在真空中传播。与声音这种机械波不同，它不需要空气、金属等物质作为传播介质。

无线电波由振子发射后的传播过程中，电场和磁场在空间中是相互垂直的，且都垂直于传播方向，如图 10-19 所示。

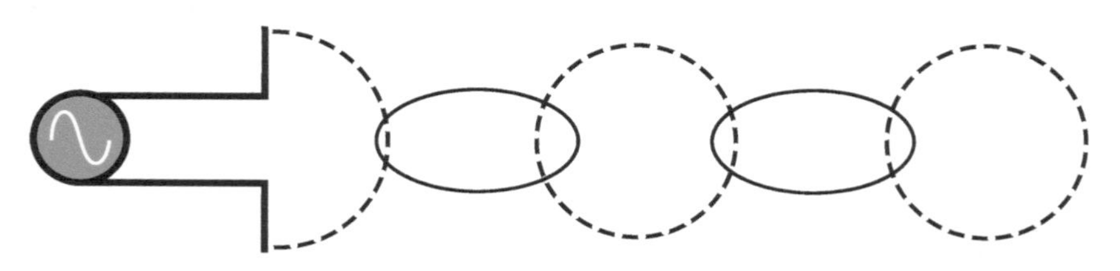

图 10-19 无线电波的电场和磁场

电波波长

无线电波传播速度与光速一致，每秒钟约 30 万千米。我国所使用的专业无线话筒频率多数为 400MHz~1000MHz，其中 600MHz ～ 900MHz 使用最广泛。

λ（波长）$=V \div f$（频率）

V=光速 =300000km/s

为了便于记忆，凡以“MHz”为单位的，计算时直接用 300 来除以频率的数字即可。例如 600MHz 无线电波的波长为多少？

300÷600=0.5m=50cm

可以知道 600MHz 无线电波的波长为 0.5m（50 cm）。

无线话筒所附带的天线是按照发射的频率来制造的，因此并不可以随意更换其他型号的天线，附带的天线通常是 1/4 波长天线或 1/2 波长天线。

天线增益

天线增益是指在输入功率相等的条件下，实际天线与理想的辐射单元在空间同一点处所产生的信号的功率密度之比，单位是 dBi。

天线并不能放大信号，何来增益之说呢？事实上与天线的指向性有关。

在天线理论中“理想天线”是呈现全指向性的，以这种理想天线某点的功率值作为“零”（参考值）来衡量实际天线的发射性能。

来看一个例子：假如你手中有一个已充气的圆形的气球，在没受到外界压力时，它是圆形的，就好像我们的“理想天线”；如果对气球两侧施加压力，它的中间部分会变细，而两端会被拉长，如图 10-20 所示。

如果气球垂直直径为 10cm，假如施加压力后变成了 14cm，我们可以说后者的超出值为 4cm，挤压得越严重，它的垂直直径超出值会越大。

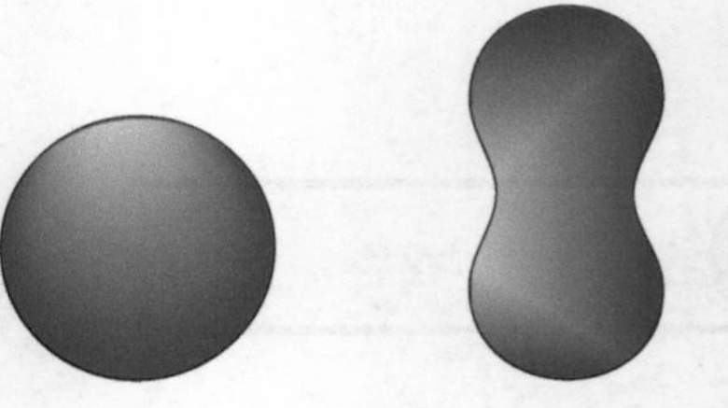

图 10-20　气球与增益

天线对无线电波的辐射也是如此。一般天线并不能达到“理想天线”的状态，在辐射时会受到各种外部原因而被“挤压”，就如同上面的气球一样，挤压得越严重，天线的增益值就越大，如果理想天线发射信号在某点测试为 0dB，被“挤压的”发射能量在这个点测试所得值为 4dB，那么该天线的增益值就是 4dBi。

天线的增益越高指向性就越好，能量也就越集中，其信号波瓣也就会越窄，如图 10-21 所示。但需要强调的是，除了主波瓣，指向性天线还会有副波瓣，简称“副瓣”。最大副瓣的功率密度与主瓣功率密度之比的对数称为“副瓣电平”。这些波瓣有不同的辐射方向，其中向前辐射的功率称为“前向功率”，向后辐射的功率称为“后向功率”。高增益天线覆盖的距离大，但可能会因为波束太窄以及“副瓣”的影响导致覆盖均匀性变差，这是在实际使用中需要注意的。

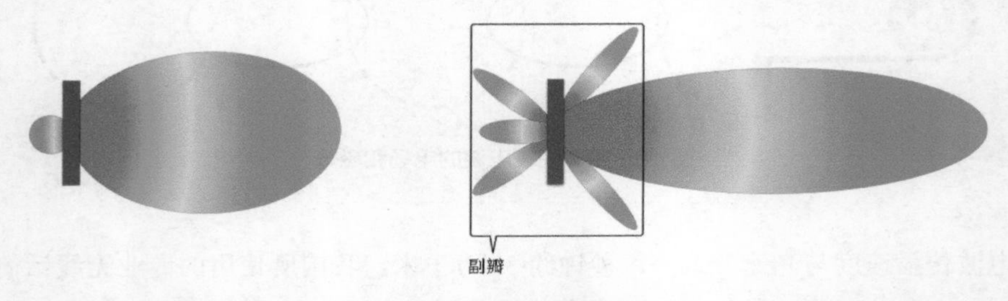

图 10-21　高增益与低增益天线

极化方向

电波的电场方向叫作电波的极化方向，当电场强度方向垂直于地面时，此电波就称为垂直极化波；当电场强度方向平行于地面时，此电波就称为水平极化波，如图 10-22 所示。

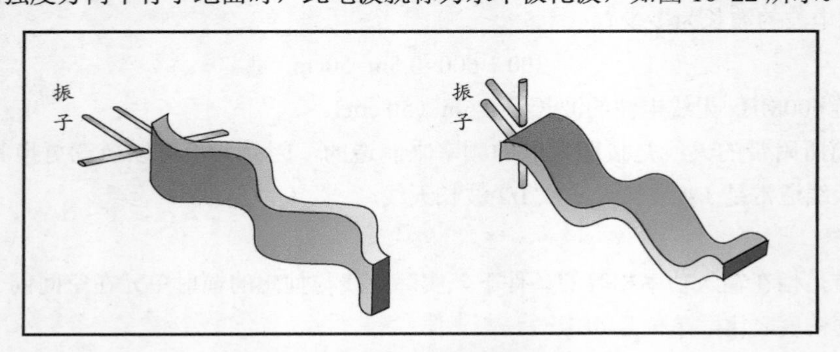

图 10-22　水平极化和垂直极化

发射天线和接收天线处于相同极化方向时，传输效率最高，反之则效率最低，也就是如果使用同样的天线用于发射和接收，它们的摆放角度一致时，无线传输的效率最高。

常见的天线

随机附带的全指向天线

（1）天线特征。

一般随机附带的有 1/2 波长偶极子天线和 1/4 波长单极子天线两种。1/2 偶极子天线拥有两个 1/4 振子，其全长刚好是波长的一半，故又称半波偶极天线，如图 10-23 所示。极化方向为垂直，天线增益值约 2.15dBi，在水平方向呈全指向状态，这一指向特征说明，发射机在与接收天线同一水平高度时接收效果最佳。如果把这种天线安装在天花板上，有可能会引起断频。

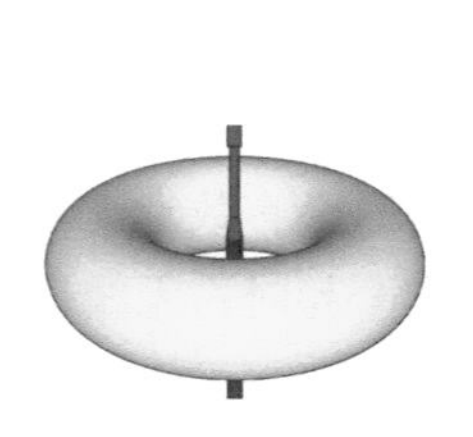

图 10-23　半波偶极天线指向图

单极子天线指只有一个 1/4 波长振子的天线，其辐射范围为偶极天线垂直方向的一半，极化方向为垂直，理论上比偶极天线增益值大 3dB，为 5.15dBi，如图 10-24 所示。

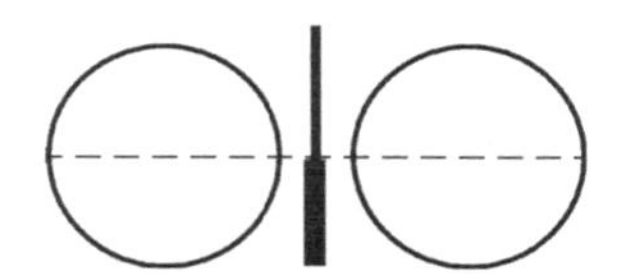
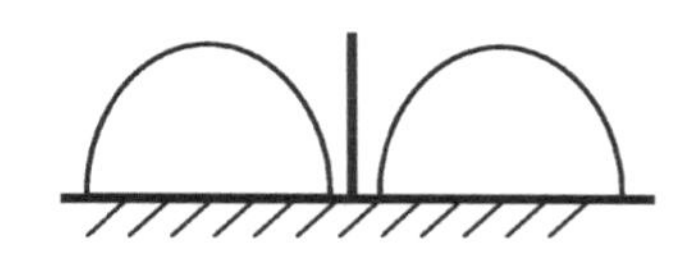

图 10-24　偶极天线与单极天线辐射垂直切面对比图

可以看出，这种天线如果被架设得过高，使发射机位于天线的下方，对无线话筒信号的接收是很不利的。

（2）杂波干扰。

无论是单极子天线还是偶极天线，它们在水平方向都具有全指向特征，所以容易被杂波干扰，干扰源主要有两种。

其一，来自不同方位的环境杂波，是环境中原本存在的。

其二，来自反射面对有效信号的反射。若反射信号与原信号相位相反，则会发生能量抵消，引起断频、掉字或产生噪声。尤其是接收机摆放位置距反射面的距离为 1/4 波长时，这个频率有可能因为反射而抵消，其原理类似于超低音音箱的抵消原理，如图 10-25 所示。因此在摆放这种天线时，建议与地面、墙面等障碍物保持 1m 以上的距离，避免杂波反射干扰。

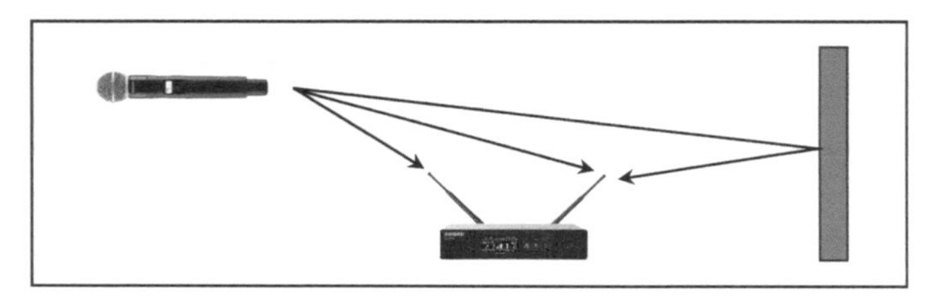

图 10-25　无线电波反射与抵消

（3）极化方向。

另外，人们在手持无线话筒的时候，并不是上下垂直的，大多数情况下是倾斜使用的，根据前面所讲的极化原理，建议放置接收机天线的时候有一定的倾斜度，使得传输效率提高，如图 10-26 所示。

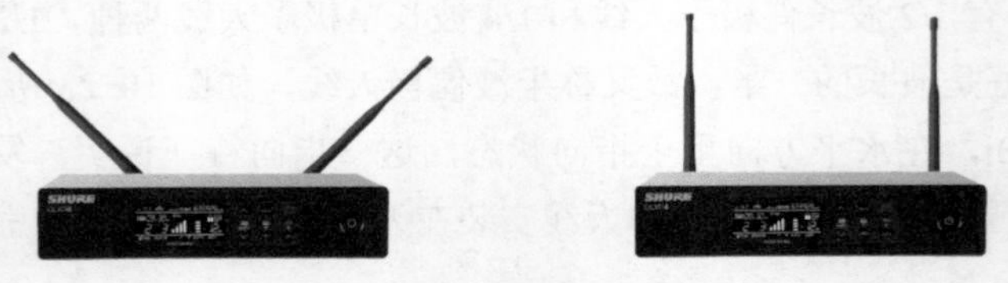

图 10-26　倾斜角度放置天线更接近手持话筒的极化方向

（4）天线密集排列。

在实际应用中，话筒接收机常常被放进一个机柜，有时会有数十支天线交叉在一起，但天线并列摆放会影响天线的接收效率，所以当多支天线摆放在一起时，无线话筒有可能会断频或出现其他频率问题。因此，多通道的无线系统使用多支天线时，两支天线之间的距离至少要大于工作频率的 1/4 波长。而天线分配器可以减少天线数量，将多支天线简化为两支，这会大大增加无线系统的稳定性。

当多支全指向天线被近距离（间隔 20mm）摆放在一起的时候，其统计数字如图 10-27 所示。

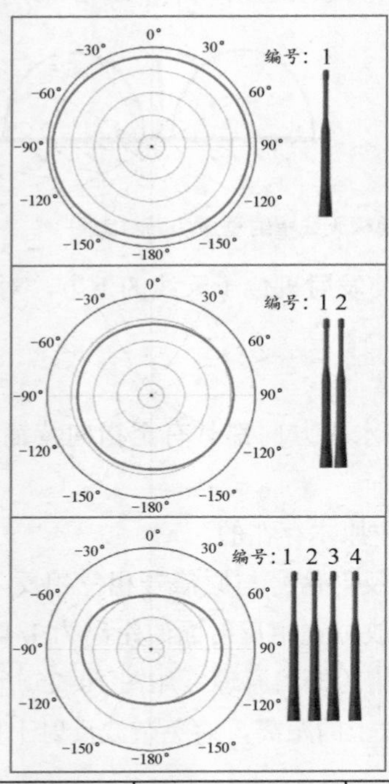

一根天线

天线0° 角增益：2.3dBi；
天线效率：100%；
天线阻抗匹配损失：0.16dB；
天线0° 角总增益值：2.14dBi。
（天线0° 角增益-阻抗匹配损失）

两根天线

天线0° 角增益：-0.16dBi；
天线效率：46%；
天线阻抗匹配损失：0.29dB；
天线0° 角总增益值：-1.89dBi。
（天线0° 角增益-阻抗匹配损失）

四根天线

天线0° 角增益：-5.4dBi；
天线效率：25%；
天线阻抗匹配损失：1.25dB；
天线0° 角总增益值：-6.65dBi。
（天线0° 角增益-阻抗匹配损失）

天线	数目	一根	两根	四根	
	编号	1	1号与2号	1号与4号	2号与3号
天线面积效率		100%	46%	42%	25%
天线接收效率		96%	43%	38%	19%
相对于单天线的损耗		0dB	-3.53dB	-4.03dB	-7.04dB
天线辐射场		十分均匀	接近均匀	极不均匀	不均匀

图 10-27　MIPRO 提供的天线堆叠效率测试数据（数据来自 MIPRO 官网）

心形指向天线

在专业现场，“对数天线拍子”使用尤为广泛，这种天线有一定的指向性，波束宽度由内部构造决定。图 10-28 是舒尔公司生产的心形指向天线 PA805W，波束宽度约 70°，正向增益为 6.5dBi，正前方增益最高，随着轴心偏离增益降低。

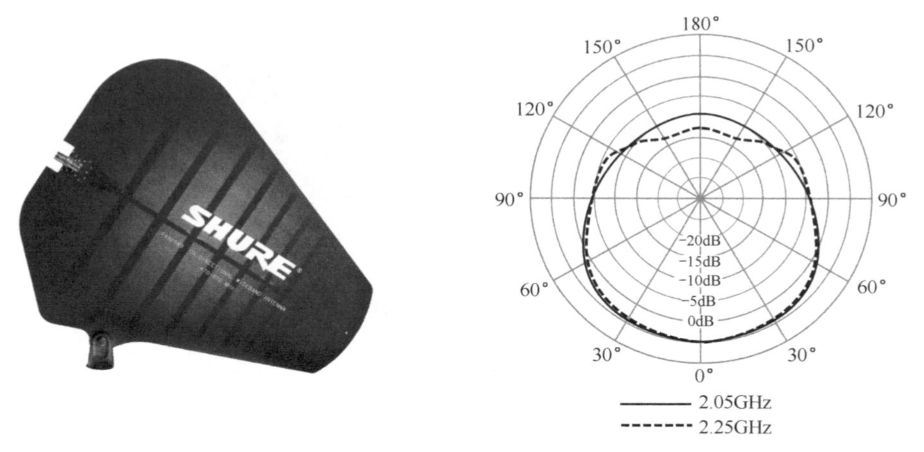

图 10-28 舒尔 PA805W 天线

因为有指向性，所以这种天线可以抵御来自其他方向的干扰，在使用时调整好天线位置和方向，有杂波干涉的电子设备（如无线路由器）要远离天线或放置在天线背面，这样可以避免电波的干扰。

螺旋极化单指向天线

天线的摆放方式对于接收效率有很大的影响，在使用中经常因为发射天线与接收天线极化方向的不一致导致信号接收不良，而螺旋天线则不存在这样的问题。

螺旋天线的指向性较窄，极化方式为圆形，波束宽度约 60°，其正向增益最高可达 12dBi，因而可以远距离接收或者发射无线电信号，如图 10-29 所示。

图 10-29 在无线 IEM 系统中使用螺旋天线与普通指向性天线（创意来自 mipro）

使用 IEM 无线耳返时，螺旋天线可以避免因发射天线和 IEM 接收天线之间的极性失配导致的信号衰减（最高 20dB），提高传输的稳定性。

馈线与线损

在无线信号的传输中无线信号过大、无线信号过小都是导致系统性能不良的问题。

当无线发射机（手持或者腰包）距离天线比较近时，应当将天线放远或者通过衰减器衰减输入信号。

一些有源天线带有信号衰减的装置，例如舒尔 UA874，若连接低损缆线长度小于 8m、用在无线话筒距离天线之间距离小于 30 m 的应用场合，应采用 -6 dB 增益设置，这样可以避免射频信号过强，使天线放大器超载，导致失真或性能不佳，如图 10-30 所示。

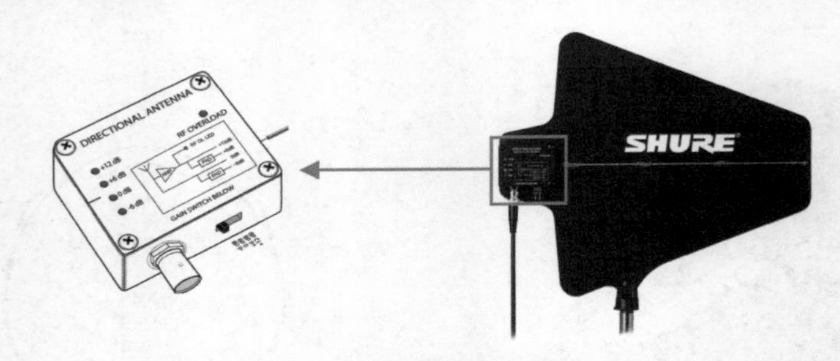

图 10-30　天线增益模块的使用

无线系统中更高的增益并不能获得更好的射频性能，反而会降低接收范围和可用频道数。假如某无线系统中线缆损失了 6dB 的信号，可以使用有源天线的适配器将增益值提高 6dB，这时候线缆损耗与增益值之和为“0”，系统才能提供最佳的性能。

一些线缆厂家会针对自家产品的线损情况予以标注，可以计算出该线缆所使用长度的线损值。如上海某公司生产的 RG8U 线缆在 900MHz 每 100m 衰减约 24.5dB，那么该线缆 15m 衰减值为 3.675dB，计算方法如下：

$$(24.50\text{dB} \div 100\text{m}) \times 15\text{m} = 3.675\text{dB}$$

除了线损，随着接收距离增加信号损耗也会增加。与其他波一样，其损耗规律为距离每增加一倍，信号衰减 6dB，随着距离增加天线增益也应该设置得更高。

表 10-1 是来自舒尔官网的 UA874 天线增益模块设置推荐。

表 10-1　UA874 天线增益模块设置推荐

线缆长度	基于线缆的增益设置			
	RG58	RG8X	RG213/RG8	低损耗 RG8/RG213**
3m	0	0	0	0
8m	+6	0	0	0
15m	不建议使用	+6	+6	0
30m	不建议使用	+12	+6	+6

* RG58 线缆损失较高，建议线缆长度不要超过 3m。
** 低损耗的 RG8/RG213 线缆包括 Times Microwave Systems LMR400 和 Belden 9913 或 7810A。

天线合并设备

无源天线分流 / 合路器

产品举例：舒尔 UA221-RSMA（见图 10-31）。

舒尔 UA221-RSMA 是双向分流器 / 合路器，可用于将单天线的射频信号发送到双输入，或将两条天线连接到单个输入。

天线分配器

产品举例：舒尔 UA845UWB。

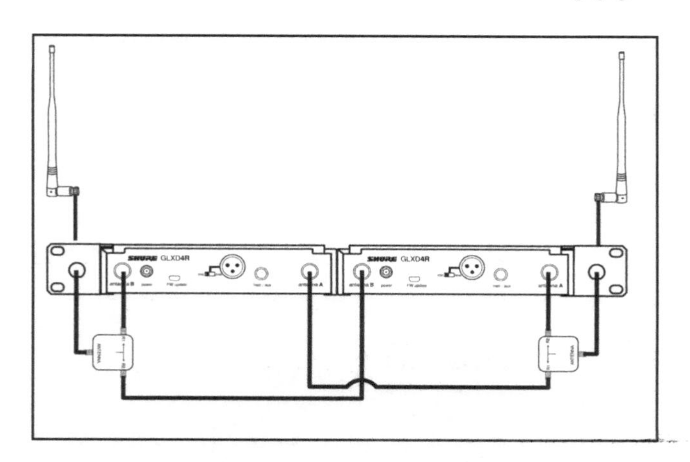

图 10-31　天线合路器的使用（图片来自舒尔官网）

每台天线分配器连接 4 台接收机，当接收机大于 4 台时需要更多的天线分配器。图 10-32 是 8 套接收机时的设备连接图，使用了两台舒尔天线 UA845UWB 分配器。

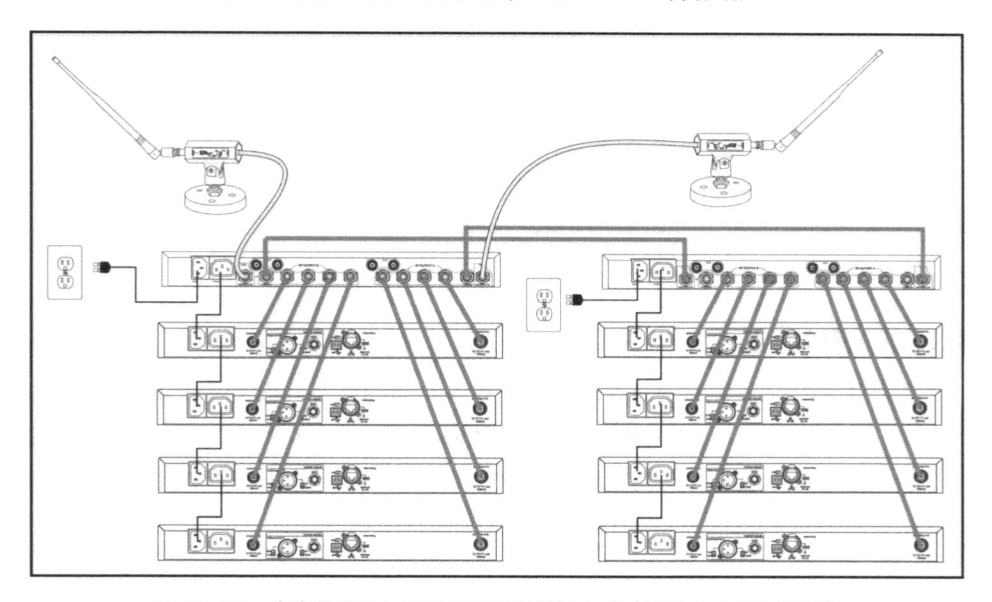

图 10-32　多套接收机与天线分配器的连接方式（图片来自舒尔官网）

天线摆放注意事项

- 应将真分集接收的两支天线固定在彼此至少相距 1.2m 的位置。
- 调整天线位置，让发射机在视线范围内没有任何障碍物（包括观众）。
- 全指向性天线应远离金属物 1m 以上，指向性天线背部应远离金属物 10cm 以上。
- 指向性天线和发射机之间至少间距 5m，全指向性天线和发射机之间至少间距 3m，以避免无线系统的削波。
- 应将一切容易产生干扰的信号源放在指向性天线的背部。
- 使用大屏幕时，要避免指向性天线正前方对准大屏幕。
- IEM 发射天线至少要远离话筒接收天线 3m。

- 接收机应当远离计算机、LED 处理器、对讲机等带有辐射的电子设备。

舞台盲点检测

系统搭建完成后，应该拿上无线话筒在舞台上各个角落试用，观察话筒是否断频或性能不良，若发现舞台上有“无线死角”应该及时挪动天线位置，确保无线使用正常。

一些软件具有实时检测频率的功能，可以借助软件来观察无线接收状态，如图 10-33 所示。

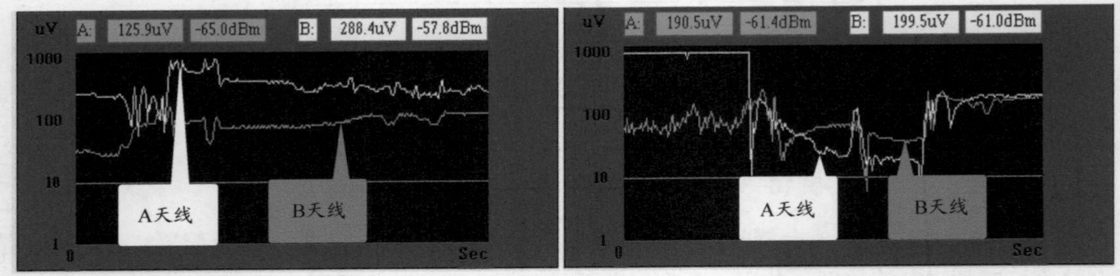

图 10-33　使用 MIPRO 软件检测舞台无线盲区

天线指向实时跟踪

一些远距离的演出活动中，若演员表演活动的范围比较大，有可能造成无线设备断频，尤其是 IEM 监听系统。这种情况下可以安排专人控制天线，随着演员的移动而调整天线的方向，使天线的正前方始终对着表演者。

导频与抗干扰

无线话筒除了发射一个主频信号外，还会加载一个导频信号，作为接收机身份识别外码，使无线话筒的抗干扰能力增强，还可以避免开关机带来的冲击声。有些厂商还会利用导频信号来控制哑音，传递电池电量信息等。不同厂商的导频信号会有一些差别，只要把接收机的导频功能关闭，基本能接收所有品牌同频率的模拟无线话筒信号，所以使用无线话筒时确保导频功能是打开的。

例如 Freq 无线话筒采用的是数字导频技术，只能接收本品牌的无线话筒信号，比如使用 Sennheiser 的无线话筒，即使频率调到一致，Freq 的接收机也会显示静音。

第11章

音响师的工具箱

11.1 现场系统测试装备

声卡

声卡应该选择大品牌的产品，可以保证有稳定的测量过程。一般的小型活动的测量或演出采用二进二出的声卡即可胜任，若进行多通道测量，可以考虑更多通道的声卡。如图 11-1 所示。

测试话筒

测试话筒是专用的测试器材，不同于演出中使用的话筒。一支稳定且精确的测试话筒是获得准确测试数据的关键，大型场地测量中使用多支测试话筒可以提高效率，省时省力。如图 11-2 所示。

声级校准仪

测试系统连接好后，需要先使用声级校准仪来校准软件中的声压级显示，通过校准可使软件显示声压级的准确值，校准仪通常有 94dB 和 114dB 两个档的校准值。如图 11-3 所示。

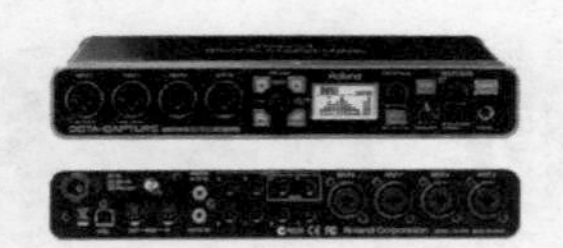

图 11-1 罗兰多通道声卡

图 11-2 专业测试话筒

图 11-3 声级校准仪

无线手雷测试系统

在一些场地中，测试人员拖着测试线来回走动非常不便，而使用无线手雷系统测试省时省力。如图 11-4 所示。

带有测试软件的计算机

最好准备 MAC/PC 两个系统的计算机设备，因为很多的专业程序并不能跨平台使用。常用的测试软件有 Smaart、REW、FIR Capture、SYSTUNE 等，国内 Smaart 用户比较多。如图 11-5 所示。

图 11-4 mipro 无线手雷

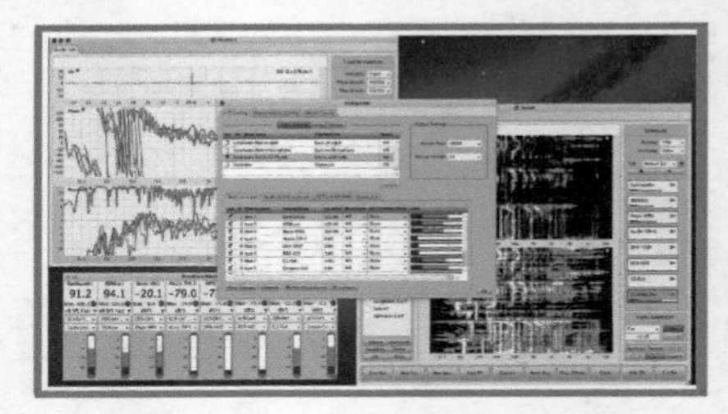

图 11-5 Smaart 测试软件

无线检测仪器

可以用来查看环境中的干扰状况（参看图 10-12）。

11.2 现场勘测辅助工具

激光尺 / 电子测距仪

系统设计或者调试阶段测量距离是必备的工作。选择一款响应快、能够在各种室内外准确测量的测距仪很重要。一些优秀的测距仪同时还带有角度测量，可以用来方便地计算场地的角度及音箱的吊挂角度。

在室外大型活动中，使用测距望远镜更方便，室内的一般性场合中，使用手持激光测距仪就很方便。如图 11-6 所示。

图 11-6　测距望远镜和激光测距仪

卷尺

在小范围测量时，卷尺远远比测距仪快捷得多。

非接触式测电笔

在现场可以用它判断电线是否带电，只要将它放在电线上，哪怕是在电线绝缘的护套上，也可以检测出电线是否带电，并检测出是火线还是零线，如图 11-7 所示。

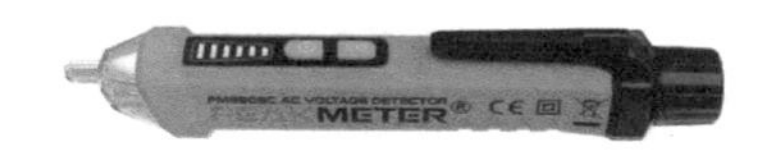

图 11-7　无接触测电笔

安全帽、安全带

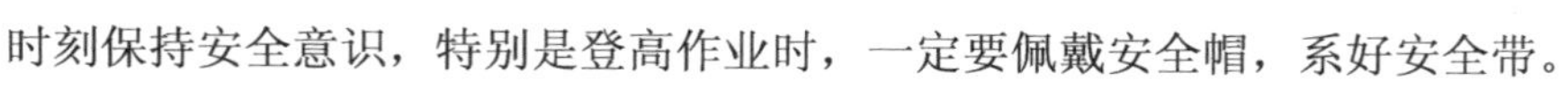

时刻保持安全意识，特别是登高作业时，一定要佩戴安全帽，系好安全带。

笔、笔记本

一些勘测人员到现场就问别人借本借笔，是非常不专业的表现。

照相机

一些不易用语言描述的场地需要将其拍下来，在未来探讨问题的时候，可以在对着照片讨论而无须去现场。

11.3　调试辅助工具

动圈话筒

准备一支自己熟悉的动圈话筒，可以在现场试音时主观判断系统中存在的一些问题，最常见的是配备舒尔公司的 SM58、BETA 58A。

监听耳机

选择一款坚固耐用且准确的耳机，能够帮助自己在调试时快速判断通道中问题所在。图 11-8 中是一款铁三角监听耳机。

图 11-8　铁三角监听耳机

苹果 IPAD

外出调试系统应该准备一台 iPad，因为一些智能音响设备或者程序仅支持苹果 iPad，一些优秀的测试软件也可以在 App 商店里获得，例如大名鼎鼎的 Audio Tools，如图 11-9 所示。

图 11-9 Audio Tools For iPad

声级计

在演出中或者在调试系统的时候都会使用到它，要记得购买带有背光显示且同时支持 A 计权和 C 计权的手持声级计。

电子水平仪

选择四面带磁铁的电子水平仪可以方便地检测音箱的吊挂角度。

万用表

用来检测电子方面的问题，建议选择数字万用表。

分体式多功能测线仪

在演出现场用来排查信号线是否短路、开路，常常是两个人在线的两端检测，因此需要分体式的检测仪。

电烙铁 / 剪刀 / 钳子 / 螺丝刀

这些都是必备的工具，尤其是在施工现场。

布基胶带

将胶带贴在调音台、线材、接口箱上，并将所有的名称或者备注写得清清楚楚，会在使用中减少出错的概率。

标签打印机

在工程安装结束时，用标签打印机为所有的设备打印标签，可以让使用者一目了然，清晰而具有规范感。

隔离变压器

准备一个或者多个 600Ω 1∶1 隔离变压器，可以防止在一些场合中不规范的系统导致设备损坏或者出现噪声。

无线路由器

一般的数字台都支持无线连接，通过笔记本电脑或者 iPad 调试，这样可以方便地离开调音台位走到音箱位置进行近距离的试听与调试，一些设备可能还需要网络交换机。

各种线材

各类数据线、音频插头、转换线等。

手电筒

如果你不想在黑暗的环境工作时，总拿出手机作为照明设备的话，买一支便携强光手电筒放在工具箱里很有必要。

对讲机

必须要准备已经充好了电的对讲机，因为如果没有对讲机，有时候喊破了喉咙，助手可能也没听到你说什么。

11.4 音响师必备软件

音乐播放软件

QLab，应用于 MAC 系统的专业演出播放软件，其简化版本是免费的。这是演出中使用最广泛的播放软件，可以用来制作复杂的节目流程，可以设定演出中几乎所有的音乐播放需要的程序。如图 11-10 所示。

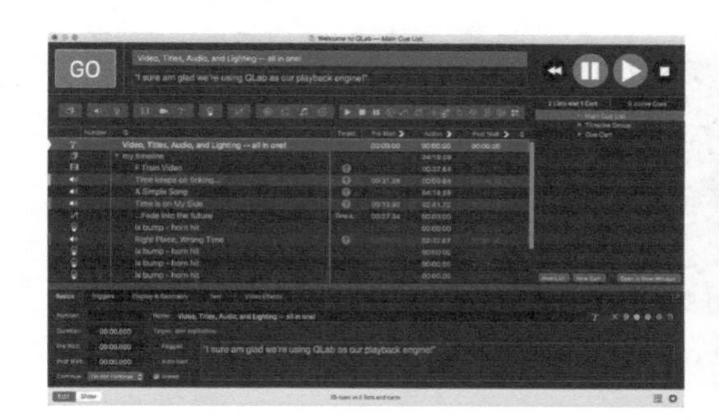

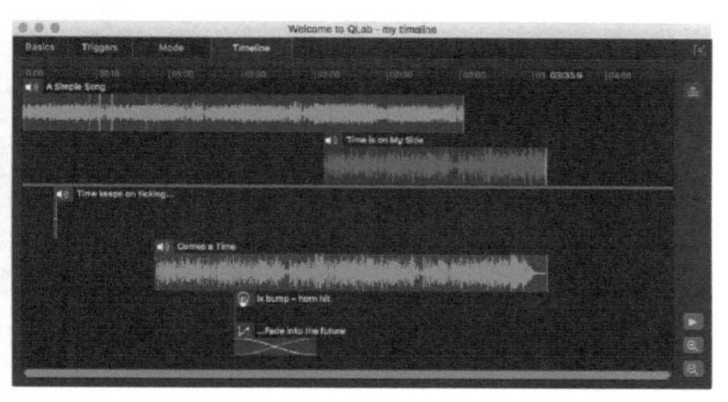

图 11-10 QLab 播放软件

为了防止计算机或者软件崩溃，通常会准备另一台计算机作为备份，这就需要两台计算机准备同样的软件和节目内容同步播放，使用 Q-CONTROLLER 硬件可以控制两台计算机中的 QLab 软件，同时播放准备好的节目内容。如图 11-11 所示。

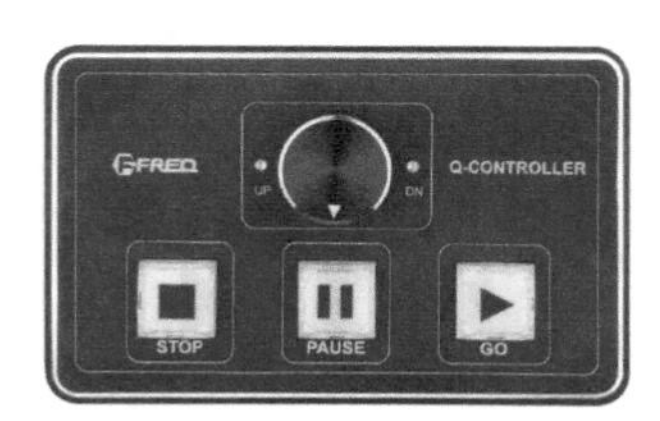

图 11-11 FREQ 为 QLab 制造的硬件控制器

录音软件

Logic Pro、Cubase、Pro Tools、Adobe Audition 等任意一款均可。

DANTE 虚拟声卡

Dante Vritual Soundcard，用于支持在 DANTE 协议下录音。

DANTE 控制

Dante Controller，用来设置 DANTE 系统的信号路由及其他参数。

通用声场模拟软件

EASE、EASE FOCUS 等 。

绘图软件

Auto Cad 这个软件是音响师的必备，因为大多数的场地图纸都是基于它的。

实时插件连接

Live Professor，用户可以通过计算机与调音台连接，为调音台的通道插入计算机上的音频效果器，目前支持的效果器格式有 VST2、VST3、Audio Units。如图 11-12 所示。

图 11-12 Live Professor 界面

Live Professor 目前依赖于计算机的运算，但对于喜欢研究技术的读者来说，这个软件非常值得推荐，当你用软件将一台廉价的调音台接上昂贵的仿真软件时，一定会由衷地感到开心。不是每个人初学都可以接触到那些昂贵的设备，但是从软件开始学与练，终有一天，你会站在最美的舞台前，用你平时不断学习和积累的知识，为欢呼的观众展现你所学的一切。

致　谢

在这本书的写作过程中，总会想到自己在学习过程中那些给我帮助的良师益友，感恩之心不停地涌动。

感谢我的电子基础导师王营善先生，在我很小的时候您就给我莫大的帮助，从最基础的电子元件到复杂的电路，您都无私地指导、帮助我，毫无所求。

感谢都美焕先生、全哈丽女士，你们把我从农村带出来，耗时耗财培养我，资助我学习音响技术，并多次帮我抵京参加音响技术进修班。

感谢在音响系统学习道路上不断无私指导我的老师吴晓东先生，您的每次指导、授课都使我受益匪浅，在您身上所学到的知识我将受用终生。

感谢广州锐丰智能科技有限公司总经理朱世平先生，在成长的过程中，您给了我莫大的支持。

感谢上海的杨保华先生，在您身边使我的眼界更开阔、心胸更宽广，在您的祝福下我拥有了自己的公司。

感谢杭州柒匠的黄亚东先生，您严谨的专业能力和人格魅力让我深深地折服，在您身上我学到太多宝贵的知识。

感谢富励科技的刘永华先生，在本书无线系统写作的过程中您提出了宝贵的修改意见。

感谢音乐制作人湘海先生，您带领我和我的团队进入了一个全新的领域。

感谢我的好兄弟蒋宗俊，从最初最艰难的创业到如今，多年来一直陪伴、一直同行。

感谢我的好兄弟吴浩恩、李赐献、李保罗、张通，多年以来你们一直是我最好的益友。

感谢我的同事庞军在本书出版过程中给予的帮助；感谢我的同事冒俊、张杰、仝允征、陈征、彭增沈、杨凯，在本书写作过程中你们替我承担了很多的工作压力。

感谢我的太太雷改燕，谢谢你这么多年陪伴我、支持我，在我写作期间，你独自承担了公司的管理和家庭的一切。

感谢生命中的每一位良师益友，有你们真好！

和青广

2021 年 11 月 18 日

于宁波